"十三五"普通高等教育本科规划教材

房屋建筑
与装饰工程估价

主　编　邢莉燕　周景阳

副主编　邱　香　张　琳　万克淑

参　编　张开有　张晓丽　解本政　王艳艳
　　　　张友全　刘　李　邱艳艳　王洁雪

主　审　郭　琦

中国电力出版社
CHINA ELECTRIC POWER PRESS

内 容 提 要

本书为"十三五"普通高等教育本科规划教材。全书共分两篇二十三章，主要内容为房屋建筑与装饰工程估价基本原理和房屋建筑与装饰工程估价应用。本书根据《建设工程工程量清单计价规范》（GB 50500—2013）、《房屋建筑与装饰工程工程量计算规范》（GB 50854—2013）和《建筑与装饰工程估价》教学大纲的要求编写。在教材知识体系上注重工程量清单计价模式的应用和操作，针对目前建筑企业投标报价时还需以各地区制定的消耗量定额为依据的现实，实例中均以《山东省建筑工程消耗量定额》（2006 年基价）选取定额，采用 2015 年济南市预算价格，介绍了定额工程量的计算规则、综合单价的构成及投标报价单的构成和编制。书中大多数章节配有图、例，例题中有详细的计算步骤，每章都有复习思考题。全书内容新颖、丰富，编排严谨，深入浅出，既有理论阐述，又有方法和实例，实用性较强。

本书可作为高等院校工程管理、工业民用建筑、工程造价、房地产管理等相关专业的教材，也可供工程审计、工程造价管理部门、建设单位、施工企业、工程造价咨询机构等从事造价管理工作的人员学习参考。

图书在版编目（CIP）数据

房屋建筑与装饰工程估价/刑莉燕，周景阳主编. —北京：中国电力出版社，2016.3（2020.7重印）

"十三五"普通高等教育本科规划教材

ISBN 978 - 7 - 5123 - 8762 - 1

Ⅰ. ①房… Ⅱ. ①邢…②周… Ⅲ. ①建筑工程－工程造价－高等学校－教材 ②建筑装饰－工程造价－高等学校－教材 Ⅳ. ①TU723.3

中国版本图书馆 CIP 数据核字（2016）第 028278 号

中国电力出版社出版、发行

（北京市东城区北京站西街 19 号　100005　http：//www.cepp.sgcc.com.cn）

三河市百盛印装有限公司印刷

各地新华书店经售

*

2016 年 3 月第一版　　2020 年 7 月北京第七次印刷

787 毫米×1092 毫米　16 开本　21 印张　580 千字

定价 **49.00** 元

前　言

本书为"十三五"普通高等教育本科规划教材，主要根据《建设工程工程量清单计价规范》（GB 50500—2013）、《房屋建筑与装饰工程工程量计算规范》（GB 50854—2013）和建筑与装饰工程估价教学大纲的要求编写，在教材知识体系上注重工程量清单计价模式的应用和操作。书中主要介绍了房屋建筑与装饰工程估价的基本原理和知识，根据《建设工程工程量清单计价规范》（GB 50500—2013）、《房屋建筑与装饰工程工程量计算规范》（GB 50854—2013），重点介绍了招标工程量清单的编制及工程量清单计价。针对目前建筑企业投标报价时还需以各地区制定的消耗量定额为依据的现实，书中实例均以《山东省建筑工程消耗量定额》（2006 年基价）选取定额，采用 2015 年济南市预算价格，介绍了定额工程量的计算规则和综合单价的构成，以及投标报价单的构成及编制。书中大多数章节配有图、例，例题中有详细的计算步骤，每章都附有一定数量的复习思考题。

本书共分两篇，第一篇房屋建筑与装饰工程估价基本原理共六章，主要介绍了工程估价的基本知识和工程量计算的基本原理，对工程量清单计价模式进行了详尽的阐述，涵盖建筑安装工程费用组成、《建设工程工程量清单计价规范》（GB 50500—2013）的基本规定、招标工程量清单的编制及工程量清单计价、工程量计算基本原理、投资估算和设计概算及竣工决算的编制、建筑面积的计算等内容；第二篇房屋建筑与装饰工程估价应用共十七章，详细介绍了《房屋建筑与装饰工程工程量计算规范》（GB 50854—2013）中的工程量计算规则，主要介绍建筑工程各项清单工程量计算规则和投标报价工程量的计算。

本书内容新颖、丰富，编排严谨，深入浅出，既有理论阐述，又有方法和实例，实用性较强，可作为高等院校工程管理、工业民用建筑、工程造价、房地产管理等有关专业的教材，也可作为工程审计、工程造价管理部门、建设单位、施工企业、工程造价咨询机构等从事造价管理工作的人员学习参考。

本书由山东建筑大学邢莉燕、周景阳主编，邱香、张琳、万克淑担任副主编，张开有、解本政、王艳艳、刘李、张友全、张晓丽、邱艳艳、王洁雪等参加编写。参加编写的主要人员具体分工为：第一～三章邢莉燕、解本政、刘李；第四、五章张友全、王艳艳、张晓丽；第六～八、二十二章万克淑；第九、二十三章张琳；第十～十六章、第二十和二十一章周景阳；第十七～十九章邱香，山东建筑大学研究生邱艳艳、王洁雪参与了部分编写整理工作。附录部分由张开有完成。全书由邢莉燕、周景阳负责统稿，三峡大学郭琦教授担任主审。

本书在编写过程中得到了山东建筑大学管理工程学院和教务处、北京广联达软件技术有限公司、山东英才技术学院等单位的大力支持和帮助，在此表示衷心的感谢！

本书在编写过程中参考了大量文献资料，在此谨向这些文献的作者表示衷心的感谢！限于编者水平，书中难免会存在疏漏和不妥之处，恳请广大读者和同行批评指正。

编　者

2015 年 10 月

目　录

第一篇　房屋建筑与装饰工程估价基本原理

第一章　概　　述

【本章概要】

本章主要介绍了建筑产品的特点及工程建设程序、工程造价的特点、工程估价的特征、工程估价的模式、造价工程师和造价员执业资格制度等内容。

第一节　基　础　知　识

一、建筑产品的特点

1. 固定性

各种建筑物和构筑物，一旦选在某个地方建造后，它直接与作为地基的土地相连，而不可分割，建筑产品不能移动，只能在其建造的地方供长期使用。

2. 多样性

根据不同的地区、不同的用途，建筑业建造不同型式的房屋和构筑物，这就表现出建筑产品的多样性。每一个建筑产品都需要一套单独的设计图纸，而在建造时，又根据所在地区的施工条件，采用不同的施工方案和施工组织。即使采用同一种设计图纸的建筑产品，也会由于地形、地质、水文、气候等自然条件的影响，以及交通、材料资源等社会条件的不同，而在建造中采用不同的施工方案和施工组织。

3. 体积庞大

建筑产品为社会提供生产场所，为人民提供生活环境和空间，占用空间多，在建造过程中要消耗大量的人力、物力和财力，所需建筑材料品种繁多、数量巨大，其体积庞大。

二、工程建设程序

工程建设程序是指工程建设项目从规划、设想、选择、评估、决策、设计、施工，到竣工验收投产并交付使用的整个工程建设全过程中，各项工作必须遵循的先后次序的法则。工程建设是一种综合性的经济活动，涉及工程项目建设的发展过程和内外联系的许多工作，不同阶段的工作有着严格的先后次序，既不容许混淆或遗漏，又不容许颠倒或跳跃。

一个工程建设项目程序从提出到建成投产或交付使用大体分为四个阶段、九个步骤，如图 1-1 所示。

（1）第一阶段：工程项目决策阶段，包括编制项目建议书、可行性研究、编制委托设计任务书等三个步骤。

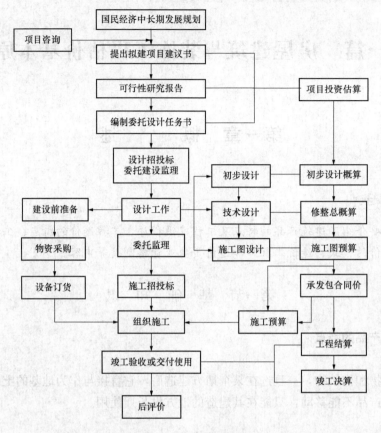

图 1-1　工程建设程序

（2）第二阶段：工程项目准备阶段，包括工程项目的设计工作（初步设计、技术设计和施工图设计）、建设准备（委托监理、施工招标投标、场地准备、设备订货和物资采购）等两个步骤。

（3）第三阶段：工程项目实施阶段，包括组织施工、设备采购和物资采购等两个步骤。

（4）第四阶段：工程项目验收阶段，包括竣工验收、后评价等两个步骤。

三、工程造价的特点

1. 大额性

工程建设项目由于体积庞大，而且消耗的资源巨大，因此，一个项目少则几百万元，多则数亿乃至数百亿元。工程造价的大额性事关有关方面的重大经济利益，另一方面也使工程承受了重大的经济风险，同时也会对宏观经济的运行产生重大的影响。

2. 个别性和差异性

任何一项工程项目都有特定的用途、功能、规模，这导致每一项工程项目的结构、造型、内外装饰等都会有不同的要求，直接表现为工程造价上的差异性。即使是用途、功能、规模相同的工程项目，由于处在不同的地理位置或不同的建造时间，其工程造价都会有较大差异。工程项目的这种特殊的商品属性，则具有单件性的特点，即不存在完全相同的两个工程项目。

３．动态性

工程建设项目从决策到竣工验收直到交付使用，都要经过一个较长的建设周期，而且由于许多来自社会和自然的众多不可控因素的影响，必然会导致工程造价的变动。例如，物价变化、不利的自然条件、人为因素等均会影响到工程造价。因此，工程造价在整个建设期内都处在不确定的状态之中，直到竣工结算才能最终确定工程的实际造价。

４．层次性

工程造价的层次性取决于工程的层次性。工程造价可以分为建设工程项目总造价、单项工程造价和单位工程造价。单位工程造价还可以细分为分部工程造价和分项工程造价。

５．兼容性

工程造价的兼容性是由其内含的丰富性所决定的。工程造价既可以指工程建设项目的固定资产投资，也可以指建筑安装工程造价；既可以指招标的标底，也可以指投标报价。同时，工程造价的构成因素非常广泛、复杂，包括成本因素、建设用地支出费用、项目可行性研究和设计费用等。

四、工程估价的特征

建筑产品与其工程造价的特点，决定了工程估价具有如下特征。

１．估价的单件性

建设产品的个体差异性决定了每项工程建设项目都必须单独估算其工程造价。每一个工程建设项目都有其特点、功能与用途，因而导致其结构不同，工程所在地的气象、地质、水文等自然条件不同，建设的地点、社会经济等不同，都会直接或间接地影响工程建设项目的造价。因此，每一个工程建设项目都必须根据工程的具体情况，单独进行估价。任何工程的估价，都是指特定空间、一定时间的价格。即便是设计内容完全相同的工程项目，由于其建设地点或建设时间的不同，仍需要单独进行估价。

２．估价的多次性

建筑产品的建设周期长、规模大、造价高，这就决定了要在工程建设全过程中的各个阶段多次估价，并对其进行监督和控制，以保证工程造价计算的准确性和控制的有效性。多次性估价的特点决定了工程造价不是固定、唯一的。多次性估价是一个随着工程的展开逐步深化、细化和接近实际造价的过程。工程建设项目的估价过程，如图 1-1 所示。

３．估价的组合性

工程建设项目是单件性与多样性组成的集合体，这就决定了工程造价估算的组合性。每一个工程建设项目都需要按业主的特定需要进行单独设计、单独施工，不能批量生产和按整个工程项目确定价格，只能采用特殊的估价程序和估价方法估算工程建设项目的工程造价。一个工程建设项目的总造价是由各个单项工程的造价组成；一个单项工程的造价是由各个单位工程的造价组成；一个单位工程的造价是按若干分部分项工程计算得出。按照国家统计局颁发的统计文件的规定，工程建设项目可划分为建设项目、单项工程、单位工程、分部工程和分项工程 5 个层次，如图 1-2 所示。由此可见，工程估价必然要顺应工程建设项目的这种组合性和分解性，表现为一个逐步组合的过程，其估算过程和顺序是：分部分项工程单价→单位工程造价→单项工程造价→建设工程项目总造价。

（1）建设项目。建设项目一般是指经批准按照同一个总体设计、一个设计任务书的范围

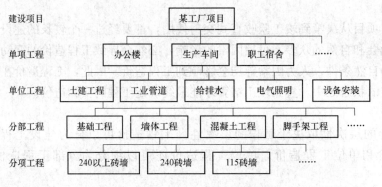

图 1-2　工程建设项目的分解

进行施工而建设的各个单项工程实体之和。作为一个建设项目，在行政上有独立组织形式的单位，经济上是实行独立核算、统一管理的法人组织。

一个建设项目可以是一个独立工程，也可以包括几个或若干个单项工程。在一个设计任务书的范围内，按规定分期进行建设的项目，仍算作一个建设项目，如一座钢铁厂、一所学校、一所医院等均为一个建设项目。

(2) 单项工程。单项工程又称工程项目，是建设项目的组成部分。一个建设项目可以是一个单项工程，也可能包括几个单项工程。单项工程一般是指具有独立的设计文件和施工条件，建成后能够独立发挥生产能力或使用效益的工程。生产性建设项目中的单项工程，一般是指各个生产车间、办公楼、仓库等；非生产性建设项目中，如学校的教学楼、图书馆、学生宿舍、餐厅等都是单项工程。

(3) 单位工程。单位工程是单项工程的组成部分。一般是指在单项工程中具有单独设计文件，具有独立施工条件而又可以单独作为一个施工对象的工程。单位工程建成后一般不能单独发挥生产能力或效益。一个单项工程可以分为若干个单位工程，如生产车间可以分为厂房土建工程、工业管道、电气、通风、设备、自动仪表等工程；民用建筑中的一幢房屋可分为土建、给排水、电气照明、暖气及煤气等单位工程。

(4) 分部工程。分部工程是单位工程的组成部分。一般是按建筑物的主要结构、主要部位以及安装工程的种类划分的。例如，土建工程划分为土石方工程、打桩工程、基础工程、砌筑工程、混凝土及钢筋混凝土工程、木结构工程、金属结构工程、楼地面工程、屋面工程、装饰工程、脚手架工程等，安装工程也可分为管道安装工程、设备安装工程、电气安装工程等。

(5) 分项工程。分项工程是分部工程的组成部分。分项工程是指通过较为简单的施工过程就能生产出来，且可以用适当的计量单位进行计量、描述的建筑或设备安装工程各种基本构造要素。一般是按照所用工种、材料、机械、施工方法和结构构件规格等不同的因素，将分部工程划分成若干个分项工程，如土石方工程中的挖土方、回填土、余土外运等都是分项工程。

4. 估价方法的多样性

工程造价在各个阶段具有不同的作用，而且各个阶段对工程建设项目的研究深度也有很大的差异，因而工程造价的估价方法是多种多样的。在可行性研究阶段，工程造价的估算多采用设备系数法、生产能力指数估算法等；在设计阶段，尤其是施工图设计阶段，若设计图纸完整，细部构造及做法均有大样图，工程量已能准确计算，施工方案比较明确，则多采用定额法或实物法计算。

5. 估价依据的复杂性

由于工程造价的构成复杂、影响因素多且估价方法也多种多样，因此，工程估价依据的种类也多，主要可分为以下 7 类：

(1) 设备和工程量的计算依据，包括项目建议书、可行性研究报告、设计文件等。

(2) 计算人工、材料、机械等实物消耗量的依据，包括各种定额。

(3) 计算工程单价的依据，包括人工单价、材料单价、机械台班单价等。

(4) 计算设备单价的依据。

(5) 计算各种费用的依据。

(6) 政府规定的税、费。

(7) 调整工程造价的依据，如文件规定、物价指数、工程造价指数等。

6. 估价的动态性

一个工程建设项目从立项到竣工都有一个较长的建设期，在此期间都会出现一些不可预料的风险因素对工程建设项目投资产生一定影响，如设计变更，设备、材料、人工价格变化，国家利率、汇率调整，因不可抗力出现或因承包方、发包方原因造成的索赔事件出现等，这一切必然会导致工程建设项目投资额的变动。因此，工程建设项目投资数额在整个建设期内都是不确定的，需随时进行动态跟踪、调整，直至竣工决算后，才能真正确定工程建设项目投资。

五、工程估价的模式

1. 基于建设工程定额的工程估价模式

定额是一种规定的额度、既定的标准。从广义上理解，定额就是处理或完成特定事物的数量限制。建设工程定额就是在工程建设中，在一定的技术和管理条件下，完成单位产品规定的人工、材料、机械等资源消耗的标准额度（数量）。建设工程定额反映了工程建设与各种资源消耗之间的客观规律，它是一个综合的概念，是工程建设中各类定额的总称。

建设工程定额估价是我国过去几十年工程估价实践的总结，是国家通过颁布统一的估价指标、概算定额、预算定额和相应的费用定额，对建筑产品价格有计划地进行管理的一种方式。

在估价中以定额为依据，按定额规定的分部分项子目，逐项计算工程量，套用定额单价（或单位估价表）确定直接费，然后按规定取费标准确定构成工程价格的其他费用和利税，从而获得工程建设项目的建筑安装工程造价，即相应工程项目的计划价格。基于工程定额估价的基本程序如图 1-3 所示。

这种估价模式下，计算和确定工程造价的过程较为简单、快速、准确，也有利于工程造价管理部门的管理。但是，由于概预算定额是按照计划经济的要求制定、发布、贯

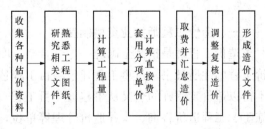

图 1-3　基于工程定额估价的基本程序

彻执行的，定额中人工、材料、机械的消耗量是根据"社会平均水平"原则综合测定的，费用标准是根据不同地区平均测算的，因此，企业采用这种模式报价时就会表现为平均主义，企业不能结合项目具体情况、自身技术优势、管理水平和材料采购渠道价格进行自主报价，不能充分调动企业加强管理的积极性，也不能充分体现市场公平竞争的基本原则。

2. 基于工程量清单的工程估价模式

工程量清单估价模式，是指在建筑市场上建设工程招投标中，按照国家统一的工程量清单计价规范，招标人或其委托的有资质的咨询机构编制反映工程实体消耗和措施消耗的工程量清单，并作为招标文件的一部分提供给投标人，由投标人针对工程量清单，根据供求状况、各种渠道所获得的工程造价信息和经验数据，结合企业定额自主报价，建筑产品的买卖双方最终确定并签订工程合同价格的估价方式。

与定额估价模式相比，工程量清单估价是市场定价模式，为建筑市场的交易双方提供了一个平等的竞争平台。这种模式能够反映出承建企业的工程个别成本，有利于企业自主报价和公平竞争；同时，实行工程量清单估价，工程量清单作为招标文件和合同文件的重要组成部分，对于规范招标人计价行为，在技术上避免招标中弄虚作假和暗箱操作，以及保证工程款的支付结算都会起到重要作用。

基于工程量清单估价的基本程序如图 1-4 所示。

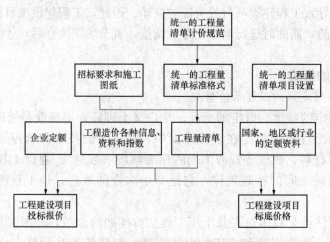

图 1-4　基于工程量清单估价的基本程序

第二节　建设工程造价专业人员资格管理

一、造价工程师执业资格制度

造价工程师是指经全国统一考试合格，取得造价工程师执业资格证书，并经注册取得造价工程师注册证书，从事工程建设项目工程造价活动的人员。考试合格但未经注册的人员，不得以造价工程师的名义从事建设项目工程造价活动。凡从事工程建设活动的建设、设计、施工、工程造价咨询、工程造价管理等单位，必须在估价、评估、审查（核）、控制及管理等岗位配备有造价工程师执业资格的专业技术人员。

1. 造价工程师的资格考试

（1）报考条件。报考条件是执业资格制度建立的基础，直接限制了资格考试的参与范围以及从业人员的学历水平和从业经历。

1）注册造价工程师执业资格考试的报考条件包括：①工程造价专业大专毕业后，从事工程造价业务工作满5年；工程或工程经济类大专毕业后，从事工程造价业务工作满6年。②工程造价专业本科毕业后，从事工程造价业务工作满4年；工程或工程经济类本科毕业后，从事工程造价业务工作满5年。③获上述专业第二学士学位或研究生班毕业和获硕士学位后，从事工程造价业务工作满3年。④获上述专业博士学位后，从事工程造价业务工作满2年。

2）注册咨询工程师（投资）执业资格考试的报考条件包括：①工程技术类或工程经济类大专毕业后，从事工程咨询相关业务满8年。②工程技术类或工程经济类专业本科毕业后，从事工程咨询相关业务满6年。③获工程技术类或工程经济类专业第二学士学位或研究生班毕业后，从事工程咨询相关业务满4年。④获工程技术类或工程经济类专业硕士学位后，从事工程咨询相关业务满3年。⑤获工程技术类或工程经济类专业博士学位后，从事工程咨询相关业务满2年。⑥获非工程技术类、工程经济类专业上述学历或学位人员，其从事工程咨询相关业务的年限相应增加2年。

（2）考试科目。考试科目直接反映执业资格的考核要求，决定了执业资格的特色与执业范围。注册造价工程师资格考试科目有建设工程造价管理、建设工程计价、建设工程技术与计量（分土建和安装两个专业）、建设工程造价案例分析等四门。我国现实行成绩滚动年限。成绩滚动年限是指考试成绩的有效年限，即在连续相近2个考试年度内全部达到相应考试科目的合格分数线为通过。注册咨询工程师（投资）资格考试科目有宏观经济政策与发展规划、工程项目组织与管理、项目决策分析与评价、现代咨询方法与实务等四门，其成绩滚动年限为4年。

2. 造价工程师的执业

造价工程师执业资格实行注册登记制度，造价工程师的执业必须依托所注册的工作单位，为了保护其所注册单位的合法权益并加强对造价工程师执业行为的监督和管理，我国规定，造价工程师只能在一个单位注册和执业。

造价工程师的执业范围包括：

（1）建设工程项目投资估算的编制、审核及项目经济评价；

（2）工程概算、工程预算、工程结算、竣工决算、招标控制价、投标报价的编制与审核；

（3）工程变更和合同价款的调整和索赔费用的计算；

（4）建设工程项目各阶段的工程造价控制；

（5）工程经济纠纷的鉴定；

（6）工程造价计价依据的编制、审核；

（7）与工程造价业务有关的其他事项。

3. 造价工程师的素质要求

造价工程师的工作关系到国家和社会公众利益，技术性很强，因此，对工程师的素质有特殊要求。造价工程师的素质要求包括以下几个方面：

（1）思想品德方面的素质。造价工程师在执业过程中，往往要接触许多工程项目，有些项目的工程造价高达数千万、数亿人民币，甚至更多。造价确定是否准确、造价控制是否合理，不仅关系到国民经济发展的速度和规模，而且关系到社会多方面的经济利益关系。因此，造价工程师必须具有良好的思想修养和职业道德，既能维护国家利益，又能以公正的态度维护有关各方合理的经济利益，绝不能以权谋私。

（2）专业方面的素质。造价工程师专业方面的素质集中表现在以专业知识和技能为基础的工程造价管理方面的实际工作能力。造价工程师应该掌握和了解的专业知识主要包括：①相关的经济理论与项目投资管理和融资；②相关法律、法规和政策与工程造价管理；③建筑经济与企业管理；④财政税收与金融实务；⑤市场、价格与现行各类估价依据（定额）；⑥招投标与合同管理；⑦施工技术与施工组织；⑧工作方法与动作研究；⑨建筑制图与识图、综合工业技术与建筑技术；⑩计算机应用和信息管理。

（3）身体方面的素质。造价工程师要有健康的身体，以适应紧张而繁忙的工作，同时应具有肯钻研和积极进取的精神面貌。

以上各项素质只是造价工程师工作能力的基础。造价工程师在实际岗位上应能独立完成建设方案、设计方案的经济比较工作，项目可行性研究的投资估算、设计概算和施工图预算、招标标底和投标报价、补充定额和造价指数等编制与管理工作，应能进行合同价结算和竣工决算的管理，以及对造价变动规律和趋势应具有分析预测能力。

4．造价工程师的技能结构

造价工程师是建设领域工程造价的管理者，其执业范围和担负的重要任务，要求造价工程师必须具备现代管理人员的技能结构。

按照行为科学的观点，作为管理人员应具有三种技能，即技术技能、人文技能和观念技能。技术技能是指能使用由经验和教育以及训练获得的知识、方法、技术，去完成特定任务的能力。人文技能是指与人共事的能力和判断力。观念技能是指了解整个组织及自己在组织中地位的能力，使自己不仅能按本身所属的群体目标行事，而且能按整个组织的目标行事。不同层次的管理人员所需具备的三种技能的结构并不相同，造价工程师应同时具备这三种技能，特别是观念技能和技术技能。但也不能忽视人文技能，忽视与人共事能力的培养，忽视激励的作用。

5．造价工程师的权利与义务

经造价工程师签字的工程造价成果文件，应当作为办理审批、报建、拨付工程款和工程结算的依据。

（1）造价工程师的权利。造价工程师享有的权利主要有：①称谓权，使用造价工程师名称；②执业权，依法独立执行业务；③签章权，签署工程造价文件、加盖执业专用章；④立业权，申请设立工程造价咨询单位；⑤举报权，对违反国家法律、法规的不正当计价行为进行举报。

（2）造价工程师的义务。造价工程师应履行的义务有：①遵守法律、法规，恪守职业道德；②接受继续教育，提高业务技术水平；③在执业中保守技术和经济秘密；④不得允许他人以本人名义执业；⑤按照有关规定提供工程造价资料。

二、造价员从业资格制度

造价员是指通过考试，取得全国建设工程造价员资格证书，从事工程造价业务的人员。

1. 资格考试

造价员资格考试实行全国统一考试大纲、通用专业和考试科目，各造价管理协会或归口管理机构和中国建设工程造价管理协会专业委员会负责组织命题和考试。通用专业分土建工程和安装工程两个专业，通用考试科目包括：①工程造价基础知识；②土建工程或安装工程（可任选一门）。

（1）报考条件。凡遵守国家法律、法规，恪守职业道德，具备下列条件之一者，均可申请参加造价员资格考试：①工程造价专业中专及以上学历；②其他专业中专及以上学历，工作满1年。工程造价专业大专及以上应届毕业生，可向管理机构或专业委员会申请免试"工程造价基础知识"。

（2）资格证书的颁发。造价员资格考试合格者，由各管理机构、专业委员会颁发由中国建设工程造价管理协会统一印制的全国建设工程造价员资格证书及专用章。建设工程造价员资格证书是造价员从事工程造价业务的资格证明。

2. 从业

造价员可以从事与本人取得的全国建设工程造价员资格证书专业相符的建设工程造价工作。造价员应在本人承担的工程造价业务文件上签字、加盖专用章，并承担相应的岗位责任。

造价员跨地区或行业变动工作，并继续从事建设工程造价工作的，应持调出手续、全国建设工程造价员资格证书和专用章，到调入所在地管理机构或专业委员会申请办理变更手续，换发资格证书和专用章。

造价员不得同时受聘于两个或两个以上单位。

3. 资格证书的管理

（1）证书的检验。全国建设工程造价员资格证书原则上每3年检验一次，由各管理机构和各专业委员会负责具体实施。验证的内容为本人从事工程造价工作的业绩、继续教育情况、职业道德等。

（2）验证不合格或注销资格证书和专用章。有下列情形之一者，验证不合格或注销全国建设工程造价员资格证书和专用章：

1）无工作业绩的；

2）脱离工程造价业务岗位的；

3）未按规定参加继续教育的；

4）以不正当手段取得全国建设工程造价员资格证书的；

5）在建设工程造价活动中有不良记录的；

6）涂改全国建设工程造价员资格证书和转借专用章的；

7）在两个或两个以上单位以造价员名义从业的。

4. 继续教育

造价员每三年参加继续教育的时间原则上不得少于30h，各管理机构、专业委员会可根据需要进行调整。各地区、行业继续教育的教材编写及培训组织工作由各管理机构、专业委员会分别负责。

复习思考题

1. 建筑产品及其生产的技术经济特点有哪些?
2. 简述工程项目的层次划分。
3. 简述工程项目建设程序。
4. 简述工程估价的内容及特征。
5. 试述工程估价的两种模式。
6. 造价工程师以及工程估价人员应具备哪些基本素质?
7. 造价工程师有哪些权利、义务?

第二章　建筑工程费用项目组成

【本章概要】

本章主要根据《建筑安装工程费用项目组成》（建标〔2013〕44 号），以及住房和城乡建设部《关于做好建筑业营改增建设工程计价依据调整准备工作的通知》（建办标〔2016〕4 号），介绍了建设工程造价的组成；人工工日单价组成内容及确定，影响人工工日单价的因素；材料价格的构成、编制依据及确定方法，影响材料预算价格变动的因素；施工机械台班使用费的组成及确定；按费用构成要素构成划分的建筑安装工程费用；按照工程造价形成划分的建筑安装工程费，以及企业管理费、利润、规费和税金的组成及确定。

第一节　建筑安装工程费用构成

根据《建筑安装工程费用项目组成》（建标〔2013〕44 号），建筑安装工程费用项目的构成有两种划分方式：按费用构成要素划分为人工费、材料费、施工机具使用费、企业管理费、利润、规费和税金，按工程造价形成顺序划分为分部分项工程费、措施项目费、其他项目费、规费和税金。

一、按费用构成要素划分

建筑安装工程费用项目的构成如果按费用构成要素划分，由人工费、材料（包含工程设备，下同）费、施工机具使用费、企业管理费、利润、规费和税金组成。其中，人工费、材料费、施工机具使用费、企业管理费和利润包含在分部分项工程费、措施项目费、其他项目费中（见图 2-1）。

1. 人工费

人工费是指按工资总额构成规定，支付给从事建筑安装工程施工的生产工人和附属生产单位工人的各项费用。内容包括：

（1）计时工资或计件工资。按计时工资标准和工作时间或对已做工作按计件单价支付给个人的劳动报酬。

（2）奖金。对超额劳动和增收节支支付给个人的劳动报酬，如节约奖、劳动竞赛奖等。

（3）津贴补贴。为了补偿职工特殊或额外的劳动消耗和因其他特殊原因支付给个人的津贴，以及为了保证职工工资水平不受物价影响支付给个人的物价补贴，如流动施工津贴、特殊地区施工津贴、高温（寒）作业临时津贴、高空津贴等。

（4）加班加点工资。按规定支付的在法定节假日工作的加班工资和在法定日工作时间外延时工作的加点工资。

（5）特殊情况下支付的工资。根据国家法律、法规和政策规定，因病、工伤、产假、计划生育假、婚丧假、事假、探亲假、定期休假、停工学习、执行国家或社会义务等原因按计时工资标准或计时工资标准的一定比例支付的工资。

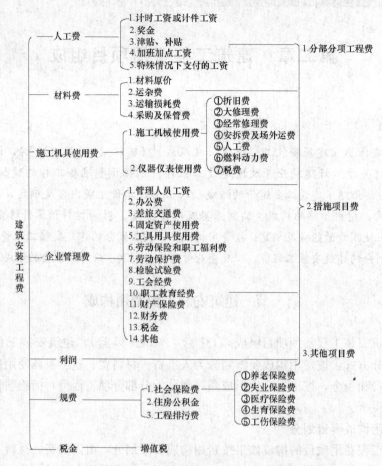

图 2-1　建筑安装工程费用项目组成（按费用构成要素划分）

2. 材料费

材料费是指施工过程中耗费的原材料、辅助材料、构配件、零件、半成品或成品、工程设备的费用。内容包括：

（1）材料原价。材料、工程设备的出厂价格或商家供应价格。

（2）运杂费。材料、工程设备自来源地运至工地仓库或指定堆放地点所发生的全部费用。

（3）运输损耗费。材料在运输装卸过程中不可避免的损耗。

（4）采购及保管费。为组织采购、供应和保管材料、工程设备的过程中所需要的各项费用，包括采购费、仓储费、工地保管费、仓储损耗。工程设备是指构成或计划构成永久工程一部分的机电设备、金属结构设备、仪器装置及其他类似的设备和装置。

3. 施工机具使用费

施工机具使用费是指施工作业所发生的施工机械、仪器仪表使用费或其租赁费。内容包括：

（1）施工机械使用费。施工机械使用费以施工机械台班耗用量乘以施工机械台班单价表示，施工机械台班单价应由下列七项费用组成：

1）折旧费：施工机械在规定的使用年限内，陆续收回其原值的费用。

2）大修理费：施工机械按规定的大修理间隔台班进行必要的大修理，以恢复其正常功能所需的费用。

3）经常修理费：施工机械除大修理以外的各级保养和临时故障排除所需的费用，包括为保障机械正常运转所需替换设备与随机配备工具附具的摊销和维护费用、机械运转中日常保养所需润滑与擦拭的材料费用及机械停滞期间的维护和保养费用等。

4）安拆费及场外运费：安拆费是指施工机械（大型机械除外）在现场进行安装与拆卸所需的人工、材料、机械和试运转费用，以及机械辅助设施的折旧、搭设、拆除等费用；场外运费是指施工机械整体或分体自停放地点运至施工现场，或由一施工地点运至另一施工地点的运输、装卸、辅助材料及架线等费用。

5）人工费：机上司机（司炉）和其他操作人员的人工费。

6）燃料动力费：施工机械在运转作业中所消耗的各种燃料及水、电费等。

7）税费：施工机械按照国家规定应缴纳的车船使用税、保险费及年检费等。

（2）仪器仪表使用费。工程施工所需使用的仪器仪表的摊销及维修费用。

4. 企业管理费

企业管理费是指建筑安装企业组织施工生产和经营管理所需的费用。内容包括：

（1）管理人员工资。按规定支付给管理人员的计时工资、奖金、津贴补贴、加班加点工资及特殊情况下支付的工资等。

（2）办公费。企业管理办公用的文具、纸张、账表、印刷、邮电、书报、办公软件、现场监控、会议、水电、烧水和集体取暖降温（包括现场临时宿舍取暖降温）等费用。

（3）差旅交通费。职工因公出差、调动工作的差旅费、住勤补助费，市内交通费和误餐补助费，职工探亲路费，劳动力招募费，职工退休、退职一次性路费，工伤人员就医路费，工地转移费以及管理部门使用的交通工具的油料、燃料等费用。

（4）固定资产使用费。管理和试验部门及附属生产单位使用的属于固定资产的房屋、设备、仪器等的折旧、大修、维修或租赁费。

（5）工具用具使用费。企业施工生产和管理使用的不属于固定资产的工具、器具、家具、交通工具和检验、试验、测绘、消防用具等的购置、维修和摊销费。

（6）劳动保险和职工福利费。由企业支付的职工退职金，按规定支付给离休干部的经费，集体福利费，夏季防暑降温、冬季取暖补贴，上下班交通补贴等。

（7）劳动保护费。企业按规定发放的劳动保护用品的支出，如工作服、手套、防暑降温饮料，以及在有碍身体健康的环境中施工的保健费用等。

（8）检验试验费。施工企业按照有关标准规定，对建筑以及材料、构件和建筑安装物进行一般鉴定、检查所发生的费用。包括自设试验室进行试验所耗用的材料等费用，不包括新结构、新材料的试验费，对构件做破坏性试验及其他特殊要求检验试验的费用和建设单位委托检测机构进行检测的费用，对此类检测发生的费用，由建设单位在工程建设其他费用中列支。但对施工企业提供的具有合格证明的材料进行检测不合格的，该检测费用由施工企业支付。

（9）工会经费。企业按《工会法》规定的全部职工工资总额比例计提的工会经费。

（10）职工教育经费。按职工工资总额的规定比例计提，企业为职工进行专业技术和职业技能培训，专业技术人员继续教育、职工职业技能鉴定、职业资格认定以及根据需要对职工进行各类文化教育所发生的费用。

（11）财产保险费。施工管理用财产、车辆等的保险费用。

（12）财务费。企业为施工生产筹集资金或提供预付款担保、履约担保、职工工资支付担保等所发生的各种费用。

（13）税金。企业按规定缴纳的房产税、车船使用税、土地使用税、印花税城市维护建设税、教育费附加及地方教育附加、水利建设基金等。

（14）其他。包括技术转让费、技术开发费、投标费、业务招待费、绿化费、广告费、公证费、法律顾问费、审计费、咨询费、保险费等。

5. 利润

利润是指施工企业完成所承包工程获得的盈利。

6. 规费

规费是指按国家法律、法规的规定，由省级政府和省级有关权力部门规定必须缴纳或计取的费用。包括：

（1）社会保险费。包括：①养老保险费。企业按照规定标准为职工缴纳的基本养老保险费。②失业保险费。企业按照规定标准为职工缴纳的失业保险费。③医疗保险费。企业按照规定标准为职工缴纳的基本医疗保险费。④生育保险费。企业按照规定标准为职工缴纳的生育保险费。⑤工伤保险费。企业按照规定标准为职工缴纳的工伤保险费。

（2）住房公积金。企业按规定标准为职工缴纳的住房公积金。

（3）工程排污费。企业按规定缴纳的施工现场工程排污费。

7. 税金

税金是指国家税法规定的应计入建筑安装工程造价内的增值税。其中甲供材料、甲供设备不作为增值税的计税基础。

二、按造价形成划分

建筑安装工程费按照工程造价形成由分部分项工程费、措施项目费、其他项目费、规费、税金组成，分部分项工程费、措施项目费、其他项目费包含人工费、材料费、施工机具使用费、企业管理费和利润（见图2-2）。

1. 分部分项工程费

分部分项工程费是指各专业工程的分部分项工程应予列支的各项费用。

（1）专业工程。按现行国家计量规范划分的房屋建筑与装饰工程、仿古建筑工程、通用安装工程、市政工程、园林绿化工程、矿山工程、构筑物工程、城市轨道交通工程、爆破工程等各类工程。

（2）分部分项工程。按现行国家计算规范对各专业工程划分的项目，如房屋建筑与装饰工程划分的土石方工程、地基处理与桩基工程、砌筑工程、钢筋及钢筋混凝土工程等。

2. 措施项目费

措施项目费是指为完成建设工程施工，发生于该工程施工前和施工过程中的技术、生活、安全、环境保护等方面的费用。内容包括：

（1）安全文明施工费。安全文明施工费是指在合同履行过程中，承包人按照国家法律、法规、标准等规定，为保证安全施工、文明施工，保护现场内外环境和搭拆临时设施等所采用的措施而发生的费用。包括：

1）环境保护费：施工现场为达到环保部门要求所需要的各项费用。

2）文明施工费：施工现场文明施工所需要的各项费用。

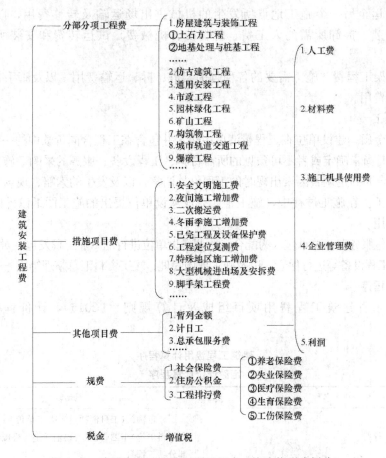

图 2-2　建筑安装工程费用项目组成（按造价形成划分）

3）安全施工费：施工现场安全施工所需要的各项费用。

4）临时设施费：施工企业为进行建设工程施工所必须搭设的生活和生产用的临时建筑物、构筑物和其他临时设施费用，包括临时设施的搭设、维修、拆除、清理费或摊销费等。

（2）夜间施工增加费。因夜间施工所发生的夜班补助费、夜间施工降效、夜间施工照明设备摊销及照明用电等费用。

（3）二次搬运费。因施工场地条件限制而发生的材料、构配件、半成品等一次运输不能到达堆放地点，必须进行二次或多次搬运所发生的费用。

（4）冬雨季施工增加费。在冬季或雨季施工需增加的临时设施、防滑、排除雨雪，人工及施工机械效率降低等费用。

（5）已完工程及设备保护费。竣工验收前，对已完工程及设备采取的必要保护措施所发生的费用。

（6）工程定位复测费。工程施工过程中进行全部施工测量放线和复测工作的费用。

（7）特殊地区施工增加费。工程在沙漠或其边缘地区、高海拔、高寒、原始森林等特殊地区施工增加的费用。

（8）大型机械设备进出场及安拆费。机械整体或分体自停放场地运至施工现场，或由一个施工地点运至另一个施工地点所发生的机械进出场运输及转移费用，以及机械在施工现场进行安装、拆卸所需的人工费、材料费、机械费、试运转费和安装所需的辅助设施的费用。

（9）脚手架工程费。施工需要的各种脚手架搭、拆、运输费用，以及脚手架购置费的摊销（或租赁）费用。

3. 其他项目费

（1）暂列金额。建设单位在工程量清单中暂定并包含在工程合同价款中的一笔款项，用于施工合同签订时尚未确定或者不可预见的所需材料、工程设备、服务的采购，施工中可能发生的工程变更、合同约定调整因素出现时的工程价款调整，以及发生的索赔、现场签证确认等。

（2）计日工。在施工过程中，施工企业完成建设单位提出的施工图纸以外的零星项目或工作所需的费用。

（3）总承包服务费。总承包人为配合、协调建设单位进行的专业工程发包，对建设单位自行采购的材料、工程设备等进行保管，以及施工现场管理、竣工资料汇总整理等服务所需的费用。

三、计价程序

参考《山东省建筑工程费用项目组成及计算规则》（2016），计价程序见表 2 - 1 和表 2 - 2。

表 2 - 1　　　　　　　　　　　　　建筑工程费用计算程序
定额计价计算程序

序号	费用名称	费率	计算方法
一	分项工程费		$\sum\{[$定额$\sum($工日消耗量×人工单价$)+\sum($材料消耗量×材料单价$)+\sum($机械台班消耗量×机械台班单价$)]×$分部分项工程量
	计费基础 JD1		$\sum[$分部分项工程定额$\sum($工日消耗量×省人工单价$)×$分部分项工程量$]$，即分部分项工程的省价人工费之和
二	措施项目费		2.1＋2.2
	2.1 单价措施费		$\sum\{[$定额$\sum($工日消耗量×人工单价$)+\sum($材料消耗量×材料单价$)+\sum($机械台班消耗量×台班单价$)]×$单价措施项目工程量$\}$
	2.2 总价措施费		JD1×相应费率
	计费基础 JD2		$\sum[$单价措施项目定额$\sum($工日消耗量×省人工单价$)×$单价措施项目工程量$]+\sum($JD1×省发措施费费率×$H)$，即单价措施项目的省价人工费之和＋总价措施费中的省价人工费之和 其中，H 为总价措施费中人工费含量（%）
三	其他项目费		3.1＋3.2＋3.3＋3.4＋3.5
	3.1 暂列金额		
	3.2 专业工程暂估价		
	3.3 计日工		按相关规定计取
	3.4 总承包服务费		
	3.5 其他		

续表

序号	费用名称	费率	计算方法
四	企业管理费		(JD1＋JD2)×管理费费率
五	利润		(JD1＋JD2)×利润率
六	规费		4.1＋4.2＋4.3＋4.4＋4.5
	4.1 安全文明施工费		(一＋二＋三＋四＋五)×费率
	4.2 工程排污费		按工程所在地设区市相关规定计算
	4.3 社会保险费		(一＋二＋三＋四＋五)×费率
	4.4 住房公积金		按工程所在地设区市相关规定计算
	4.5 建设项目工伤保险		按工程所在地设区市相关规定计算
七	设备费		$\sum$(设备单价×设备工程量)
八	税金		(一＋二＋三＋四＋五＋六＋七)×税率
九	工程费用合计		一＋二＋三＋四＋五＋六＋七＋八

表 2-2 　　　　　　　建筑工程费用计算程序

工程量清单计价计算程序

序号	费用名称	费率	计算方法
一	分部分项工程费		$\sum$(J_i×分部分项工程量)
	分部分项工程综合单价		$J_i=1.1＋1.2＋1.3＋1.4＋1.5$
	1.1 人工费		每计量单位$\sum$(工日消耗量×人工单价)
	1.2 材料费		每计量单位$\sum$(材料消耗量×材料单价)
	1.3 施工机械使用费		每计量单位$\sum$(机械台班消耗量×台班单价)
	1.4 企业管理费		JQ1×管理费费率
	1.5 利润		JQ1×利润率
	计费基础 JQ1		分部分项工程每计量单位(工日消耗量×省人工单价)，即分部分项工程每计量单位的省价人工费之和
二	措施项目费		2.1＋2.2
	2.1 单价措施费		$\sum$｛[每计量单位$\sum$(工日消耗量×人工单价)＋$\sum$(材料消耗量×材料单价)＋$\sum$(机械台班消耗量×台班单价)＋JQ2×(管理费费率＋利润率)]×单价措施项目工程量｝
	计费基础 JQ2		单价措施项目每计量单位$\sum$(工日消耗量×省人工单价)，即单价措施项目每计量单位的省价人工费之和 其中，H 为总价措施费中人工费含量(%)
	2.2 总价措施费		$\sum$[(JQ1×分部分项工程量)×措施费费率＋(JQ1×分部分项工程量)×省发措施费费率×H×(管理费费率＋利润率)]
三	其他项目费		3.1＋3.2＋3.3＋3.4＋3.5
	3.1 暂列金额		
	3.2 专业工程暂估价		按相关规定计取
	3.3 计日工		
	3.4 总承包服务费		
	3.5 其他		

续表

序号	费用名称	费率	计算方法
四	规费		4.1+4.2+4.3+4.4+4.5
	4.1 安全文明施工费		(一+二+三+四+五)×费率
	4.2 工程排污费		按工程所在地设区市相关规定计算
	4.3 社会保险费		(一+二+三+四+五)×费率
	4.4 住房公积金		按工程所在地设区市相关规定计算
	4.5 建设项目工伤保险		按工程所在地设区市相关规定计算
五	设备费		Σ(设备单价×设备工程量)
六	税金		(一+二+三+四+五)×税率
七	工程费用合计		一+二+三+四+五+六

四、工程类别划分和参考费率

1. 建筑工程类别划分标准

工程类别划分标准，是根据不同的单位工程，按其施工难易程度，结合某某省建筑市场的实际情况确定的。一个单项工程的单位工程，包括建筑工程、装饰工程、水卫工程、暖通工程、电气工程等若干个相对独立的单位工程。一个单位工程只能确定一个工程类别。

工程类别划分标准中有两个指标的，确定工程类别时，需满足其中一项指标。

工程类别划分标准缺项时，拟定为Ⅰ类工程的项目，由省工程造价管理机构核准；Ⅱ、Ⅲ类工程项目，由市工程造价管理机构核准，并同时报省工程造价管理机构备案。

建筑工程确定类别时，应首先确定工程类型。建筑工程的工程类型，按工业厂房工程、民用建筑工程、构筑物工程、桩基础工程、单独土石方工程等五个类型分列。

建筑工程类别划分标准见表2-3。

表2-3 建筑工程类别划分标准

工程特征			单位	工程类别		
				Ⅰ	Ⅱ	Ⅲ
工业厂房工程	钢结构		跨度 m	>30	>18	≤18
			建筑面积 m²	>25 000	>12 000	≤12 000
	其他结构	单层	跨度 m	>24	>18	≤18
			建筑面积 m²	>15 000	>10 000	≤10 000
		多层	檐高 m	>60	>30	≤30
			建筑面积 m²	>20 000	>12 000	≤12 000
民用建筑工程	钢结构		檐高 m	>60	>30	≤30
			建筑面积 m²	>30 000	>12 000	≤12 000
	混凝土结构		檐高 m	>60	>30	≤30
			建筑面积 m²	>20 000	>10 000	≤10 000
	其他结构		层数 层	—	>10	≤10
			建筑面积 m²	—	>12 000	≤12 000
	别墅工程（≤3层）		数栋 栋	≤5	≤10	>10
			建筑面积 m²	≤500	≤700	>700

工程特征			单位	工程类别		
				I	II	III
构筑物工程	烟囱	混凝土结构高度	m	＞100	＞60	≤60
		砖结构高度	m	＞60	＞40	≤40
	水塔	高度	m	＞60	＞40	≤40
		容积	m²	＞100	＞60	≤60
	筒仓	高度	m	＞35	＞20	≤20
		容积（单体）	m²	＞2500	＞1500	≤1500
	储池	容积（单体）	m²	＞3000	＞1500	≤1500
单独土石方工程	土石方		m²	＞30 000	＞12 000	5000＜体积≤12 000
桩基础工程	桩长		m	＞30	＞12	≤12

2. 装饰工程类别划分

装饰工程，指建筑物主体结构完成后，在主体结构表面及相关部位进行抹灰、镶贴和铺装面层等施工，以达到建筑设计效果的施工内容。

（1）作为地面各层次的承载体，在原始地基或回填土上铺筑的垫层，属于建筑工程。附着于垫层、或者主体结构的找平层仍属于建筑工程。

（2）为主体结构及其施工服务的边坡支护工程，属于建筑工程。

（3）门窗（不含门窗零星装饰），作为建筑物围护结构的重要组成部分，属于建筑工程。工艺门扇以及门窗的包框、镶嵌和零星装饰，属于装饰工程。

（4）位于墙柱结构外表面以外、楼板（含屋面板）以下的各种龙骨（骨架）、各种找平层、面层，属于装饰工程。

（5）具有特殊功能的防水层、保温层，属于建筑工程；防水层、保温层以外的面层属于装饰工程。

（6）为整体工程、或主体结构工程服务的脚手架、垂直运输、水平运输、大型机械进出场，属于建筑工程；单纯为装饰工程服务的，属于装饰工程。

特殊公共建筑，包括观演展览建筑（如影剧院、影视制作播放建筑、城市级图书馆、博物馆、展览馆、纪念馆等）、交通建筑（如汽车、火车、飞机、轮船的站房建筑等）、体育场馆（如，体育训练、比赛场馆等）、高级会堂等，以及四星级及以上的宾馆，为I类工程。

一般公共建筑，包括办公建筑、文教卫生建筑（如教学楼、实验楼、学校图书馆、门诊楼、病房楼、检验化验楼等）、科研建筑、商业建筑等，以及三星级宾馆，为II类工程。

居住建筑及工业厂房工程，以及二星级以下宾馆，为III类工程。

单独外墙装饰，包括幕墙、各种外墙干挂工程，当幕墙高度在50m以上的，为I类工程；在50m以下，30m以上的，为II类工程；在30m及以下的，为III类工程。

单独招牌、灯箱、美术字为III类工程。

3. 其他规定

（1）与建筑物配套的零星项目，如水表井、消防水泵接、合器井、热力入户井、排水检查井、雨水沉砂池等，按相应建筑物的类别确定工程类别。

其他附属项目，如场区大门、围墙、挡土墙、庭院甬路、室外管道支架等，按建筑工程Ⅲ类确定工程类别。

（2）工业厂房的设备基础，单体混凝土体积＞1000m³，按构筑物工程Ⅰ类；单体混凝土体积＞600m³，按构筑物工程Ⅱ类；单体混凝土体积≤600m³、且＞50m³，按构筑物工程Ⅲ类；≤50m³，按相应建筑物或构筑物的工程类别确定工程类别。

（3）强夯工程，按单独土石方工程Ⅱ类确定工程类别。

4. 建筑工程费率

表 2-4　　　　　　　　企业管理费、利润、税金费率表（单位：%）

一般计税下

专业名称	费用名称及工程类别	企业管理费			利润			税金
		Ⅰ	Ⅱ	Ⅲ	Ⅰ	Ⅱ	Ⅲ	
建筑工程	建筑工程	43.4	34.7	25.6	35.8	20.3	15.0	11
	构筑物工程	34.7	31.3	20.8	30.0	24.2	11.6	
	单独土石方工程	28.9	20.8	13.1	22.3	16.0	6.8	
	桩基工程	23.2	17.9	13.1	16.9	13.1	4.8	
装饰工程		66.2	52.7	32.2	36.7	23.8	17.3	

表 2-5　　　　　　　　企业管理费、利润、税金费率表（单位：%）

简易计税下

专业名称	费用名称及工程类别	企业管理费			利润			税金
		Ⅰ	Ⅱ	Ⅲ	Ⅰ	Ⅱ	Ⅲ	
建筑工程	建筑工程	43.2	34.5	25.4	35.8	20.3	15.0	3
	构筑物工程	34.5	31.2	20.7	30.0	24.2	11.6	
	单独土石方工程	28.8	20.7	13.1	22.3	16.0	6.8	
	桩基工程	23.1	17.8	13.0	16.9	13.1	4.8	
装饰工程		65.9	52.4	32.0	36.7	23.8	17.3	

表 2-6　　　　　　　　　　　　措施费费率表（单位：%）

专业名称	一般计税下				简易计税下			
	夜间施工费	二次搬运费	冬雨期施工增加费	已完工程及设备保护费	夜间施工费	二次搬运费	冬雨季施工增加费	已完工程及设备保护费
建筑工程	2.55	2.18	2.91	0.15	2.80	2.40	3.20	0.15
装饰工程	3.64	3.28	4.10	0.15	4.0	3.6	4.5	0.15
措施费中人工含量	25		10		25		10	

表 2 - 7 规费费率表（单位:%）

费用名称\专业名称	一般计税下		简易计税下	
	建筑工程	装饰工程	建筑工程	装饰工程
安全文明施工费	3.70	4.15	3.52	3.97
其中: 1. 安全施工费	2.34	2.34	2.16	2.16
2. 环境保护费	0.11	0.12	0.11	0.12
3. 文明施工费	0.54	0.10	0.54	0.10
4. 临时设施费	0.71	1.59	0.71	1.59
社会保险费	1.52		1.40	
住房公积金				
工程排污费	按工程所在地设区市相关规定计算			
建设项目工伤保险				

第二节 建筑安装工程费用构成要素计算方法

一、人工费

1. 计算方法

$$人工费 = \sum(工日消耗量 \times 日工资单价)$$

或

$$人工费 = \sum(工程工日消耗量 \times 日工资单价)$$

前者适用于施工企业投标报价时自主确定人工费，也是工程造价管理机构编制计价定额时确定定额人工单价或发布人工成本信息的参考依据。后者适用于工程造价管理机构编制计价定额时确定定额人工费，是施工企业投标报价的参考依据。

$$日工资单价 = \frac{生产工人平均月工资(计时、计件) + 平均月(奖金 + 津贴补贴 + 特殊情况下支付的工资)}{年平均每月法定工作日}$$

工程造价管理机构确定日工资单价时，应通过市场调查，根据工程项目的技术要求，参考实物工程量人工单价综合分析确定。最低日工资单价不得低于工程所在地人力资源和社会保障部门所发布的最低工资标准的 1.3 倍（普工）、2 倍（一般技工）、3 倍（高级技工）。

2. 影响人工工日单价的因素

影响建筑安装工人人工工日单价（以下简称人工单价）的因素很多，归纳起来有以下几个方面：

（1）社会平均工资水平。建筑安装工人人工单价必然和社会平均工资水平趋同。社会平均工资水平取决于经济发展水平。由于我国改革开放以来经济迅速增长，社会平均工资也有大幅增长，从而使得人工单价大幅提高。

（2）生活消费指数。生活消费指数的提高会引起人工单价的提高，以减少生活水平的下降，或维持原来的生活水平。生活消费指数的变动取决于物价的变动，尤其取决于生活消费品物价的变动。

（3）人工单价的组成内容。例如，住房消费、养老保险、医疗保险、失业保险等列入人工单价，会使人工单价提高。

（4）劳动力市场供需变化。劳动力市场如果需求大于供给，人工单价就会提高；供给大于需求，市场竞争激烈，人工单价就会下降。

（5）政府行为的影响。政府推行的社会保障和福利政策也会引起人工单价的变动。

二、材料费

1. 计算方法

在建筑工程中，材料费占总造价的 $50\%\sim60\%$，在金属结构工程中所占的比重更大，是工程直接费的主要组成部分。因此，合理确定材料价格的构成，正确计算材料价格，有利于合理确定和有效控制工程造价。

$$材料费 = \sum(材料消耗量 \times 材料单价)$$

$$材料单价 = [(材料原价 + 运杂费) \times (1 + 运输损耗率)] \times (1 + 采购保管费率)$$

$$工程设备费 = \sum(工程设备量 \times 工程设备单价)$$

$$工程设备单价 = (设备原价 + 运杂费) \times (1 + 采购保管费率)$$

（1）材料原价。材料原价是指材料的出厂价格、进口材料抵岸价或销售部门的批发牌价和零售价。在确定原价时，凡同一种材料因来源地、交货地、供货单位、生产厂家不同而有几种价格（原价）时，根据不同来源地供货数量比例，采取加权平均的方法确定其综合原价。计算公式如下：

$$加权平均原价 = (C_1 K_1 + C_2 K_2 + \cdots + C_n K_n) \div (K_1 + K_2 + \cdots + K_n)$$

式中　K_1、K_2、$\cdots$、K_n——各不同供应地点的供应量或各不同使用地点的需求量；

　　　C_1、C_2、$\cdots$、C_n——各不同供应地点的原价。

（2）材料运杂费。材料运杂费是指材料由采购地或发货点至现场仓库或工地存放地（含外埠中转）运输过程中所发生的一切费用和过境过桥费。同品种材料有若干来源地，采用加权平均的方法计算如下：

$$加权平均运杂费 = (K_1 T_1 + K_2 T_2 + \cdots + K_n T_n) \div (K_1 + K_2 + \cdots + K_n)$$

式中　K_1、K_2、$\cdots$、K_n——各不同供应地点的供应量或各不同使用地点的需求量；

　　　T_1、T_2、$\cdots T_n$——各不同运距的运费。

另外，在运杂费中需要考虑为了便于材料运输和保护而发生的包装费。材料包装费用有两种情况：一种情况是包装费已计入材料原价中，此种情况不再计算包装费，如袋装水泥，水泥纸袋已包含在水泥原价中；另一种情况是材料原价中未包含包装费，如需包装，包装费则应计入材料价格中。

（3）运输损耗费。在材料的运输中应考虑一定的场外运输损耗费用。这是指材料在运输装卸过程中不可避免的损耗。运输损耗率计算公式如下：

$$运输损耗费 = (材料原价 + 运杂费) \times 相应材料损耗费率$$

式中，材料损耗率一般通过各地建设主管部门制定的损耗费率确定。

（4）采购及保管费。采购及保管费是指材料供应部门在组织采购、供应和保管材料过程中所需的各项费用，包括采购费、仓储费、工地保管费、仓储损耗费等。一般按照材料到库价格以费率取定。计算公式如下：

$$采购及保管费 = 材料运到工地仓库价格 \times 采购及保管费率$$

或

采购及保管费 ＝（材料原价＋运杂费＋运输损耗费）×采购及保管费率

采购保管费率一般按各省、市、自治区建设行政主管部门制定的费率确定。

2. 影响材料预算价格变动的因素

（1）市场供需变化。材料原价是材料预算价格中最基本的组成部分。市场供大于求，价格就会下降；反之，价格就会上升，从而也就会影响材料预算价格的涨落。

（2）材料生产成本的变动直接涉及材料预算价格的波动。

（3）流通环节的多少和材料供应体制也会影响材料预算价格。

（4）运输距离和运输方法的改变会影响材料运输费用的增减，从而也会影响材料预算价格。

（5）国际市场行情会对进口材料价格产生影响。

三、施工机具使用费

1. 施工机械使用费

施工机械使用费 ＝∑（施工机械台班消耗量×机械台班单价）

机械台班单价 ＝ 台班折旧费＋台班大修费＋台班经常修理费
＋台班安拆费及场外运输费＋台班人工费＋台班燃料动力费
＋台班车船税费

（1）台班折旧费。计算公式如下：

台班折旧费 ＝ 机械预算价格×（1－残值率）×时间价值系数／耐用总台班

其中，机械预算价格包括国产机械预算价格和进口机械预算价格。国产机械预算价格按机械原值、供销部门手续费和一次运杂费以及车辆购置税之和计算。进口机械预算价格按照机械原值、关税、增值税、消费税、外贸手续费和国内运杂费、财务费、车辆购置税之和计算。

残值率是指机械报废时回收的残值占机械原值（机械预算价格）的比率。残值率按1993 年有关文件规定执行：运输机械 2％，特大型机械 3％，中小型机械 4％，掘进机械 5％。

时间价值系数是指购置施工机械的资金在施工生产过程中随着时间的推移而产生的单位增值。计算公式如下：

时间价值系数 ＝ 1＋（折旧年限＋1)/2×年折现率

其中，年折现率应按编制期银行年贷款利率确定。

耐用总台班是指机械在正常施工作业条件下，从投入使用直到报废止，按规定应达到的使用总台班数。机械耐用总台班即机械使用寿命，计算公式如下：

耐用总台班 ＝ 年工作台班×折旧年限 ＝ 大修间隔台班×大修周期

年工作台班是根据有关部门对各类主要机械最近 3 年的统计资料分析确定。

折旧年限是指国家规定的固定资产计提折旧的年限。

大修间隔台班是指机械自投入使用起至第一次大修止，或自上一次大修后投入使用起至下一次大修止应达到的使用台班数。

大修周期是指机械正常的施工作业条件下，将其寿命期（即耐用总台班）按规定的大修理次数划分为若干个周期。其计算公式如下：

大修周期 ＝ 寿命期大修理次数＋1

（2）台班大修费的组成及确定：

$$台班大修理费 = （一次大修理费 \times 寿命期内大修理次数）/ 耐用总台班$$

其中，一次大修理费按机械设备规定的大修理范围和工作内容，进行一次全面修理所需消耗的工时、配件、辅助材料、油燃料以及送修运输等全部费用计算。

寿命期大修理次数是指为恢复原机功能，按规定在寿命期内需要进行的大修理次数。

（3）台班经常修理费的组成及确定：

$$台班经常修理费 = \big[（各级保养一次费用 \times 寿命期各级保养总次数）$$
$$+ 机械临时故障排除费\big]/ 耐用总台班$$
$$+ 替换设备和工具附具台班摊销费 + 例保辅料费$$

为简化计算，编制台班费用定额时也可采用下列公式：

$$台班经修费 = 台班大修费 \times K$$
$$K = 机械台班经常修理费 / 机械台班大修理费$$

其中，各级保养（一次）费用分别指机械在各个使用周期内为保证机械处于完好状况，必须按规定的各级保养间隔周期、保养范围和内容进行的一、二、三级保养或定期保养所消耗的工时、配件、辅料、油燃料等费用。

寿命期各级保养总次数分别指一、二、三级保养或定期保养在寿命期内各个使用周期中的保养次数之和。

机械临时故障排除费、机械停置期间维护保养费是指机械除规定的大修理及各级保养以外，临时故障所需费用以及机械在工作日以外的保养维护所需润滑擦拭材料费，可按各级保养（不包括例保辅料费）费用之和的3%计算。

替换设备和工具附具台班摊销费是指轮胎、电缆、蓄电池、运输皮带、钢丝绳、胶皮管、履带板等消耗性设备和按规定随机配备的全套工具附具的台班摊销费用。

例保辅料费是即机械日常保养所需润滑擦拭材料的费用。

（4）台班安拆费及场外运输费的组成和确定：

1）台班安拆。机械在施工现场进行安装、拆卸所需人工、材料、机械和试运转费用，包括机械辅助设施（如基础底座、固定锚桩、行走轨道、枕木等）的折旧、搭设、拆除等费用。

2）场外运输费。机械整体或分体自停置地点运至现场，或自某一工地运至另一工地的运输、装卸、辅助材料以及架线等费用。

$$台班安拆及场外运输费 = 台班辅助设施摊销费 + \frac{机械一次安拆费 \times 年平均安拆次数 + P \times 年平均场外运输次数}{年工作台班}$$

其中：

$$P = 一次运输及装卸费 + 辅助材料一次摊销费 + 一次架线费$$

台班安拆费及场外运输费分别按不同机械型号、质量、外形体积，不同的安装、拆卸和运输方式测算其一次安装拆卸费和一次场外运输费，以及年平均安拆、运输次数，作为计算依据。

（5）台班人工费的组成和确定：

$$台班人工费 = 人工消耗量 \times \big[1 + （年制度工作日 - 年工作台班）/ 年工作台班\big]$$
$$\times 人工单价$$

其中，人工消耗量是指机上司机（司炉）和其他操作人员工日消耗量。

年制度工作日应执行编制期国家有关规定。

（6）台班燃料动力费的组成和确定。定额机械燃料动力消耗量以实测的消耗量为主，以现行定额消耗量和调查的消耗量为辅的方法确定。计算公式如下：

$$台班燃料动力消耗量 ＝（实测数×4＋定额平均值＋调查平均值）/6$$

$$台班燃料动力费 ＝ 台班燃料动力消耗量×相应单价$$

（7）台班养路费及车船使用费的组成和确定。

$$台班养路费及车船使用税 ＝（年养路费＋年车船使用税＋年保险费＋年检费用）/ 年工作台班$$

其中，年养路费、年车船使用税、年检费用应执行编制期有关部门的规定；年保险费执行编制期有关部门强制性保险的规定，非强制性保险不应计算在内。

2. 仪器仪表使用费

$$仪器仪表使用费 ＝ 工程使用的仪器仪表摊销费＋维修费$$

四、企业管理费

企业管理费的计算分下列三种方式：

1. 以分部分项工程费为计算基础

$$企业管理费费率（\%） ＝ \frac{生产工人年平均管理费}{年有效施工天数×人工单价}×人工费占分部分项工程费的比例$$

2. 以人工费和机械费合计为计算基础

$$企业管理费费率（\%） ＝ \frac{生产工人年平均管理费}{年有效施工天数×（人工单价＋每一工日机械使用费）}×100\%$$

3. 以人工费为计算基础

$$企业管理费费率（\%） ＝ \frac{生产工人年平均管理费}{年有效施工天数×人工单价}×100\%$$

上述公式适用于施工企业投标报价时自主确定管理费，是工程造价管理机构编制计价定额、确定企业管理费的参考依据。

五、利润

利润是指施工企业完成所承包工程应获得的盈利。

利润是根据拟建单位工程类别确定的，即按其建筑性质、规模大小、施工难易程度等因素实施差别利率。建筑企业可依据本企业经营管理水平和建筑市场供求情况，自行确定本企业的利润率，列入报价中。

六、规费

1. 社会保险费和住房公积金

社会保险费和住房公积金应以定额人工费为计算基础，根据工程所在地省、自治区、直辖市或行业建设主管部门规定的费率计算。

2. 工程排污费

工程排污费等其他应列而未列入的规费，应按工程所在地环境保护等部门规定的标准缴纳，按实计取列入。

七、税金

一般计税法下，建筑工程的增值税＝税前工程造价×11％。其中，11％为建筑业拟征增值税税率，税前工程造价为人工费、材料费、施工机具使用费、企业管理费、利润和规费之和，各费用项目均以不包含增值税可抵扣进项税额的价格计算，相应计价依据按上述方法调整。

复习思考题

1. 两种建筑安装工程费用项目划分有什么区别和联系?
2. 人工工资单价有哪些组成内容?
3. 材料费有哪些组成内容?
4. 施工机械使用费有哪些组成内容?
5. 简述清单模式下建筑安装工程造价的构成。
6. 工程类别如何划分?

第三章　工程量清单计价模式

【本章概要】

本章介绍了《建设工程工程量清单计价规范》（GB 50500—2013）的基本内容（节选）；围绕计价规范的基本规定，按照工程量清单计价模式的要求，重点介绍了招标工程量清单及清单计价的基本原理和方法。

第一节　《建设工程工程量清单计价规范》的基本内容

2012 年 12 月 25 日，住房和城乡建设部第 1567 号公告批准《建设工程工程量清单计价规范》（GB 50500—2013，以下简称《计价规范》）为国家标准，自 2013 年 7 月 1 日实施。2008 版《建设工程工程量清单计价规范》停止使用。

《计价规范》主要由正文和附录两大部分构成，两者具有同等效力。

正文共 16 章，包括总则、术语、一般规定、工程量清单编制、招标控制价、投标报价、合同价款约定、工程计量、合同价款调整、合同价款期中支付、竣工结算与支付、合同解除的价款结算与支付、合同价款争议的解决、工程造价鉴定、工程计价资料与档案、工程计价表格。

附录包括：附录 A 物价变化合同价款调整方法，附录 B 工程计价文件封面，附录 C 工程计价文件扉页，附录 D 工程计价总说明，附录 E 工程计价总汇表，附录 F 分部分项工程和单价措施项目清单与计价表，附录 G 其他项目计价表，附录 H 规费、税金项目计价表，附录 J 工程计量申请（核准）表，附录 K 合同价款支付申请（核准）表，附录 L 主要材料、工程设备一览表。

一、总则

《计价规范》的制定目的是为了规范建设工程造价计价行为，统一建设工程计价文件的编制原则和计价方法，编制依据是《中华人民共和国建筑法》《中华人民共和国合同法》、《中华人民共和国招标投标法》等法律、法规。《计价规范》适用于建设工程发承包及实施阶段的计价活动，包括房屋建筑与装饰工程、仿古建筑工程、安装工程、市政工程、园林绿化工程、矿山工程、构筑物工程、城市轨道交通工程、爆破工程等专业的计价活动。

建设工程发承包及实施阶段的计价活动包括工程量清单编制、招标控制价编制、投标报价编制、工程合同价款的约定、工程施工过程中工程计量与合同价款的支付、索赔与现场签证、合同价款的调整、竣工结算的办理和合同价款争议的解决以及工程造价鉴定等，涵盖工程建设发承包以及施工阶段的整个过程。

二、主要术语解释

（1）工程量清单。载明建设工程分部分项工程项目、措施项目、其他项目的名称和相应数量，以及规费、税金项目等内容的明细清单。

（2）招标工程量清单。招标人依据国家标准、招标文件、设计文件以及施工现场实际情况编制的，随招标文件发布供投标报价的工程量清单，包括其说明和表格。

（3）已标价工程量清单。构成合同文件组成部分的投标文件中已标明价格，经算术性错误修正（如有）且承包人已确认的工程量清单，包括其说明和表格。

（4）分部分项工程。分部工程是单项工程或单位工程的组成部分，是按结构部位、路段长度及施工特点或施工任务将单项工程或单位工程划分为若干分部的工程；分项工程是分部工程的组成部分，是按不同施工方法、材料、工序及路段长度等将分部工程划分为若干个分项或项目的工程。

（5）措施项目。为完成工程项目施工，发生于该工程施工准备和施工过程中的技术、生活、安全、环境保护等方面的项目。

（6）综合单价。完成一个规定清单项目所需的人工费、材料和工程设备费、施工机械使用费和企业管理费、利润以及一定范围内的风险费用。

（7）风险费用。隐含于已标价工程量清单综合单价中，用于化解发承包双方在工程合同中约定内容和范围内的市场价格波动风险的费用。

（8）暂列金额。招标人在工程量清单中暂定并包含在合同价款中的一笔款项，用于工程合同签订时尚未确定或者不可预见的所需材料、工程设备、服务的采购，施工中可能发生的工程变更、合同约定调整因素出现时的合同价款调整以及发生的索赔、现场签证确认等的费用。

（9）暂估价。招标人在工程量清单中提供的用于支付必然发生但暂时不能确定价格的材料、工程设备的单价以及专业工程的金额。暂估价是在招标阶段预见肯定要发生，只是因为标准不明确或者需要由专业承包人完成，暂时又无法确定具体价格时采用的一种价格形式。

（10）计日工。在施工过程中，承包人完成发包人提出的工程合同范围以外的零星项目或工作，按合同中约定的单价计价的一种方式，包括完成该项作业的人工、材料、施工机械台班。计日工的单价由投标人通过投标报价确定，计日工的数量按完成发包人发出的计日工指令的数量确定。

（11）总承包服务费。总承包人为配合协调发包人进行的专业工程发包，对发包人自行采购的材料、工程设备等进行保管以及施工现场管理、竣工资料汇总整理等服务所需的费用。

（12）工程造价咨询人。取得工程造价咨询资质等级证书，接受委托从事建设工程造价咨询活动的当事人以及取得该当事人资格的合法继承人。

（13）单价项目。工程量清单中以单价计价的项目，即根据合同工程图纸（含设计变更）和相关工程现行国家计量规范规定的工程量计算规则进行计量，与已标价工程量清单相应综合单价进行价款计算的项目。

（14）总价项目。工程量清单中以总价计价的项目，即此类项目在相关工程现行国家计量规范中无工程量计算规则，不能计算工程量，而以总价（或计算基础乘费率）计算，如安全文明施工费、夜间施工增加费，以及总承包服务费、规费等。

（15）招标控制价。招标人根据国家或省级、行业建设主管部门颁发的有关计价依据和办法，以及拟定的招标文件和招标工程量清单，结合工程具体情况编制的招标工程的最高投标限价。

（16）投标价。投标人投标时响应招标文件要求所报出的对已标价工程量清单汇总后标明的总价。

（17）签约合同价（合同价款）。发承包双方在工程合同中约定的工程造价，即包含分部分项工程费、措施项目费、其他项目费、规费和税金的合同总金额。

（18）竣工结算价。发承包双方依据国家有关法律、法规和标准规定，按照合同约定确定的，包括在履行合同过程中按合同约定进行的合同价款调整，是承包人按合同约定完成全部承包工作后，发包人应付给承包人的合同总金额。

三、一般规定

1. 计价方式

（1）使用国有资金投资的建设工程发承包，必须采用工程量清单计价。无论分部分项工程项目还是措施项目，也无论是单价项目还是总价项目，均应采用综合单价法计价，即包括除规费和税金以外的全部费用。

使用国有资金投资项目的范围包括：①使用各级时政预算资金的项目；②使用纳入财政管理的各种政府性专项建设基金的项目；③使用国有企事业单位自有资金，并且国有资产投资者实际拥有控制权的项目。

国家融资项目的范围包括：①使用国家发行债券所筹资金的项目；②使用国家对外借款或者担保所筹资金的项目；③使用国家政策性货款的项目；④国家授权投资主体融资的项目；⑤国家特许的融资项目。

国有资金（含国家融资资金）为主的工程建设项目是指国有资金占投资总额的50％以上，或虽不足50％但国有投资者实质上拥有控股权的工程建设项目。

（2）非国有资金投资的建设工程，宜采用工程量清单计价。

（3）不采用工程量清单计价的建设工程，应执行本规范除工程量清单等专门性规定外的其他规定。对于确定不采用工程量清单方式计价的非国有投资工程建设项目，除不执行工程量清单计价的专门性规定外，本规范的其他条文仍应执行。

（4）工程量清单应采用综合单价计价。不论是分部分项工程项目还是措施项目（含单价措施项目和总价措施项目），均应采用综合单价计价，即包括除规费和税金以外的全部费用。

（5）措施项目中的安全文明施工费必须按国家或省级、行业建设主管部门的规定计算，不得作为竞争性费用。即招标人不得要求投标人对该项费用进行优惠，投标人也不得将该项费用参与竞争。

（6）规费和税金必须按国家或省级、行业建设主管部门的规定计算，不得作为竞争性费用，包括社会保险费、住房公积金、工程排污费。

2. 发包人提供的材料和工程设备

（1）发包人提供的材料和工程设备（以下简称甲供材料）应在招标文件中填写"发包人提供材料和工程设备一览表"，写明甲供材料的名称、规格、数量、单价、交货方式、交货地点等。承包人投标时，甲供材料单价应计入相应项目的综合单价中，签约后，发包人应按合同约定扣除甲供材料款，不予支付。

（2）若发包人要求承包人采购已在招标文件中确定为甲供材料的，即发包人将甲供材变更为承包人采购的，材料价格应由发承包双方根据市场调查确定，并应另行签订补充协议。

3. 计价风险

建设工程发承包必须在招标文件、合同中明确计价中的风险内容及其范围，不得采用无限风险、所有风险或类似语句规定计价中的风险内容及范围。

根据风险共担的原则，在招标文件或合同中对发承包双方各自应承担的计价风险内容及其风险范围或幅度进行界定和明确。根据我国工程建设的特点，投标人应完全承担的风险是技术风险和管理风险，如管理费和利润；应有限度承担的是市场风险，如材料价格、施工机械使用费；应完全不承担的是法律、法规、规章和政策变化的风险。

第二节　工程量清单的编制

一、一般规定

（1）招标工程量清单是工程量清单计价的基础，应由具有编制能力的招标人或受其委托、具有相应资质的工程造价咨询人编制。

（2）招标工程量清单必须作为招标文件的组成部分，其准确性和完整性应由招标人负责。投标人依据工程量清单进行投标报价，对工程量清单不具有核实的义务，更不具有修改和调整的权力。

（3）招标工程量清单应以单位（项）工程为对象编制，应由分部分项工程项目清单、措施项目清单、其他项目清单、规费和税金项目清单组成。

（4）招标工程量清单编制依据：

1）《建设工程工程量清单计价规范》（GB 50500—2013）和相关工程的国家计量规范。目前，国家颁布的计量规范有 9 本，分别是《房屋建筑与装饰工程工程量计算规范》（GB 50854—2013）、《仿古建筑工程工程量计算规范》（GB 50855—2013）、《通用安装工程工程量计算规范》（GB 50856—2013）、《市政工程工程量计算规范》（GB 50857—2013）、《园林绿化工程工程量计算规范》（GB 50858—2013）、《矿山工程工程量计算规范》（GB 50859—2013）、《构筑物工程工程量计算规范》（GB 50860—2013）、《城市轨道交通工程工程量计算规范》（GB 50861—2013）、《爆破工程工程量计算规范》（GB 50862—2013）。

2）国家或省级、行业建设主管部门颁发的计价依据和办法。

3）建设工程设计文件及相关资料。

4）与建设工程有关的标准、规范、技术资料。

5）拟定的招标文件。

6）施工现场情况、地质勘察水文资料、工程特点及常规施工方案。

7）其他相关资料。

二、分部分项工程量清单

分部分项工程项目清单必须根据相关工程现行国家计算规范规定，载明项目编码、项目名称、项目特征、计量单位和工程量，如表 3 - 1 所示。

表 3 - 1　　　　　　　　　　　分部分项工程量清单与计价表

工程名称：　　　　　　　　　　标段：　　　　　　　　　　第　页　共　页

序号	项目编码	项目名称	项目特征描述	计量单位	工程量	金额（元）		
						综合单价	合价	其中：暂估价
1	010101003001	挖沟槽土方	1. 土壤类别：三类 2. 挖土深度：4.0m 3. 弃土运距：10km	m³	100.00			

续表

序号	项目编码	项目名称	项目特征描述	计量单位	工程量	金额（元）		
						综合单价	合价	其中：暂估价
2	010101003002	挖沟槽土方	1. 土壤类别：三类 2. 挖土深度：2.0m 3. 弃土运距：10km	m³	50.00			
			分部小计					
			合　计					

1. 项目编码

工程量清单的项目编码，应采用十二位阿拉伯数字表示，一～九位应按相关工程量计算规范的规定设置，不得任意修改。十～十二位应根据拟建工程的工程量清单项目名称和项目特征设置。

项目编码采用五级编码设置，具体为：一、二位为专业工程代码（01：房屋建筑与装饰工程；02：仿古建筑工程；03：通用安装工程；04：市政工程；05：园林绿化工程；06：矿山工程；07：构筑物工程；08：城市轨道交通工程；09：爆破工程）；三、四位为专业工程附录分类码；五、六位为分部工程顺序码；七～九位为分项工程项目名称顺序码；十～十二位是清单项目名称顺序码，从001顺序编码。如表3-1中"挖沟槽土方"清单项目，属于《房屋建筑与装饰工程工程量计算规范》（GB 50854—2013）附录A.1土方工程中的第三个清单项，且在该工程中列在第一顺序，因此其编号为010101003001。

同一招标工程的项目编码不得有重复。因此，当同一标段的一份工程量清单中含有多个单位工程且工程量清单是以单位工程为编制对象时，在编制工程量清单时应特别注意对项目编码十～十二位的设置不得有重码。如表3-1中，该工程有两项"挖沟槽土方"，但挖土深度不同，应分别列项。其项目编码十～十二位分别为001和002，避免重复。

编制工程量清单时若出现附录中未包括的项目，编制人应作补充，并报省级或行业工程造价管理机构备案，省级或行业工程造价管理机构应汇总至住房和城乡建设部标准定额研究所。补充项目的编码由专业工程代码与B和三位阿拉伯数字组成，并应从××B001起顺序编制，同一招标工程不得重码。工程量清单中需附有补充项目的项目名称、项目特征、计量单位、工程量计算规则、工程内容。

2. 项目名称

项目名称应按相关工程量计算规范的规定，并结合拟建工程实际确定编写。

3. 项目特征

工程量清单的项目特征应按相关工程量计算规范的规定，结合拟建工程项目的实际予以描述。

项目特征对工程量清单计价的重要意义有三点：①项目特征是区分清单项目的依据。工程量清单的项目特征是用来表述分部分项清单项目的实质内容，用于区分计价规范中同一清单条目下各个具体的清单项目。没有项目特征的准确描述，相同或相似的清单项目名称便无从区分。②项目特征是确定综合单价的前提。由于工程量清单项目的特征决定了工程实体的实质内容，必然直接决定工程实体的自身价值，因此，工程量清单的项目特征描述得准确与否，直接关系到工程量清单项目综合单价的准确确定。③项目特征是履行合同义务的基础。实行工程量清单计价，工程量清单及其综合单价是施工合同的组成部分，因此，如果工程量清单项目特征的描述不清甚至漏项、错误，从而引起在施工过程中的更改，都会引起分歧，导致纠纷。

分部分项工程量清单在进行项目特征描述时，应根据计价规范附录中有关项目特征的要求，结合技术规范、标准图集、施工图纸，按照工程结构、使用材质及规格或安装位置等，予以详细而准确的表述和说明。进行项目特征描述时，应按拟建工程的实际要求，以能满足确定综合单价的需要为前提。进行项目特征描述时，哪些内容必须描述、哪些内容可以不描述、怎样描述，可按下列原则执行：

（1）必须描述的内容：涉及正确计量的内容必须描述；涉及结构要求的内容必须描述；涉及材质要求的内容必须描述；涉及安装方式的内容必须描述。

（2）可不详细描述的内容：无法准确描述的可不详细描述；应由投标人根据施工方案确定和应由投标人根据当地材料和施工要求确定，以及应由施工措施解决的内容可以不描述。例如土壤类别和运距，清单编制人很难准确判定某类土壤在土石方中所占的比例，可描述为综合，注明由投标人根据地质勘察资料自行确定土壤类别，决定报价。"取土运距""弃土运距"等，可描述为自行考虑，由投标人根据在建工程施工情况自主决定，这样可以充分体现竞争的要求。

对标准图集标注已经很明确的，可不再详细描述。例如，采用标准图集或施工图纸能够全部或部分满足项目特征描述要求的，项目特征描述可直接采用详见××图集或××图号的方式，但对不能满足项目特征描述要求的部分，仍应用文字描述进行补充。

（3）当工程量计算规范规定多个计量单位时，应以选定的计量单位进行恰当的特征描述。例如，"木质门"的计量单位有"m²"和"樘"两个，并提供了"门代号及洞口尺寸"和"镶嵌玻璃品种、厚度"两个参考的特征描述内容。当以"m²"为计量单位时，洞口尺寸可以不描述。

4. 计量单位和工程量

计量单位和工程量应按照相关工程量计算规范规定的计量单位和工程量计算规则确定。相关工程量计算规范中清单项目有两个或两个以上计量单位的，应选择最适宜表现该项目特征并方便计量的方式决定其中一个填写。工程量的有效位数应遵守下列规定：

（1）以"吨"为计量单位的应保留小数点三位，第四位小数四舍五入；

（2）以"立方米""平方米""米""千克"为计量单位的应保留小数点二位，第三位小数四舍五入；

（3）以"项""个"为计量单位的应取整数。

三、措施项目清单

措施项目是指为完成工程项目施工，发生于该工程施工准备和施工过程中的技术、生活、安全、环境保护等方面的非工程实体项目。一般来说，非实体项目的费用的发生和金额大小与使用时间、施工方法或者两个以上工序相关，与实际完成的实体工程量的多少关系不大，典型的如大型机械进出场及安拆费、安全文明施工、冬雨季施工、临时设施等。但有的非实体，如混凝土模板及支撑工程等，工程数量可精确计量，与完成的工程实体具有直接关系，宜采用分部分项工程量清单的方式。

措施项目清单应根据拟建工程的实际情况列项，编制中需考虑多种因素，除工程本身的因素外，还涉及水文、气象、环境、安全等因素。由于影响措施项目设置的因素太多，计量规范不可能将施工中可能出现的措施项目一一列出。在编制措施项目清单时，因工程情况不同，出现计量规范附录中未列出的措施项目，可根据工程的具体情况对措施项目清单作补充。

鉴于工程建设施工特点和承包人组织施工生产的施工装备水平、施工方案及其关联水平的差异，同一工程、不同承包人组织施工采用的施工措施有时并不完全一致。因此，应根据拟建工程的实际情况列出措施项目清单。

对于那些可以根据图纸等计算工程量的措施项目，按照分部分项工程量清单的方式编制；列出项目编码、项目名称、项目特征、计量单位和工程量。具体编制方法同分部分项工程量清单的编制。各项单价措施项目的工程量计算详见相关工程量计算规范。

对于不能计算工程量的措施项目，如安全文明施工、夜间施工、非夜间施工照明、二次搬运、冬雨季施工、地上和地下设施、建筑物的临时保护设施和已完工程及设备保护等，则采用"项"为计量单位进行编制，形成总价措施项目清单与计价表（见表3-2）。

表3-2　　　　　　　　　　　　总价措施项目清单与计价表

工程名称：　　　　　　　　　　　　标段：　　　　　　　　　　　　第　页　共　页

序号	项目名称	计算基础	费率（%）	金额（元）	调整费率（%）	调整后金额（元）	备注
1	安全文明施工费						
2	夜间施工费						
3	二次搬运费						
4	冬雨季施工增加费						
5	已完工程及设备保护						
	……						
合　计							

四、其他项目清单

其他项目清单包括暂列金额、暂估价、计日工和总承包服务费四项，汇总表如表3-3所示。

表3-3　　　　　　　　　　　　其他项目清单与计价汇总表

工程名称：　　　　　　　　　　　　标段：　　　　　　　　　　　　第　页　共　页

序号	项　目　名　称	金额（元）	结算金额（元）	备注
1	暂列金额	30 000.00		明细见表3-4
2	暂估价	10 000.00		
2.1	材料（工程设备）暂估价/结算价	—		明细见表3-5
2.2	专业工程暂估价/结算价	10 000.00		明细见表3-6
3	计日工			明细见表3-7
4	总承包服务费			明细见表3-8
5	索赔与签证			
合　计		—		

注　材料暂估单价计入清单项目综合单价，此处不汇总。

1. 暂列金额

暂列金额应根据工程特点按有关计价规定估算，是由招标人估算一笔金额。暂列金额可根据工程的复杂程度、设计深度、工程环境条件（包括地质、水文、气候条件等）进行估算，一般可按分部分项工程费和措施项目费的10％～15％为参考。暂列金额明细表如表3-4所示。

表3-4   **暂列金额明细表**

工程名称：   标段：   第 页   共 页

序号	项 目 名 称	金额（元）	结算金额（元）	备 注
1	设计变更	10 000.00		
2	物价上涨	10 000.00		
3	政策性调整	10 000.00		
	······			
	合 计	30 000.00		

暂列金额的用途是发包人用于在施工合同签订时尚未确定或者不可预见的所需材料、设备、服务的采购，以及施工中可能发生的工程变更、合同约定调整因素出现时的工程价款调整及发生的索赔、现场签证确认等的费用。它包含在合同价之内，但并不直接属承包人所有，而是由发包人暂定并掌握使用的一笔款项。只有按照合同约定程序实际发生后，才能成为中标人的应得金额，纳入合同结算价款中。扣除实际金额后的暂列金额余额仍属于招标人所有。因此，表中结算金额在工程结算时确定。设立暂列金额并不能保证合同结算价格就不会再出现超过合同价格的情况，而要看编制人对暂列金额预测的准确性，以及工程建设过程中是否出现其他事先未预测到的事件。暂列金额应根据工程特点按有关计价规定估算，在招标控制价中估算一笔暂列金额。

2. 暂估价

暂估价是指招标阶段直至签订合同协议时，招标人在招标文件中给定的用于支付必然要发生，但可能因为标准不明确或者需要由专业承包人完成而暂时不能确定价格的材料，以及需另行发包的专业工程的金额，包括材料暂估单价、工程设备暂估单价、专业工程暂估价。

总承包招标时，专业工程设计深度往往是不够的，一般需要交由专业设计人设计。国际上，出于提高可建造性考虑，一般由专业承包人负责设计，以发挥其专业技能和专业施工经验的优势。这类专业工程交由专业分包人完成是国际工程的良好实践，目前在我国工程建设领域也已经比较普遍。公开、透明地合理确定这类暂估价实际开支金额的最佳途径，就是通过建设项目招标人与施工总承包人共同组织的招标来确定专业承包人。

暂估价中的材料、工程设备暂估单价应由发包人根据工程造价信息或参照市场价格估算，列出明细表（见表3-5）。专业工程暂估价应分不同专业，按有关计价规定估算，应包括除规费和税金之外的所有费用，列出明细表（见表3-6）。

表 3-5　　　　　　　　　　　　　　材料（专业设备）暂估单价及调整表

工程名称：　　　　　　　　　　　标段：　　　　　　　　　　　　第 页 共 页

序号	材料（工程设备）名称、规格、型号	计量单位	数量		暂估（元）		确认（元）		备注
			暂估	确认	单价	合价	单价	合价	
1	外墙保温板	m²			36.00				
2	屋面防水卷材	m²			70.00				
	………								
	小　计								

表 3-6　　　　　　　　　　　　　　专业工程暂估价及结算价表

工程名称：　　　　　　　　　　　标段：　　　　　　　　　　　　第 页 共 页

序号	工程名称	工程内容	暂估金额（元）	结算金额（元）	差额（元）	备注
1	入户防盗门	制作、安装	10 000.00			
	………					
	合计		10 000.00			

　　材料暂估价和专业工程暂估价可以采用共同招标的方式确定材料供应商及专业施工单位，进而确定材料的实际单价和专业工程的价格。因此，表中"确认单价"及"结算金额"在材料、工程设备价格确定及专业工程结算时填写。

　　为方便合同管理和计价，需要纳入分部分项工程量清单项目综合单价中的暂估价最好只是材料费，以方便投标人组价。以"项"为计量单位给出的专业工程的暂估价一般应是综合暂估价，应当包括除规费和税金以外的管理费、利润等取费。

　　3. 计日工

　　计日工表如表 3-7 所示。

表 3-7　　　　　　　　　　　　　　　　计 日 工 表

工程名称：　　　　　　　　　　　标段：　　　　　　　　　　　　第 页 共 页

编号	项目名称	单位	暂定数量	实际数量	综合单价（元）	合价（元）	
						暂定	实际
一	人工						
1	普通工	工日	10.00				
			人工小计				
二	材料						
1	钢筋	t	5.00				
2	商品混凝土	m³	20.00				

编号	项目名称	单位	暂定数量	实际数量	综合单价（元）	合价（元）	
						暂定	实际
材料小计							
三	施工机械						
施工机械小计							
四、企业管理费和利润							
总　计							

计日工是为了解决现场发生的突发事件，并且属于零星工作的计价而设立的。所谓零星工作，一般是指合同约定之外的，或因变更而产生的、工程量清单中没有相应项目的额外工作，尤其是那些时间不允许事先商定价格的额外工作。国际上常见的标准合同条款中，大多数都设立了计日工（Daywork）计价机制。计日工对完成零星工作所消耗的人工工时、材料数量、机械台班进行计量，并按照计日工表中填报的适用项目的单价进行计价支付。

理论上讲，合理的计日工单价水平一般要高于工程量清单的价格水平，其原因一方面在于计日工往往是用于一些突发性的额外工作，缺少计划性，承包人在调动施工生产资源方面难免会影响已经计划好的工作，生产资源的使用效率也有一定的降低，客观上造成超出常规的额外投入；另一方面，计日工清单往往忽略给出一个暂定的工程量，无法纳入有效的竞争。因此，计日工表中一定要给出暂定数量，并且需要根据经验，尽可能估算一个比较贴近实际的数量。

计日工表的编制应该由发包人根据工程的实际情况，估计现场可能发生的突发零星工作所消耗的人工工时、材料数量、机械台班数量，列出项目名称、计量单位和暂估数量。综合单价由投标人根据自身情况及工程实际进行确定，并按照计日工表中填报的适用项目的单价进行计价支付。计日工应列出项目名称、计量单位和暂估数量。

计日工表中的数量是发包人暂估数量，结算时按实际发生数量计入，因此表中实际数量在结算时填写。

4. 总承包服务费

总承包服务费计价表如表3-8所示。

表3-8　　　　　　　　总承包服务费计价表

工程名称：　　　　　　　　标段：　　　　　　　　第　页　共　页

序号	项目名称	项目价值（元）	服务内容	计算基础	费率（%）	金额（元）
1	发包人发包专业工程	10 000.00	总承包管理和协调			
2	发包人供应材料	40 000.00	配合材料采购			
	……					
	合　计					

在编制招标工程量清单时，由发包人根据实际情况填写项目名称、项目价值及需要总承包商提供服务的内容。项目价值可参考材料暂估价和专业工程暂估价表中的金额填写。

总承包服务费是为了解决招标人在法律、法规允许的条件下进行专业工程发包以及自行供应材料、设备，并需要总承包人对发包的专业工程提供协调和配合服务（如分包人使用总包人的脚手架、水电接剥等）；对供应的材料、设备提供收、发和保管服务以及对施工现场进行统一管理；对竣工资料进行统一汇总整理等发生并向总承包人支付的费用。招标人应当预计该项费用，并按投标人的投标报价向投标人支付该项费用。

五、规费和税金项目清单

规费和税金项目清单按国家相关规定编制，如表3-9所示。其中，税金综合费率体现了营业税、城市维护建设税、教育费附加、地方教育附加。

表3-9　　　　　　　　　　　　　**规费、税金项目清单与计价表**

工程名称：　　　　　　　　　标段：　　　　　　　　第　页　共　页

序号	项目名称	计算基础	计算基数	计算费率（%）	金额（元）
1	规费				
1.1	社会保险费				
(1)	养老保险费				
(2)	失业保险费				
(3)	医疗保险费				
(4)	工伤保险费				
(5)	生育保险费				
1.2	住房公积金				
1.3	工程排污费				
2	税金				
合　计					

招标工程量清单编制示例参见本书附录。

第三节　工程量清单计价

一、工程量清单计价的概念及一般规定

1. 工程量清单计价的概念

工程量清单计价包括招标控制价和投标报价，并贯穿于合同价款约定、工程计量与支付、索赔与现场签证、工程价款调整、工程竣工结算办理、工程造价计价争议处理等全过程计价活动。

（1）招标控制价。招标控制价是招标人根据国家或省级、行业建设主管部门颁布的有关计

价依据和办法，以及拟定的招标文件和招标工程量清单，结合工程具体情况编制的招标工程的最高投标限价。国有资金投资的建设工程招标，招标人必须编制招标控制价。招标控制价应由具有编制能力的招标人，或受其委托的具有相应资质的工程造价咨询人编制和复核。当招标控制价超过批准的概算时，招标人应将其报原概算审批部门审核。招标控制价的编制特点和作用决定了招标控制价不同于标底，无须保密。招标人应在发布招标文件时公布招标控制价，同时应将招标控制价及有关资料报送工程所在地，或有该工程管辖权的行业管理部门工程造价管理机构备查。招标人应在招标文件中如实公布招标控制价，不得对所编制的招标控制价进行上浮或下调。作为最高投标限价，应事先告知投标人，以利于投标人权衡是否参与投标。

（2）投标价。投标价是投标人投标时响应招标文件要求所报出的对已标价工程量清单汇总后标明的总价。投标价应由投标人或受其委托的具有相应资质的工程造价咨询人编制。投标人应自主确定投标报价，但投标报价不得低于工程成本。投标人的投标报价高于招标控制价的应予废标。投标人必须按招标工程量清单填报价格，项目编码、项目名称、项目特征、计量单位、工程量必须与招标工程量清单一致。

招标控制价和投标报价从报价表格的形式上看基本相同，但还是有区别。招标控制价是由具有编制能力的招标人，或受其委托的具有相应资质的工程造价咨询人编制和复核，招标控制价的编制依据采用行业内平均水平下的计价标准和常规施工方案，是投标报价时的最高投标限价。投标报价是由投标人或受其委托的具有相应资质的工程造价咨询人编制，主要采用企业定额和投标人自身拟定的投标施工组织设计或施工方案，要反映投标人竞争能力的特点。投标人的投标报价高于招标控制价的应予废标。

2. 工程量清单计价的一般规定

采用工程量清单计价，建设工程造价由分部分项工程费、措施项目费、其他项目费、规费和税金五部分组成。

工程量清单计价应采用综合单价计价。综合单价是指完成规定清单项目所需的人工费、材料和工程设备费、机械机具使用费、企业管理费、利润以及一定范围内的风险范围。

二、分部分项工程费的计价

分部分项工程费等于招标工程量清单中已经给出的工程量乘以计算出的综合单价。如表3-1中"010101003001 挖沟槽土方"清单项目，经计算，该清单项目综合单价为21.91元。该清单项目计价表如表3-10所示。

表3-10   分部分项工程量清单与计价表

工程名称：   标段：   第   页   共   页

序号	项目编码	项目名称	项目特征描述	计量单位	工程量	金额（元）		
						综合单价	合价	其中：暂估价
1	010101003001	挖沟槽土方	1. 土壤类别：三类 2. 挖土深度：4.0m 3. 弃土运距：10km	m³	100.00	21.91	2191.00	

在以各地现行的建筑工程消耗量定额和清单计价规范及相关工程量计算规范为依据的前提下，综合单价的计算一般应按下列顺序进行：

（1）确定工程内容。根据工程量清单项目名称，结合拟建工程的实际，或参照相关工程量计算规范清单表中的"工程内容"，确定该清单项目主体工程内容及相关的工程内容。

（2）计算工程数量。以现行的各省工程量计算规则及消耗量定额（如山东省建筑工程消耗量定额）为依据，分别计算清单项目所包含的每项工程内容的工程数量，并注明相应定额名称及编号。

（3）计算含量。分别计算清单项目的每计量单位工程数量。应包含的某项工程内容的工程数量＝定额工程量数量÷清单工程量数量。

（4）选择定额。根据"（1）"中确定的工程内容和定额名称及其编号，分别选定定额，确定人工、材料、机械台班消耗量。

（5）选择单价。参照各地颁布的与清单配套使用的计价办法中的费用组成和计算方法，或参照工程造价主管部门发布的人工、材料、机械台班信息价格，确定相应单价。

（6）计算"工程内容"的人、材、机价款。计算清单项目每计量单位所含某项工程内容的人工、材料、机械台班价款。

工程内容的人、材、机价款 ＝ ∑（人、材、机消耗量 × 人、材、机单价）× 单位含量

（7）清单项目人、材、机价款。计算清单项目每计量单位人工、材料、机械台班价款。

清单项目人、材、机价款 ＝ ∑ 各工程内容人、材、机价款

（8）选定费率。应参照各地颁布的费用项目组成和计算方法，或参照工程造价主管部门发布的相关费率，结合本企业和市场的情况，确定管理费率、利润率。

（9）计算综合单价：

清单项目综合单价 ＝ 清单项目人、材、机价款＋管理费＋利润

上述综合单价的计算步骤可以通过综合单价分析表来反映。工程量清单单价分析表集中反映了构成每一个清单项目综合单价的各个价格要素的价格，以及主要的"工、料、机"消耗量，如表 3-11 所示。

表 3-11 　　　　　　　　　　**工程量清单综合单价分析表**

工程名称：某建筑工程　　　　　　　　　　标段：　　　　　　　　　　第 1 页　共 1 页

| 项目编码 | 010101003001 | 项目名称 | 挖沟槽土方 | 计量单位 | m³ |

清单综合单价组成明细											
定额编号	定额名称	定额单位	数量	单 价				合 价			
				人工费	材料费	机械费	管理费与利润	人工费	材料费	机械费	管理费与利润
1-3-16	机械挖沟槽普通土自卸汽车运土 1km	10m³	0.0437	9.60	0.53	113.90	9.93	0.42	0.02	4.97	0.43
1-3-58	自卸汽车每增运 1km	10m³	0.2183	—	—	12.51	1.01	—	—	2.73	0.22
1-3-9	机械挖土方普通土	10m³	0.0969	4.80	—	23.55	2.27	0.47	—	2.28	0.22

续表

定额编号	定额名称	定额单位	数量	单价				合价			
				人工费	材料费	机械费	管理费与利润	人工费	材料费	机械费	管理费与利润
1-2-1	人工挖土方普通土	10m³	0.0148	182.4	—	—	14.03	2.70	—	—	0.21
1-4-4	基底钎探	10眼	0.0737	91.20	—	—	7.02	6.72	—	—	0.52
人工单价		小计						10.30	0.02	9.99	1.60
80元/工日		未计价材料费						—			
清单项目综合单价								21.91			

材料费明细	主要材料名称、规格、型号	单位	数量	单价（元）	合价（元）	暂估单价	暂估合价
	其他材料费						
	材料费小计						

　　招标控制价中分部分项工程量清单综合单价的组价应先根据提供的工程量清单和图纸，按照工程所在地颁发的消耗量定额或计价定额的规定，确定所组价的定额项目名称，并计算出相应的定额工程量；其次，依据工程造价政策规定或工程造价信息确定其人工、材料、机械台班单价；最后，在考虑风险因素确定管理费率和利润率的基础上汇总计算而得。计算分部分项工程费时，人工工资单价、材料单价和机械台班的价格，按工程造价管理机构发布的工程造价信息确定，工程造价信息没有发布的参照市场价格。企业管理费的费率和利润率应参考地方费用定额标准进行确定，不得下调和上浮。确定风险费用时，编制人应根据招标文件、施工图纸、合同条款、材料设备价格水平及工程实际情况合理确定。

　　投标报价则主要采用企业定额和投标人自身拟定的投标施工组织设计或施工方案，体现了投标报价要反映投标人竞争能力的特点。分部分项工程量清单中的综合单价应包括招标文件中划分的由投标人承担的风险范围及费用。招标文件中没有明确的，应提请招标人明确。材料、工程设备暂估价应按招标工程量清单中列出的单价计入综合单价。投标报价中的综合单价一般不允许变更调整，除非出现招标工程量清单特征描述与设计图纸不符时，投标人应以招标工程量清单的项目特征描述为准，确定投标报价的综合单价（当施工中施工图纸或设计变更与工程量清单项目特征描述不一致时，发承包双方应按实际施工的项目特征，依据合同约定重新确定综合单价）。

三、措施项目费的计价

1. 单价措施项目

单价措施项目宜采用分部分项工程量清单的方式编制，即采用综合单价的方式计价。其计算方法同分部分项工程量清单项目综合单价的计算。

编制招标控制价时，应根据拟建工程的施工现场情况、工程特点、常规施工方案、招标文件、招标工程量清单中的特征描述及相关要求进行计算。

编制投标报价时，应根据拟建工程的施工现场情况、工程特点、投标时拟定的施工方案、招标文件、招标工程量清单中的特征描述及相关要求进行计算。

2. 总价措施项目

总价措施项目按照规定的计算基础乘以相应的费率计算，如表 3-12 所示。

表 3-12　　　　　　　　　　总价措施项目清单与计价表

工程名称：　　　　　　　　　标段：　　　　　　　　　第　页　共　页

序号		项目名称	计算基础	费率（%）	金额（元）	调整费率（%）	调整后金额
1	011707002001	夜间施工	省人工费	4	16 637.45		
2	011707004001	二次搬运	省人工费	3.6	14 973.69		
3	011707005001	冬雨季施工	省人工费	4.5	18 717.13		
4	011707007001	已完工程及设备保护	省直接费	0.15	1513.19		
		合　计			51 841.46		

编制招标控制价时，根据招标工程量清单中所列总价措施项目内容，按照国家、行业、建设行政主管部门的相关规定及发布的参考费率进行计算。

编制投标报价时，措施项目的内容依据招标工程量清单中的内容和投标时拟定的施工组织设计或施工方案，可以对招标工程量清单的内容进行删减和增补。各项措施费率可以根据实际情况自主确定。措施项目中的安全文明施工费按规定计取，不得作为竞争性费用。

四、其他项目费的计价

1. 暂列金额

在编制招标控制价和投标报价时，按照招标工程量清单中发包人估算的金额计入其他项目费中，不得变动和修改。

2. 暂估价

在编制招标控制价和投标报价时，暂估价中的材料、工程设备必须按照招标工程量清单中的暂估单价计入综合单价，专业工程暂估价必须按照招标工程量清单中列出的金额填写，不得变动和更改。

3. 计日工

计日工应按照招标工程量清单中的暂定数量乘以计价人确定的单价计算，并考虑一定的管理费和利润。

编制招标控制价时，人工单价、材料单价和机械台班单价应按照省级、行业建设主管部门或其授权的工程造价管理机构公布的造价信息确定。未发布单价的应按市场调查确定的单价计算。

编制投标报价时，计日工应按照招标工程量清单列出的项目和数量，自主确定综合单价并计算计日工金额，如表 3-13 所示。

表 3 - 13　　　　　　　　　　　　计 日 工 表 (已标价)

工程名称：　　　　　　　　　　标段：　　　　　　　　　　第 页　共 页

编号	项目名称	单位	暂定数量	实际数量	综合单价（元）	合价（元）	
						暂定	实际
一	人工						
1	普通工	工日	10.00		100.00	1000.00	
			人工小计				
二	材料						
1	钢筋	t	5.00		3000.00	15 000.00	
2	商品混凝土	m³	20.00		350.00	7000.00	
			材料小计				
三	施工机械						
			施工机械小计				
四、企业管理费和利润						1863.00	
		总　　计				24 863.00	

4. 总承包服务费

总承包服务费按照招标工程量清单中确定的项目名称、价值和服务内容乘以相应的费率计算。

编制招标控制价时，可参考以下标准计取：

（1）招标人仅要求对分包的专业工程进行总承包管理和协调时，以分包的专业工程估算造价的 1.5% 计算。

（2）招标人要求对分包的专业工程进行总承包管理和协调，并同时要求提供配合服务时，根据招标文件列出的配合服务内容和提出的要求，按分包的专业工程估算造价的 3%～5% 计算。

（3）招标人自行供应材料的，按供应材料价值的 1% 计算。

编制投标报价时，投标人自主确定总承包服务费的费率。

总承包服务费计价表如表 3 - 14 所示。

表 3 - 14　　　　　　　　　　　总承包服务费计价表

工程名称：　　　　　　　　　　标段：　　　　　　　　　　第 页　共 页

序号	项目名称	项目价值（元）	服务内容	计算基础（元）	费率（%）	金额（元）
1	发包人发包专业工程	10 000.00	总承包管理和协调	10 000.00	1.5	150.00
2	发包人供应材料	40 000.00	配合材料采购	40 000.00	1	400.00
	合计					550.00

汇总后的其他项目清单计价表如表 3 - 15 所示。

表 3 - 15 其他项目清单与计价汇总表

工程名称： 标段： 第 页 共 页

序号	项目名称	金额（元）	结算金额（元）	备注
1	暂列金额	30 000.00		明细见表 3 - 4
2	暂估价	10 000.00		
2.1	材料（工程设备）暂估价/结算价	—		明细见表 3 - 5
2.2	专业工程暂估价/结算价	10 000.00		明细见表 3 - 6
3	计日工	24 863.00		明细见表 3 - 13
4	总承包服务费	550.00		明细见表 3 - 14
	合　　计	65 413.00		

五、规费和税金项目计价

规费和税金必须按照国家或省级、行业建设主管部门的规定计算，不得作为竞争性的费用。规费和税金项目计价表如表 3 - 16 所示。

表 3 - 16 规费和税金项目计价表

工程名称： 标段： 第 页 共 页

序号	项目名称	计算基础	计算基数（元）	计算费率（%）	金额（元）
1	规费				38 734.07
1.1	社会保险费	分部分项工程费＋措施项目费＋其他项目费－不取规费合计	1 266 146.15	2.6	32 919.8
1.2	住房公积金	分部分项工程费＋措施项目费＋其他项目费－不取规费合计	1 266 146.15	0.2	2532.29
1.3	工程排污费	分部分项工程费＋措施项目费＋其他项目费－不取规费合计	1 266 146.15	0.26	3291.98
2	税金	分部分项工程费＋措施项目费＋其他项目费＋规费－不取税金合计	1 304 880.22	3.48	45 409.83
	合　　计				84 143.90

第四节　合同价款调整

一、一般规定

按照《建设工程工程量清单计价规范》（GB 50500—2013）的规定，下列事项（但不限于）发生，发承包双方应当按照合同约定调整合同价款：①法律法规变化；②工程变更；③项目特征不符；④工程量清单缺项；⑤工程量偏差；⑥计日工；⑦物价变化；⑧暂估价；⑨不可抗力；⑩提前竣工（赶工补偿）；⑪误期赔偿；⑫索赔；⑬现场签证；⑭暂列金额；

⑮发承包双方约定的其他调整事项。

出现合同价款调增事项（不含工程量偏差、计日工、现场签证、索赔）后的 14 天内，承包人应向发包人提交合同价款调增报告并附上相关资料；承包人在 14 天内未提交合同价款调增报告的，应视为承包人对该事项不存在调整价款请求。

出现合同价款调减事项（不含工程量偏差、索赔）后的 14 天内，发包人应向承包人提交合同价款调减报告并附相关资料；发包人在 14 天内未提交合同价款调减报告的，应视为发包人对该事项不存在调整价款请求。

经发承包双方确认调整的合同价款，作为追加（减）合同价款，应与工程进度款或结算款同期支付。

二、工程变更

因工程变更引起已标价工程量清单项目或其工程数量发生变化时，应按照下列规定调整：

（1）已标价工程量清单中有适用于变更工程项目的，应采用该项目的单价；但当工程变更导致该清单项目的工程数量发生变化，且工程量偏差超过 15％时，该项目单价应按照清单计价规范中"工程量偏差"相关条款的规定调整。

（2）已标价工程量清单中没有适用但有类似于变更工程项目的，可在合理范围内参照类似项目的单价。

（3）已标价工程量清单中没有适用也没有类似于变更工程项目的，应由承包人根据变更工程资料、计量规则和计价办法、工程造价管理机构发布的信息价格和承包人报价浮动率提出变更工程项目的单价，并应报发包人确认后调整。承包人报价浮动率可按下列公式计算：

招标工程

$$承包人报价浮动率 L = (1 - 中标价 / 招标控制价) \times 100％$$

非招标工程

$$承包人报价浮动率 L = (1 - 报价 / 施工图预算) \times 100％$$

（4）已标价工程量清单中没有适用也没有类似于变更工程项目，且工程造价管理机构发布的信息价格缺价的，应由承包人根据变更工程资料、计量规则、计价办法和通过市场调查等取得有合法依据的市场价格提出变更工程项目的单价，并应报发包人确认后调整。

三、工程量缺项和偏差

合同履行期间，由于招标工程量清单中缺项，新增分部分项工程清单项目的，应按照清单计价规范中"工程变更"的规定确定单价，并调整合同同价款。

合同履行期间，当应予计算的实际工程量与招标工程量清单出现偏差，且符合清单计价规范中"工程量偏差"的相关规定时，发承包双方应调整合同价款。

对于任一招标工程量清单项目，当"工程量偏差"和"工程变更"等原因导致工程量偏差超过 15％时，可进行调整。当工程量增加 15％以上时，增加部分的工程量的综合单价应予调低；当工程量减少 15％以上时，减少后剩余部分工程量的综合单价应予调高。

四、物价变化

物价变化的合同价款调整方法可分为价格指数调整价格差额和造价信息调整价格差额两大类，各有特点，可根据合同履行中的实际情况选择使用。

1. **价格指数调整价格差额**

用价格指数在物价波动的情况下调整合同价款的方法，运用简单、管理方便、可操作性强。此方法在国际上以及国内一些专业工程中广泛采用。

（1）价格调整公式。因人工、材料和工程设备、施工机械台班等价格波动影响合同价格时，根据招标人提供的"承包人提供主要材料和工程设备一览表"和工程造价管理机构提供的价格指数及权重表约定的数据，应按下式计算差额并调整合同价款：

$$\Delta P = P_0 \times \left(A + B_1 \times \frac{F_{t1}}{F_{01}} + B_2 \times \frac{F_{t2}}{F_{02}} + B_3 \times \frac{F_{t3}}{F_{03}} + \cdots + B_n \times \frac{F_{tn}}{F_{0n}} - 1 \right)$$

式中　　　　　　ΔP——需调整的价格差额；

P_0——约定的付款证书中承包人应得到的已完成工程量的金额。此项金额应不包括价格调整、不计质量保证金的扣留和支付、预付款的支付和扣回。约定的变更及其他金额已按现行价格计价的，也不计在内；

A——定值权重（即不调部分的权重）；

B_1、B_2、B_3、$\cdots$、B_n——各可调因子的变值权重（即可调部分的权重），为各可调因子在投标函投标总报价中所占的比例；

F_{t1}、F_{t2}、F_{t3}、$\cdots$、F_{tn}——各可调因子的现行价格指数，指约定的付款证书相关周期最后一天的前42天的各可调因子的价格指数；

F_{01}、F_{02}、F_{03}、$\cdots$、F_{0n}——各可调因子的基本价格指数，指基准日期的各可调因子的价格指数。

以上价格调整公式中的各可调因子、定值和变值权重，以及基本价格指数及其来源在投标函附录价格指数和权重表中约定。价格指数应首先采用工程造价管理机构提供的价格指数，缺乏上述价格指数时，可采用工程造价管理机构提供的价格代替。

（2）暂时确定调整差额。计算调整差额时得不到现行价格指数的，可暂用上一次价格指数计算，并在以后的付款中再按实际价格指数进行调整。

（3）权重的调整。约定的变更导致原定合同中的权重不合理时，由承包人和发包人协商后进行调整。

（4）承包人工期延误后的价格调整。由于承包人原因未在约定的工期内竣工的，对原约定竣工日期后继续施工的工程，在使用价格调整公式时，应采用原约定竣工日期与实际竣工日期的两个价格指数中较低的一个作为现行价格指数。

若可调因子包括人工在内，即人工因素作为可调因子包含在变值权重内，则不再对其进行单项调整。

[**例3-1**]　某工程约定采用价格指数法调整合同价款，具体约定见表3-17。本期完成合同价款为1 584 629.37元，其中已按现行价格计算的计日工价款5600元，发承包双方确认应增加的索赔金额2135.87元。请计算应调整的合同价款差额。

表 3-17　　　　　　**承包人的提供材料和工程设备一览表**（适用于价格指数调整法）

工程名称：　　　　　　　　　　　　　　　　　　　　　　　　　　　　第 1 页　共 1 页

序号	名称、规格、型号	变值权重 B	基本价格指数 F_0	现行价格指数 F_t	备注
1	人工费	0.18	110%	121%	
2	钢材	0.11	4000 元/t	4320 元/t	
3	预拌混凝土 C30	0.16	340 元/m³	357 元/m³	
4	页岩砖	0.05	300 元/千匹	318 元/千匹	
5	机械费	0.08	100%	100%	
	…				
	定值权重 A	0.42	—	—	
	合计	1	—	—	

解：（1）本期完成合同价款应扣除已按现行价格计算的计日工价款和确认的索赔金额：

$$1\ 584\ 629.37 - 5600 - 2135.87 = 1\ 576\ 893.50(元)$$

（2）按照价格调整公式计算得：

$$\begin{aligned}
应调整的合同价款差额 &= 1\ 576\ 893.50 \times (0.42 + 0.18 \times 1.1 + 0.11 \times 1.08 + 0.16 \\
&\quad \times 1.05 + 0.05 \times 1.06 + 0.08 \times 1 - 1) \\
&= 1\ 576\ 893.50 \times (0.42 + 0.198 + 0.1188 + 0.168 \\
&\quad + 0.053 + 0.08 - 1) \\
&= 1\ 576\ 893.50 \times 0.0378 \\
&= 59\ 606.57(元)
\end{aligned}$$

本期应增加合同价款 59 606.57 元。

2. 造价信息调整价格差额

施工期内，因人工、材料和工程设备、施工机械台班价格波动影响合同价格时，人工、机械使用费按照国家或省、自治区、直辖市建设行政管理部门、行业建设管理部门，或其授权的工程造价管理机构发布的人工成本信息、机械台班单价或机械使用费系数进行调整；需要进行价格调整的材料，其单价和采购数应由发包人复核，发包人确认需调整的材料单价及数量，作为调整合同价款差额的依据。

（1）人工费的调整。当人工单价发生变化且符合清单计价规范关于计价风险规定的条件时，发承包双方应按省级或行业建设主管部门，或其授权的工程造价管理机构发布的人工成本文件调整合同价款。

（2）材料、工程设备价格变化。当材料、工程设备价格变化按照发包人提供的"承包人提供主要材料和工程设备一览表"，并且符合发承包双方约定的风险范围时，按下列规定调整合同价款：

1）承包人投标报价中材料单价低于基准单价：施工期间材料单价涨幅以基准单价为基础超过合同约定的风险幅度值，或材料单价跌幅以投标报价为基础超过合同约定的风险幅度值时，其超过部分按实调整。

2）承包人投标报价中材料单价高于基准单价：施工期间材料单价跌幅以基准单价为基础超过合同约定的风险幅度值，或材料单价涨幅以投标报价为基础超过合同约定的风险幅度值时，其超过部分按实调整。

3）承包人投标报价中材料单价等于基准单价：施工期间材料单价涨、跌幅以基准单价为基础超过合同约定的风险幅度值时，其超过部分按实调整。

4）承包人应在采购材料前将采购数量和新的材料单价报送发包人核对。确认用于本合同工程时，发包人应确认采购材料的数量和单价。发包人在收到承包人报送的确认资料后3个工作日不予答复的视为已经认可，作为调整合同价款的依据。如果承包人未报经发包人核对即自行采购材料，再报发包人确认调整合同价款的，如发包人不同意，则不作调整。

[例3-2] 某工程采用的预拌混凝土由承包人提供，所需品种见表3-18。施工期间，采购预拌混凝土时，其单价分别为：C20，327元/m³；C25，335元/m³；C30，345元/m³。合同约定的材料单价如何调整？

表3-18 承包人提供的主要材料和工程设备一览表（适用于造价信息差额调整法）

工程名称：××中学教学楼工程

序号	名称、规格、型号	单位	数量	风险系数（%）	基准单价（元）	投标单价（元）	发承包人确认单价（元）
1	预拌混凝土 C20	m³	2500	≤5	310	308	309.5
2	预拌混凝土 C25	m³	560	≤5	323	325	325
3	预拌混凝土 C30	m³	3120	≤5	340	340	340

解：（1）C20：投标单价低于基准单价，按基准单价算。

$327 \div 310 - 1 = 5.45\%$，已超过约定的风险系数，应予调整；

$308 + 310 \times 0.45\% = 308 + 1.495 = 309.50$（元）。

（2）C25：投标单价高于基准单价，按投标单价算。

$335 \div 325 - 1 = 3.08\%$，未超过约定的风险系数，不予调整。

（3）C30：投标单价等于基准单价，以基准单价算。

$345 \div 340 - 1 = 1.39\%$，未超过约定的风险系数，不予调整。

施工机械台班单价或施工机械使用费发生变化，超过省级或行业建设主管部门或其授权的工程造价管理机构规定的范围时，按其规定调整合同价款。

第五节 竣工结算的规定

一、一般规定

工程完工后，发承包双方必须在合同约定时间内办理工程竣工结算。

工程竣工结算应由承包人或受其委托具有相应资质的工程造价咨询人编制，并应由发包人或受其委托的具有相应资质的工程造价咨询人核对。当发承包双方或一方对工程造价咨询人出具的竣工结算文件有异议时，可向工程造价管理机构投诉，申请对其进行执业质量鉴定。

竣工结算办理完毕，发包人应将竣工结算文件报送工程所在地，或有该工程管辖权的行业管理部门的工程造价管理机构备案。竣工结算文件应作为工程竣工验收备案、交付使用的必备文件。

二、竣工结算的编制

1. 编制依据

（1）《建设工程工程量清单计价规范》（GB 50500—2013）。

（2）工程合同。

（3）发承包双方实施过程中已确认的工程量及结算的合同价款。

（4）发承包双方实施过程中已确认调整后追加（减）的合同价款。

（5）建设工程设计文件及相关资料。

（6）投标文件。

（7）其他依据。

2. 编制方法

（1）分部分项工程和措施项目中的单价项目应依据发承包双方确认的工程量与已标价工程量清单的综合单价计算。发生调整的，应以发承包双方确认调整的综合单价计算。

（2）措施项目中的总价措施项目应依据已标价工程量清单的项目和金额计算；发生调整的，应以发承包双方确认调整的金额计算。

（3）其他项目中的计日工应按发包人实际签证确认的事项（数量和相应项目的综合单价）计算。暂估价中的材料、工程设备若是招标采购的，其单价按中标价在综合单价中调整。材料、工程设备为非招标采购的，其单价按发承包双方最终确认的单价在综合单价中调整。暂估价中的专业工程师招标发包的，其专业工程费按中标价计算；专业工程为非招标发包的，其专业工程费按发承包双方与分包人最终确认的金额计算。总承包服务费应依据已标价工程量清单的金额计算，发承包双方依据合同约定对总承包服务费进行调整的，应按调整后的金额计算。索赔及现场签证发生的费用在办理竣工结算时，依据发承包双方确认的金额计算。合同价款中的暂列金额在用于各项价款调整、索赔与现场签证的费用后，若有余额，则余额归发包人；若出现差额，则由发包人补足并反映在相应项目的价款中。

第六节　合同价款争议的解决

一、监理或造价工程师暂定

合同中一般会对总监理工程师或造价工程师在合同履行过程中对发承包双方的争议如何处理有所约定，若发包人和承包人之间就工程质量、进度、价款支付与扣除、工期延期、索赔、价款调整等发生任何法律上、经济上或技术上的争议，首先应根据已签约合同的规定，提交合同约定职责范围内的总监理工程师或造价工程师解决，并应抄送另一方。总监理工程师或造价工程师在收到此提交件后 14 天内应将暂定结果通知发包人和承包人。发承包双方对暂定结果认可的，应以书面形式予以确认，暂定结果成为最终决定。

发承包双方在收到总监理工程师或造价工程师的暂定结果通知后的 14 天内未对暂定结果予以确认也未提出不同意见的，应视为发承包双方已认可该暂定结果。

发承包双方或一方不同意暂定结果的，应以书面形式向总监理工程师或造价工程师提出，说明自己认为正确的结果，同时抄送另一方，此时该暂定结果成为争议。在暂定结果对发承包双方当事人履约不产生实质影响的前提下，发承包双方应实施该结果，直到按照发承包双方认可的争议解决办法被改变为止。

二、管理机构的解释或认定

对发包人、承包人或工程造价咨询人在工程计价中，就计价依据、办法以及相关政策规定发生的争议进行解释是工程造价管理机构的职责。所以，合同价款争议发生后，发承包双方可就工程计价依据的争议以书面形式提请工程造价管理机构对争议以书面文件进行解释或认定。

工程造价管理机构应在收到申请的 10 个工作日内就发承包双方提请的争议问题进行解释或认定。

工程造价管理机构应制定办事指南，明确规定解释流程、时间，认真做好此项工作。

发承包双方或一方在收到工程造价管理机构书面解释或认定后，仍可按照合同约定的争议解决方式提请仲裁或诉讼。除工程造价管理机构的上级管理部门作出了不同的解释或认定，或在仲裁裁决或法院判决中不予采信的外，工程造价管理机构作出的书面解释或认定应为最终结果，并应对发承包双方均有约束力。

三、协商和解和调解

合同价款争议发生后，发承包双方任何时候都可以进行协商。协商达成一致的，双方应签订书面和解协议，和解协议对发承包双方均有约束力。如果协商不能达成一致协议，发包人或承包人都可以按合同约定的其他方式解决争议。

发承包双方应在合同中约定或在合同签订后共同约定争议调解人，负责双方在合同履行过程中发生争议的调解。

合同履行期间，发承包双方的任何一方可协议调换或终止任何调解人，但发包人或承包人都不能单独采取行动。除非双方另有协议，在最终结清支付证书生效后，调解人的任期应即终止。

如果发承包双方发生了争议，任何一方可将该争议以书面形式提交调解人，并将副本抄送另一方，委托调解人调解。

发承包双方应按照调解人提出的要求，给调解人提供所需要的资料、现场进入权及相应设施。调解人应被视为不是在进行仲裁人的工作。

调解人应在收到调解委托后 28 天内，或由调解人建议并经发承包双方认可的其他期限内提出调解书。发承包双方接受调解书的，经双方签字后作为合同的补充文件，对发承包双方均具有约束力，双方都应立即遵照执行。

当发承包双方中任一方对调解人的调解书有异议时，应在收到调解书后 28 天内向另一方发出异议通知，并应说明争议的事项和理由。但除非并直到调解书在协商和解或仲裁裁决、诉讼判决中作出修改，或合同已经解除，承包人应继续按照合同实施工程。

当调解人已就争议事项向发承包双方提交了调解书，而发承包双方中任一方在收到调解书后 28 天内均未发出表示异议的通知时，调解书对发承包双方应均具有约束力。

四、仲裁和诉讼

发承包双方的协商和解或调解均未达成一致意见，其中的一方已就此争议事项根据合同约定的仲裁协议申请仲裁时，应同时通知另一方。

仲裁可在竣工之前或之后进行，但发包人、承包人、调解人各自的义务不得因在工程实施期间进行仲裁而有所改变。当仲裁是在仲裁机构要求停止施工的情况下进行时，承包人应对合同工程采取保护措施，由此增加的费用应由败诉方承担。

在规定的期限之内，暂定或和解协议或调解书已经有约束力的情况下，当发承包中一方未能遵守暂定或和解协议或调解书时，另一方可在不损害他可能具有的任何其他权利的情况下，将未能遵守暂定或不执行和解协议或调解书达成的事项提交仲裁。

发包人、承包人在履行合同时发生争议，双方不愿和解、调解或者和解、调解不成，又没有达成仲裁协议的，可依法向人民法院提起诉讼。

第七节 工 程 造 价 鉴 定

一、司法鉴定

在工程合同价款纠纷案件处理中，需作工程造价司法鉴定的，应委托具有相应资质的工程造价咨询人进行。

工程造价咨询人接受委托时提供工程造价司法鉴定服务，应按仲裁、诉讼程序和要求进行，并应符合国家关于司法鉴定的规定。

工程造价咨询人进行工程造价司法鉴定时，应指派专业对口、经验丰富的注册造价工程师承担鉴定工作。

工程造价咨询人应在收到工程造价司法鉴定资料后10天内，根据自身专业能力和证据资料判断能否胜任该项委托，如不能，应辞去该项委托。工程造价咨询人不得在鉴定期满后以上述理由不作出鉴定结论，影响案件处理。

接受工程造价司法鉴定委托的工程造价咨询人或造价工程师如是鉴定项目一方当事人的近亲属或代理人、咨询人以及其他关系可能影响鉴定公正的，应当自行回避；未自行回避，鉴定项目委托人以该理由要求其回避的，必须回避。

工程造价咨询人应当依法出庭接受鉴定项目当事人对工程造价司法鉴定意见书的质询。如确因特殊原因无法出庭的，经审理该鉴定项目的仲裁机关或人民法院准许，可以书面形式答复当事人的质询。

二、取证

工程造价咨询人进行工程造价鉴定工作时，应自行收集以下（但不限于）鉴定资料：①适用于鉴定项目的法律、法规、规章、规范性文件以及规范、标准、定额；②鉴定项目同时期同类型工程的技术经济指标及其各类要素价格等。

工程造价咨询人收集鉴定项目的鉴定依据时，应向鉴定项目委托人提出具体书而要求，其内容包括：①与鉴定项目相关的合同、协议及其附件；②相应的施工图纸等技术经济文件；③施工过程中的施工组织、质量、工期和造价等工程资料；④存在争议的事实及各方当事人的理由；⑤其他有关资料。

工程造价咨询人在鉴定过程中要求鉴定项目当事人对缺陷资料进行补充的，应征得鉴定项目委托人同意，或者协调鉴定项目各方当事人共同签认。

根据鉴定工作需要现场勘验的，工程造价咨询人应提请鉴定项目委托人组织各方当事人对被鉴定项目所涉及的实物标的进行现场勘验。

勘验现场应制作勘验记录、笔录或勘验图表，记录勘验的时间、地点、勘验人、在场人、勘验经过、结果，由勘验人、在场人签名或者盖章确认。绘制的现场图应注明绘制的时间、测绘人姓名、身份等内容。必要时应采取拍照或摄像取证，留下影像资料。

鉴定项目当事人未对现场勘验图表或勘验笔录等签字确认的，工程造价咨询人应提请鉴定项目委托人决定处理意见，并在鉴定意见书中作出表述。

三、鉴定

工程造价咨询人在鉴定项目合同有效的情况下应根据合同约定进行鉴定，不得任意改变双方合法的合意。

工程造价咨询人在鉴定项目合同无效或合同条款约定不明确的情况下应根据法律法规、相关国家标准和本规范的规定，选择相应专业工程的计价依据和方法进行鉴定。

工程造价咨询人出具正式鉴定意见书之前，可报请鉴定项目委托人向鉴定项目各方当事人发出鉴定意见书征求意见稿，并指明应书面答复的期限及其不答复的相应法律责任。

工程造价咨询人收到鉴定项目各方当事人对鉴定意见书征求意见稿的书面复函后，应对不同意见认真复核，修改完善后再出具正式鉴定意见书。

工程造价咨询人出具的工程造价鉴定书内容应包括：①鉴定项目委托人名称、委托鉴定的内容；②委托鉴定的证据材料；③鉴定的依据及使用的专业技术手段；④对鉴定过程的说明；⑤明确的鉴定结论；⑥其他需说明的事宜；⑦工程造价咨询人盖章及注册造价工程师签名盖执业专用章。

工程造价咨询人应在委托鉴定项目的鉴定期限内完成鉴定工作，如确因特殊原因不能在原定期限内完成鉴定工作时，应按照相应法规提前向鉴定项目委托人申请延长鉴定期限，并应在此期限内完成鉴定工作。

经鉴定项目委托人同意等待鉴定项目当事人提交、补充证据的，质证所用的时间不应计入鉴定期限。

对于已经出具的正式鉴定意见书中有部分缺陷的鉴定结论，工程造价咨询人应通过补充鉴定作出补充结论。

复习思考题

1. 《建设工程工程量清单计价规范》（GB 50500—2013）的适用范围是什么？
2. 招标工程量清单与已标价工程量清单有什么区别？
3. 分部分项工程量清单的五个要件是什么？如何确定？
4. 单价措施项目和总价措施项目有什么区别？
5. 编制招标工程量清单时，暂列金额、暂估价、计日工和总承包服务费如何确定？
6. 简述综合单价的计算步骤。
7. 招标控制价和投标报价的编制有哪些不同？

第四章 工程量计算原理

🎤【本章概要】

本章围绕工程量计算的要求和计算依据，介绍了工程量计算的步骤、计算顺序和计算技巧，同时介绍了统筹法计算工程量的一般原理、计算要点及计算基数的设置。

第一节 工程量计算的要求和步骤

一、工程量的作用

工程量是以规定的计量单位表示的工程数量。工程量是需要施工的实物量。工程量的计算是工程量清单计价的重要组成部分，它是编制建设工程招标文件（工程量清单）和编制建筑安装工程投标报价、建筑统计和经济核算的依据，也是编制建设项目计划和建设项目财务管理的重要依据。因此，必须学会认真、准确、迅速地进行工程量计算的方法。在工程量清单计价模式下的招标文件中，必须提供招标工程量清单而作为投标人，除了在投标之前必须核对清单工程量以外，还应该再结合施工工艺和施工方法要求算出施工工程量后，（因为各地现行的建筑工程消耗量定额是按照施工工序划分项目的，与清单项目编码不一致，无法直接套用报价）才能准确报价。所以，必须重视工程量计算的基本功训练，工程量计算的快慢和准确程度，直接影响招投标工作的开展和工程结算的速度。

二、工程量的计算依据

工程量是根据施工图纸所标注的工程项目尺寸和数量，以及构配件和设备明细表等数据，按照相关工程量计算规范的要求，逐个分项进行计算、并经过汇总而得出。具体依据有以下几个方面：

（1）施工图纸及其配套的图集。

（2）各专业工程量计算规范。

（3）地区、行业建设主管部门颁发的工程量计算规则。

（4）造价工作手册。

三、工程量计算的要求和步骤

（一）工程量计算的要求

（1）工程量计算可以采用计算机（图示法和表格法）或手算表格形式计算，项目编号要正确，项目名称要规范，单位要用国际单位制表示，如 m、t 等，还要在工程量计算表中显示或列出计算公式，以便于审查核对。

（2）工程量计算是根据设计图纸规定的各个分部分项工程的尺寸、数量，以及构件、设备明细表等，以物理计量单位或自然单位计算出来的各个具体工程和结构配件的数量。工程量的计量单位应与相应工程量计算规范中各个项目的单位一致，一般应以 m、m^2、m^3、t、个、樘、根等为计量单位。即使有些计量单位是按 m^2 计算，其含义也有所不同，如有的项目按水平投影面积计算，有的按垂直投影面积计算，还有的按展开面积计算。因此，对工程量计算规范中的工程量计算规则应很好地理解。

（3）必须在熟悉和审查图纸的基础上进行，要严格按照工程量计算规则，结合施工图所注位置与尺寸为依据进行计算，不能人为地加大或缩小构件的尺寸，以免影响工程量计算的准确性。施工图设计文件上的标志尺寸，通常有两种：标高均以米为单位，其他尺寸均以毫米为单位。为了简单明了和便于检查核对，在列计算式时，应将图纸上标明的毫米数，换算成米数。各个数据应按宽、高（厚）、长、数量的次序填写，尺寸一般要取图纸所注的尺寸（可读尺寸），计算式应注明轴线或部位。

（4）数字计算要精确。在计算过程中，以"m^3""m^2""m""kg"为单位时小数点后要保留三位有效数字。汇总时一般可以取小数点后两位，第三位小数四舍五入。总之，应本着单位大、价值较高的可多保留几位，单位小、价值低可少保留几位的原则。如钢材、木材及使用贵重材料的项目其计算结果可保留三位小数。位数的保留应按规范要求确定。

（5）要按一定的顺序计算。为了便于计算和审核工程量，防止重复和漏算，计算工程量时除了按规范项目的顺序进行计算外，对于每一个工程分项也要按一定的顺序进行计算。在计算过程中，如发现新项目，要随时补进去，以免遗忘。

（6）要结合图纸，尽量做到结构按分层计算，内装饰按分层分房间计算，外装饰分立面计算；有些项目要按使用材料的不同分别进行计算。如钢筋混凝土框架工程量要一层层计算；外装饰可先计算出正立面，再计算背立面，其次计算侧立面等。这样做可以避免漏项。

（7）手工算量的计算底稿要整齐，数字清楚，数值准确，切忌草率零乱，辨认不清。工程量计算表是工程量清单的原始单据，计算时要考虑可修改和补充的余地，一般每一个分部分项工程计算完后，可留一部分空白，不要各分部分项工程量之间挤得太紧。

（二）工程量计算的顺序

1. 单位工程工程量计算顺序

（1）按图纸顺序计算。根据图纸排列的先后顺序，由建筑施工图（简称建施图）到结构施工图（简称结施图）；每个专业图纸由前到后，先算平面，后算立面，再算剖面；先算基本图，再算详图。用这种方法计算工程量的要求是，对清单项目内容要很熟，否则容易出现项目间的混淆及漏项。

（2）按工程量计算规范的分部分项顺序计算。按工程量计算规范的分部分项次序，由前到后逐项对照，清单项目与图纸设计内容能对上号时就计算。这种方法一是要熟悉图纸，二是要熟练掌握工程量计算规范的规定。使用这种方法时要注意，工程图纸是按使用要求设计的，其平立面造型、内外装修、结构形式以及内部设施千变万化，有些设计采用了新工艺、新材料，或有些零星项目，可能套不上清单项目，因此计算工程量时，应单独列出来，待以后编补充项目，不要因清单缺项而漏掉。

（3）按施工顺序计算。按施工顺序计算工程量，就是先施工的先算，后施工的后算，即由平整场地、挖土方、挖基础土方等算起，直到装饰工程等全部施工内容结束为止。用这种方法计算工程量，要求编制人具有一定的施工经验，能掌握组织施工的全过程，并且要求对清单计价办法及图纸内容要十分熟悉，否则容易漏项。

（4）按统筹图计算。工程量运用统筹法计算时，必须先行编制"工程量计算统筹图"和工程量计算手册。其目的是将清单中的项目、单位、计算公式以及计算次序，通过统筹安排后反映在统筹图上，既能看到整个工程计算的全貌及其重点，又能看到每一个具体项目的计算方法和前后关系。编好工程量计算手册，且将多次应用的一些数据按照标准图册和一定的计算公式先行算出，纳入手册中。这样可以避免临时进行复杂的计算，以缩短计算过程，节省时间，并做到一次计算，多次应用。

（5）用计算机算量软件计算。用计算机计算工程数量的优点是快速、准确、简便、完整。现在的造价软件大多都能计算清单工程数量，主要分为"表格算量"和"图形算量"两种方法。算量软件和钢筋计算软件在工程数量计算方面给用户提供适用于造价人员习惯的上机环境，将五花八门的工程数量计算草稿按统一表格形式输出，从而实现由计算草稿到各种表格的全过程电子表格化。钢筋计算模块加入了图形功能，并增加了平法（建筑结构施工图平面整体设计方法）和图法（结构施工图法）输入功能，造价人员在抽取钢筋时只需将平法施工图中的相关数据，依照图纸中的标注形式直接输入软件中，便可自动抽取钢筋长度及质量。

此外，计算工程量时，还可以先计算平面的项目，后计算立面；先地下，后地上；先主体，后一般；先内墙，后外墙。住宅也可按建筑设计对称规律及单元个数计算。因为单元组合住宅设计一般是由一个到两个单元平面布置类型组合而成的，所以在这种情况下，只需计算一个或两个单元的工程量，最后乘以单元的个数，把各相同单元的工程量汇总，即得该栋住宅的工程量。这种算法要注意山墙和公共墙部位工程量的调整，计算时可灵活处理。

应当指出，建施图之间，结施图之间，建施图与结施图之间都是相互关联、相互补充的。无论采用哪一种计算顺序，在计算一项工程量，查找图纸中的数据时，都要互相对照着看图，多数项目凭一张图纸是计算不了的。如计算墙砌体，就要利用建施图的平面图、立面图、剖面图、墙身详图及结施图的结构平面布置和圈梁布置图等，要注意图纸的连贯性。

2. 分项工程工程量计算顺序

在同一分项工程内部各个组成部分之间，为了防止重复计算或漏算，也应该遵循一定的计算顺序。分项工程工程量计算通常采用以下四种不同的顺序：

（1）按照顺时针方向计算。它是从施工图纸左上角开始，按顺时针方向计算，当计算路线绕图一周后，再重新回到施工图纸左上角的计算方法。这种方法适用于外墙挖基础土方、外墙基础、外墙、圈梁、过梁、楼地面、天棚、外墙粉饰、内墙粉饰等。

（2）按照横竖分割计算。横竖分割计算是采用先横后竖、先左后右、先上后下的计算顺序。在同一施工图纸上，先计算横向工程量，后计算竖向工程量。在横向采用：先左后右、从上到下；在竖向采用：先上后下，从左至右。这种方法适用于内墙挖基础土方、内墙基础、内墙、间壁墙、内墙面抹灰等。

（3）按照图纸注明编号、分类计算。按照图纸注明编号、分类计算，主要用于图纸上进行分类编号的钢筋混凝土结构、金属结构、门窗、钢筋等构件工程量的计算。如桩、框架、柱、梁、板等构件，都可按图纸注明编号、分类计算。

（4）按照图纸轴线编号计算。为计算和审核方便，对于造型或结构复杂的工程，可以根据施工图纸轴线编号确定工程量计算顺序，因为轴线一般都是按国家制图标准编号的，可以先算横轴线上的项目，再算纵轴线上的项目。同一轴线按编号顺序计算。

第二节 运用统筹法原理计算工程量

一、统筹法在工程量中的运用

统筹法是按照事物内部固有的规律性，逐步地、系统地、全面地加以解决问题的一种方法。利用统筹法原理计算工程量，可使计算工作快、准、好地进行。

工程量计算中有许多共性的因素，如外墙带形基础工程量按外墙中心线长度乘以基础设计断面以立方米计算，而外墙墙体工程量按外墙中心线长度再乘以墙厚再乘以高度以立方米计算；地面垫层按室内主墙间净面积乘以设计厚度以立方米计算，而楼地面找平层和整体面层均按主墙间净面积以平方米计算，如此等等。可见，有许多分项工程量的计算都会用到外墙中心线长度和主墙间净面积等，即"线""面"可以作为许多工程量计算的基数，它们在整个工程量计算过程中要反复多次被使用，在工程量计算之前，就可以根据工程图纸尺寸将这些基数先计算好，在工程量计算时利用这些基数分别计算与它们各自有关的项目的工程量。各种型钢、圆钢，只要计算出长度，就可以查表求出其质量；混凝土标准构件，只要列出其型号，就可以查标准图，知道其构件的质量、体积和各种材料的用量等，都可以列"册"表示。总之，利用"线、面、册"计算工程量，就是运用统筹法的原理，在编制工程量清单中，以减少不必要的重复工作的一种简捷方法，亦称"三线、二面、一册"计算法。

"三线"是指建筑设计平面图中外墙中心线的总长度（代号 $L_中$）、外墙外边线的总长度（代号 $L_外$）、内墙净长线的长度（代号 $L_内$）。

"二面"是指建筑设计平面图中的底层建筑面积（代号 $S_底$）和房心净面积（代号 $S_房$）。

"一册"是指各种计算工程量有关系数；标准钢筋混凝土构件等个体工程量计算手册（造价手册）。它是根据各地区具体情况自行编制的，以补充"三线""二面"的不足，扩大统筹范围。

二、"统筹法"计算工程量的基本要求

统筹法计算工程量的基本要点是：统筹程序、合理安排；利用基数、连续计算；一次算出、多次应用；结合实际、灵活机动。

1. 统筹程序、合理安排

按以往的习惯，工程量大多数是按施工顺序或规范项目顺序进行计算，而按统筹法计算，已突破了这种习惯的计算方法。例如，按规范项目顺序应先计算墙体，后计算门窗。计算墙体时要扣除门窗面积，计算门窗时又要重新计算。计算顺序不应该受到规范项目顺序和施工顺序的约束，可以先计算门窗，后计算墙体，合理安排顺序，避免重复劳动，加快计算速度。

2. 利用基数、连续计算

根据图纸的尺寸，把"三线""二面"的长度和面积先算好，作为基数，然后利用基数分别计算与它们各自有关的分项工程量。例如，与外墙中心线长度计算有关的分项工程有外墙挖基础土方、外墙基础、外墙现浇混凝土圈梁、外墙身砌筑等项目。

利用基数把与它有关的许多计算项目串起来，使前面的计算项目为后面的计算项目创造条件，后面的计算项目利用前面的计算项目的数量连续计算，彼此衔接，就能减少许多重复劳动，提高计算速度。

3. 一次算出、多次应用

将不能用"线""面"基数进行连续计算的项目，如常用的定型混凝土构件和建筑构件项目的工程量，以及那些有规律性的项目的系数，预先组织力量，一次编好，汇编成工程量计算手册，供计算工程量时使用。如某一型号的混凝土板的块数知道了，就可以用块数乘以系数得出砂子、石子、水泥、钢筋的数量。

4. 结合实际、灵活机动

由于建筑物的造型，各楼层的面积大小，以及它的墙厚、基础断面、砂浆强度等级、各部位的装饰标准等都可能不同，不一定都能用上"线、面、册"进行计算，在具体的计算中要结合图纸的情况，分段、分层等灵活计算。

运用统筹法计算工程量时，必须先行编制"工程量计算统筹图"和工程量计算手册。其目的是将规范中的项目、单位、计算公式以及计算次序，通过统筹安排后反映在统筹图上，既能看到整个工程计算的全貌及其重点，又能看到每一个具体项目的计算方法和前后关系。编好工程量计算手册，且将多次应用的一些数据，按照标准图册和一定的计算公式，先行算出，纳入手册中。这样可以避免临时进行复杂的计算，以缩短计算过程，节省时间，并做到一次计算、多次应用。

三、基数计算

1. 一般线面基数的计算

$L_{中}$——建筑平面图中设计外墙中心线的总长度。

$L_{内}$——建筑平面图中设计内墙净长线长度。

$L_{外}$——建筑平面图中外墙外边线的总长度。

$S_{底}$——建筑物底层建筑面积。

$S_{房}$——建筑平面图中房心净面积。

[例 4 - 1]　平面图如图 4 - 1 所示，计算一般线面基数。

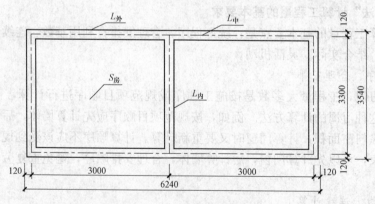

图 4 - 1　建筑平面图

解：$L_{中} = (3.00 \times 2 + 3.30) \times 2 = 18.60 (\text{m})$

$$L_{外} = (6.24 + 3.54) \times 2 = 19.56 (\text{m})$$

或：

$$L_{外} = 18.60 + 0.24 \times 4 = 19.56 (\text{m})$$

$$L_{内} = 3.30 - 0.24 = 3.06 (\text{m})$$

$$S_{底} = 6.24 \times 3.54 = 22.09 (\text{m}^2)$$
$$S_{房} = (3.00 \times 2 - 0.24 \times 2) \times (3.30 - 0.24) = 16.89 (\text{m}^2)$$

2. 偏轴线基数的计算

当轴线与中心线不重合时，可以根据两者之间的关系计算各基数。

[例 4 - 2] 计算如图 4 - 2 所示基础平面图的各个基数。

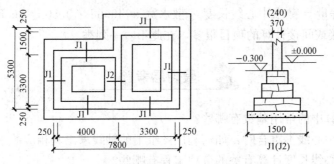

图 4 - 2 基础平面图及详图

解： $L_{外} = (7.80 + 5.30) \times 2 = 26.20 (\text{m})$

$\qquad L_{中} = (7.80 - 0.37) \times 2 + (5.30 - 0.37) \times 2 = 24.72 (\text{m})$

或：

$$L_{中} = L_{外} - 墙厚 \times 4 = 26.20 - 0.37 \times 4 = 24.72 (\text{m})$$

$$L_{内} = 3.30 - 0.24 = 3.06 (\text{m})$$

$$(垫层) L_{净} = L_{内} + 墙厚 - 垫层宽 = 3.06 + 0.37 - 1.50 = 1.93 (\text{m})$$

$$S_{底} = 7.80 \times 5.30 - 4.00 \times 1.50 = 35.34 (\text{m}^2)$$

$S_{房} = (4.00 - 0.24) \times (3.30 - 0.24) + (3.30 - 0.24) \times (3.30 + 1.50 - 0.24)$

$\qquad = 25.46 (\text{m}^2)$

或：

$S_{房} = S_{底} - L_{中} \times 墙厚 - L_{内} \times 墙厚 = 35.34 - 24.72 \times 0.37 - 3.06 \times 0.24$

$\qquad = 25.46 (\text{m}^2)$

3. 基数的扩展计算

某些工程项目的计算不能直接使用基数，但与基数之间有着必然的联系，可以利用基数扩展计算。

[例 4 - 3] 如图 4 - 3 所示，散水、女儿墙工程量等计算，可以利用基数 $L_{外}$ 扩展计算。

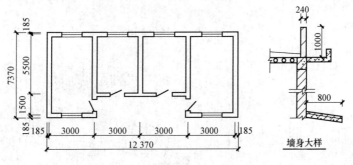

图 4 - 3 散水、女儿墙

解：$L_外 = (12.37 + 7.37 + 1.50) \times 2 = 42.48(m)$

女儿墙中心线长度 $= L_外 -$ 女儿墙厚 $\times 4 = 42.48 - 0.24 \times 4 = 41.52(m)$

  女儿墙工程量 $=$ 女儿墙中心线长度 $\times$ 女儿墙厚 $\times$ 女儿墙高 $= 41.52 \times 0.24 \times 1.00$
    $= 9.96(m^3)$

散水中心线长度 $= L_外 +$ 散水宽 $\times 4 = 42.48 + 0.80 \times 4 = 45.68(m)$

  散水工程量 $=$ 散水中心线长度 $\times$ 散水宽 $= 45.68 \times 0.80 = 36.54(m^2)$

利用基数直接或间接计算的项目很多，在此不一一列举。

🌱 复习思考题

1. 工程量计算中的常用基数有哪些？

2. 当轴线与中心线不重合时，如何利用图纸上的轴线求出其相应的中心线？

3. 与外墙中心线长度计算有关的分项工程有哪些？

4. 与房心净面积（代号 $S_房$）计算有关的分项工程有哪些？

第五章 投资估算和设计概算

【本章概要】

本章主要介绍了投资估算的概念、作用、阶段划分和主要依据，投资估算的方法，流动资金估算的方法，投资估算的审查；设计概算的定义、作用、组成，设计概算的编制方法，设计概算的审查内容和方法；竣工结算、竣工决算的内容和编制方法。

第一节 投 资 估 算

在建设项目前期的不同阶段，编制和估算出精确度不同的投资估算是可行性研究乃至整个决策阶段造价管理的重要任务。

一、投资估算概述

1. 投资估算的概念

投资估算是在对拟建项目的建设规模、技术方案、设备方案、工程方案及项目实施进度等进行研究并基本确定的基础上，估算项目投入的总资金（包括建设投资和流动资金），并测算建设期内分年资金需要量的过程。

2. 投资估算的作用

(1) 投资估算是拟建项目项目建议书、可行性研究报告的重要组成部分，是有关部门审批项目建议书和可行性研究报告的依据之一，并对制订项目规划、控制项目规模起参考作用。

(2) 投资估算是项目投资决策的重要依据，对于制订融资方案、进行经济评价和进行方案选优起着重要的作用。

(3) 投资估算是编制初步设计概算的依据，同时还对初步设计概算起控制作用，是项目投资控制的目标之一。

3. 投资估算的内容

建设项目投资估算包括拟建项目从筹建、设计、施工直至竣工投产所需的全部费用，分为建设投资估算和流动资金估算两部分。

按照费用的性质划分，建设投资估算包括建筑安装工程费、设备及工器具购置费、工程建设其他费、基本预备费、涨价预备费、建设期利息等。流动资金是指生产经营性项目投产后，用于购买原材料、燃料、支付工资及其他经营费用等所需的周转资金。流动资金是伴随着建设投资而发生的长期占用的流动资产投资，即财务中的营运资金。

4. 投资估算的阶段划分

投资估算的阶段划分及其对比见表5-1。

表 5 - 1   投资估算阶段划分及其对比

	工作阶段	工作性质	投资估算方法	投资估算误差率	投资估算作用
项目决策阶段	投资机会研究或项目建议书阶段	项目设想	生产能力指数法 资金周转率法	±30%	鉴别投资方向 寻找投资机会 提出项目投资建议
	初步可行性研究	项目初选	比例系数法 指标估算法	±20%	广泛分析，筛选方案 确定项目初步可行 确定专题研究课题
	详细可行性研究	项目拟订	模拟概算法	±10%	多方案比较，提出结论性建议，确定项目投资的可行性

（1）项目规划阶段的投资估算。建设项目规划是有关部门根据国民经济发展规划、地区发展规划和行业发展规划的要求进行编制的。该阶段又称为投资机会研究阶段，该阶段投资估算的误差允许大于±30%。

（2）项目建议书阶段的投资估算。在项目建议书阶段，按照项目建设规模、产品方案、主要生产工艺、企业车间组成、初选建厂地点等，估算建设项目所需要的投资额，以判断该项目是否需要进行下一阶段的工作。该阶段投资估算误差应控制在±30%以内。

（3）初步可行性研究阶段的投资估算。在初步可行性研究阶段掌握了更详细、更深入的资料条件后，估算建设项目所需的投资额，以便确定是否需要进行详细的可行性研究。该阶段投资估算误差应控制在±20%以内。

（4）详细可行性研究阶段的投资估算。详细可行性研究阶段的投资估算至关重要，因为该阶段的投资估算经审查批准后，便是工程设计任务书中规定的项目投资限额，并可据此列入项目年度基本建设计划。该阶段投资估算误差应控制在±10%以内。

5. 投资估算的主要依据

（1）拟建项目各单项工程的建设内容及工程量。

（2）专门机构发布的建设工程造价费用构成、估算指标、计算方法，以及其他有关计算工程造价的文件。

（3）专门机构发布的工程建设其他费用计算办法和费用标准，以及政府部门发布的物价指数。

（4）已建同类工程项目的投资档案资料。

（5）影响建设工程投资的动态因素，如利率、汇率、税率等的变化。

二、建设投资估算

在建设项目前期的不同阶段可以采用详简不同、深度不同的估算方法进行投资估算。

现行建设投资估算的方法，主要以类似工程对比为主要思路，利用各种数学模型和统计经验公式进行估算，包括简单估算法、投资分类估算法和近年来发展的以现代数学为理论基础的估算方法。简单估算法有生产能力指数法、比例估算法、系数估算法和投资估算指标法等，前三种估算方法估算精度相对不高，主要用于投资机会研究和项目初步可行性研究阶段。投资估算指标法和投资分类估算法主要用于项目可行性研究阶段。目前一些理论探讨较多的是以模糊数学和基于人工神经网络的估算方法为代表的现代方法。

（一）建设投资简单估算法

1. 单位生产能力估算法

单位生产能力估算法是根据已建成的、性质类似的建设项目（或生产装置）的投资额或生产能力，以及拟建项目（或生产装置）的生产能力，作适当的调整之后得出拟建项目估算值。其计算模型如下：

$$C_2 = C_1 \frac{Q_2}{Q_1} f \qquad\qquad (5-1)$$

式中　C_1——已建类似项目的投资额；

　　　Q_1——已建类似项目的生产能力；

　　　C_2——拟建项目的投资额；

　　　Q_2——拟建项目的生产能力；

　　　f——不同时期、不同地点的定额、单价、费率等的综合调整系数。

该方法是一种简略快速的估计方法。因为项目之间时间、空间等因素存在差异性，生产能力和造价之间往往并不是一种线性关系，所以在使用这种方法时要注意拟建项目的生产能力和类似项目的可比性，否则误差很大。

2. 生产能力指数法

该方法是在单位生产能力估算法的基础上进行改进，将生产能力和造价之间的关系考虑为一种非线性的指数关系，在一定程度上提高了估算的精度。其计算模型如下：

$$C_2 = C_1 \left(\frac{Q_2}{Q_1}\right)^n f \qquad\qquad (5-2)$$

式中　n——生产能力指数，$0 \leqslant n \leqslant 1$。

其他符号含义同前。

该方法的关键是确定合理的生产能力指数。选取 n 的原则是：当已建类似项目和拟建项目规模相差不大，生产规模比值为 $0.5 \sim 2$ 时，n 的取值近似为 1；当已建类似项目和拟建项目规模相差小于 50 倍，且拟建项目生产规模的扩大仅靠增大设备规模来达到时，则 n 取 $0.6 \sim 0.7$；若是靠增加相同规模设备的数量达到时，则 n 取 $0.8 \sim 0.9$。

该方法计算简单、速度快，往往只需知道工艺流程及规模即可，较单位生产能力估算法精度高。

[例 5-1]　2010 年在某地建设年产 30 万 t 乙烯装置的投资额为 60 000 万元，若 2015年在该地建设年产 70 万 t 乙烯的装置，工程条件与上述装置类似，试估算该装置的投资额（生产能力指数 $n = 0.6$，假定从 1998 年到 2008 年每年平均工程造价指数为 1.12，即每年递增 12%）。

解：$C_2 = C_1 \left(\frac{Q_2}{Q_1}\right)^n f = 60\,000 \times (70/30)^{0.6} \times 1.12^{10}$

$\qquad\qquad = 60\,000 \times 1.66 \times 3.106 = 309\,357.6$（万元）

3. 系数估算法

系数估算法也称因子估算法，它是以拟建项目的主体工程费或主要设备费为基数，以其他工程费占主体工程费的百分比为系数来估算项目总投资的方法。系数估算法的方法较多，具有代表性的有设备系数法、主体专业系数法、朗格系数法等。

（1）设备或主体专业系数法。该方法以拟建项目的设备费为基数，根据已建成的同类项目中建筑安装工程费和其他工程费（或建设项目中各专业工程费用）等占设备价值的百分比，求出拟建项目建筑安装工程费和其他工程费，进而求出项目总投资。其计算公式如下：

$$C = E(1 + f_1 P_1 + f_2 P_2 + f_3 P_3 + \cdots) + I \tag{5-3}$$

式中　　　　C——拟建项目的投资额；

　　　　　　E——拟建项目的设备费；

P_1、P_2、P_3、$\cdots$——已建项目中建筑安装工程费和其他工程费（或建设项目中各专业工程费用）等占设备费的比重；

f_1、f_2、f_3、$\cdots$——因时间、空间等因素变化的综合调整系数；

　　　　　　I——拟建项目的其他费用。

（2）朗格系数法。该方法以拟建项目的设备费为基数，乘以适当的系数来推算项目的建设费用。其计算公式如下：

$$C = E(l + \sum K_i) K_c \tag{5-4}$$

式中　　C——拟建项目投资额；

　　　　E——拟建项目的主要设备费；

　　　　K_i——管线、仪表、建筑物等项费用的估算系数；

　　　　K_c——管理费、合同费、应急费等项费用的总估算系数。

其中，$L = (l + \sum K_i) K_c$ 称为朗格系数。根据不同的项目，朗格系数有不同的取值，其包含的内容见表5-2。

表5-2　　　　　　　　　　　　　朗 格 系 数 表

项 目		固体流程	固流流程	流体流程
朗格系数 L		3.1	3.63	4.74
内容	①包括基础、设备、绝热、油漆及设备安装费	$E \times 1.43$		
	②包括上述在内和配管工程费	①×1.1	①×1.25	①×1.6
	③装置直接费	②×1.5		
	④包括上述在内和间接费，即总费用 C	③×1.31	③×1.35	③×1.38

朗格系数法以设备费为计算基础，计算较为简单。对于石油、石化、化工工程而言，设备费在工程中所占的比重为45%～55%，同时一项工程中每台设备所含有的管道、电气、自控仪表、绝热、油漆、建筑等都有一定的规律，因此只要对各种不同类型工程的朗格系数掌握准确，估算精度仍可提高。朗格系数法估算误差一般为10%～15%。

4. 比例估算法

该方法是根据统计资料，先求出已有同类企业主要设备占全厂建设投资的比例，然后估算出拟建项目的主要设备投资，即可以按比例求出拟建项目的建设投资。其计算模型如下：

$$I = \frac{1}{K} \sum_{i=1}^{n} Q_i P_i \tag{5-5}$$

式中　I——拟建项目的建设投资；

　　　K——主要设备投资占项目总造价的比重；

　　　Q_i——第 i 种主要设备的数量；

P_i——第 i 种主要设备的单价（到厂价格）；

n——主要设备种类数。

5. 指标估算法

投资估算指标是编制和确定项目可行性研究报告中投资估算的基础和依据，与概预算定额比较，估算指标是以独立的建设项目、单项工程或单位工程为对象，综合项目全过程投资和建设中的各类成本和费用，反映出其扩大的技术经济指标，具有较强的综合性和概括性。

投资估算指标分为建设项目综合指标、单项工程指标和单位工程指标三种。建设项目综合指标一般以项目的综合生产能力单位投资表示，如元/t、元/kW，或以使用功能表示，如医院床位：元/床。单项工程指标一般以单项工程生产能力单位投资表示，如一般工业与民用建筑：元/m^2；工业窑炉砌筑：元/m^3；变配电站：元/kVA 等。单位工程指标按规定应列入能独立设计、施工的工程项目的费用，即建筑安装工程费用，一般以如下方式表示：房屋区别不同结构形式以元/m^2，管道区别不同材质、管径以元/m。

（二）建设投资分类估算法

建设投资由建筑工程费、设备及工器具购置费、安装工程费、工程建设其他费用、基本预备费、涨价预备费、建设期利息构成。

1. 建筑工程费估算

建筑工程费的估算一般采用指标估算法，即用工程量乘以相应的估算指标计算。对于没有估算指标且建筑工程费占总投资比例较大的项目，可采用概算指标估算法。采用这种估算法时，应有较为详细的工程资料、建筑材料价格和工程费用指标，投入的时间和工作量较大。具体估算方法见有关专门机构发布的概算编制办法。

2. 设备和工器具购置费估算

设备购置费估算应根据项目主要设备表及价格、费用资料编制。工器具购置费一般按设备费的一定比例计取。

设备和工器具购置费包括设备的购置费、工器具购置费、现场制作非标准设备费、生产用家具购置费和相应的运杂费。对于价值高的设备，应按单台（套）估算购置费；对于价值较小的设备，可按类估算。国内设备和进口设备的设备购置费应分别估算。国内设备购置费为设备出厂价加运杂费，运杂费可按设备出厂价的一定百分比计算。

进口设备购置费由进口设备货价、进口从属费用及国内运杂费组成。进口从属费用包括国外运费、国外运输保险费、进口关税、消费税、进口环节增值税、外贸手续费、银行财务费和海关监管手续费。国内运杂费包括运输费、装卸费、运输保险费等。

3. 安装工程费估算

可行性研究阶段，安装工程费一般可以按照设备费的比例估算，该比例需要通过经验判定，并结合该装置的具体情况确定。安装工程费也可按设备吨位乘以吨安装费指标，或安装工程实物量乘以相应的安装费指标估算。条件成熟的，可按概算法估算。

$$安装工程费 = 设备原价 \times 安装费率$$
$$安装工程费 = 设备吨位 \times 每吨安装费$$
$$安装工程费 = 安装工程实物量 \times 安装费用指标$$

4. 工程建设其他费用的估算

工程建设其他费用种类较多，要根据国家、地方或部门的有关规定，按各项费用科目的费率或者取费标准估算，编制工程建设其他费用估算表。

5. 基本预备费估算

基本预备费以工程费用、工程建设其他费用之和为基数，乘以适当的基本预备费率（百分数）估算，或按固定资产费用、无形资产费用和其他资产费用三部分之和为基数，乘以适当的基本预备费率估算。预备费率的取值一般按行业规定，并结合估算深度确定。

通常对外汇和人民币部分取不同的预备费率。

6. 涨价预备费估算

一般以分年工程费用为基数，分别估算各年的涨价预备费，再行加和，求得总的涨价预备费。

三、流动资金估算

流动资金是指生产经营性项目投产后，为进行正常的生产运营，用于购买原材料、燃料，支付工资及其他经营费用等所需的周转资金。流动资金估算一般参照现有同类企业的状况采用分项详细估算法，个别情况或者小型项目可采用扩大指标估算法。

1. 分项详细估算法

对计算流动资金需要掌握的流动资产和流动负债这两类因素应分别进行估算。在可行性研究中，为简化计算，仅对存货、现金、应收账款这三项流动资产和应付账款这项流动负债进行估算。

2. 扩大指标估算法

（1）按建设投资的一定比例估算。例如，国外化工企业的流动资金一般是按建设投资的15%～20%计算。

（2）按经营成本的一定比例估算。

（3）按年销售收入的一定比例估算。

（4）按单位产量占用流动资金的比例估算。

流动资金一般在投产前开始筹措。从投产第一年开始按生产负荷进行安排，其借款部分按全年计算利息。流动资金利息应计入财务费用。项目计算期末回收全部流动资金。

第二节　设　计　概　算

一、设计概算概述

（一）设计概算的定义

设计概算是设计文件的重要组成部分，是在投资估算的控制下由设计单位根据初步设计（或技术设计）图纸及说明、概算定额（或概算指标）、各项费用定额或取费标准（指标），以及设备、材料预算价格等资料或参照类似工程预决算文件，编制和确定的建设项目从筹建至竣工交付使用所需全部费用的文件。

按照国家规定，采用两阶段设计的建设项目，初步设计阶段必须编制设计概算。采用三阶段设计的，技术设计阶段必须编制修正概算；在施工图设计阶段，必须按照经批准的初步设计及其相应的设计概算进行施工图的设计工作。

（二）设计概算的作用

（1）设计概算是国家制定和控制建设投资的依据。对于政府投资项目，按照规定报请有关部门或单位批准初步设计及总概算。一经上级批准，总概算就是总造价的最高限额，不得有任意突破，如有突破，须报原审批部门批准。

（2）设计概算是编制建设计划的依据。建设项目年度计划的安排、其投资需要量的确定、建设物资供应计划和建筑安装施工计划等，都以主管部门批准的设计概算为依据。若实际投资超过了总概算，设计单位和建设单位需要共同提出追加投资的申请报告，经上级计划部门批准后，方能追加投资。

（3）设计概算是进行贷款的依据。银行根据批准的设计概算和年度投资计划进行贷款，并严格实行监督控制。

（4）设计概算是签订总承包合同的依据。对于施工期限较长的大中型建设项目，可以根据批准的建设计划、初步设计和总概算文件确定工程项目的总承包价，采用工程总承包的方式进行建设。

（5）设计概算是考核设计方案的经济合理性和控制施工图预算和施工图设计的依据。

（6）设计概算是考核和评价工程建设项目成本和投资效果的依据。可以将以概算造价为基础计算的项目技术经济指标与以实际发生造价为基础计算的指标进行对比，从而对工程建设项目成本及投资效果进行评价。

（三）设计概算的内容

设计概算可分为单位工程概算、单项工程综合概算和建设项目总概算三级。

1. 单位工程概算

单位工程概算是确定各单位工程建设费用的文件，是编制单项工程综合概算的依据，分为单位建筑工程概算和单位设备及安装工程概算两大类。单位建筑工程概算包括土建工程概算、给排水采暖工程概算、通风空调工程概算、电气照明工程概算、弱电工程概算、特殊构筑物工程概算等；单位设备及安装工程概算包括机械设备及安装工程概算、电气设备及安装工程概算、热力设备及安装工程概算以及工器具及生产家具购置费概算等。

单位工程概算由直接费、间接费、利润和税金组成，其中直接费由分部分项工程直接费的汇总加上措施费构成。

2. 单项工程综合概算

单项工程综合概算是确定一个单项工程建设费用的文件，是由单项工程中的各单位工程概算汇总编制而成的，是建设项目总概算的组成部分。

3. 建设项目总概算

建设项目总概算是确定整个建设项目从筹建开始到竣工验收、交付使用所需的全部费用的文件，它是由各单项工程综合概算、工程建设其他费用概算、预备费和建设期利息概算等汇总编制而成。

二、设计概算的编制

（一）设计概算的编制依据

（1）国家及主管部门的有关法律和规章，批准的建设项目可行性研究报告。

（2）设计单位提供的初步设计或扩大初步设计图纸文件、说明及主要设备材料表。

（3）国家现行的建筑工程和专业安装工程概算定额、概算指标，以及各省、市、地区经地方政府或其授权单位颁发的地区单位估价表和地区材料、构件、配件价格、费用定额及建设项目设计概算编制办法。

（4）现行的有关人工和材料价格、设备原价及运杂费率等。

（5）现行的其他费用定额、指标和价格。

（6）建设场地自然条件和施工条件，有关合同、协议等。

（7）其他有关资料。

（二）单位建筑工程概算编制方法

单位建筑工程概算的编制方法有概算定额法、概算指标法、类似工程预算法。

1. 概算定额法

概算定额法又称扩大单价法或扩大结构定额法。它与利用预算定额编制单位建筑工程施工图预算的方法基本相同，不同之处在于编制概算所采用的依据是概算定额，所采用的工程量计算规则是概算定额的工程量计算规则。该方法要求初步设计达到一定深度，建筑结构比较明确时方可采用。

利用概算定额法编制设计概算的具体步骤如下：

（1）列项算量。按照概算定额分部分项顺序，列出各分部分项工程的名称。算量时应按概算定额中规定的工程量计算规则进行计算，并将计算所得各分项工程量按概算定额编号顺序，填入工程概算表内。

（2）确定各分部分项工程项目的概算定额单价，即根据概算定额编制扩大单位估价表。扩大单位估价表是确定单位工程中各扩大分部分项工程或完整的结构构件所需全部人工费、材料费、施工机械使用费之和的文件。概算定额单价计算公式为：

$$概算定额单价 ＝扩大分部分项工程人工费＋扩大分部分项工程材料费$$
$$＋扩大分部分项工程施工机械使用费$$
$$＝\sum（概算定额中人工消耗量 \times 人工工日单价）$$
$$＋\sum（概算定额中材料消耗量 \times 材料单价）$$
$$＋\sum（概算定额中机械台班消耗量 \times 机械台班费用单价） \quad (5-6)$$

当设计图纸中的分项工程项目名称、内容与套用的概算定额中的分项有某些不相符时，则按规定对定额进行调整换算。

（3）将计算出的概算定额单价，以及相应的人工、材料、机械台班消耗指标，分别填入工程概算表和工料分析表中。

（4）计算直接工程费和直接费。将已算出的各分部分项工程项目的工程量分别乘以概算定额单价、单位人工、材料消耗指标，即可得出各分项工程的直接工程费和人工、材料消耗量。然后，汇总各分项工程的直接工程费及人工、材料消耗量，即可得到该单位工程的直接工程费和工料总消耗量。最后，再汇总措施费即可得到该单位工程的直接费。如果规定有地区的人工、材料价差调整指标，计算直接工程费时，按规定的调整系数或其他调整方法进行调整计算。

（5）根据直接费，结合其他各项取费标准，分别计算间接费、利润和税金。

（6）计算单位工程概算造价，其计算公式为：

$$单位工程概算造价 ＝ 直接费＋间接费＋利润＋税金 \quad (5-7)$$

2. 概算指标法

由于设计深度不够等原因，对一般附属、辅助和服务工程等项目，以及住宅和文化福利工程项目或投资比较小、比较简单的工程项目，可采用概算指标法编制概算。用概算指标编制概算的方法有如下两种：

（1）直接用概算指标编制单位工程概算。当拟建工程的结构特征符合概算指标的结构特征时，可直接用概算指标编制概算。

首先，根据概算指标中 $100m^2$ 建筑面积（或 $1000m^3$ 建筑体积）的人工和主要材料消耗指标，结合拟建工程项目所在地的人工工日单价、主要材料预算价格，计算 $100m^2$ 建筑面积（或 $1000m^3$ 建筑体积）建筑物的人工费和材料费等。计算公式为：

$$100m^2 \text{ 建筑面积的人工费} = \text{概算指标规定的工日数} \times \text{本地区人工工日单价} \qquad (5-8)$$

$$100m^2 \text{ 建筑面积的材料费} = \text{主要材料费} + \text{其他材料费} \qquad (5-9)$$

其中：

$$100m^2 \text{ 建筑面积的主要材料费} = \sum(\text{概算指标规定的主要材料数量} \times \text{相应的地区材料预算单价}) \qquad (5-10)$$

$$100m^2 \text{ 建筑面积的其他材料费} = \text{主要材料费} \times \text{其他材料费占主要材料费的百分比} \qquad (5-11)$$

$$100m^2 \text{ 建筑面积的机械使用费} = (\text{人工费} + \text{主要材料费} + \text{其他材料费}) \times \text{机械使用费所占百分比} \qquad (5-12)$$

$$1m^2 \text{ 建筑面积的直接工程费} = (\text{人工费} + \text{主要材料费} + \text{其他材料费} + \text{机械使用费}) \div 100 \qquad (5-13)$$

然后，根据 $1m^2$ 建筑面积（或 $1m^3$ 建筑体积）直接工程费，结合其他各项取费方法，分别计算 $1m^2$ 建筑面积（或 $1m^3$ 建筑体积）措施费、间接费、利润和税金，得到 $1m^2$ 建筑面积（或 $1m^3$ 建筑体积）的概算单价，乘以拟建单位工程的建筑面积（或建筑体积），即可得到单位工程概算造价。

也可以根据 $1m^2$ 建筑面积（或 $1m^3$ 建筑体积）直接工程费，乘以拟建单位工程的建筑面积（或建筑体积）得到单位工程的直接工程费，再结合其他各项取费方法，分别计算措施费、间接费、利润和税金，得到单位工程的概算造价。

（2）用修正概算指标编制单位工程概算。当拟建工程的结构特征与概算指标的结构特征有局部差异时，可用修正后的概算指标，再根据已计算的建筑面积或建筑体积乘以修正后的概算指标及单位价值，算出工程概算造价。

首先，根据概算指标算出每平方米建筑面积或每立方米建筑体积的直接工程费；然后，调整概算指标中的每平方米（或立方米）造价，即将原概算指标中的单位造价进行调整（仍使用直接工程费指标），扣除每平方米（立方米）原概算指标中与拟建工程结构不同部分的造价，增加每平方米（立方米）拟建工程与概算指标结构不同部分的造价，使其成为与拟建工程结构特征相同的工程单位直接工程费造价。计算公式为：

$$\text{结构变化修正概算指标}(\text{元}/m^2) = J + Q_1 P_1 - Q_2 P_2 \qquad (5-14)$$

式中　J——原概算指标；

　　　Q_1——概算指标中换入结构的工程量；

　　　Q_2——概算指标中换出结构的工程量；

　　　P_1——换入结构的直接工程费单价；

　　　P_2——换出结构的直接工程费单价。

则拟建单位工程的直接工程费为：

　　　直接工程费 ＝ 修正后的概算指标 × 拟建工程建筑面积(或体积)　　　(5-15)

　　求出直接工程费后，再按照规定的取费方法计算其他费用，最终得到单位工程概算价值。

　　[例5-2]　某单位拟建一混合结构的办公楼 2800m²，采用钢筋混凝土条形基础(单方造价为 76 元/m²)。已知本地某新建混合结构的办公楼，建筑面积 3200m²，土建直接工程费单价为 660 元/m²，其中毛石条形基础的造价为 45 元/m²，其他结构相同。求拟建办公楼土建直接工程费造价。

　　解:　结构变化修正概算指标 ＝ 660＋76－45 ＝ 691(元/m²)

　　　　　　拟建办公楼土建直接工程费造价 ＝ 691×2800 ＝ 1 934 800(元)

　　3. 类似工程预算法

　　类似工程预算法是利用技术条件与设计对象相类似的已完工程或在建工程的工程造价资料来编制拟建工程设计概算的方法。该方法适用于拟建工程初步设计与已完工程或在建工程的设计相类似且没有可用的概算指标的情况，但必须对建筑结构差异和价差进行调整。

　　(1) 建筑结构差异调整。调整方法与概算指标法的调整方法相同，即先确定有差别的项目，然后分别按每一项目算出结构构件的工程量和单位价格(按编制概算工程所在地区的单价)，然后以类似预算中相应(有差别)的结构构件的工程数量和单价为基础，算出总差价。将类似预算的直接工程费总额减去(或加上)这部分差价，就得到结构差异换算后的直接工程费，再行取费得到结构差异换算后的造价。

　　(2) 价差调整。类似工程造价的价差调整方法通常有两种:一是类似工程造价资料有具体的人工、材料、机械台班的用量时，可按类似工程造价资料中的主要材料用量、工日数量、机械台班用量乘以拟建工程所在地的主要材料预算价格、人工工日单价、机械台班单价，计算出直接工程费，再行取费即可得出所需的造价指标;二是类似工程造价资料只有人工、材料、机械台班费用和其他费用时，可作如下调整。

$$D = AK \qquad (5-16)$$

$$K = aK_1 + bK_2 + cK_3 + dK_4 + eK_5 \qquad (5-17)$$

式中　　　　　D——拟建工程单方概算造价;

　　　　　　　A——类似工程单方预算造价;

　　　　　　　K——综合调整系数;

　　a、b、c、d、e——类似工程预算的人工费、材料费、机械台班费、措施费、间接费占预算造价的比重，%;

K_1、K_2、K_3、K_4、K_5——拟建工程地区与类似工程地区人工费、材料费、机械台班费、措施费、间接费价差系数。

　　K_1 ＝ 拟建工程概算的人工费(或工资标准)/ 类似工程预算人工费(或工资标准)

K_2 ＝ ∑(类似工程主要材料数量×编制概算地区材料预算价格)/∑ 类似地区各主要材料费

　　类似地，可得出其他指标的表达式。

　　[例5-3]　某单位拟建小高层住宅 3800m²，除基础和外墙保温贴面不同外，主体结构及其他部分与在建的某工程相同。经测算，拟建工程采用钢筋混凝土筏板基础(单方造价为 116 元/m²)，在建工程采用钢筋混凝土梁板式基础(单方造价为 136 元/m²)，其余数据见表 5-3。

表 5 - 3 拟建工程与在建工程差异表

工程项目		每平方米建筑面积消耗量	造价
在建类似工程	外墙保温	0	0
	水泥砂浆涂料墙面	0.84m²	12.00 元/m²
拟建工程	外墙保温	0.08m³	190.00 元/m³
	外墙面砖	0.82m²	60.00 元/m²

类似工程单方直接工程费为 680 元/m²，其中，人工费、材料费、机械费占单方直接工程费的比例分别为 16%、74%、10%，综合费率为 20%。拟建工程与类似工程预算造价在人工费、材料费、机械费的差异系数分别为 1.12、1.08 和 1.02。

问题：(1) 应用类似工程预算法确定拟建工程的单位工程概算造价。

(2) 若类似工程预算中，每平方米建筑面积主要资源消耗为：人工消耗 5.16 工日，钢材 42kg，水泥 235kg，钢塑门窗 0.26m²，其他材料费为主材费的 48%，机械费占直接工程费的比例为 10%，拟建工程主要资源的现行预算价格分别为人工 38 元/工日、钢材 5.2 元/kg、水泥 0.36 元/kg、钢塑门窗平均 320 元/m²，拟建工程综合费率为 20%，应用概算指标法，确定拟建工程的单位工程概算造价。

解：(1) 首先计算直接工程费差异系数，通过直接工程费部分的价差调整进而得到直接工程费单价，再作结构差异调整，最后取费得到单位造价。计算步骤如下：

拟建工程直接工程费差异系数 $= 16\% \times 1.12 + 74\% \times 1.08 + 10\% \times 1.02$
$$= 1.0804$$

拟建工程概算指标(直接工程费)$= 680 \times 1.0804 = 734.67(元/m²)$

结构修正概算指标(直接工程费)$= 734.67 + (0.08 \times 190.00 + 0.82 \times 60.00 + 116)$
$$- (0.84 \times 12.00 + 136) = 768.99(元/m²)$$

拟建工程单位造价 $= 768.99 \times (1 + 20\%) = 922.79(元/m²)$

拟建工程概算造价 $= 922.79 \times 3800 = 3\ 506\ 602(元)$

(2) 首先，根据类似工程预算中每平方米建筑面积的主要资源消耗和现行预算价格，计算拟建工程单位建筑面积的人工费、材料费、机械费。

人工费 = 每平方米建筑面积人工消耗指标 × 现行人工工日单价
$$= 5.16 \times 38 = 196.08(元)$$

材料费 = $\sum$(每平方米建筑面积材料消耗指标 × 相应材料预算价格)
$$= (42 \times 5.2 + 235 \times 0.36 + 0.26 \times 320) \times (1 + 48\%)$$
$$= 571.58(元)$$

机械费 = 直接工程费 × 机械费占直接工程费的比例
$$= 直接工程费 \times 10\%$$

直接工程费 $= 196.08 + 571.58 + 直接工程费 \times 10\%$

则

直接工程费 $= (196.08 + 571.58)/(1 - 10\%) = 852.96(元/m²)$

其次，进行结构差异调整，按照所给综合费率计算拟建单位工程概算指标、修正概算指标和概算造价。

$$结构修正概算指标(直接工程费) = 拟建工程概算指标 + 换入结构指标 - 换出结构指标$$
$$= 852.96 + (0.08 \times 190.00 + 0.82 \times 60.00 + 116)$$
$$- (0.84 \times 12.00 + 136)$$
$$= 887.28(元/m^2)$$

$$拟建工程单位造价 = 结构修正概算指标 \times (1 + 综合费率)$$
$$= 887.28 \times (1 + 20\%)$$
$$= 1064.74(元/m^2)$$

$$拟建工程概算造价 = 拟建工程单位造价 \times 建筑面积$$
$$= 1064.74 \times 3800$$
$$= 4\ 046\ 012(元)$$

（三）单位设备及安装工程概算编制方法

1. 设备购置费概算

设备购置费由设备原价和运杂费两项组成。设备购置费是根据初步设计的设备清单计算出设备原价，并汇总求出设备总原价，然后按有关规定的设备运杂费率乘以设备总原价，两项相加即为设备购置费概算。计算公式为：

$$设备购置费概算 = \sum(设备清单中的设备数量 \times 设备原价) \times (1 + 运杂费率)$$
$$(5-18)$$
或
$$设备购置费概算 = \sum(设备清单中的设备数量 \times 设备预算价格) \qquad (5-19)$$

国产标准设备原价可根据设备型号、规格、性能、材质、数量及附带的配件，向制造厂家询价或向设备、材料信息部门查询，或按主管部门规定的现行价格逐项计算。非主要标准设备和工器具、生产家具的原价可按主要标准设备原价的百分比计算，百分比指标按主管部门或地区有关规定执行。

国产非标准设备原价在设计概算时可以根据非标准设备的类别、质量、性能、材质等情况，以每台设备规定的估价指标计算原价，也可以以某类设备所规定的吨重估价指标计算。

2. 单位设备安装工程概算的编制方法

单位设备安装工程概算的编制方法有预算单价法、扩大单价法、设备价值百分比法和综合吨位指标法等。

（1）预算单价法。当初步设计较深，有详细的设备清单时，可直接按安装工程预算定额单价编制设备安装工程概算，概算程序与安装工程施工图预算程序基本相同。

（2）扩大单价法。当初步设计深度不够，设备清单不完备，只有主体设备或仅有成套设备质量时，可采用主体设备、成套设备的综合扩大安装单价来编制概算。

（3）设备价值百分比法（又称安装设备百分比法）。当初步设计深度不够，只有设备出厂价而无详细规格、质量时，安装费可按其占设备费的百分比计算，其百分比（即安装费率）由主管部门制定，或由设计单位根据已完类似工程确定。该方法常用于价格波动不大的定型产品和通用设备产品。计算公式为：

$$设备安装费 = 设备原价 \times 安装费率 \qquad (5-20)$$

（4）综合吨位指标法。当初步设计提供的设备清单有规格和设备质量时，可采用综合吨位指标编制概算，其综合吨位指标由主管部门或由设计单位根据已完类似工程资料确定。该方法常用于设备价格波动较大的非标准设备和引进设备的安装工程概算。计算公式为：

$$设备安装费 = 设备吨重 \times 每吨设备安装费指标 \tag{5-21}$$

（四）单项工程综合概算的编制

单项工程综合概算是以其所包含的建筑工程概算表和设备及安装工程表为基础汇总编制的。当建设工程只有一个单项工程时，单项工程综合概算（实为总概算）还应包括工程建设其他费用概算（含建设期利息、预备费和固定资产投资方向调节税）。

单项工程综合概算文件一般包括编制说明（不编制总概算时列入）和综合概算表两部分。

1. 编制说明

主要包括编制依据、编制方法、主要设备和材料的数量及其他有关问题。

2. 综合概算表

综合概算表是根据单项工程所辖范围内的各单位工程概算等基础资料，按照国家规定的统一表格进行编制。对于工业建筑而言，其概算包括建筑工程和设备及安装工程；对于民用建筑工程而言，其概算包括一般土木建筑工程、给排水、采暖、通风及电气照明工程等。某综合楼综合概算表见表5-4。

表 5-4　　　　　　　　　　　　某综合楼综合概算表

序号	单位工程或费用名称	概算价值（万元）				技术经济指标			占总投资的比例（%）
		建安工程费	设备购置费	工程建设其他费用	合计	单位	数量	指标（元/m²）	
1	建筑工程	163.63			163.63	m²	1280	1278.36	57.44
1.1	土建工程	112.48			112.48			878.75	
1.2	给水排水工程	2.71			2.71			21.17	
1.3	采暖工程	4.25			4.25	m²	1280	33.20	
1.4	通风空调工程	36.98			36.98			288.91	
1.5	电气照明工程	7.21			7.21			56.33	
2	设备及安装工程	9.12	110.68		119.8	m²	1280	935.94	42.06
2.1	设备购置		110.68		110.68	m²	1280	864.69	
2.2	设备安装工程	9.12			9.12	m²	1280	71.25	
3	工器具购置		1.42		1.42	m²	1280	11.09	0.50
	合　　计	172.75	112.1		284.85			2225.39	100

（五）建设项目总概算的编制

建设项目总概算是设计文件的重要组成部分。它由各单项工程综合概算、工程建设其他费用、建设期利息、预备费、固定资产投资方向调节税和经营性项目的铺底流动资金组成，并按主管部门规定的统一表格编制而成。建设项目总概算表见表5-5。

表 5 - 5　　　　　　　　　　某电力设备厂扩建工程项目总概算表

序号	工程项目和费用名称	概算价值（万元）				技术经济指标			备注
		建筑工程	安装工程	设备费	合计	单位	数量	指标	
一	建筑、安装工程费用								
1	500kV 变压器装配车间	1320	120	6900	8340	m²	6000	13 900.00	
2	试验大厅	650	98	2600	3348	m²	3000	11 160.00	
3	发电机房	320	136	2300	2756	m²	2000	13 780.00	
4	气相干燥	220	61	1200	1481	m²	1000	14 810.00	
	小计	2510	415	13 000	15 925	m²	12 000	13 270.83	
二	工程建设其他费用								
1	建设管理费				60.12	m²	12 000	50.10	
2	可行性研究费				24	m²	12 000	20.00	
3	勘察设计费				230	m²	12 000	191.67	
4	环境影响评价费				12	m²	12 000	10.00	
5	劳动安全卫生评价费				9	m²	12 000	7.50	
6	场地准备及临时设施费				85	m²	12 000	70.83	
7	市政公用设施建设及绿化补偿费				320	m²	12 000	266.67	
8	建设用地费				2400	m²	12 000	2000.00	
	小计				3140.12	m²	12 000	2616.77	
三	预备费				143.49	m²	12 000	119.58	
1	基本预备费				120.23	m²	12 000	100.19	
2	涨价预备费				23.26	m²	12 000	19.38	
四	建设期利息				180	m²	12000	150.00	
五	造价合计				19 388.6	m²	12 000	16 157.18	

三、设计概算的审查

设计概算编制得偏高或偏低，会影响投资计划的真实性，影响投资资金的合理分配及项目投资的经济效益。进行设计概算审查是遵循客观经济规律的需要，有助于促进设计的技术先进性与经济合理性的统一，通过审查可以提高投资的准确性与合理性。

（一）设计概算的审查内容

1. 审查设计概算的编制依据

审查编制依据的合法性、时效性和适用范围。采用的各种编制依据必须经过国家和授权机关的批准，符合国家的现行编制规定，并且在规定的适用范围之内使用。

2. 审查概算编制深度

（1）审查编制说明。审查编制说明可以检查概算的编制方法、深度和编制依据等重大原则问题，若编制说明有差错，具体概算必有差错。

（2）审查概算编制深度。审查是否有符合规定的"三级概算"；各级概算的编制、校对、审核是否按规定签署，有无随意简化，有无把"三级概算"简化为"二级概算"，甚至"一级概算"的现象。

（3）审查概算的编制范围。审查概算的编制范围及具体内容是否与主管部门批准的建设项目范围及具体工程内容一致；审查分期建设项目的建筑范围及具体工程内容有无重复交叉，是否重复计算或漏算；审查其他费用应列的项目是否符合规定，静态投资、动态投资和经营性项目铺底流动资金是否分别列出等。

3. 审查建设规模、标准

审查概算的投资规模、生产能力、设计标准、建设用地、建筑面积、主要设备、配套工程、设计定员等是否符合原批准可行性研究报告或立项批文的标准。如超过标准，则投资可能增加；如概算总投资超过原批准投资估算的10％以上，应进一步审查超估算的原因。

4. 审查设备规格、数量和配置

审查所选用的设备规格、数量是否与生产规模一致，材质、自动化程度有无提高标准，引进设备是否配套、合理，备用设备台数是否适当，消防、环保设备是否合理等。此外，还要重点审查设备价格是否合理，是否符合有关规定。

5. 审查工程量

建筑安装工程投资随工程量增加而增加，要认真审查。要根据初步设计图纸、概算定额及工程量计算规则、专业设备材料表、建构筑物和总图运输一览表进行审查，看有无多算、重算、漏算的现象。

6. 审查计价指标

审查建筑工程所采用的工程所在地区的定额、价格指数和有关人工、材料、机械台班单价是否符合现行规定；审查安装工程所采用的专业或地区定额是否符合工程所在地区的市场价格水平，概算指标调整系数，以及主材价格、人工、机械台班和辅材调整系数是否按当时的最新规定执行；审查引进设备安装费率或计取标准、部分行业专业设备安装费率是否按有关规定计算等。

7. 审查其他费用

审查费用项目是否按国家统一规定计列，具体费率或计取标准是否按国家、行业或有关部门规定计算，有无随意列项，有无多列、交叉计列和漏项等。

（二）设计概算的审查方法

1. 对比分析法

对比分析法主要是指通过建设规模、标准与立项批文对比，工程数量与设计图纸对比，综合范围、内容与编制方法、规定对比，各项取费与规定标准对比，材料、人工单价与统一信息对比，引进设备、技术投资与报价要求对比，技术经济指标与同类工程对比等。通过以上对比分析，容易发现设计概算存在的主要问题和偏差。

2. 查询核实法

查询核实法是对一些关键设备和设施、重要装置、引进工程图纸不全、难以核算的较大投资进行多方查询核对及逐项落实的方法。主要设备的市场价格向设备供应部门或招标公司查询核实；重要生产装置、设施向同类企业（工程）查询了解；引进设备价格及有关费税向进出口公司调查落实；复杂的建安工程向同类工程的建设、承包、施工单位征求意见；深度不够或不清楚的问题直接向原概算编制人员、设计者询问清楚。

3. 联合会审法

联合会审前，可先采取多种形式分头审查，包括设计单位自审，主管、建设、承包单位初审，工程造价咨询公司评审，邀请同行专家预审，审批部门复审等。经层层审查把关后，由有关单位和专家进行联合会审。在会审大会上，由设计单位介绍概算编制情况及有关问题，各有关单位、专家汇报初审及预审意见，然后进行认真分析、讨论，结合对各专业技术方案的审查意见所产生的投资增减，逐一核实原概算出现的问题。经过充分协商，认真听取设计单位意见后，实事求是地进行处理、调整。

第三节　竣工结算与竣工决算

工程竣工验收阶段的主要工作包括竣工验收和确定建设工程最终的实际造价，即竣工结算价格和竣工决算价格。其中，竣工结算是确定单项工程最终造价、考核施工企业经济效益以及编制竣工决算的依据，是直接反映工程项目的实际价格，最终体现工程造价系统控制的效果。

一、竣工结算

1. 竣工结算的概念

竣工结算是由施工企业按照合同规定的内容全部完成所承包的工程，经建设单位及相关单位验收质量合格，并符合合同要求之后，在交付生产或使用前，由施工单位根据合同价格和实际发生的费用的增减变化（变更、签证、洽商等）情况进行编制，并经发包方或委托方签字确认的，正确反映该项工程最终实际造价，并作为向发包单位进行最终结算工程款的经济文件。

竣工结算一般由施工单位编制，建设单位审核同意后，按合同规定签字盖章，通过相关银行办理工程价款的最后结算。

要有效控制工程项目竣工结算价格，必须严把审核关。第一，要核对合同条款：一查竣工工程内容是否符合合同条件要求，竣工验收是否合格；第二，要查结算价款是否符合合同的结算方式。第三，要检查隐蔽验收记录：所有隐蔽工程是否经监理工程师的签证确认。第三，要落实设计变更签证：按合同的规定，检查设计变更签证是否有效。第四，要核实工程数据：依据竣工图、设计变更单及现场签证等进行核算。第五，要防止各种计算误差。实践经验证明，通过对工程项目结算的审查，一般情况下，经审查的工程结算和施工单位编制的工程结算相比，工程造价资金相差率在 10% 左右，有的高达 20%，对控制投入节约资金起到很重要的作用。

2. 竣工结算的内容

竣工结算的内容与施工图预算的内容基本相同，由直接费、间接费、计划利润和税金四部分组成。竣工结算以竣工结算书的形式表现，包括单位工程竣工结算书、单项工程竣工结算书及竣工结算说明书等。

竣工结算书中主要应体现"量差"和"价差"的基本内容。"量差"是指原计价文件所列工程量与实际完成的工程量不符而产生的差别。"价差"是指签订合同时的计价或取费标准与实际情况不符而产生的差别。

3. 竣工结算的编制原则与依据

（1）竣工结算的编制原则。工程项目竣工结算既要正确贯彻执行国家和地方基建部门的政策和规定，又要准确反映施工企业完成的工程价值。在进行工程结算时，要遵循以下原则：

1）必须具备竣工结算的条件，要有工程验收报告。对于未完工程、质量不合格的工程，不能结算；需要返工重做的，应返工修补合格后，才能结算。

2）严格执行国家和地区的各项有关规定。

3）实事求是，认真履行合同条款。

4）编制依据充分。审核和审定手续完备。

5）竣工结算要本着对国家、建设单位、施工单位负责的精神，做到既合理又合法。

（2）竣工结算的编制依据：

1）工程竣工报告、工程竣工验收证明、图纸会审记录、设计变更通知单及竣工图。

2）经审批的施工图预算、购料凭证、材料代用价差、施工合同。

3）本地区现行预算定额、费用定额、材料预算价格及各种收费标准、双方有关工程计价协定。

4）各种技术资料（技术核定单、隐蔽工程记录、停复工报告等）及现场签证记录。

5）不可抗力、不可预见费用的记录以及其他有关文件规定。

4. 竣工结算的编制方法

（1）合同价格包干法。在考虑了工程造价动态变化的因素后，合同价格一次包死，项目的合同价就是竣工结算造价，即：

结算工程造价 = 经发包方审定后确定的施工图预算造价 × （1 + 包干系数）　（5 - 22）

（2）合同价增减法。在签订合同时商定有合同价格，但没有包死，结算时以合同价为基础，按实际情况进行增减结算。

（3）预算签证法。按双方审定的施工图预算签订合同，凡在施工过程中经双方签字同意的凭证都作为结算的依据，结算时以预算价为基础按所签凭证内容调整。

（4）竣工图计算法。结算时根据竣工图、竣工技术资料、预算定额，按照施工图预算编制方法，全部重新计算得出结算工程造价。

（5）平方米造价包干法。双方根据一定的工程资料，事先协商好每平方米造价指标，结算时以平方米造价指标乘以建筑面积确定应付的工程价款，即：

结算工程造价 = 建筑面积 × 每平方米造价指标

（6）工程量清单计价法。以业主与承包方之间的工程量清单报价为依据进行工程结算。

竣工结算工程价款的计算公式为：

竣工结算工程价款 = 预算（或概算）或合同价款 + 施工过程中预算或合同价款调整数额
　　　　　　　　 - 预付及已结算的工程价款 - 未扣的保修金

5. 竣工结算的审查

（1）自审：竣工结算初稿编定后，施工单位内部先组织审查、校核。

（2）建设单位审查：施工单位自审后编印成正式结算书送交建设单位审查，建设单位也可委托有关部门批准的工程造价咨询单位审查。

（3）造价管理部门审查：甲乙双方有争议且协商无效时，可以提请造价管理部门裁决。

各方对竣工结算进行审查的具体内容包括：①核对合同条款；②检查隐蔽工程验收记录；③落实设计变更签证；④按图核实工程数量；⑤严格按合同约定计价；⑥注意各项费用

计取；⑦防止各种计算误差。

工程完工后，发承包双方必须在合同约定时间内办理工程竣工结算。

《计价规范》中规定：

工程竣工结算应由承包人或受其委托具有相应资质的工程造价咨询人编制，并应由发包人或受其委托具有相应资质的工程造价咨询人核对。

当发承包双方或一方对工程造价咨询人出具的竣工结算文件有异议时，可向工程造价管理机构投诉，申请对其进行执业质量鉴定。

竣工结算办理完毕，发包人应将竣工结算文件报送工程所在地或有该工程管辖权的行业管理部门的工程造价管理机构备案，竣工结算文件应作为工程竣工验收备案、交付使用的必备文件。

分部分项工程和措施项目中的单价项目应依据发承包双方确认的工程量与已标价工程量清单的综合单价计算；发生调整的，应以发承包双方确认调整的综合单价计算；措施项目中的总价项目应依据已标价工程量清单的项目和金额计算；发生调整的，应以发承包双方确认调整的金额计算，其中安全文明施工费应按国家或省级、行业建设主管部门的规定计算。其他项目中：①计日工应按发包人实际签证确认的事项计算。②对暂估价，按若暂估价中的材料、工程设备是招标采购的，其单价按中标价在综合单价中调整；若暂估价中的材料、工程设备非招标采购的，其单价按发承包双方最终确认的单价在综合单价中调整。若暂估价中的专业工程是招标发包的，其专业工程费按中标价计算；若暂估价中的专业工程为非招标发包的，其专业工程费按发承包双方与分包人最终确认的金额计算。③总承包服务费应依据已标价工程量清单金额计算；发生调整的，应以发承包双方确认调整的金额计算。④索赔费用应依据发承包双方确认的索赔事项和金额计算。⑤现场签证费用应依据发承包双方签证资料确认的金额计算。⑥暂列金额应减去合同价款调整（包括索赔、现场签证）金额计算，如有余额则归发包人。规费和税金应按照国家或省级、行业建设主管部门对规费和税金的计取标准计算；规费中的工程排污费应按工程所在地环境保护部门规定的标准缴纳后按实列入。

发承包双方在合同工程实施过程中已经确认的工程计量结果和合同价款，在竣工结算办理中应直接进入结算。

工程合同价款按交付时间顺序可分为工程预付款、工程进度款和工程竣工结算款，由于工程预付款已在工程进度款中扣回，因此，工程竣工结算存在以下关系式：

$$工程竣工结算价款 ＝ 工程进度款 ＋ 工程竣工结算余款$$

二、竣工决算

1. 竣工决算的概念

建设项目竣工决算是指所有建设项目竣工后，按照国家有关规定，由建设单位报告项目建设成果和财务状况的总结性文件。它是考核其投资效果的依据，也是办理交付、动用、验收的依据。

竣工决算是基本建设成果和财务的综合反映，它包括项目从筹建到建成投产或使用的全部费用。除了采用货币形式表示基本建设的实际成本和有关指标外，同时包括建设工期、工程量和资产的实物量以及技术经济指标，并综合了工程的年度财务决算，全面反映了基本建设的主要情况。竣工决算是建设单位反映建设项目实际造价、投资效果和正确核定新增固定资产价值的文件，是竣工验收报告的重要组成部分。同时，竣工决算价格是由竣工结算价格与实际发生的工程建设其他费用等汇总而成，是计算交付使用财产价值的依据。竣工决算可反映出固定资产计划完成情况以及节约或超支原因，从而控制工程造价。

竣工决算反映了竣工项目计划、实际的建设规模、建设工期以及设计和实际生产能力，反映了概算总投资和实际的建设成本，同时还反映了所达到的主要技术经济指标。通过对这些指标计划值、概算值与实际值进行对比分析，不仅可以全面掌握建设项目计划和概算执行情况，而且可以考核建设项目投资效果，为今后制订建设计划，降低建设成本，提高投资效益提供必要的资料。

2. 竣工结算与竣工决算的关系

建设项目竣工决算是以工程竣工结算为基础进行编制的，是在整个建设项目的各单项工程竣工结算的基础上，加上从筹建开始到工程全部竣工有关基本建设的其他工程费用支出，便构成了建设项目竣工决算的主体。它们的主要区别见表 5-6。

表 5-6　　　　　　　　　　　竣工结算与竣工决算的比较一览表

名称	竣　工　结　算	竣　工　决　算
含义不同	竣工结算是由施工单位根据合同价格和实际发生的费用的增减变化情况进行编制，并经发包方或委托方签字确认的，正确反映该项工程最终实际造价，并作为向发包单位进行最终结算工程款的经济文件	建设项目竣工决算是指所有建设项目竣工后，建设单位按照国家有关规定，由建设单位报告项目建设成果和财务状况的总结性文件
特点不同	属于工程款结算，因此是一项经济活动	反映竣工项目从筹建开始到项目竣工交付使用为止的全部建设费用、建设成果和财务情况的总结性文件
编制单位不同	由施工单位编制	由建设单位编制
编制范围不同	单位或单项工程竣工结算	整个建设项目全部竣工决算

3. 竣工决算的内容

大、中型和小型建设项目的竣工决算包括建设项目从筹建开始到项目竣工交付生产使用为止的全部建设费用，其内容包括竣工决算报告情况说明书、竣工财务决算报表、建设工程竣工图、工程造价比较分析四个方面。

（1）竣工决算报告情况说明书。竣工决算报告情况说明书主要反映竣工工程建设成果和经验，是对竣工决算报表进行分析和补充说明的文件，是全面考核分析工程投资与造价的书面总结，其内容主要包括：

1）建设项目概况及对工程总的评价。一般从进度、质量、安全、造价及施工方面进行分析说明。进度方面主要说明开工和竣工时间，对照合理工期和要求工期，分析是提前还是延期；质量方面主要根据竣工验收组或质量监督部门的验收进行说明；安全方面主要根据劳动工资和施工部门的记录，对有无设备和安全事故进行说明；造价方面主要对照概算造价，说明节约还是超支，用金额和百分率进行分析说明。

2）资金来源及运用等财务分析。主要包括工程价款结算、会计账务的处理、财产物资情况及债权债务的清偿情况。

3）基本建设收入、投资包干结余、竣工结余资金的上交分配情况。通过对基本建设投资包干情况的分析，说明投资包干额、实际支用额和节约额，投资包干的有机构成和包干节余的分配情况。

4）各项经济技术指标的分析。概算执行情况分析，根据实际投资完成额与概算进行对比分析；新增生产能力的效益分析，说明支付使用财产占总投资额的比例、占支付使用财产的比例，不增加固定资产的造价占投资总额的比例，分析有机构成。

5）工程建设的经验、项目管理和财务管理工作以及竣工财务决算中有待解决的问题。

6）需要说明的其他事项。

（2）竣工财务决算报表。建设项目竣工财务决算报表要根据大、中型建设项目和小型建设项目分别制定。有关报表组成如图 5-1 与图 5-2 所示。

大、中型建设项目竣工财务决算报表 {
建设项目竣工财务决算审批表
大、中型建设项目概况表
大、中型建设项目竣工财务决算表
大、中型建设项目交付使用资产总表
建设项目交付使用资产明细表

图 5-1　大、中型建设项目竣工财务决算报表组成示意图

小型建设项目竣工财务决算报表 {
建设项目竣工财务决算审批表
小型建设项目竣工财务决算总表
建设项目交付使用资产明细表

图 5-2　小型建设项目竣工财务决算报表组成示意图

4. 竣工决算的编制

（1）竣工决算的编制依据。建设项目竣工决算的编制依据包括以下几个方面：

1）建设项目计划任务书、可行性研究报告、投资估算书、初步设计或扩大初步设计及其批复文件。

2）建设项目总概算书、修正概算，单项工程综合概算书。

3）经批准的施工图预算或标底造价、承包合同、工程结算等有关资料。

4）建设项目图纸及说明，设计交底和图纸会审记录。

5）历年基建资料、历年财务决算及批复文件。

6）设计变更记录、施工记录或施工签证单及其他施工发生的费用记录。

7）设备、材料调价文件和调价记录。

8）竣工图及各种竣工验收资料。

9）国家和地方主管部门颁发的有关建设工程竣工决算的文件。

10）其他有关资料。

（2）竣工决算的编制要求。为了严格执行建设项目竣工验收制度，正确核定新增固定资产价值，考核分析投资效果，建立健全经济责任制，所有新建、扩建和改建等建设项目竣工后，都应及时、完整、正确地编制好竣工决算。建设单位要做好以下工作：

1）按照规定及时组织竣工验收，保证竣工决算的及时性。

2）积累、整理竣工项目资料，特别是项目的造价资料，保证竣工决算的完整性。

3）清理、核对各项账目，保证竣工决算的正确性。

　　按照规定，竣工决算应在竣工项目办理验收交付手续后一个月内编好，并上报主管部门，有关财务成本部分还应送经办银行审查签证。主管部门和财政部门对报送的竣工决算审批后，建设单位即可办理决算调整和结束有关工作。

　　（3）竣工决算的编制步骤：见图5-3。

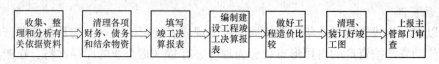

图5-3　竣工决算的编制步骤

　　1）收集、整理和分析有关依据资料。在编制竣工决算文件之前，要系统地整理所有的技术资料、工程结算的经济文件、施工图纸和各种变更与签证资料，并分析它们的准确性。完整、齐全的资料，是准确而迅速编制竣工决算的必要条件。

　　2）清理各项财务、债务和结余物资。在收集、整理和分析有关资料中，要特别注意建设工程从筹建到竣工投产或使用的全部费用的各项财务、债权和债务的清理，做到工程完毕账目清晰，即要核对账目，又要查点库有实物的数量，做到账与物相等，账与账相符，对结余的各种材料、工器具和设备，要逐项清点核实，妥善管理，并按规定及时处理，收回资金。对各种往来款项要及时进行全面清理，为编制竣工决算提供准确的数据和结果。

　　3）填写竣工决算报表。按照建设工程决算表格中的内容，根据编制依据中的有关资料进行统计或计算各个项目和数量，并将其结果填到相应表格的栏目内，完成所有报表的填写。

　　4）编制建设工程竣工决算报表。按照建设工程竣工决算说明的内容要求，根据编制依据材料填写报表，编写文字说明。

　　5）做好工程造价对比分析。

　　6）清理、装订好竣工图。

　　7）上报主管部门审查。

　　上述编写的文字说明和填写的表格经核对无误后装订成册，即为建设工程竣工决算文件。将其上报主管部门审查，并把其中财务成本部分送交开户银行签证。竣工决算在上报主管部门的同时，抄送有关设计单位。大、中型建设项目的竣工决算还应抄送财政部，建设银行总行和省、市、自治区的财政局和建设银行分行各一份。建设工程竣工决算的文件，由建设单位负责组织人员编写，在竣工建设项目办理验收使用一个月之内完成。

　　三、新增资产价值确定

　　竣工决算是办理交付使用财产价值的依据，正确核定资产的价值，不但有利于建设项目交付使用后的财产管理，而且还可作为建设项目经济后评估的依据。

　　（一）新增资产的分类

　　按照新的财务制度和企业会计准则，新增资产按资产性质可分为固定资产、流动资产、无形资产、递延资产和其他资产等五大类。

　　1. 固定资产

　　指使用期限超过一年，单位价值在规定标准（如1000、1500元或2000元）以上，并且在使用过程中保持原有实物形态的资产，如房屋、建筑物、机械、运输工具等。

不同时具备以上两个条件的资产为低值易耗品，应列入流动资产范围内，如企业自身使用的工具、器具、家具等。

固定资产主要包括：①已交付使用的建安工程造价；②达到固定资产标准的设备、工器具购置费；③其他费用（如建设单位管理费、征地费、勘察设计费等）。

2. 流动资产

指可以在一年或者超过一年的营业周期内变现或者耗用的资产。它是企业资产的重要组成部分。流动资产按资产的占用形态可分为现金、存货（指企业的库存材料、在产品、产成品、商品等）、银行存款、短期投资、应收账款及预付账款。

3. 无形资产

指特定主体所控制的，不具有实物形态，对生产经营长期发挥作用且能带来经济利益的资源，如专利权、非专利技术、商标权、商誉。

4. 递延资产

指不能全部计入当年损益，应当在以后年度分期摊销的各种费用，如开办费、租入固定资产改良支出等。

5. 其他资产

指具有专门用途，但不参加生产经营的经国家批准的特种物资，如银行冻结存款和冻结物资、涉及诉讼的财产等。

（二）新增资产价值的确定

1. 新增固定资产价值的确定

新增固定资产价值是以独立发挥生产能力的单项工程为对象的。单项工程建成经有关部门验收鉴定合格，正式移交生产或使用，即应计算新增固定资产价值。一次交付生产或使用的工程一次计算新增固定资产价值，分期分批交付生产或使用的工程，应分期分批计算新增固定资产价值。计算时应注意以下几种情况：

（1）对于为了提高产品质量、改善劳动条件、节约材料、保护环境而建设的附属辅助工程，只要全部建成，正式验收交付使用后就要计入新增固定资产价值。

（2）对于单项工程中不构成生产系统，但能独立发挥效益的非生产性项目，如住宅、食堂、医务所、托儿所、生活服务网点等，在建成并交付使用后，也要计算新增固定资产价值。

（3）凡购置达到固定资产标准不需安装的设备、工具、器具，应在交付使用后计入新增固定资产价值。

（4）属于新增固定资产价值的其他投资，应随同受益工程交付使用的，同时一并计入。

（5）交付使用财产的成本，应按下列内容计算：

1）房屋、建筑物、管道、线路等固定资产的成本包括建筑工程成本和应分摊的待摊投资。

2）动力设备和生产设备等固定资产的成本包括需要安装设备的采购成本、安装工程成本、设备基础等建筑工程成本及应分摊的待摊投资。

3）运输设备及其他不需要安装的设备、工具、器具、家具等固定资产一般仅计算采购成本，不计分摊的"待摊投资"。

（6）共同费用的分摊方法。新增固定资产的其他费用，如果是属于整个建设项目或两个以上单项工程的，在计算新增固定资产价值时，应在各单项工程中按比例分摊。分摊时，什么费用应由什么工程负担应按具体规定执行。一般情况下，建设单位管理费按建筑工程、安装工程、需安装设备价值总额按比例分摊，而土地征用费、勘察设计费则按建筑工程造价分摊。

2. 流动资产价值的确定

（1）货币性资金。指现金、各种银行存款及其他货币资金。其中，现金是指企业的库存现金，包括企业内部各部门用于周转使用的备用金；各种银行存款是指企业的各种不同类型的银行存款；其他货币资金是指除现金和银行存款以外的其他货币资金，根据实际入账价值核定。

（2）应收及预付款项。应收款项是指企业因销售商品、提供劳务等应向购货单位或受益单位收取的款项。预付款项是指企业按照购货合同预付给供货单位的购货定金或部分货款。应收及预付款项包括应收票据、应收账款、其他应收款、预付货款和待摊费用。一般情况下，应收及预付款项按企业销售商品、产品或提供劳务时的成交金额入账核算。

（3）短期投资包括股票、债券、基金。股票和债券根据是否可以上市流通，分别采用市场法和收益法确定其价值。

（4）存货。各种存货应当按照取得时的实际成本计价。存货的形成主要有外购和自制两个途径。外购的存货按照买价加运输费、装卸费、保险费、途中合理损耗、入库加工、整理和挑选费用以及缴纳的税金等计价。自制的存货按照制造过程中的各项支出计价。

3. 无形资产价值的确定

（1）无形资产计价原则。投资者按无形资产作为资本金或者合作条件投入时，按评估确认或合同协议约定的金额计价：

1）购入的无形资产按照实际支付的价款计价。

2）企业自创并依法申请取得的按开发过程中的实际支出计价。

3）企业按受捐赠的无形资产按照发票账单所持金额或者同类无形资产市价作价。

4）无形资产计价入账后，应在其有效使用期内分期摊销。

（2）不同形式无形资产的计价方法主要有：

1）专利权的计价。专利权分为自创和外购两类。自创专利权的价值为开发过程中的实际支出，主要包括专利的研制成本和交易成本。研制成本包括直接成本和间接成本。直接成本是指研制过程中直接投入发生的费用（主要包括材料、工资、专用设备、资料、咨询鉴定、协作、培训和差旅等费用），间接成本是指与研制开发有关的费用（主要包括管理费、非专用设备折旧费、应分摊的公共费用及能源费用）。交易成本是指在交易过程中的费用支出（主要包括技术服务费、交易过程中的差旅费及管理费、手续费、税金）。由于专利权是具有独占性并能带来超额利润的生产要素，因此，专利权的转让价格不按成本估价，而是按照其所能带来的超额收益计价。

2）非专利技术的计价。非专利技术具有使用价值和价值，使用价值是非专利技术本身应具有的，非专利技术的价值在于非专利技术的使用所能产生的超额获利能力，应在研究分析其直接和间接的获利能力的基础上，准确计算出其价值。如果非专利技术是自创的，一般不作为无形资产入账，自创过程中发生的费用，按当期费用处理。对于外购非专利技术，应由法定评估机构确认后再进行估价，其方法往往通过能产生的收益采用收益法进行估价。

3) 商标权的计价。如果商标权是自创的，一般不作为无形资产入账，而将商标设计、制作、注册、广告宣传等发生的费用直接作为销售费用计入当期损益。只有当企业购入或转入商标时，才需要对商标权计价。商标权的计价一般根据被许可方新增的收益确定。

4) 土地使用权的计价。根据取得土地使用权的方式不同，土地使用权可有以下几种计价方式：当建设单位向土地管理部门申请土地使用权并为之支付一笔出让金时，土地使用权作为无形资产核算；当建设单位获得土地使用权是通过行政划拨的，这时土地使用权就不能作为无形资产核算；在将土地使用权有偿转让、出租、抵押、作价入股和投资，按规定补交土地出让价款时，才作为无形资产核算。

4. 递延资产和其他资产价值的确定

(1) 递延资产中的开办费是指筹建期间发生的费用，不能计入固定资产或无形资产价值的费用，主要包括筹建期间人员工资、办公费、员工培训费、差旅费、注册登记费，以及不计入固定资产和无形资产购建成本的汇兑损益、利息支出等。根据现行财务制度规定，企业筹建期间发生的费用，应于开始生产经营起一次计入开始生产经营当期的损益。企业筹建期间开办费的价值可按其账面价值确定。

(2) 递延资产中以经营租赁方式租入的固定资产改良工程支出的计价，应在租赁有限期限内摊入制造费用或管理费用。

(3) 其他资产，包括特种储备物资等，按实际入账价值核算。

根据国家基本建设投资的规定，在批准基本建设项目计划任务书时，可依据投资估算来估计基本建设计划投资额。在确定基本建设项目设计方案时，可依据设计概算决定建设项目计划总投资最高数额。在施工图设计时，可编制施工图预算，用以确定单项工程或单位工程的计划价格，同时规定其不得超过相应的设计概算。因此，竣工决算可反映出固定资产计划完成情况以及节约或超支原因，从而控制工程造价。

复习思考题

1. 投资估算的作用和内容有哪些？投资估算的阶段划分与精度要求是什么？

2. 投资估算的方法有哪些？

3. 设计概算分哪三级概算？各级概算的组成内容有哪些？

4. 设计概算的审查内容一般包括什么？有哪些审查方法？

5. 单项选择题：

(1) 当初步设计达到一定深度，建筑结构比较明确时，编制建筑工程概算可以采用（　　）。

A. 单位工程指标法　　　B. 概算指标法　　　C. 概算定额法　　　D. 类似工程概算法

(2) 拟建砖混结构住宅工程，其外墙采用贴釉面砖，每平方米建筑面积消耗量为 $0.9m^2$，釉面砖全费用单价为 50 元/m^2。类似工程概算指标为 58 050 元/$100m^2$，外墙采用水泥砂浆抹面，每平方米建筑面积消耗量为 $0.92m^2$，水泥砂浆磨面全费用单价为 9.5 元/m^2，则该砖混结构工程修正概算指标为（　　）。

A. 571.22　　　　　　B. 616.72　　　　　　C. 625.00　　　　　　D. 633.28

(3) 投资决策阶段，建设项目投资方案选择的重要依据之一是（　　）。

A. 工程预算　　　　　　B. 投资估算　　　C. 设计概算　　　D. 工程投标报价

（4）竣工决算的计量单位是（　　　）。

A. 实物数量和货币指标

B. 建设费用和建设成果

C. 固定资产价值、流动资产价值、无形资产价值、递延和其他资产价值

D. 建设工期和各种技术经济指标

（5）下列关于竣工结算的说法正确的是（　　　）。

A. 建设项目竣工决算应包括从筹划到竣工投产全过程的直接工程费用

B. 建设项目竣工决算应包括从动工到竣工投产全过程的全部费用

C. 新增固定资产价值的计算应以单项工程为对象

D. 已具备竣工验收条件的项目，如两个月内不办理竣工验收和固定资产移交手续，则视同项目已正式投产

（6）土地征用费和勘察设计费等费用应按（　　　）比例分摊。

A. 建筑工程造价　　　　　　　　　B. 安装工程造价

C. 需安装设备价值　　　　　　　　D. 建设单位其他新增固定资产价值

（7）按照表 5-7 所给数据计算总装车间应分摊的建设单位管理费为（　　　）万元。

表 5-7　　　　　　　　　　　某总装车间决算数据表　　　　　　　　　单位：万元

项目名称	建筑工程造价	安装工程造价	需安装设备费用	建设单位管理费	土地征用费
建设单位决算	2000	800	700	60	80
总装车间决算	500	180	300		

A. 15　　　　　　　　B. 16.8　　　　　　C. 14.57　　　　D. 19.2

6. 多项选择题：

（1）建筑单位工程概算常用的编制方法包括（　　　）。

A. 预算单价法　　　　　　　　　　B. 概算定额法

C. 造价指标法　　　　　　　　　　D. 类似工程预算法

E. 概算指标法

（2）建筑单位工程概预算的审查内容包括（　　　）。

A. 工艺流程　　　　　　　　　　　B. 工程量

C. 经济效果　　　　　　　　　　　D. 采用的定额或指标

E. 材料预算价格

（3）采用类似工程预算法编制单位工程概算时，应考虑修正的主要差异包括（　　　）。

A. 拟建对象与类似预算设计结构上的差异

B. 地区工资、材料预算价格及机械使用费的差异

C. 间接费用的差异

D. 建筑企业等级的差异

E. 工程隶属关系的差异

（4）在编制竣工决算时，下列各项费用中应列入新增递延资产价值的有（　　　）。

A. 开办费　　　　　　　　　　　　B. 项目可行性研究费

C. 土地征用及迁移补偿费　　　　　　D. 土地使用权出让金

E. 以经营租赁方式租入的固定资产改良工程支出

（5）关于竣工决算正确的是（　　　）。

A. 竣工决算是竣工验收报告的重要组成部分

B. 竣工决算是核定新增固定资产价值的依据

C. 竣工决算是反映建设项目实际造价和投资效果的文件

D. 竣工决算在竣工验收之前进行

E. 竣工决算是考核分析投资效果的依据

（6）竣工决算的内容包括（　　　）。

A. 竣工决算报表　　　　　　　　　　B. 竣工决算报告情况说明书

C. 竣工工程概况表　　　　　　　　　D. 竣工财务决算表

E. 交付使用的财产总表

第六章 建筑面积的计算

【本章概要】

本章主要介绍了建筑面积的概念及作用；围绕着建筑工程建筑面积计算规范（GB/T 50353—2013）的计算规则，介绍了各种建筑物及构件的计算及不计算建筑面积的范围。

第一节 建 筑 面 积 概 述

一、建筑面积的概念

建筑面积是指房屋建筑各层水平平面面积相加后的总面积。它包括房屋建筑中的下列三类面积：

（1）使用面积。使用面积是指建筑物各层平面布置中可直接为生产或生活使用的净面积的总和，如居住生活间、工作间和生产间等的净面积。居室净面积在民用建筑中亦称"居住面积"。

（2）辅助面积。辅助面积是指建筑物各层平面布置中为辅助生产或生活所占的净面积的总和，如楼梯间、走道间、电梯间等所占面积。使用面积与辅助面积的总和称为"有效面积"。

（3）结构面积。结构面积是指建筑物各层平面布置中只构成房屋承重系统，分隔平面各组成部分的墙、柱、墙墩以及隔断等构件所占的面积。

二、建筑面积的作用

建筑面积计算是工程计算中最基础的工作，在工程建设中具有重要意义。首先，在工程建设的众多技术经济指标中，大多数以建筑面积为基数，建筑面积是核定估算、概算、预算工程造价的一个重要基础数据，是计算和确定工程造价，并分析工程造价和工程设计合理性的一个基础指标。其次，建筑面积是国家进行建设工程数据统计、固定资产宏观调控的重要指标；再次，建筑面积还是房地产交易、工程承发包交易、建筑工程有关运营费用核定的一个关键指标。建筑面积的作用具体体现在以下几个方面：

（1）建筑面积是国家控制基本建设规模的主要指标。

（2）建筑面积是初步设计阶段选择概算指标的重要依据之一。

（3）建筑面积是施工图设计阶段校对某些分部分项工程的依据。

（4）建筑面积是计算面积利用系数、土地利用系数及单位建筑面积经济指标的依据。

三、建筑面积计算规范

我国的《建筑面积计算规则》是在 20 世纪 70 年代依据苏联的做法结合我国的情况制定的。1982 年国家经委基本建设办公室（82）经基设字 58 号印发的《建筑面积计算规则》是对 20 世纪 70 年代制定的《建筑面积计算规则》的修订。1995 年建设部发布《全国统一建筑工程预算工程量计算规则》（土建工程 GJGDZ-101-95），其中含"建筑面积计算规则"，是对 1982 年的《建筑面积计算规则》的修订。一直以来，《建筑面积计算规则》在建筑工程造价管理方面起着非常重要的作用，是建筑房屋计算工程量的主要指标、计算单位工程每平方米预算造价的主要依据，以及统计部门汇总发布房屋建筑面积完成情况的基础。建设部和国家质量技术监督局颁发的《房产测量规范》（GB/T 17986—2000）的房产面积计算，以及《住宅设计规范》（GB 50096—1999）中有关面积的计算，均依据的是《建筑面积计算规则》。

随着我国建筑市场的发展，建筑的新结构、新材料、新技术、新施工方法层出不穷。为了解决建筑技术的发展产生的面积计算问题，使建筑面积的计算更加科学合理，完善和统一建筑面积的计算范围和计算方法，对建筑市场发挥更大的作用，建设部于 2005 年对原《建筑面积计算规则》进行了修订。考虑到《建筑面积计算规则》的重要作用，修订的《建筑面积计算规则》改为《建筑工程建筑面积计算规范》（GB/T 50353—2005）。2013 年，住房和城乡建设部在总结《建筑工程建筑面积计算规范》（GB/T 50353—2005）实施情况的基础上，再次进行了修订，颁布了《建筑工程建筑面积计算规范》（GB/T 50353—2013）。此次修订主要考虑了建筑发展中出现的新结构、新材料、新技术、新施工方法，为了解决建筑技术的发展产生的面积计算问题，本着不重算、不漏算的原则，对建筑面积的计算范围和计算方法进行了修改、统一和完善。

《建筑工程建筑面积计算规范》（GB/T 50353—2013）适用于新建、扩建、改建的工业与民用建筑工程建设全过程的建筑面积计算。主体部分由总则、术语、计算建筑面积的规定三个部分构成，并附用词说明和条文说明。以下主要介绍术语定义和建筑面积的计算规定。

术语定义主要明确了规范中所出现的一些关键词语的含义，并界定范围，共有 30 个词语：

（1）建筑面积（construction area）：建筑物（包括墙体）所形成的楼地面面积。

（2）自然层（floor）：按楼地面结构分层的楼层。

（3）结构层高（structure story height）：楼面或地面结构层上表面至上部结构层上表面之间的垂直距离。

（4）围护结构（building enclosure）：围合建筑空间的墙体、门、窗。

（5）建筑空间（space）：以建筑界面限定的、供人们生活和活动的场所。

（6）结构净高（structure net height）：楼面或地面结构层上表面至上部结构层下表面之间的垂直距离。

（7）围护设施（enclosure facilities）：为保障安全而设置的栏杆、栏板等围挡。

（8）地下室（basement）：室内地平面低于室外地平面的高度超过室内净高的 1/2 的房间。

（9）半地下室（semi-basement）：室内地平面低于室外地平面的高度超过室内净高的 1/3，且不超过 1/2 的房间。

（10）架空层（stilt floor）：仅有结构支撑而无外围护结构的开敞空间层。

（11）走廊（corridor）：建筑物中的水平交通空间。

（12）架空走廊（elevated corridor）：专门设置在建筑物的二层或二层以上，作为不同建筑物之间水平交通的空间。

（13）结构层（structure layer）：整体结构体系中承重的楼板层。

（14）落地橱窗（french window）：突出外墙面且根基落地的橱窗。

（15）凸窗（飘窗）（bay window）：凸出建筑物外墙面的窗户。

（16）檐廊（eaves gallery）：建筑物挑檐下的水平交通空间。

（17）挑廊（overhanging corridor）：挑出建筑物外墙的水平交通空间。

（18）门斗（air lock）：建筑物入口处两道门之间的空间。

（19）雨篷（canopy）：建筑出入口上方为遮挡雨水而设置的部件。

（20）门廊（porch）：建筑物入口前有顶棚的半围合空间。

（21）楼梯（stairs）：由连续行走的梯级、休息平台和维护安全的栏杆（或栏板）、扶手以及相应的支托结构组成的作为楼层之间垂直交通使用的建筑部件。

（22）阳台（balcony）：附设于建筑物外墙，设有栏杆或栏板，可供人活动的室外空间。

（23）主体结构（major structure）：接受、承担和传递建设工程所有上部荷载，维持上部结构整体性、稳定性和安全性的有机联系的构造。

（24）变形（deformation joint）：防止建筑物在某些因素作用下引起开裂甚至破坏而预留的构造缝。

（25）骑楼（overhang）：建筑底层沿街面后退且留出公共人行空间的建筑物。

（26）过街楼（overhead building）：跨越道路上空并与两边建筑相连接的建筑物。

（27）建筑物通道（passage）：为穿过建筑物而设置的空间。

（28）露台（terrace）：设置在屋面、首层地面或雨篷上的供人室外活动的有围护设施的平台。

（29）勒脚（plinth）：在房屋外墙接近地面部位设置的饰面保护构造。

（30）台阶（step）：联系室内外地坪或同楼层不同标高而设置的阶梯形踏步。

第二节　建筑面积计算方法

一、计算建筑面积的规定

（1）建筑物的建筑面积应按自然层外墙结构外围水平面积之和计算。结构层高在 2.20m 及以上的，应计算全面积；结构层高在 2.20m 以下的，应计算 1/2 面积。

（2）建筑物内设有局部楼层时，对于局部楼层的二层及以上楼层，有围护结构的应按其围护结构外围水平面积计算，无围护结构的应按其结构底板水平面积计算，且结构层高在 2.20m 及以上的，应计算全面积，结构层高在 2.20m 以下的，应计算 1/2 面积，见图 6-1。

（3）对于形成建筑空间的坡屋顶，结构净高在 2.10m 及以上的部位应计算全面积；结构净高在 1.20m 及以上至 2.10m 以下的部位应计算 1/2 面积；结构净高在 1.20m 以下的部位不应计算建筑面积，见图 6-2。

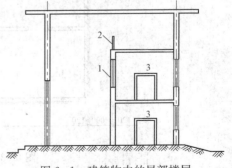

图 6-1　建筑物内的局部楼层
1—围护设施；2—围护结构；3—局部楼层

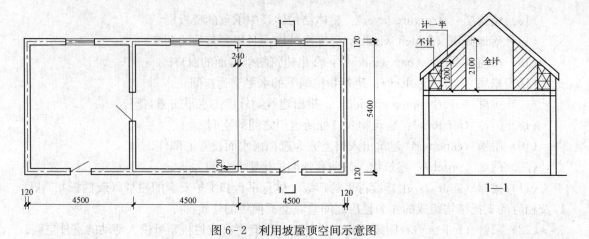

图 6-2　利用坡屋顶空间示意图

（4）对于场馆看台下的建筑空间，结构净高在
2.10m 及以上的部位应计算全面积；结构净高在 1.20m 及以上至 2.10m 以下的部位应计算 1/2
面积；结构净高在 1.20m 以下的部位不应计算建筑面积。室内单独设置的有围护设施的悬挑看
台，应按看台结构底板水平投影面积计算建筑面积。有顶盖无围护结构的场馆看台应按其顶盖
水平投影面积的 1/2 计算面积。

（5）地下室、半地下室应按其结构外围水平面积计算，见图 6-3。结构层高在 2.20m
及以上的，应计算全面积；结构层高在 2.20m 以下的，应计算 1/2 面积。

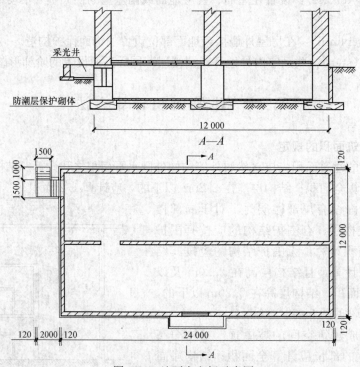

图 6-3　地下室空间示意图

（6）出入口外墙外侧坡道有顶盖的部位，应按其外墙结构外围水平面积的 1/2 计算面
积，见图 6-4。

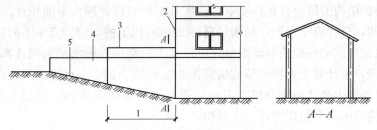

图 6-4　地下室出入口
1—计算 1/2 投影面积部位；2—主体建筑；3—出入口顶盖；
4—封闭出入口侧墙；5—出入口坡道

（7）建筑物架空层及坡地建筑物吊脚架空层，应按其顶板水平投影计算建筑面积，见图 6-5。结构层高在 2.20m 及以上的，应计算全面积；结构层高在 2.20m 以下的，应计算 1/2 面积。

（8）建筑物的门厅、大厅应按一层计算建筑面积，门厅、大厅内设置的走廊应按走廊结构底板水平投影面积计算建筑面积。结构层高在 2.20m 及以上的，应计算全面积；结构层高在 2.20m 以下的，应计算 1/2 面积。

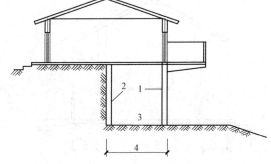

图 6-5　建筑物吊脚架空层
1—柱；2—墙；3—吊脚架空层；
4—计算建筑面积部位

（9）对于建筑物间的架空走廊，有顶盖和围护设施的，应按其围护结构外围水平面积计算全面积；无围护结构、有围护设施的，应按其结构底板水平投影面积计算 1/2 面积，见图 6-6、图 6-7。

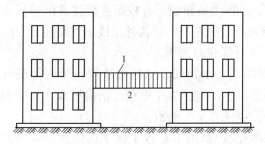

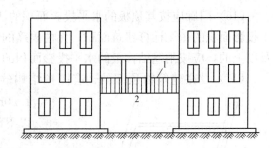

图 6-6　无围护结构的架空走廊
1—栏杆；2—架空走廊

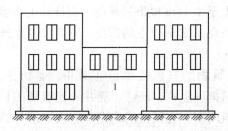

图 6-7　有围护结构的架空走廊

（10）对于立体书库、立体仓库、立体车库，有围护结构的，应按其围护结构外围水平面积计算建筑面积；无围护结构、有围护设施的，应按其结构底板水平投影面积计算建筑面积。无结构层的应按一层计算，有结构层的应按其结构层面积分别计算。结构层高在 2.20m 及以上的，应计算全面积；结构层高在 2.20m 以下的，应计算 1/2 面积。

（11）有围护结构的舞台灯光控制室，应按其围护结构外围水平面积计算。结构层高在2.20m 及以上的，应计算全面积；结构层高在 2.20m 以下的，应计算 1/2 面积。

（12）附属在建筑物外墙的落地橱窗，应按其围护结构外围水平面积计算。结构层高在2.20m 及以上的，应计算全面积；结构层高在 2.20m 以下的，应计算 1/2 面积。

（13）窗台与室内楼地面高差在 0.45m 以下且结构净高在 2.10m 及以上的凸（飘）窗，应按其围护结构外围水平面积计算 1/2 面积。

（14）有围护设施的室外走廊（挑廊），应按其结构底板水平投影面积计算 1/2 面积；有围护设施（或柱）的檐廊，应按其围护设施（或柱）外围水平面积计算 1/2 面积，见图6-8。

（15）门斗应按其围护结构外围水平面积计算建筑面积，且结构层高在 2.20m 及以上的，应计算全面积；结构层高在 2.20m 以下的，应计算 1/2 面积，见图 6-9。

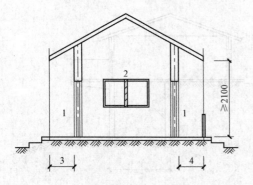

图 6-8 檐廊

1—檐廊；2—室内；3—不计算建筑面积部位；
4—计算 1/2 建筑面积部位

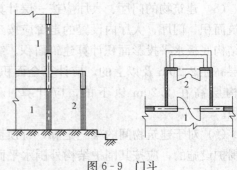

图 6-9 门斗

1—室内；2—门斗

（16）门廊应按其顶板的水平投影面积的 1/2 计算建筑面积；有柱雨篷应按其结构板水平投影面积的 1/2 计算建筑面积；无柱雨篷的结构外边线至外墙结构外边线的宽度在 2.10m及以上的，应按雨篷结构板的水平投影面积的 1/2 计算建筑面积。

（17）设在建筑物顶部的、有围护结构的楼梯间、水箱间、电梯机房等，结构层高在2.20m 及以上的应计算全面积；结构层高在 2.20m以下的，应计算 1/2 面积。

（18）围护结构不垂直于水平面的楼层，应按其底板面的外墙外围水平面积计算。结构净高在2.10m 及以上的部位，应计算全面积；结构净高在1.20m 及以上至 2.10m 以下的部位，应计算 1/2 面积；结构净高在 1.20m 以下的部位，不应计算建筑面积，见图 6-10。

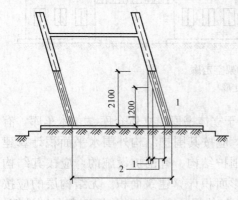

图 6-10 斜围护结构

1—计算 1/2 建筑面积部位；
2—不计算建筑面积部位

（19）建筑物的室内楼梯、电梯井、提物井、管道井、通风排气竖井、烟道，应并入建筑物的自然层计算建筑面积。有顶盖的采光井应按一层计算面积，且结构净高在 2.10m 及以上的，应计算全面积；结构净高在 2.10m 以下的，应计算 1/2 面积，见图 6-11。

（20）室外楼梯应并入所依附建筑物自然层，并应按其水平投影面积的 1/2 计算建筑面积。

（21）在主体结构内的阳台，应按其结构外围水平面积计算全面积；在主体结构外的阳台，应按其结构底板水平投影面积计算 1/2 面积。

（22）有顶盖无围护结构的车棚、货棚、站台、加油站、收费站等，应按其顶盖水平投影面积的 1/2 计算建筑面积。

（23）以幕墙作为围护结构的建筑物，应按幕墙外边线计算建筑面积。

（24）建筑物的外墙外保温层，应按其保温材料的水平截面面积计算，并计入自然层建筑面积，见图 6-12。

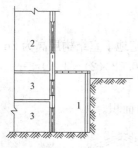

图 6-11 地下室采光井

1—采光井；2—室内；

3—地下室

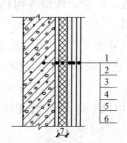

图 6-12 建筑物外墙保温

1—墙体；2—黏结胶浆；3—保温材料；

4—标准网；5—加强网；6—抹面胶浆；

7—计算建筑面积部位

（25）与室内相通的变形缝，应按其自然层合并在建筑物建筑面积内计算。对于高低联跨的建筑物，当高低跨内部连通时，其变形缝应计算在低跨面积内。

（26）对于建筑物内的设备层、管道层、避难层等有结构层的楼层，结构层高在 2.20m 及以上的，应计算全面积；结构层高在 2.20m 以下的，应计算 1/2 面积。

二、不计算建筑面积的范围

（1）与建筑物内不相连通的建筑部件。

（2）骑楼、过街楼底层的开放公共空间和建筑物通道，见图 6-13、图 6-14。

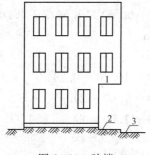

图 6-13 骑楼

1—骑楼；2—人行道；3—街道

图 6-14 过街楼

1—过街楼；2—建筑物通道

（3）舞台及后台悬挂幕布和布景的天桥、挑台等。

（4）露台、露天游泳池、花架、屋顶的水箱及装饰性结构构件。

（5）建筑物内的操作平台、上料平台、安装箱和罐体的平台。

（6）勒脚、附墙柱、垛、台阶、墙面抹灰、装饰面、镶贴块料面层、装饰性幕墙，主体结构外的空调室外机搁板（箱）、构件、配件，挑出宽度在 2.10m 以下的无柱雨篷和顶盖高度达到或超过两个楼层的无柱雨篷。

（7）窗台与室内地面高差在 0.45m 以下且结构净高在 2.10m 以下的凸（飘）窗，窗台与室内地面高差在 0.45m 及以上的凸（飘）窗。

（8）室外爬梯、室外专用消防钢楼梯。

（9）无围护结构的观光电梯。

（10）建筑物以外的地下人防通道，独立的烟囱、烟道、地沟、油（水）罐、气柜、水塔、贮油（水）池、贮仓、栈桥等构筑物。

三、应用举例

[**例 6 - 1**]　计算图 6 - 3 中所示地下室建筑面积，假定地下室结构层高为 2m。

解：该地下室建筑面积 ＝ 24.00×12.00/2＋（2.00＋0.12×2）×1.50/2＋1.50×1.00/2
$$= 146.43(\text{m}^2)$$

[**例 6 - 2**]　计算图 6 - 15 中外走廊、檐廊部分的建筑面积。

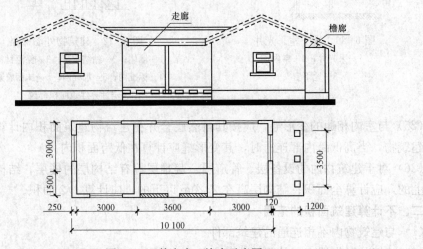

图 6 - 15　外走廊、檐廊示意图

解：该建筑物走廊、檐廊部分的建筑面积 ＝（3.60－0.25）×1.50/2＋1.20×3.50/2
$$= 4.61(\text{m}^2)$$

[**例 6 - 3**]　计算图 6 - 16 中回廊的建筑面积。

解：该建筑物回廊的建筑面积 ＝（15.00－0.24）×（10.00－0.24）
$$-（15.00－0.24－1.60×2）$$
$$×（10.00－0.24－1.60×2）$$
$$= 68.22(\text{m}^2)$$

[**例 6 - 4**]　试计算图 6 - 17、图 6 - 18 所示二层小住宅的建筑面积。

解：（1）底层建筑面积 $S_{底}$ ＝（11.10＋0.24）×（9.20＋0.24）－（4.40×1.80）
$$= 99.13(\text{m}^2)$$

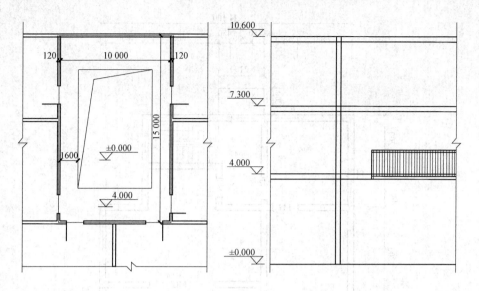

图 6-16 回廊

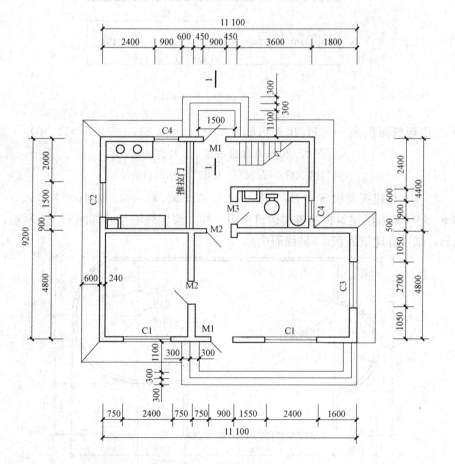

图 6-17 某住宅底层平面图

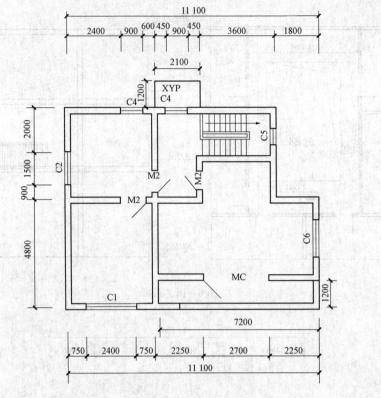

图 6-18　某住宅二层平面图

（2）二层建筑面积 $S_2 = (11.10 + 0.24) \times (9.20 + 0.24) - (4.40 \times 1.80)$

$\qquad\qquad - (7.20 - 0.12) \div 2 \times (1.20 - 0.12)$

$\qquad\quad = 107.05 - 7.92 - 3.82 = 95.31 (\text{m}^2)$

总建筑面积 $S = S_{\text{底}} + S_2 = 99.13 + 95.31 = 194.44 (\text{m}^2)$

［例 6-5］　某五层建筑物的各层建筑面积一样，底层外墙尺寸如图 6-19 所示，墙厚均为 240mm，试计算建筑面积。（轴线居中）

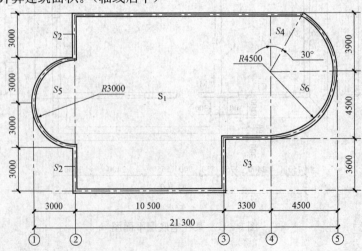

图 6-19　某建筑物标准层平面图

解：用面积分割法进行计算：

②～④轴线间矩形面积：$S_1 = 13.8 \times 12.24 = 168.91(\text{m}^2)$；$S_2 = 3.00 \times 0.12 \times 2 = 0.72(\text{m}^2)$；

扣除 $S_3 = 3.60 \times 3.18 = 11.45(\text{m}^2)$；

三角形 $S_4 = 0.50 \times 4.02 \times 2.31 = 4.64(\text{m}^2)$；

半圆 $S_5 = 3.14 \times 3.12^2 \times 0.50 = 15.28(\text{m}^2)$；

扇形 $S_6 = 3.14 \times 4.62^2 \times 150°/360° = 27.93$（$\text{m}^2$）；

总建筑面积 $S = (S_1 + S_2 - S_3 + S_4 + S_5 + S_6) \times 5$

$\qquad = (168.91 + 0.72 - 11.45 + 4.64 + 15.28 + 27.93) \times 5$

$\qquad = 1030.18(\text{m}^2)$

复习思考题

1. 试区别以下几对术语：层高和净高、地下室和半地下室、围护性幕墙和装饰性幕墙、挑廊和檐廊。

2. 试总结按一半计算建筑面积的构件。

3. 不计算建筑面积的构件有哪些？

第二篇 房屋建筑与装饰工程估价应用

说 明

本篇根据《建筑安装工程费用项目组成》(建标〔2013〕44号)、《建设工程工程量清单计价规范》(GB 50500—2013)及《房屋建筑与装饰工程工程量计算规范》(GB 50854—2013)的相关规定,分章节介绍了土石方工程,地基处理与边坡支护工程,桩基工程,砌筑工程,混凝土及钢筋混凝土工程,金属结构工程,木结构工程,门窗工程,屋面及防水工程,防腐、隔热、保温工程,楼地面工程,墙柱面工程,天棚工程,油漆、涂料、裱糊工程,其他装饰工程,拆除工程及措施项目等17个分部工程分部分项工程量清单的编制及计价的方法。

(1)本篇工程量清单报价应用中的实例依据山东省建筑工程工程量计算规则计算清单项目各工作内容的定额工程量,根据《山东省建筑工程消耗量定额》(2006年基价)选取定额。

(2)在计算清单项目综合单价时,采用2015年济南市预算价格。人工工资单价执行山东省《关于发布我省建设工程定额人工单价的通知》(鲁建标字〔2015〕12号)和《济南市城乡建设委员会转发〈山东省住房和城乡建设厅关于发布我省建设工程定额人工单价的通知〉的通知》(济建标字〔2015〕1号)的规定。山东省人工工资单价为76元/工日。济南市人工工资单价为:土建80元/工日、装饰92元/工日。

(3)综合单价中企业管理费和利润按照《山东省建筑安装工程费用项目构成》(2011)执行,三类工程取费。土建部分管理费和利润按照省价人工费、材料费和机械费之和为基数计算。企业管理费和利润率分别为5.0%和3.1%。装饰部分管理费和利润按照省价人工费为基数计算,企业管理费和利润率分别为49%和16%。

第七章 土 石 方 工 程

【本章概要】

本章主要介绍了土石方工程的基础知识及基本规定，围绕《房屋建筑与装饰工程工程量计算规范》（GB 50854—2013）重点介绍了土石方工程所包含的土方工程、石方工程和回填土3个分部工程的工程量清单和相应工程量清单报价的编制理论与方法。

第一节 土石方工程概述

一、土石方工程的工作内容

土石方工程的工程量清单共分3个分部工程清单项目，即土方工程、石方工程以及回填，适用于建筑物和构筑物的土石方开挖及回填工程。

土石方工程是一个综合的工作过程，它包括土石方开挖、运输、填筑与压实等施工过程。

土方开挖的工作内容包括排地表水、土方开挖、挡土板支拆、截桩头、基底钎探、土方运输；冻土开挖还包括打眼、装药、爆破。石方开挖的工作内容包括爆破、开凿、处理渗水积水、清理运输、安全防护警卫。土石方回填的工作内容包括装卸运输、回填、分层碾压夯实等。

二、土石方工程基本规定

1. 平整场地与挖一般土（石）方的划分

清单中的平整场地项目适用于室外设计地坪与自然地坪平均厚度在±300mm以内的就地挖、填、运、找平。建筑物场地厚度≤±300mm的挖、填、运、找平，按平整场地项目编码列项。厚度＞±300mm的竖向布置挖土（石）或山坡切土（石）应按挖一般土（石）方项目编码列项。

2. 挖沟槽土（石）方、基坑土（石）方与挖一般土（石）方的划分

沟槽、基坑、一般土（石）方的划分为：底宽≤7m且底长＞3倍底宽为沟槽；底长≤3倍底宽且底面积≤150m² 为基坑；超出上述范围则为一般土（石）方。

3. 土壤及岩石分类

土壤的不同类型决定了土方工程施工的难易程度、施工方法、功效及工程成本。《房屋建筑与装饰工程工程量计算规范》（GB 50854—2013)中土壤及岩石的分类，是按照《岩土工程勘察规范》[GB 50021—2001（2009 年版）]来划分的。土壤的软硬程度及开挖方法将土壤分为一、二类土，三类土，四类土 3 个级别，如表 7-1 和表 7-2 所示。

表 7 - 1 土 壤 分 类 表

土壤分类	土 壤 名 称	开 挖 方 法
一、二类土	粉土、砂土（粉砂、细砂、中砂、粗砂、砾砂）、粉质黏土、弱中盐渍土、软土（淤泥质土、泥炭、泥炭质土）、软塑红黏土、冲填土	用锹，少许用镐、条锄开挖。机械能全部直接铲挖满载者
三类土	黏土、碎石土（圆砾、角砾）混合土、可塑红黏土、强盐渍土、素填土、压实填土	主要用镐、条锄，少许用锹开挖。机械需部分刨松方能铲挖满载者或可直接铲挖但不能满载者
四类土	碎石土（卵石、碎石、漂石、块石）、坚硬红黏土、超盐渍土、杂填土	全部用镐、条锄挖掘，少许用撬棍挖掘。机械需普遍刨松方能铲挖满载者

表 7 - 2 岩 石 分 类 表

岩石分类		代表性岩石	开挖方法
极软岩		全风化的各种岩石 各种半成岩	部分用手凿工具，部分用爆破法开挖
软质岩	软岩	强风化的坚硬岩或较硬岩 中等风化—强风化的较软岩 未风化—微风化的页岩、泥岩、泥质砂岩等	用风镐和爆破法开挖
	较软岩	中等风化—强风化的坚硬岩或较硬岩 未风化—微风化的凝灰岩、千枚岩、泥灰岩、砂质泥岩等	用爆破法开挖
硬质岩	较硬岩	微风化的坚硬岩 未风化—微风化的大理岩、板岩、石灰岩、白云岩、钙质砂岩等	用爆破法开挖
	坚硬岩	未风化—微风化的花岗岩、闪长岩、辉绿岩、玄武岩、安山岩、片麻岩、石英岩、石英砂岩、硅质砾岩、硅质石灰岩等	用爆破法开挖

4. 土方及石方体积折算系数的确定

土壤在不同的密实状态下的体积差别很大。《房屋建筑与装饰工程工程量计算规范》（GB 50854—2013）分别按照《全国统一建筑工程预算工程量计算规则》（GJDGZ-101-95）及《爆破工程消耗量定额》（GYD-102-2008）的规定确定不同状态下土方和石方的体积换算，如表 7 - 3 和表 7 - 4 所示。

表 7 - 3 土方体积折算系数表

天然密实度体积	虚方体积	夯实后体积	松填体积
1.00	1.30	0.87	1.08
0.77	1.00	0.67	0.83
1.15	1.49	1.00	1.24
0.93	1.20	0.81	1.00

表7-4 石方体积折算系数表

石方类别	天然密实度体积	虚方体积	松填体积	码方
石方	1.00	1.54	1.31	—
块石	1.00	1.75	1.43	1.67
砂夹石	1.00	1.07	0.94	—

5. 放坡及放坡系数

不管是用人工还是机械开挖土方，施工时为了防止土壁坍塌，都要采取一定的施工措施。放坡是土方工程施工中较常用的一种措施，即当土方开挖深度超过一定限度时，将上口开挖宽度增大，使土壁成为具有一定坡度的边坡，以防止土壁坍塌。

放坡系数（放坡高度与边坡宽度之比）的大小通常由施工组织设计确定，如果施工组织设计无规定，也可由当地建设主管部门规定的土壤放坡系数确定。《房屋建筑与装饰工程工程量计算规范》（GB 50854—2013）提供了不同类别土方的放坡系数，如表7-5所示。

表7-5 挖土方放坡系数表

土类别	放坡起点（m）	人工挖土	机械挖土		
			坑内作业	坑上作业	顺沟槽在坑上作业
一、二类土	1.20	1:0.50	1:0.33	1:0.75	1:0.5
三类土	1.50	1:0.33	1:0.25	1:0.67	1:0.33
四类土	2.00	1:0.25	1:0.10	1:0.33	1:0.25

沟槽、基坑中土类别不同时，分别按其放坡起点、放坡系数，依不同土类别厚度加权平均计算。计算放坡时，在交接处的重复工程量不予扣除，原槽、坑做基础垫层时，放坡自垫层上表面开始计算。

6. 工作面

根据基础施工的需要，挖土时按基础垫层的双向尺寸向周边放出一定范围的操作面积，作为工人施工时的操作空间，这个单边放出的宽度，就称为工作面。

基础工程施工时所需要增设的工作面，应根据已批准的施工组织设计确定。《房屋建筑与装饰工程工程量计算规范》（GB 50854—2013）提供了不同材料基础的单边工作面宽度，如表7-6和表7-7所示。

表7-6 基础施工所需工作面宽度计算表

基础材料	每边各增加工作面宽度（mm）
砖基础	200
浆砌毛石、条石基础	150
混凝土基础垫层支模板	300
混凝土基础支模板	300
基础垂直面做防水层	1000（防水层面）

表 7 - 7　　　　　　　　　　　管沟施工每侧所需工作面宽度计算表

管 沟 材 料	管道结构宽（mm）			
	≤500	≤1000	≤2500	>2500
混凝土及钢筋混凝土管道（mm）	400	500	600	700
其他材质管道（mm）	300	400	500	600

　　注　管道结构宽：有管座的按基础外缘，无管座的按管道外径。

　　基础挖土放坡和工作面如图 7 - 1 所示。

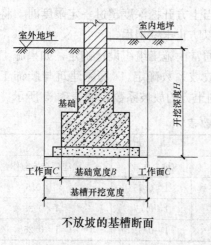
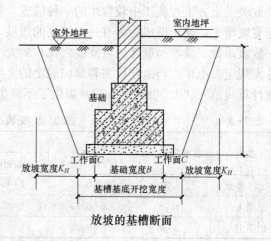

图 7 - 1　基础挖土放坡和工作面示意图

7. 干湿土的划分

　　干湿土的划分，以地质勘测资料的地下常水位为界，以上为干土，以下为湿土。采取降水措施后，地下常水位以下的挖土按干土计算。地下常水位以下的施工降水、排水和防护，实际发生时，另按措施项目中的规定计算。

第二节　清单项目设置及计算规则

一、清单项目设置

　　按照《房屋建筑与装饰工程工程量计算规范》（GB 50854—2013）的规定，土石方工程包括土方工程、石方工程、回填 3 个分部工程，共 13 个清单项目，如表 7 -8～表 7 -10 所示。

表 7 - 8　　　　　　　　　　　　　土方工程（编码：010101）

项目编号	项目名称	项目特征	计量单位	工程量计算规则	工程内容
010101001	平整场地	1. 土壤类别 2. 弃土运距 3. 取土运距	m²	按设计图示尺寸以建筑物首层建筑面积计算	1. 土方挖填 2. 场地找平 3. 运输

续表

项目编号	项目名称	项目特征	计量单位	工程量计算规则	工程内容
010101002	挖一般土方	1. 土壤类别 2. 挖土深度 3. 弃土运距	m³	按设计图示尺寸以体积计算	1. 排地表水 2. 土方开挖 3. 围护（挡土板）及拆除 4. 基底钎探 5. 运输
010101003	挖沟槽土方			按设计图示尺寸以基础垫层底面积乘以挖土深度计算	
010101004	挖基坑土方				
010401005	冻土开挖	1. 冻土厚度 2. 弃土运距		按设计图示尺寸开挖面积乘厚度以体积计算	1. 爆破 2. 开挖 3. 清理 4. 运输
010101006	挖淤泥、流砂	1. 挖掘深度 2. 弃淤泥、流沙距离		按设计图示位置、界限以体积计算	1. 开挖 2. 运输
010101007	管沟土方	1. 土壤类别 2. 管外径 3. 挖沟深度 4. 回填要求	1. m 2. m³	1. 以米计量，按设计图示以管道中心线长度计算 2. 以立方米计量，按设计图示管底垫层面积乘以挖土深度计算；无管底垫层按管外径的水平投影面积乘以挖土深度计算。不扣除各类井的长度，井的土方并入	1. 排地表水 2. 土方开挖 3. 围护（挡土板）、支撑 4. 运输 5. 回填

表 7-9　　　　　　　　石方工程（编码：010102）

项目编号	项目名称	项目特征	计量单位	工程量计算规则	工程内容
010102001	挖一般石方	1. 岩石类别 2. 开凿深度 3. 弃渣运距	m³	按设计图示尺寸以体积计算	1. 排地表水 2. 凿石 3. 运输
010102002	挖沟槽石方			按设计图示尺寸以沟槽底面积乘以挖石深度以体积计算	
010102003	挖基坑石方			按设计图示尺寸以基坑底面积乘以挖石深度以体积计算	
010102004	挖管沟石方	1. 岩石类别 2. 管外径 3. 挖沟深度	1. m 2. m³	1. 以米计量，按设计图示以管道中心线长度计算 2. 以立方米计量，按设计图示截面面积乘以长度计算	1. 排地表水 2. 凿石 3. 回填 4. 运输

表 7 - 10　　　　　　　　　　　　　**回填（编码：010103）**

项目编号	项目名称	项目特征	计量单位	工程量计算规则	工程内容
010103001	回填方	1. 密实度要求 2. 填方材料品种 3. 填方粒径要求 4. 填方来源、运距	m³	按设计图示尺寸以体积计算： 1. 场地回填：回填面积乘以平均回填厚度 2. 室内回填：主墙间面积乘以回填厚度，不扣除间隔墙 3. 基础回填：按挖方清单项目工程量减去自然地坪以下埋设的基础体积（包括基础垫层及其他构筑物）	1. 运输 2. 回填 3. 压实
010103002	余方弃置	1. 废弃料品种 2. 运距		按挖方清单项目工程量减利用回填方体积（正数）计算	余方点装料运输至弃置点

二、工程量计算规则

（一）土方工程

1. 平整场地

平整场地是指在开挖建筑物基坑（槽）之前，将天然地面改造成所要求的设计平面时所进行的土（石）方施工过程，适用于建筑物场地厚度在±30cm 以内的就地挖、填、运、找平。该厚度应按自然地面测量标高至设计地坪标高间的平均厚度确定，其范围如图 7 - 2 所示。

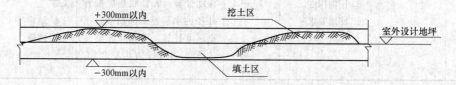

图 7 - 2　平整场地范围示意图

工程量计算方法：平整场地工程量按设计图示尺寸以建筑物首层建筑面积计算。

2. 挖一般土方

建筑物场地厚度大于±300mm 的竖向布置挖土或山坡切土的工程量，按设计图示尺寸以体积计算。

挖土方平均厚度，应按自然地面测量标高至设计地坪标高间的平均厚度确定。由于地形起伏变化大，不能提供平均挖土厚度时，应提供方格网法或断面法施工的设计文件。

不属于沟槽和基坑的基础土方开挖，按基础垫层底面积乘以挖土深度计算。

3. 挖沟槽、基坑土方

挖沟槽或基坑土方的清单工程量按设计图示尺寸以基础垫层底面积乘以挖土深度计算。基础土方开挖深度应按基础垫层底面标高至交付施工场地标高确定，无交付施工场地标高时，应按自然地面标高确定。在进行清单土方开挖工程量计算时，一般不考虑施工所需的工作面和放坡等措施。

桩间挖土工程量不扣除桩所占体积。

对于条形基础，可按挖沟槽长度乘以挖土断面计算。

$$挖土断面面积 = 垫层底宽 \times 挖土深度$$

沟槽长度：外墙沟槽按外墙中心线长度计算；内墙沟槽按图示基础（含垫层）底面之间净长计算；内、外墙突出部分的沟槽，按突出部分的中心线长度并入相应部位工程量内计算。柱间条形基础的沟槽长度，按柱基础（含垫层）之间的设计净长度计算。

挖沟槽、基坑、一般土方因工作面和放坡增加的工程量（管沟工作面增加的工程量），是否并入各土方工程量中，按各省、自治区、直辖市或行业建设主管部门的规定实施；如并入各土方工程量中，办理结算时，按经发包人认可的施工组织设计规定计算。编制工程量清单时，可按《房屋建筑与装饰工程工程量计算规范》（GB 50854—2013）的规定计取。

4. 冻土开挖

冻土是指在 0℃ 以下并含有冰的冻结土。冻土层一般位于冰冻线以上。

工程量计算方法：按图示设计尺寸开挖面积乘以厚度，以体积计算。

5. 挖淤泥、流砂

挖淤泥、流砂工作内容包括挖淤泥流砂、弃淤泥流砂，工程量按设计图示位置、界限以体积计算。

6. 管沟土方

管沟土方是指开挖管沟、电缆沟等施工而进行的土方工程，包括管沟土方开挖、运输、回填等。管沟土方工程量按设计图示以管道中心线长度计算。

（二）石方工程

1. 挖一般石方

按设计图示尺寸以体积计算。挖土厚度≤±300mm 的竖向布置挖石或山坡凿石，应按一般石方项目编码列项。挖石方应按自然地面测量标高至设计地坪标高的平均厚度确定。

2. 挖沟槽（基坑）石方

按设计图示尺寸沟槽（基坑）底面积乘以挖石深度以体积计算。

3. 管沟石方

按设计图示尺寸以管道中心线长度计算，或按设计图示截面面积乘以长度以体积计算。有管沟设计时，平均深度以沟垫层底面标高至交付施工场地标高计算；无管沟设计时，直埋管深度应按管底外表面标高至交付施工场地标高的平均高度计算。

（三）回填土

1. 回填方

回填土适用于场地回填、室内回填和基础回填，并包括指定范围内的运输以及取土回填的土方开挖。工程量按设计图示尺寸以体积计算。

（1）场地回填是指设计室外标高与自然标高之间的回填。计算规则为：按设计图示尺寸以体积计算，即回填面积乘以平均回填厚度。

（2）室内回填土是指室内地坪以下，由室外设计地坪高填至地坪垫层标高的夯填土。一般在地层结构施工完毕以后进行，或是在地面结构施工之前进行。计算规则为：按设计图示尺寸以体积计算，即主墙间净面积乘以回填厚度，不扣除间隔墙。一般也称为"房心回填土"，这里的"主墙"是指结构厚度在 120mm 以上（不含 120mm）的各类墙体。

（3）基础回填土是指在基础施工完毕以后，必须将槽、坑四周未做基础的部分进行回填至设计室外地坪标高。计算规则为：按设计图示尺寸以体积计算，即挖方清单项目工程量减去自然地坪以下埋设的基础体积（包括基础垫层及其他构筑物）。基础回填土必须夯填密实。

回填土方项目特征包括密实度要求、填方材料品种、填方粒径要求、填方来源及运距，在项目特征描述中需要注意的问题有：

（1）填方密实度要求，在无特殊要求的情况下，项目特征可描述为满足设计和规范的要求。

（2）填方材料品种可以不描述，但应注明由投标人根据设计要求验方后方可填入，并符合相关工程的质量规范要求。

（3）填方粒径要求，在无特殊要求的情况下，项目特征可以不描述。

（4）如需买土回填，应在项目特征填方来源中描述，并注明买土方数量。

2. 余土弃置

按挖方清单项目工程量减去利用回填方体积（正数）计算。

三、招标工程量清单编制实例

［例7-1］　某建筑平面图如图7-3所示，墙体厚度240mm，土壤类别为三类，弃土运距5m。试计算平整场地的清单工程量并编制工程量清单。

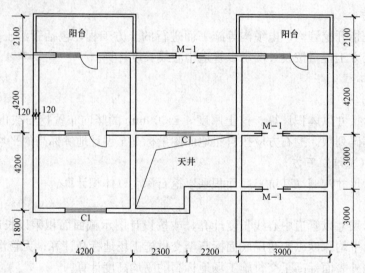

图7-3　某建筑物首层平面图

解：（1）清单工程量计算。先计算除阳台以外的建筑物整体底面积：

$$(4.20+2.30+2.20+3.90+0.24)\times(1.80+4.20+4.20+0.24)$$

$$-[(0.12+4.20+2.30+0.12)\times1.80+(2.20-0.24)\times3.00]$$

$$=134.05-18.01=116.04(\text{m}^2)$$

增加阳台：

$$2.10\times(4.20+0.24)\div2+2.10\times(3.90+0.24)\div2=9.01(\text{m}^2)$$

扣天井：

$$(2.30-0.24)\times(4.20-0.24)+(2.20-0.12+0.12)\times(3.00-0.24)=14.23(\text{m}^2)$$

$$清单工程量=116.04+9.01-14.23=110.82(\text{m}^2)$$

（2）编制工程量清单，见表 7 - 11。

表 7 - 11　　　　　　　　　**分部分项工程量清单与计价表**

工程名称：某建筑工程　　　　　　　　　　　　标段：　　　　　　　第 1 页　共 1 页

序号	项目编码	项目名称	项目特征	计量单位	工程量	金额（元）		
						综合单价	合价	其中：暂估价
1	010101001001	平整场地	1. 土壤类别：三类土 2. 弃土运距：5m 3. 取土运距：5m	m²	110.82			

　　[例 7 - 2]　某基础工程平面图和断面图，如图 7 - 4 所示。根据招标人提供的地质资料为二类土壤，无须支挡土板。不考虑场外运输。经计算，设计室外地坪以下条形基础、条形基础垫层的体积为 44.45m³。设计室外地平以下的独立基础、垫层及独立柱的体积为2.50m³。原土夯填。试编制基础挖土方及回填的分部分项工程量清单。

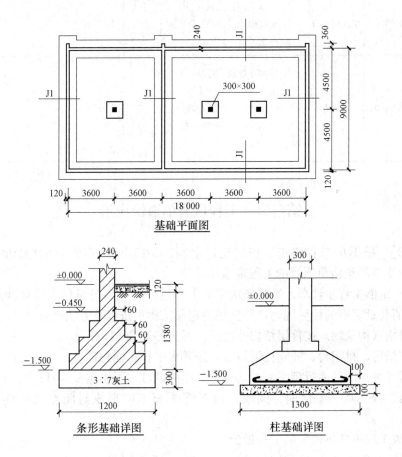

图 7 - 4　某基础工程平面图和断面图

　　解：（1）清单工程量计算。独立基础土方清单工程量（挖基坑土方）：

$$V = 1.30 \times 1.30 \times (1.5 + 0.10 - 0.45) \times 3 = 5.83(\text{m}^3)$$

条形基础土方清单工程量（挖沟槽土方）：

$V = [(9.00 + 18.00) \times 2 + (9.00 - 1.20) + 0.24 \times 3] \times 1.20 \times (1.50 + 0.30 - 0.45)$
$= 101.28(\text{m}^3)$

回填土清单工程量 $= 5.83 + 101.28 - 44.45 - 2.50 = 60.16(\text{m}^3)$

（2）工程量清单编制。该工程分部分项工程量清单见表 7 - 12。

表 7 - 12　　　　　　　　分部分项工程量清单与计价表

工程名称：某建筑工程　　　　　　　　　　标段：　　　　　　　第 1 页　共 1 页

序号	项目编码	项目名称	项目特征	计量单位	工程量	金额（元）		
						综合单价	合价	其中：暂估价
1	010101004001	挖基坑土方	1. 土壤类别：二类 2. 基础形式：独立 3. 挖土深度：1.15m	m³	5.83			
2	010101003001	挖沟槽土方	1. 土壤类别：二类 2. 基础形式：带形 3. 挖土深度：1.35m	m³	101.28			
3	010103001001	回填方	1. 密实度要求：夯填 2. 填方材料：黏性土 3. 填方粒径要求：过筛 4. 填方来源、运距：就地取土	m³	60.16			

第三节　工程量清单报价应用

[例 7 - 3]　根据山东省建筑工程消耗量定额、2015 年山东省及济南市预算价格完成
[例 7 - 1]中平整场地清单项目的工程量清单计价。

解：（1）定额工程量计算。平整场地定额工程量计算规则与清单工程量计算规则不同。
根据山东省消耗量定额的计算规则，平整场地定额工程量按以下方法计算：

1）建筑物（构筑物）按首层结构外边线，每边各加 2m 计算；

2）无柱檐廊、挑阳台、独立柱雨篷等，按其水平投影面积计算；

3）封闭或半封闭的曲折型平面，其场地平整的区域，不得重复计算；

4）道路、停车场、绿化地、围墙、地下管线等不能形成封闭空间的构筑物，不得
计算。

因此，该工程平整场地定额工程量为：

$S = (12.84 + 4.00) \times (12.54 + 4.00) - (2.30 + 2.20 - 0.24 - 4.00)$
$\times 2.10(\text{阳台中间}) - (2.20 - 0.12 - 2.00 + 2.30 + 4.20$
$+ 0.12 + 2.00) \times (1.92 - 0.12)$
$= 262.32(\text{m}^2)$

（2）定额套用。人工平整场地套定额子目 1-4-1。根据济建标字〔2015〕1 号文件，济南市 2015 年建筑工程人工工资单价为 80 元/工日。依据定额子目 1-4-1 及济南市 2015 最新预算价格，完成每 10m² 人工平整场地人工费为 50.40 元，不发生材料和机械消耗。

（3）参考本地区建设工程费用定额，管理费费率和利润率分别为 5.0% 和 3.1%，计费基数均为省人工费、省材料费和省机械费之和。根据鲁建标字〔2015〕12 号文件，山东省人工工资单价为 76 元/工日。定额 1-4-1 对应的省人工费为 47.88 元。因此，对应的管理费和利润的单价为 $47.88 \times (5.0\% + 3.1\%) = 3.88$（元）。

该工程平整场地清单项目综合单价分析表如表 7-13 所示。

表 7-13　　　　　　　　　　工程量清单综合单价分析表

工程名称：某建筑工程　　　　　　　　　　标段：　　　　　　　　　第 1 页　共 1 页

项目编码	010101001001	项目名称		平整场地		计量单位		m²	

清单综合单价组成明细

定额编号	定额名称	定额单位	数量	单价				合价			
				人工费	材料费	机械费	管理费与利润	人工费	材料费	机械费	管理费与利润
1-4-1	人工平整场地	10m²	0.2367	50.40	—	—	3.88	11.93	—	—	0.92
人工单价		小计						11.93			0.92
80 元/工日		未计价材料费						—			
清单项目综合单价								12.85			

注　表中数量＝定额工程量÷清单工程量÷定额单位（其他章节表中数量均按此方法计算）。

分部分项工程量清单与计价表如表 7-14 所示。

表 7-14　　　　　　　　　分部分项工程量清单与计价表

工程名称：某建筑工程　　　　　　　　　　标段：　　　　　　　　　第 1 页　共 1 页

序号	项目编码	项目名称	项目特征	计量单位	工程量	金额（元）		
						综合单价	合价	其中：暂估价
1	010101001001	平整场地	1. 土壤类别：三类土 2. 弃土运距：5m 3. 取土运距：5m	m²	110.82	12.85	1424.04	

［例 7-4］　已知，投标人在对［例 7-2］所示基础土方工程进行施工时，采用挖掘机挖土自卸汽车运土的方式，挖土过程中为了防止土方塌陷，采取放坡的形式，放坡系数为 1∶0.5，单边工作面宽度为 200mm。按照工程所在地上级主管部门及甲方的要求，余土必须运至 6km 以外的指定地点。试根据山东省建筑工程消耗量定额、2015 年山东省及济南市预算价格完成条形基础清单项目的计价。

解：　根据《房屋建筑与装饰工程工程量计算规范》（GB 50854—2013）、其他技术规范及施工方案，该条形基础挖土方包含的工作内容分土方开挖、土方运输和基底钎探三项。

（1）土方开挖及运输。土方开挖定额工程量与清单工程量计算规则不同。在计算土方开挖定额工程量时，要考虑放坡和工作面宽度。

该基础采用 3：7 灰土垫层，垫层厚度范围内可以不设置工作面，且从垫层顶开始放坡。垫层厚度范围内的土方开挖断面积 $S_1 = 1.20 \times 0.30 = 0.36(\text{m}^2)$。

该基础采用砖基础，最底层基础边缘距垫层边缘的距离为 100mm，为满足单边工作面宽度 200mm 的要求，在垫层顶部挖土时，挖土断面宽度应外扩 100mm。放坡深度为 1.05m。因此，基础以上挖土的梯形断面积 $S_2 = (1.20 + 0.10 \times 2 + 1.05 \times 0.50) \times 1.05 = 2.02(\text{m}^2)$。

因此，土方开挖定额工程量 $V = [(9.00 + 18.00) \times 2 + (9.00 - 1.20) + 0.24 \times 3] \times (0.36 + 2.02) = 148.80(\text{m}^3)$。

按照山东省的定额规定，当采用机械挖土时，应满足设计砌筑基础的要求，其挖土总量的 95% 执行机械土方相应定额，其余按人工挖土，且人工挖土套用相应定额时乘以系数 2。

另外，由于采用原土回填，在所有挖土总量中，部分土方不需运走。

基于以上分析，在套用定额时，做如下细分：

1）机械挖普通土土自卸汽车运土：工程量＝44.45m³，套用定额 1-3-16；

2）机械挖普通土：工程量＝148.80×0.95−44.45＝96.91（m³），套用定额 1-3-9；

3）人工挖普通土：工程量＝148.80×0.05×2＝14.88（m³），套用定额 1-2-1。

根据济建标字〔2015〕1 号文件，济南市 2015 年建筑工程人工工资单价为 80 元/工日。依据定额子目 1-3-16 及济南市 2015 最新预算价格，完成每 10m³ 挖掘机挖沟槽土自卸汽车运土 1km 内人工费为 9.60 元，材料费为 0.53 元，机械费为 113.90 元。实际运距为 6km，需增运 5km，套用每增运 1km 定额 1-3-58，工程量为 44.45×5＝222.25（m³），只发生机械消耗，机械费单价为 12.51 元。定额 1-3-9 对应的人工费单价为 4.80 元，机械费单价为 23.55 元；定额 1-2-1 对应的人工费单价为 182.40 元，不发生材料和机械消耗。

（2）基底钎探。基底钎探就是在基础开挖达到设计标高后，按规定对基础底面以下的土层进行探察，探察是否存在坑穴、古墓、古井、防控掩体及地下埋设物等。只有基底钎探合格后，才能够进行后续的工程施工内容。钎探工程量一般按照垫层底面积平均每平方米 1 眼计算。

因此，基底钎探工程量 ＝ [(9.00 + 18.00) \times 2 + (9.00 - 1.20) + 0.24 \times 3] \times 1.2 \approx 75（眼）。

基底钎探套定额子目 1-4-4，对应的人工费单价为 91.20 元，不发生材料和机械消耗。

（3）参考本地区建设工程费用定额，管理费费率和利润率分别为 5.0% 和 3.1%，计费基数均为省人工费、省材料费和省机械费之和。根据鲁建标字〔2015〕12 号文件，山东省人工工资单价为 76 元/工日。定额 1-3-16 对应的省人工费为 9.12 元，省材料费为 0.53 元，省机械费为 112.90 元，因此对应的管理费和利润的单价为 (9.12 + 0.53 + 112.90) \times (5.0\% + 3.1\%) = 9.93(元)。定额 1-3-9 对应的省人工费为 4.56 元，省机械费为 23.37 元。定额 1-2-1 对应的省人工费单价为 173.28 元。定额 1-3-58 对应的省机械费单价为 12.42 元。定额 1-4-4 对应的省人工费单价为 86.64 元。由此可以计算出各定额子目对应的管理费和利润，如表 7-15 所示。

表 7 - 15　　　　　　　　　**工程量清单综合单价分析表**

工程名称：某建筑工程　　　　　　　　　标段：　　　　　　　第 1 页　共 1 页

| 项目编码 | 010101003001 | 项目名称 | | 挖沟槽土方 | | 计量单位 | | | m³ |

清单综合单价组成明细

定额编号	定额名称	定额单位	数量	单价				合价			
				人工费	材料费	机械费	管理费与利润	人工费	材料费	机械费	管理费与利润
1-3-16	机械挖沟槽普通土自卸汽车运土 1km	10m³	0.0439	9.60	0.53	113.90	9.93	0.42	0.02	5.00	0.44
1-3-58	自卸汽车每增运 1km	10m³	0.2194	—	—	12.51	1.01	—	—	2.74	0.22
1-3-9	机械挖土方普通土	10m³	0.0957	4.80		23.55	2.27	0.46		2.25	0.22
1-2-1	人工挖土方普通土	10m³	0.0147	182.4			14.03	2.68			0.21
1-4-4	基底钎探	10 眼	0.0741	91.20			7.02	6.76			0.52
人工单价			小计					10.32	0.02	9.99	1.61
80 元/工日			未计价材料费					—			
清单项目综合单价								21.91			

分部分项工程量清单与计价表如表 7 - 16 所示。

表 7 - 16　　　　　　　　　**分部分项工程量清单与计价表**

工程名称：某建筑工程　　　　　　　　　标段：　　　　　　　第 1 页　共 1 页

序号	项目编码	项目名称	项目特征	计量单位	工程量	金额（元）		
						综合单价	合价	其中：暂估价
2	010101003001	挖沟槽土方	1. 土壤类别：二类 2. 基础形式：带形 3. 挖土深度：1.35m	m³	101.28	21.94	2222.08	

 复习思考题

1. 平整场地、挖沟槽、挖基坑、挖一般土方的界限是什么？
2. 挖土、填土深度与地坪标高是怎样的关系？
3. 土方回填包括哪些内容？清单如何列项？
4. 关于放坡有哪些规定？
5. 不同基础材料的单边基础工作面宽度是如何规定的？

第八章　地基处理与边坡支护工程

【本章概要】

　　本章主要介绍了地基处理与边坡支护工程的基础知识及基本规定，围绕《房屋建筑与装饰工程工程量计算规范》(GB 50854—2013)重点介绍了地基处理与边坡支护工程所包含的地基处理、基坑与边坡支护两个分部工程的工程量清单和相应工程量清单报价的编制理论与方法。

第一节　地基处理与边坡支护工程概述

一、地基处理工程概述

　　建筑物的地基经常面临强度及稳定性、沉降及不均匀沉降、地基的渗漏或渗透变形、地震等动力荷载引起的地基土体液化、失稳和震陷等危害问题，同时也面临特殊土产生的工程问题。因此，地基处理工程的设计和施工质量直接关系到建筑物的安全，如处理不当，往往易发生工程质量事故，且事后补救大多比较困难。对地基处理要求实行严格的质量控制和验收制度，是确保工程质量的关键。

　　常用的地基处理方法有换填垫层法、强夯法、砂石桩法、振冲法、水泥土搅拌法、高压喷射注浆法、预压法、夯实水泥土桩法、水泥粉煤灰碎石桩法、石灰桩法、灰土挤密桩法和土挤密桩法、柱锤冲扩桩法、单液硅化法和碱液法等。

二、基坑与边坡支护工程概述

　　基坑工程是指采用明挖方式由地表向下开挖的一个地下空间及其配套的支护体系。基坑与边坡支护就是为保证基坑开挖、基础施工的顺利进行，以及基坑周边环境的安全对基坑侧壁和周边环境采用的支挡、加固与保护措施。目前主要采用的边坡支护方式主要有重力式挡墙、扶壁式挡墙、悬臂式支护、板肋式或格构式锚杆挡墙支护、排桩式锚杆挡墙支护、锚喷支护等。

　　(1) 地下连续墙。地下连续墙是通过专用的挖(冲)槽设备，沿地下建筑物的周边，按预定位置开挖出或冲钻出具有一定宽度与深度的沟槽，用泥浆护壁，并在槽内设置具有一定刚度的钢筋笼；然后，用导管浇注水下混凝土，筑成一个单元槽，如此逐段进行，分段施工，用特殊方法接头，使之形成地下连续的钢筋混凝土墙体。

　　(2) 锚杆支护。锚杆支护是用锚杆垂直打入边坡，然后压力灌水泥浆，达到一定的压力值即可，凝固后形成连接在一起的整体，是边坡处理的一种常见方法。常用的锚杆有木锚杆、倒楔式金属锚杆、树脂锚杆等。

　　(3) 土钉支护。土钉支护是用加固和锚固现场原位土体的细长杆件(土钉)作为受力构件，与被加固的原位土体、喷射混凝土面层组成的支护体系。

　　土钉与锚杆的区别在于：锚杆是一种设置于钻孔内，端部伸入稳定土层中的钢筋或钢绞线与孔内注浆体组成的受拉杆体。它一端与工程构筑物相连，另一端锚入土层中，通常对其施加预应力，以承受由土压力、水压力或风荷载等所产生的拉力，用以维护构筑物的稳定。土钉是用来加固或同时锚固现场原位土体的细长杆件，通常采取土中钻孔、置入变形钢筋（即带肋钢筋）并沿孔全长注浆的方法做成。土钉依靠与土体之间的界面黏结力或摩擦力，在土体发生变形的条件下被动受力，并主要承受拉力作用。土钉也可用钢管、角钢等作为钉体，采用直接击入的方法置入土中。

第二节　清单项目设置及工程量计算规则

一、地基处理清单项目设置及计算规则

按照《房屋建筑与装饰工程工程量计算规范》（GB 50854—2013）的规定，地基处理工程共 17 个清单项目。地基处理工程量清单项目设置、项目特征描述的内容、计量单位及工程量计算规则，应按表 8-1 的规定执行。

表 8-1　　　　　　　　　地基处理清单项目设置及计算规则

项目编码	项目名称	项目特征	计量单位	工程量计算规则	工作内容
010201001	换填垫层	1. 材料种类及配合比 2. 压实系数 3. 掺加剂品种	m³	按设计图示尺寸以体积计算	1. 分层铺填 2. 碾压、振密或夯实 3. 材料运输
010201002	铺设土工合成材料	1. 部位 2. 品种 3. 规格		按设计图示尺寸以面积计算	1. 挖填锚固沟 2. 铺设 3. 固定 4. 运输
010201003	预压地基	1. 排水竖井种类、断面尺寸、排列方式、间距、深度 2. 预压方法 3. 预压荷载、时间 4. 砂垫层厚度	m²	按设计图示处理范围以面积计算	1. 设置排水竖井、盲沟、滤水管 2. 铺设砂垫层、密封膜 3. 堆载、卸载或抽气设备按拆、抽真空 4. 材料运输
010201004	强夯地基	1. 夯击能量 2. 夯击遍数 3. 夯击点布置形式、间距 4. 地耐力要求 5. 夯填材料种类			1. 铺设夯填材料 2. 强夯 3. 夯填材料运输
010201005	振冲密实（不填料）	1. 地层情况 2. 振密深度 3. 孔距			1. 振冲加密 2. 泥浆运输

续表

项目编码	项目名称	项目特征	计量单位	工程量计算规则	工作内容
010201006	振冲桩（填料）	1. 地层情况 2. 空桩长度、桩长 3. 桩径 4. 填充材料种类	1. m 2. m^3	1. 以米计量，按设计图示尺寸以桩长计算 2. 以立方米计算，按设计桩截面乘以桩长以体积计算	1. 振冲成孔、填料、振实 2. 材料运输 3. 泥浆运输
010201007	砂石桩	1. 地层情况 2. 空桩长度、桩长 3. 桩径 4. 成孔方法 5. 材料种类、级配	1. m 2. m^3	1. 以米计量，按设计图示尺寸以桩长（包括桩尖）计算 2. 以立方米计算，按设计桩截面乘以桩长（包括桩尖）以体积计算	1. 成孔 2. 填充、振实 3. 材料运输
010201008	水泥粉煤灰碎石桩	1. 地层情况 2. 空桩长度、桩长 3. 桩径 4. 成孔方法 5. 混合料强度等级	m	按设计图示尺寸以桩长（包括桩尖）计算	1. 成孔 2. 混合料制作、灌注、养护 3. 材料运输
010201009	深层搅拌桩	1. 地层情况 2. 空桩长度、桩长 3. 桩截面尺寸 4. 水泥强度等级、掺量	m	按设计图示尺寸以桩长计算	1. 预搅下钻、水泥浆制作、喷浆搅拌提升成桩 2. 材料运输
010201010	粉喷桩	1. 地层情况 2. 空桩长度、桩长 3. 桩径 4. 粉体种类、掺量 5. 水泥强度等级、石灰粉要求	m	按设计图示尺寸以桩长计算	1. 预搅下钻、喷粉搅拌提升成桩 2. 材料运输
010201011	夯实水泥土桩	1. 地层情况 2. 空桩长度、桩长 3. 桩径 4. 成孔方法 5. 水泥强度等级 6. 混合料配比	m	按设计图示尺寸以桩长（包括桩尖）计算	1. 成孔、夯底 2. 水泥土拌和、填料、夯实 3. 材料运输

项目编码	项目名称	项目特征	计量单位	工程量计算规则	工作内容
010201012	高压喷射注浆桩	1. 地层情况 2. 空桩长度、桩长 3. 桩截面 4. 注浆类型、方法 5. 水泥强度等级	m	按设计图示尺寸以桩长计算	1. 成孔 2. 水泥浆制作、高压喷射注浆 3. 材料运输
010201013	石灰桩	1. 地层情况 2. 空桩长度、桩长 3. 桩径 4. 成孔方法 5. 掺合料种类、配合比		按设计图示尺寸以桩长（包括桩尖）计算	1. 成孔 2. 混合料制作、运输、夯填
010201014	灰土挤密桩	1. 地层情况 2. 空桩长度、桩长 3. 桩径 4. 成孔方法 5. 灰土级配			1. 成孔 2. 灰土拌和、运输、填充、夯实
010201015	柱锤冲扩桩	1. 地层情况 2. 空桩长度、桩长 3. 桩径 4. 成孔方法 5. 桩体材料种类、配合比		按设计图示尺寸以桩长计算	1. 安、拔套管 2. 冲孔、填料、夯实 3. 桩体材料制作、运输
010201016	注浆地基	1. 地层情况 2. 空钻深度、注浆深度 3. 注浆间距 4. 浆液种类及配比 5. 注浆方法 6. 水泥强度等级	1. m 2. m³	1. 以米计量，按设计图示尺寸以钻孔深度计算 2. 以立方米计量，按设计图示尺寸以加固体积计算	1. 成孔 2. 注浆导管制作、安装 3. 浆液制作、压浆 4. 材料运输
010201017	褥垫层	1. 厚度 2. 材料品种及比例	1. m² 2. m³	1. 以平方米计量，按设计图示尺寸以铺设面积计算 2. 以立方米计量，按设计图示尺寸以体积计算	材料拌和、运输、铺设、压实

二、基坑与边坡支护清单项目设置及计算规则

基坑与边坡支护工程量清单项目设置、项目特征描述的内容、计量单位及工程量计算规则，应按表8-2的规定执行。

表 8 - 2 基坑与边坡支护清单项目设置及计算规则

项目编码	项目名称	项目特征	计量单位	工程量计算规则	工作内容
010202001	地下连续墙	1. 地层情况 2. 导墙类型，截面 3. 墙体厚度 4. 成槽深度 5. 混凝土种类、强度等级 6. 接头形式	m³	按设计图示墙中线乘以厚度乘以槽深以体积计算	1. 导墙挖填、制作、安装、拆除 2. 挖土成槽、固壁、清底置换 3. 混凝土制作、运输、灌注、养护 4. 接头处理 5. 土方、废泥浆外运 6. 打桩场地硬化及泥浆地、泥浆沟
010202002	咬合灌注桩	1. 地层情况 2. 桩长 3. 桩径 4. 混凝土种类、强度等级 5. 部位	1. m 2. 根	1. 以米计量，按设计图示尺寸以桩长计算 2. 以根计量，按设计图示数量计算	1. 成孔、固壁 2. 混凝土制作、运输、灌注、养护 3. 套管压拔 4. 土方、废泥浆外运 5. 打桩场地硬化及泥浆池、泥浆沟
010202003	圆木桩	1. 地层情况 2. 桩长 3. 材质 4. 尾径 5. 桩倾斜度	1. m 2. 根	1. 以米计量，按设计图示尺寸以桩长（包括桩尖）计算 2. 以根计量，按设计图示数量计算	1. 工作平台搭拆 2. 桩机移位 3. 桩靴安装 4. 沉桩
010202004	预制钢筋混凝土板桩	1. 地层情况 2. 送桩深度、桩长 3. 桩截面 4. 沉桩方法 5. 连接方式 6. 混凝土强度等级			1. 工作平台搭拆 2. 桩机移位 3. 沉桩 4. 板桩连接
010202005	型钢桩	1. 地层情况或部位 2. 送桩深度、桩长 3. 规格型号 4. 桩倾斜度 5. 防护材料种类 6. 是否拔出	1. t 2. 根	1. 以吨计量，按设计图示尺寸以质量计算 2. 以根计量，按设计图示数量计算	1. 工作平台搭拆 2. 桩机移位 3. 打（拔）桩 4. 接桩 5. 刷防护材料
010202006	钢板桩	1. 地层情况 2. 桩长 3. 板桩厚度	1. t 2. m²	1. 按设计图示尺寸以质量计算 2. 按设计图示墙中心线乘以桩长以面积计算	1. 工作平台搭拆 2. 桩机移位 3. 打拔钢板桩

项目编码	项目名称	项目特征	计量单位	工程量计算规则	工作内容
010202007	锚杆（锚索）	1. 地层情况 2. 锚杆（索）类型、部位 3. 钻孔深度 4. 钻孔直径 5. 杆体材料品种、规格、数量 6. 预应力 7. 浆液种类、强度等级	1. m 2. 根	1. 以米计量，按设计图示尺寸以钻孔深度计算 2. 以根计量，按设计图示数量计算	1. 钻孔、浆液制作、运输、压浆 2. 锚杆（锚索）制作、安装 3. 张拉锚固 4. 锚杆（锚索）施工平台搭设、拆除
010202008	土钉	1. 地层情况 2. 钻孔深度 3. 钻孔直径 4. 置入方法 5. 杆体材料品种、规格、数量 6. 浆液种类、强度等级			1. 钻孔、浆液制作、运输、压浆 2. 土钉制作、安装 3. 土钉施工平台搭设、拆除
010202009	喷射混凝土、水泥砂浆	1. 部位 2. 厚度 3. 材料种类 4. 混凝土（砂浆）类别、强度等级	m^2	按设计图示尺寸以面积计算	1. 修整边坡 2. 混凝土（砂浆）制作、运输、喷射、养护 3. 钻排水孔、安装排水管 4. 喷射施工平台搭设、拆除
010202010	钢筋混凝土支撑	1. 部位 2. 混凝土种类 3. 混凝土强度等级	m^3	按设计图示尺寸以体积计算	1. 模板（支架或支撑）制作、安装、拆除、堆放、运输及清理模内杂物、刷隔离剂等 2. 混凝土制作、运输、浇筑、振捣、养护
010202011	钢支撑	1. 部位 2. 钢材品种、规格 3. 探伤要求	t	按设计图示尺寸以质量计算。不扣除孔眼质量，焊条、铆钉、螺栓等不另增加质量	1. 支撑、铁件制作（摊销、租赁） 2. 支撑、铁件安装 3. 探伤 4. 刷漆 5. 拆除 6. 运输

三、招标工程量清单编制实例

[**例 8 - 1**]　如图 8 - 1 所示，实线范围为地基强夯范围。设计要求：间隔夯击，间隔夯击点不大于 8m，设计击数为 10 击，分两遍夯击，第一遍 5 击，第二遍 5 击，第二遍要求低锤满拍，设计夯击能量为 400t·m。编制该强夯工程分部分项工程量清单。

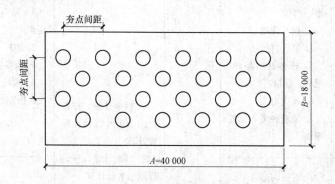

图 8 - 1　某工程强夯平面图

解：清单工程量＝40.00×18.00＝720.00（m²）

分部分项工程量清单如表 8 - 3 所示。

表 8 - 3　　　　　　　　　　　分部分项工程量清单与计价表

工程名称：某建筑工程　　　　　　　　　　　　标段：　　　　　　　　　第 1 页　共 1 页

序号	项目编码	项目名称	项目特征	计量单位	工程量	金额（元）		
						综合单价	合价	其中：暂估价
1	010201004001	强夯地基	1. 夯击能量：400t·m 2. 夯击遍数：2 遍，第一遍 5 击，第二遍 5 击低垂满拍	m²	720.00			

[**例 8 - 2**]　某工程在基础施工期间，由于基坑太深，为防止塌方，采用 C25 混凝土锚杆支护方法加固基坑四壁，加固面积 186m²，加固方案设计每平方米 2 根锚杆，三角形布置，单根锚杆长度 1.5m，锚杆直径 30mm，喷射 C25 细石混凝土护壁厚 60mm。编制该工程分部分项工程量清单。

解：按照《房屋建筑与装饰工程工程量计算规范》（GB 50854—2013）及该工程的施工内容，应分别按锚杆（010202007）和喷射混凝土（010202009）编码列项。

锚杆的清单工程量可以按钻孔深度计算，也可以按图示数量以根计算。

因此，锚杆的清单工程量＝1.50×186×2＝558.00（m）

或者，锚杆的清单工程量＝186×2＝372.00（根）

喷射混凝土按设计图示尺寸以面积计算，因此喷射混凝土清单工程量为 186.00m²。

该工程分部分项工程量清单如表 8 - 4 所示。

表 8-4　　　　　　　　**分部分项工程量清单与计价表**

工程名称：某建筑工程　　　　　　　　　　　标段：　　　　　　第1页　共1页

序号	项目编码	项目名称	项目特征	计量单位	工程量	金额（元）		
						综合单价	合价	其中：暂估价
1	010202007001	锚杆	1. 锚杆直径：30mm 2. 锚杆平均深度：1.5m	m 根	558.00 372.00			
2	010202009001	喷射混凝土	1. 厚度：60mm 2. 材料种类：细石混凝土 3. 强度等级：C25 商品混凝土	m²	186.00			

第三节　工程量清单报价应用

[例8-3]　试根据山东省建筑工程消耗量定额、2015 年山东省及济南市预算价格完成 [例8-1] 的强夯清单项目的计价。

解：（1）强夯定额工程量计算

设计要求间隔夯击，分两遍，设计击数 5 击工程量 $= 40.00 \times 18.00 \times 2 = 1440.00 (\text{m}^2)$

夯击密度（夯点/100m²）$= (40.00 \div 8) \times (18.00 \div 8) \div 720 \times 100 = 2$（夯点）

因此，套用定额 2-4-42，夯击能 400t·m 以内，10 夯点以内，4 击。

设计每遍 5 击，因此增加一击，套用定额 2-4-43，每增一击。

低锤满拍定额工程量 $= 40.00 \times 18.00 = 720.00$（m²），套用定额 2-4-44。

根据济建标字〔2015〕1 号文件，济南市 2015 年建筑工程人工工资单价为 80 元/工日。以上三个定额对应的人工单价、材料单价、机械单价如表 8-4 所示。

（2）参考本地区建设工程费用定额，管理费费率和利润率分别为 5.0% 和 3.1%，计费基数均为省人工费、省材料费和省机械费之和。根据鲁建标字〔2015〕12 号文件，山东省人工工资单价为 76 元/工日。2-4-42 对应的定额省价人工单价和机械单价分别为 496.28 元和 1752.73 元，定额 2-4-43 对应的人工和机械单价分别为 106.40 元和 376.01 元，2-4-43 对应的人工单价和机械单价分别为 759.24 元和 2857.69 元。

该清单项目综合单价分析表如表 8-5 所示。

表 8-5　　　　　　　　**工程量清单综合单价分析表**

工程名称：某建筑工程　　　　　　　　　　标段：　　　　　　第1页　共1页

项目编码	010201004001	项目名称		强夯地基		计量单位		m²

清单综合单价组成明细

定额编号	定额名称	定额单位	数量	单价				合价			
				人工费	材料费	机械费	管理费与利润	人工费	材料费	机械费	管理费与利润
2-4-42	强夯<400t·m，10 夯点 4 击	100m²	0.020	522.40	—	1768.58	182.17	10.45	—	35.37	3.64

续表

| 项目编码 | 010201004001 | 项目名称 | | 强夯地基 | | 计量单位 | | m² |

清单综合单价组成明细

定额编号	定额名称	定额单位	数量	单价				合价			
				人工费	材料费	机械费	管理费与利润	人工费	材料费	机械费	管理费与利润
2-4-43	强夯＜400t·m，10夯点增减1击	100m²	0.020	112.00	—	379.41	39.08	2.24	—	7.59	0.78
2-4-44	强夯＜400t·m，低锤满铺	100m²	0.010	799.20	—	2883.53	292.97	7.99	—	28.83	2.93
人工单价		小计						20.68	—	71.79	7.35
80元/工日		未计价材料费						—			
清单项目综合单价								99.82			

分部分项工程量清单与计价表如表 8-6 所示。

表 8-6　　　　分部分项工程量清单与计价表

工程名称：某建筑工程　　　　　　　　　　标段：　　　　　第 1 页　共 1 页

序号	项目编码	项目名称	项目特征	计量单位	工程量	金额（元）		
						综合单价	合价	其中：暂估价
1	010201004001	强夯地基	1. 夯击能量：400t·m　2. 夯击遍数：2遍，第一遍5击，第二遍5击低垂满拍	m²	720.00	99.82	71 870.40	

[例 8-4]　试根据山东省建筑工程消耗量定额、2015 年山东省及济南市预算价格完成[例 8-2]的锚杆清单项目的综合单价。锚杆清单项目按米为计量单位考虑。

解：（1）定额工程量计算。该清单项目发生的工作内容包括锚杆机钻孔灌浆、锚杆制作安装。

1）锚杆机钻孔灌浆定额工程量＝186.00×2×1.5＝558.00（m）。

2）锚杆制作安装工程量按钢筋工程量计算规则计算。

因此，锚杆制作安装定额工程量＝558.00×5.55÷1000＝3.097（t），5.55 为直径30mm 钢筋的单位理论质量。

锚杆机钻孔灌浆及锚杆制作安装分别套用定额 2-5-21 和 4-1-21。

根据济建标字〔2015〕1 号文件，济南市 2015 年建筑工程人工工资单价为 80 元/工日。以上三个定额对应的人工单价、材料单价、机械单价如表 8-7 所示。

（2）参考本地区建设工程费用定额，管理费费率和利润率分别为 5.0％和 3.1％，计费基数均为省人工费、省材料费和省机械费之和。根据鲁建标字〔2015〕12 号文件，山东省人工工资单价为 76 元/工日。定额 2-5-21 对应的定额省价人工单价、材料单价和机械单价分别为 456.00、654.94 元和 653.92 元，定额 4-1-21 对应的人工单价、材料单价和机械单价分别为 334.40、4618.15 元和 54.69 元。

该清单项目综合单价分析表如表 8-7 所示。

表 8-7　　　　　**工程量清单综合单价分析表**

工程名称：某建筑工程　　　　　　　　　　标段：　　　　　　　第 1 页　共 1 页

项目编码	010202007001	项目名称	锚杆支护	计量单位	m

清单综合单价组成明细

定额编号	定额名称	定额单位	数量	单价（元）				合价（元）			
				人工费	材料费	机械费	管理费与利润	人工费	材料费	机械费	管理费与利润
2-5-21	锚杆机钻孔灌浆	10m	0.100	480.00	654.94	668.07	142.95	48.00	65.49	66.81	14.30
4-1-21	现浇构件钢筋 30mm	t	0.0056	352.00	4618.15	54.69	405.59	1.97	25.86	0.31	2.27
人工单价		小计						49.97	91.35	67.12	16.57
80 元/工日		未计材料费						—			
清单项目综合单价								225.01			

复习思考题

1. 地基处理方式有哪些？
2. 边坡支护方式有哪些？
3. 锚杆支护中的钢筋在清单组价时如何处理？

第九章 桩 基 工 程

【本章概要】

本章主要介绍了桩基础工程的基础知识及基本规定，围绕《房屋建筑与装饰工程工程量计算规范》（GB 50854—2013）重点介绍了桩基础工程所包含的打桩和灌注桩两个分部工程的工程量清单和相应工程量清单报价的编制理论与方法。

第一节 桩基础工程概述

桩基础是由若干根桩和桩顶的承台组成的一种常用的深基础，具有承载力大、抗震性能好、沉降量小等特点。采用桩基施工可省去大量土方、排水、支撑、降水设施，而且施工简便，可以节约劳动力和压缩工期。根据桩在土中的受力情况不同，可以分为端承桩和摩擦桩；根据施工方法的不同，可以分为预制桩和灌注桩。预制桩是在工厂或施工现场制成各种材料和形式的桩（如混凝土桩、钢桩、木桩等），然后用沉桩设备将桩打入、压入、旋入或振入土中。灌注桩是在施工现场的桩位上先成孔，然后在孔内灌注混凝土，也可加入钢筋后灌注混凝土。根据成孔方法的不同，可分为钻孔、挖孔、冲孔灌注桩、沉管灌注桩和爆扩桩等。

根据现行的《房屋建筑与装饰工程工程量计算规范》（GB 50854—2013），桩基础包括打桩（预制桩）和灌注桩两类。

一、桩基础工程的工作内容

桩基础工程包括打桩和灌注桩。

打桩分预制钢筋混凝土方桩、预制钢筋混凝土管桩、钢管桩、截（凿）桩头四个分项工程。预制钢筋混凝土方桩的主要工作内容包括工作平台搭拆、桩机竖拆移位、沉桩、接桩、送桩等；预制钢筋混凝土管桩的主要工作内容包括工作平台搭拆、桩机竖拆移位、沉桩、接桩、送桩、桩尖制作安装、填充材料、刷防护材料等；钢管桩的主要工作内容包括工作平台搭拆、桩机竖拆移位、沉桩、接桩、送桩、切割钢管、精制盖帽、管内取土、填充材料、刷防护材料等；截（凿）桩头的主要工作内容包括截（切割）桩头、凿平、废料外运等。

灌注桩分泥浆护壁成孔灌注桩、沉管灌注桩、干作业成孔灌注桩、挖孔桩土（石）方、人工挖孔灌注桩、钻孔压浆桩、灌注桩后压浆 7 个分项工程。泥浆护壁成孔灌注桩的主要工作内容包括护筒埋设、成孔及固壁、混凝土制作、运输、灌注及养护、土方、废泥浆外运、打桩场地硬化及泥浆池、泥浆沟等；沉管灌注桩的主要工作内容包括打（沉）拔钢管、桩尖制作及安装、混凝土制作、运输、灌注及养护等；干作业成孔灌注桩的主要工作内容包括成孔及扩孔、混凝土制作、运输、灌注、振捣及养护；挖孔桩土（石）方的工作内容包括排地表水、挖土、凿石、基底钎探、运输等；人工挖孔灌注桩的主要工作内容包括护壁制作、混凝土制作、运输、灌注、振捣、养护等；钻孔压浆桩的主要工作内容包括钻孔、下注浆管、投放骨料、浆液制作、运输、压浆等；灌注桩后压浆的工作内容包括注浆导管制作、安装和浆液制作、运输、压浆等。

二、桩基础工程基本规定

1. 地层情况

由于桩基础工程是地下作业，地层情况对施工及施工方案的选择影响较大，因此项目特征中须描述地层情况。根据规范，地层情况应按土方工程中表 7-1 中的土壤分类和表 7-2 中的岩石分类情况确定，并根据岩土工程勘察报告按单位工程各地层所占比例（包括范围值）进行描述。对无法准确描述的地层情况，可注明由投标人根据岩土工程勘察报告自行决定报价。

地层情况的描述应与"地基处理及边坡支护工程"一致。

2. 桩长、空桩长度

桩长是指设计文件中规定的单根桩的长度，此长度应包括桩尖部分长度。

空桩长度指自然地面到桩顶面的那部分孔的深度，通常以桩孔的总深度减去桩的长度计算，即空桩长度＝孔深－桩长。孔深为自然地面至设计桩底的深度。

3. 成品桩

预制钢筋混凝土方桩、预制钢筋混凝土管桩项目若以成品桩编制，应包括成品桩的购置费，如果用现场预制，应包括现场预制桩的所有费用。

4. 试验桩、斜桩

打试验桩和打斜桩应按相应项目单独列项，并在项目特征中注明试验桩或斜桩，斜桩应注明斜率。

试验桩分设计试验桩、施工前试验桩和施工结束后试验桩三种。设计试验桩根据地质报告及当地经验，选定桩型及单桩竖向承载力特征值。其目的一是进一步确定所选桩型的施工可行性，避免桩机全面进场后发现该桩型不适合本场地施工，或发现桩承载力远小于地质报告提供的计算值，此时再改桩型就会拖工期且增加费用。二是根据单桩竖向静荷载试验确定单桩竖向承载力特征值。由于地质报告提供的数值往往偏于保守，因此可以根据静载报告提高桩承载力，减少桩数。施工前试验桩是在桩基础施工前根据设计要求试打的桩，用以验证设计数据是否正确。施工前试桩可以是工程桩，也可以不是工程桩。一般要根据工程实际情况，决定是否做试验桩，试验桩是否保留为工程桩。施工结束后试验桩则根据地质报告及当地经验，选定桩型及单桩竖向承载力特征值，全面施工后随机抽取一定桩数进行动测及静载荷试验，验证桩身质量（即单桩竖向承载力特征值）满足设计要求，不满足时要采取补强措施。

斜桩的斜率为桩尖的竖向偏离距离与桩的深度之比。

5. 按混凝土及钢筋混凝土项目列项的情况

（1）预制钢筋混凝土管桩桩顶与承台的连接构造，按混凝土及钢筋混凝土相关项目列项。

（2）混凝土灌注桩的钢筋笼制作、安装，按混凝土及钢筋混凝土部分的钢筋工程相关项目列项。

第二节　清单项目设置及计算规则

一、清单项目设置

按照《房屋建筑与装饰工程工程量计算规范》（GB 50854—2013）的规定，桩基础工程包括打桩和灌注桩两个分部工程，共 11 个清单项目，如表 9 - 1、表 9 - 2 所示。

表 9 - 1　　　　　　　　　　打桩（编码：010301）

项目编号	项目名称	项目特征	计量单位	工程量计算规则	工程内容
010301001	预制钢筋混凝土方桩	1. 地层情况 2. 送桩深度、桩长 3. 桩截面 4. 桩倾斜度 5. 沉桩方法 6. 接桩方式 7. 混凝土强度等级	1. m 2. m³ 3. 根	1. 以米计量，按设计图示尺寸以桩长（包括桩尖）计算 2. 以立方米计量，按设计图示截面面积乘以桩长（包括桩尖）以实体体积计算 3. 以根计量，按设计图示数量计算	1. 工作平台搭拆 2. 桩机竖拆、移位 3. 沉桩 4. 接桩 5. 送桩
010301002	预制钢筋混凝土管桩	1. 地层情况 2. 送桩深度、桩长 3. 桩外径、壁厚 4. 桩倾斜度 5. 沉桩方法 6. 桩尖类型 7. 混凝土强度等级 8. 填充材料种类 9. 防护材料种类			1. 工作平台搭拆 2. 桩机竖拆、移位 3. 沉桩 4. 接桩 5. 送桩 6. 桩尖制作安装 7. 填充材料、刷防护材料
010301003	钢管桩	1. 地层情况 2. 送桩深度、桩长 3. 材质 4. 管径、壁厚 5. 桩倾斜度 6. 沉桩方法 7. 填充材料种类 8. 防护材料种类	1. t 2. 根	1. 以吨计量，按设计图示尺寸以质量计算 2. 以根计量，按设计图示数量计算	1. 工作平台搭拆 2. 桩机竖拆、移位 3. 沉桩 4. 接桩 5. 送桩 6. 切割钢管、精制盖帽 7. 管内取土 8. 填充材料、刷防护材料
010301004	截（凿）桩头	1. 桩类型 2. 桩头截面、高度 3. 混凝土强度等级 4. 有无钢筋	1. m³ 2. 根	1. 以立方米计量，按设计桩截面面积乘以桩头长度以体积计算 2. 以根计量，按设计图示数量计算	1. 截（切割）桩头 2. 凿平 3. 废料外运

表 9 - 2　　　　　　　　　　　　　　灌注桩（编码：010302）

项目编号	项目名称	项目特征	计量单位	工程量计算规则	工程内容
010302001	泥浆护壁成孔灌注桩	1. 地层情况 2. 空桩长度、桩长 3. 桩径 4. 成孔方法 5. 护筒类型、长度 6. 混凝土种类、强度等级	1. m 2. m³ 3. 根	1. 以米计量，按设计图示尺寸以桩长（包括桩尖）计算 2. 以立方米计量，按不同截面在桩上范围内以体积计算 3. 以根计量，按设计图示数量计算	1. 护筒埋设 2. 成孔、固壁 3. 混凝土制作、运输、灌注、养护 4. 土方、废泥浆外运 5. 打桩场地硬化及泥浆池、泥浆沟
010302002	沉管灌注桩	1. 地层情况 2. 空桩长度、桩长 3. 复打长度 4. 桩径 5. 沉管方法 6. 桩尖类型 7. 混凝土种类、强度等级			1. 打（沉）拔钢管 2. 桩尖制作、安装 3. 混凝土制作、运输、灌注、养护
010302003	干作业成孔灌注桩	1. 地层情况 2. 空桩长度、桩长 3. 桩径 4. 扩孔直径、高度 5. 成孔方法 6. 混凝土种类、强度等级	1. m 2. m³ 3. 根	1. 以米计量，按设计图示尺寸以桩长（包括桩尖）计算 2. 以立方米计量，按不同截面在桩上范围内以体积计算 3. 以根计量，按设计图示数量计算	1. 成孔、扩孔 2. 混凝土制作、运输、灌注、振捣、养护
010302004	挖孔桩土（石）方	1. 桩类型 2. 桩头截面、高度 3. 混凝土强度等级 4. 有无钢筋		按设计图示尺寸（含护壁）截面积乘以挖孔深度以立方米计算	1. 排地表水 2. 挖土、凿石 3. 基底钎探 4. 运输
010302005	人工挖孔灌注桩	1. 桩芯长度 2. 桩芯直径、扩底直径、扩底高度 3. 护壁厚度、高度 4. 护壁混凝土种类 5. 桩芯混凝土种类、强度等级	1. m³ 2. 根	1. 以立方米计量，按桩芯混凝土体积计算 2. 以根计量，按设计图示数量计算	1. 护壁制作 2. 混凝土制作、运输、灌注、振捣、养护
010302006	钻孔压浆桩	1. 地层情况 2. 空钻长度、桩长 3. 钻孔直径 4. 水泥强度等级	1. m 2. 根	1. 以米计量，按设计图示尺寸以桩长计算 2. 以根计量，按设计图示数量计算	钻孔、下注浆管、投放骨料、浆液制作、运输、压浆

项目编号	项目名称	项目特征	计量单位	工程量计算规则	工程内容
010302007	灌注桩后压浆	1. 注浆导管材料、规格 2. 注浆导管长度 3. 单孔注浆量 4. 水泥强度等级	孔	按设计图示以注浆孔数计算	1. 注浆导管制作、安装 2. 浆液制作、运输、压浆

二、工程量计算规则

（一）打桩

1. 预制钢筋混凝土桩、预制钢筋混凝土管桩

预制钢筋混凝土方桩、预制钢筋混凝土管桩以"米"计量，按设计图示尺寸以桩长（包括桩尖）计算；或以"立方米"计量，按设计图示截面面积乘以桩长（包括桩尖）以实体积计算；或以"根"计量，按设计图示数量计算。

预制钢筋混凝土方桩、预制钢筋混凝土管桩项目以成品桩考虑，应包括成品桩的购置费用；如果用现场预制，应包括现场预制桩的所有费用。打试验桩和打斜桩应按相应项目单独列项，并应在项目特征中注明试验桩和斜桩（斜率）。

2. 钢管桩

钢管桩按设计图示尺寸以质量计算，或按设计图示数量计算。

3. 截（凿）桩头

截（凿）桩头按设计桩截面面积乘以桩头长度以体积计算，单位为 m^3；或按设计图示数量计算，单位为根。截（凿）桩头项目适用于地基处理与边坡支护工程、桩基础工程所列桩的桩头截（凿）。

（二）灌注桩

1. 泥浆护壁成孔灌注桩、沉管灌注桩、干作业成孔灌注桩

泥浆护壁成孔灌注桩是指是指利用钻孔机械，在泥浆护壁条件下成孔，并在孔中浇筑混凝土（或先在孔中吊放钢筋笼）而成的桩，其成孔方法包括冲击钻成孔、冲抓锥成孔、回旋钻成孔、潜水钻成孔、泥浆护壁的旋挖成孔等。

沉管灌注桩是指利用锤击打桩法或振动打桩法，将带有活瓣式桩尖或预制钢筋混凝土桩靴的钢套管沉入土中，然后边浇筑混凝土（或先在管内放入钢筋笼）边锤击或振动边拔管而成的桩。前者称为锤击沉管灌注桩及套管夯扩灌注桩，后者称为振动沉管灌注桩。沉管灌注桩的主要沉管方法有锤击沉管法、振动沉管法、振动冲击沉管法、内夯沉管法等。

干作业成孔灌注桩是指不用泥浆护壁和套管护壁的情况下，用钻机成孔后，下钢筋笼，灌注混凝土的桩，适用于地下水位以上的土层使用，其成孔方法包括螺旋钻成孔、螺旋钻成孔扩底、干作业的旋挖成孔等。

根据清单计算规范，泥浆护壁成孔灌注桩、沉管灌注桩、干作业成孔灌注桩工程量按设计图示尺寸以桩长（包括桩尖）计算；或按不同截面在桩上范围内以体积计算；或按设计图示数量计算。

2. 挖孔桩土（石）方

挖孔桩土（石）方按设计图示尺寸（含护壁）截面面积乘以挖孔深度以体积计算。

3. 人工挖空灌注桩

人工挖空灌注桩是指桩孔采用人工挖掘方法进行成孔，然后安放钢筋笼，浇筑混凝土而成的桩。为了确保人工挖孔桩施工过程中的安全，施工时必须考虑预防孔壁坍塌和流砂现象的发生，制订合理的护壁措施。护壁的方法可以采用现浇混凝土护壁、喷射混凝土护壁、砖砌体护壁、沉井护壁、钢套管护壁、型钢或木板桩工具式护壁等多种。

人工挖孔灌注桩按桩芯混凝土体积计算，或按设计图示数量计算。其项目特征描述应包括桩芯长度、桩芯直径、扩底直径、扩底高度、护壁厚度、护壁高度、桩芯混凝土种类和强度等级，若为混凝土护壁，还应描述护壁混凝土种类和强度等级。

4. 压浆桩

钻孔压浆桩按设计图示尺寸以桩长计算，或按设计图示数量计算。其项目特征描述应包括地层情况、空钻长度和桩长、钻孔直径、水泥强度等级。

5. 灌注桩后压浆

灌注桩后压浆是一项对已有工程桩补强的措施，通过实施后压浆灌注得到补强的基桩称为后压浆灌注桩。工程上，由于持力层不够、沉渣等原因，基桩的单桩极限承载力不能满足设计要求时，必须对该基桩采取必要的措施，使得其承载力能满足设计要求。后压浆灌注是手段之一，通过埋管把配置好的水泥砂浆用一定压力强行注入桩端土层或者桩周土体，以提高土层承载力及桩与土之间的摩阻力，达到提高桩极限承载力的目的。它特别适用于可见施工质量不易满足的灌注桩，由于是可以预见，先预埋了注浆管，若基桩载荷试验不满足，则可以用较低的造价对基桩进行补强。

灌注桩后压浆按设计图示以注浆孔数计算，其项目特征应描述注浆导管的材料和规格、注浆导管的长度、单孔注浆量以及水泥强度等级。

三、招标工程量清单编制实例

[例 9-1] 某工程用柴油打桩机的方式，打如图 9-1 所示的钢筋混凝土预制方桩，共 15 根，地基为二类软土。求其清单工程量，并编制该桩基工程分部分项工程量清单。

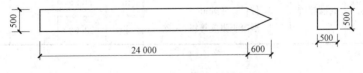

图 9-1 钢筋混凝土预制方桩

解：（1）以"米"计量，按长度计算：

$$清单工程量 = (24.00 + 0.60) \times 15 = 369.00(m)$$

（2）以"立方米"计量，按体积计算：

$$清单工程量 = 0.50 \times 0.50 \times (24.00 + 0.6) \times 15 = 92.25(m^3)$$

（3）以"根"计量，按数量计算：

$$清单工程量 = 15.00 根$$

分部分项工程量清单如表 9-3 所示。

表 9 - 3 分部分项工程量清单与计价表

工程名称：某建筑工程 标段： 第 1 页 共 1 页

序号	项目编码	项目名称	项目特征	计量单位	工程量	金额（元）		
						综合单价	合价	其中：暂估价
1	010301001001	预制钢筋混凝土方桩	1. 地层情况：二类软土 2. 送桩深度、桩长：24.60 3. 桩截面：0.50m×0.50m 4. 沉桩方法：静力压桩	m m³ 根	369.00 92.25 15.00			

[**例 9 - 2**] 打桩机打孔钢筋混凝土灌注桩，桩长 14m，钢管外径 0.5m，桩根数为 20 根，混凝土强度等级为 C20，混凝土现场搅拌，机动翻斗车现场运输混凝土。计算工程量并编制该桩基工程分部分项工程量清单。

解：（1）按设计图示尺寸以桩长计算：

$$清单工程量 = 14.00 \times 20 = 280.00(m)$$

（2）按不同截面在桩上范围内以体积计算：

$$清单工程量 = [3.14 \times (0.50 \div 2) \times 2] \times 14 \times 20 = 54.95(m³)$$

（3）按设计图示数量计算：

$$清单工程量 = 20.00 \ 根$$

分部分项工程量清单如表 9 - 4 所示。

表 9 - 4 分部分项工程量清单与计价表

工程名称：某建筑工程 标段： 第 1 页 共 1 页

序号	项目编码	项目名称	项目特征	计量单位	工程量	金额（元）		
						综合单价	合价	其中：暂估价
1	010302003001	干作业成孔灌注桩	1. 桩种类：打孔桩 2. 桩长：14m 3. 桩径：500mm 4. 混凝土强度等级：C20	m m³ 根	280.00 54.95 20.00			

第三节 工程量清单报价应用

[**例 9 - 3**] 如图 9 - 1 所示的预制钢筋混凝土方桩，已知混凝土强度等级为 C30，现场预制，混凝土场外运输，运距为 3km，场外集中搅拌 50m³/h。试根据山东省建筑工程消耗量定额、2015 年山东省及济南市预算价格完成该清单项目的工程量清单计价。

解：该项目发生的工作内容包括混凝土制作、运输、桩制作、柴油机打桩。

（1）预制混凝土方桩制作和打桩。桩制作及打桩的定额工程量按设计桩长乘以桩断面面积以体积计算。因此，定额工程量 = $0.50 \times 0.50 \times (24.00 + 0.6) \times 15 = 92.25(m³)$。

预制混凝土方桩制作套定额 4-3-1，柴油机打预制钢筋混凝土方桩（30m 以内）套定额 2-3-3。

根据济建标字〔2015〕1 号文件，济南市 2015 年建筑工程人工工资单价为 80 元/工日。依据定额子目 4-3-1 及济南市 2015 最新预算价格，完成每 10m³C25 预制钢筋混凝土方桩制作人工费为 638.40 元，材料费为 2131.25 元，机械费为 111.63 元。该预制桩设计采用 C30 混凝土，该种 C25 混凝土预算价格为 207.67 元，C30 混凝土的预算价格为 222.81 元。换算后材料费单价 = 2131.25 + (222.81 - 207.67) × 10.15 = 2284.92(元)。式中 10-15 为预制混凝土桩的定额消耗量。

定额 2-3-3 对应的人工费单价为 255.20 元，材料费为 57.56 元，机械费为 1062.93 元。按照山东省定额规定，单位工程的预制钢筋混凝土桩基础工程量在 100m³ 以内时，打桩相应定额人工、机械乘以小型工程系数 1.05。调整后定额人工费为 267.96 元，机械费为 1116.08 元。

（2）混凝土制作及运输。混凝土制作及运输定额工程量按混凝土消耗量以体积计算。因此，工程量 = 92.25 × 10.15 ÷ 10 = 93.63(m³)。

混凝土场外集中搅拌 50m³/h 套定额 4-4-1，对应的定额人工费为 48.00 元，材料费 22.00 元，机械费 168.73 元。

混凝土运输车运 5km 以内套定额 4-4-3，对应的定额机械费为 307.38 元，不发生人工费和材料费。

（3）参考本地区建设工程费用定额，管理费费率和利润率分别为 5.0% 和 3.1%，计费基数均为省人工费、省材料费和省机械费之和。根据鲁建标字〔2015〕12 号文件，山东省人工工资单价为 76 元/工日。定额 4-3-1 小型工程系数调整后对应的省人工费为 606.48 元，省材料费为 2284.92 元，省机械费为 109.11 元。定额 2-3-3 对应的省人工费为 254.56 元，省材料费为 57.56 元，省机械费为 1109.53 元。定额 4-4-1 对应的省人工费为 45.60 元，省材料费为 22.00 元，省机械费为 164.58 元。定额 4-4-3 对应的省机械费为 305.64 元。因此，定额 4-3-1 对应的管理费和利润的单价 = (606.48 + 2284.92 + 109.11) × (5.0% + 3.1%) = 243.04 （元）。同理，可得其他定额对应的管理费和利润单价，如表 9-5 所示。

该清单项目的综合单价分析表见表 9-5。

表 9-5   **工程量清单综合单价分析表**

工程名称：某建筑工程   标段：   第 1 页 共 1 页

| 项目编码 | 010301001001 | 项目名称 | 预制钢筋混凝土方桩 | | 计量单位 | | m³ |

				清单综合单价组成明细							
定额编号	定额名称	定额单位	数量	单价（元）				合价（元）			
				人工费	材料费	机械费	管理费与利润	人工费	材料费	机械费	管理费与利润
4-3-1 换	C30 预制方桩制作	10m³	0.1000	638.40	2284.92	111.63	243.04	63.84	228.49	11.16	24.30
2-3-3 换	打预制方桩 30m 以内	10m³	0.1000	267.96	57.56	1116.08	115.15	26.80	5.76	111.61	11.52

续表

项目编码	010301001001	项目名称		预制钢筋混凝土方桩		计量单位		m³

清单综合单价组成明细

定额编号	定额名称	定额单位	数量	单价（元）				合价（元）			
				人工费	材料费	机械费	管理费与利润	人工费	材料费	机械费	管理费与利润
4-4-1	场外集中搅拌混凝土 50m³/h	10m³	0.1015	48.00	22.00	168.73	18.81	4.87	2.23	17.13	1.91
4-4-3	混凝土运输混凝土 5km 内	10m³	0.1015			307.38	24.75			31.20	2.51
人工单价		小计						95.51	236.48	171.09	40.24
80 元/工日		未计价材料费						—			
清单项目综合单价								543.32			

分部分项工程量清单与计价表如表 9-6 所示。

表 9-6　　　　分部分项工程量清单与计价表

工程名称：某建筑工程　　　　　　　　　标段：　　　　　第 1 页　共 1 页

序号	项目编码	项目名称	项目特征	计量单位	工程量	金额（元）		
						综合单价	合价	其中：暂估价
1	010301001001	预制钢筋混凝土方桩	1. 地层情况：二类软土 2. 送桩深度、桩长：24.60 3. 桩截面：0.50m×0.50m 4. 沉桩方法：静力压桩	m³	92.25	543.32	50 121.27	

 复习思考题

1. 打试验桩如何列清单项目？
2. 小型打桩工程中人工和机械如何调整？
3. 灌注桩有哪几种？工程量分别如何计算？

第十章 砌 筑 工 程

【本章概要】

本章主要介绍了砌筑工程的基础知识及基本规定，围绕《房屋建筑与装饰工程工程量计算规范》（GB 50854—2013）重点介绍了砌筑工程所包含的砖砌体、砌块砌体、石砌体、垫层四个分部工程的工程量清单和相应工程量清单报价的编制理论与方法。

第一节 砌 筑 工 程 概 述

一、砌筑工程的工作内容

砌筑工程是一个综合的施工过程，它包括材料的准备、运输，脚手架的搭设，以及基础、墙体、柱和其他零星砌体的砌筑等施工过程。其中，脚手架工程属于措施项目。

砌体砌筑的工作内容包括调制、运输砂浆，运输、砌筑块材；基础还包括清理基槽。墙体砌筑中包括窗台虎头砖、腰线、门窗套，安放木砖、铁件等操作过程。砌体中的拉接筋单独按照钢筋混凝土相关规定编码列项。

二、砌筑工程基本规定

1. 砖基础与墙（柱）身的划分

砖基础与砖墙身（室内砖柱）的划分，以设计室内地坪为界（有地下室者，以地下室室内地坪为界），设计室内地坪以下为基础，以上为墙（柱）身，如图 10 - 1（a）、图 10 - 1（b）所示。

若基础与墙（柱）身使用不同材料，且不同材料分界线位于设计室内地坪的距离在±300mm 以内，则以不同材料分界线为界；若不同材料分界线与设计室内地坪的距离超过±300mm，则以设计室内地坪为界。

室外柱和砖围墙应以设计室外地坪为界，以下为基础，以上为墙（柱）身，如图 10 - 1（c）所示。

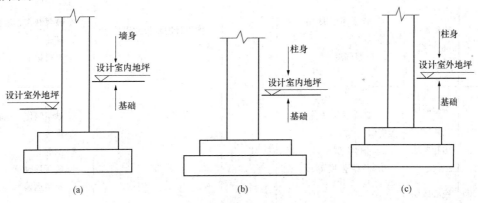

图 10 - 1 基础与墙（柱）分界示意图

2. 石基础、石勒脚、石墙身的划分

石基础与石勒脚应以设计室外地坪为界，石勒脚与石墙身应以设计室内地坪为界。石围墙内外地坪标高不同时，应以较低地坪标高为界，以下为基础；内外标高之差为挡土墙时，挡土墙以上为墙身。

3. 标准砖砌体计算厚度的规定

标准砖砌体的计算厚度按表 10 - 1 确定。使用非标准砖时，其砌体厚度应按砖的实际规格和设计厚度计算。

表 10 - 1   标准砖砌体的计算厚度

砖数（厚度）	1/4	1/2	3/4	1	1.5	2	2.5	3
计算厚度（mm）	53	115	180	240	365	490	615	740

第二节　清单项目设置及计算规则

一、清单项目设置

按照《房屋建筑与装饰工程工程量计算规范》（GB 50854—2013）的规定，砌筑工程包括砖砌体、砌块砌体、石砌体、垫层 4 个分部工程，共 27 个清单项目，如表 10 - 2～表 10 - 5 所示。

表 10 - 2   砖砌体（编码：010401）

项目编号	项目名称	项目特征	计量单位	工程量计算规则	工程内容
010401001	砖基础	1. 砖品种、规格、强度等级 2. 基础类型 3. 基础深度 4. 砂浆强度等级			1. 砂浆制作、运输 2. 砌砖 3. 防潮层铺设 4. 材料运输
010401002	砖砌挖孔桩护壁	1. 砖品种、规格、强度等级 2. 砂浆强度等级	m³	按设计图示尺寸以体积计算	1. 砂浆制作、运输 2. 砌砖 3. 材料运输
010401003	实心砖墙	1. 砖品种、规格、强度等级 2. 墙体类型 3. 砂浆强度等级、配合比			1. 砂浆制作、运输 2. 砌砖 3. 刮缝 4. 砖压顶砌筑 5. 材料运输
010401004	多孔砖墙				
010401005	空心砖墙				

项目编号	项目名称	项目特征	计量单位	工程量计算规则	工程内容
010401006	空斗墙	1. 砖品种、规格、强度等级	m³	详见工程量计算规则部分	1. 砂浆制作、运输 2. 砌砖 3. 装填充料 4. 刮缝 5. 材料运输
010401007	空花墙	2. 墙体类型 3. 砂浆强度等级、配合比		按设计图示尺寸以空花部分外形体积计算，不扣除空洞部分体积	
010401008	填充墙	1. 砖品种、规格、强度等级 2. 墙体类型 3. 填充材料种类及厚度 4. 砂浆强度等级、配合比		按设计图示尺寸以填充墙外形体积计算	
010401009	实心砖柱	1. 砖品种、规格、强度等级 2. 柱类型 3. 砂浆强度等级、配合比		按设计图示尺寸以体积计算，扣除混凝土及钢筋混凝土梁垫、梁头、板头所占体积	1. 砂浆制作、运输 2. 砌砖 3. 刮缝 4. 材料运输
010401010	多孔砖柱	1. 砖品种、规格、强度等级 2. 柱类型 3. 砂浆强度等级、配合比			
010401011	砖检查井	1. 井截面、深度 2. 砖品种、规格、强度等级 3. 垫层材料种类、厚度 4. 底板厚度 5. 井盖安装 6. 混凝土强度等级 7. 砂浆强度等级 8. 防潮层材料种类	座	按设计图示数量计算	1. 砂浆制作、运输 2. 铺设垫层 3. 底板混凝土制作、运输、浇注、振捣、养护 4. 砌砖 5. 刮缝 6. 井池底、壁抹灰 7. 抹防潮层 8. 材料运输
010401012	零星砌块	1. 零星砌块名称、部位 2. 砖品种、规格、强度等级 3. 砂浆强度等级、配合比	1. m³ 2. m² 3. m 4. 个	1. 以立方米计量，按设计图示尺寸截面面积乘以长度计算 2. 以平方米计量，按设计图示尺寸水平投影面积计算 3. 以米计量，按设计图示尺寸长度计算 4. 以个计量，按设计图示数量计算	1. 砂浆制作、运输 2. 砌砖 3. 刮缝 4. 材料运输

续表

项目编号	项目名称	项目特征	计量单位	工程量计算规则	工程内容
010401013	砖散水、地坪	1. 砖品种、规格、强度等级 2. 垫层材料种类、厚度 3. 散水、地坪厚度 4. 面层种类、厚度 5. 砂浆强度等级	m²	按设计图示尺寸以面积计算	1. 土方挖、运、填 2. 地基找平、夯实 3. 铺设垫层 4. 砌砖散水、地坪 5. 抹砂浆面层
010401014	砖地沟、明沟	1. 砖品种、规格、强度等级 2. 沟截面尺寸 3. 垫层材料种类、厚度 4. 混凝土强度等级 5. 砂浆强度等级	m	以米计量，按设计图示以中心线长度计算	1. 土方挖、运、填 2. 铺设垫层 3. 底板混凝土制作、运输、浇筑、振捣、养护 4. 砌砖 5. 刮缝、抹灰 6. 材料运输

表 10 - 3　　　　　　　　　砌块砌体（编码：0100402）

项目编号	项目名称	项目特征	计量单位	工程量计算规则	工程内容
010402001	砌块墙	1. 砌块品种、规格、强度等级 2. 墙体类型 3. 砂浆强度等级	m³	按设计图示尺寸以体积计算	1. 砂浆制作、运输 2. 砌砖、砌块 3. 勾缝 4. 材料运输
010402002	砌块柱			按设计图示尺寸以体积计算，扣除混凝土及钢筋混凝土梁垫、梁头、板头所占体积	

表 10 - 4　　　　　　　　　石砌体（编码：010403）

项目编号	项目名称	项目特征	计量单位	工程量计算规则	工程内容
010403001	石基础	1. 石料种类、规格 2. 基础类型 3. 砂浆强度等级	m³	按设计图示尺寸以体积计算	1. 砂浆制作、运输 2. 吊装 3. 砌石 4. 防潮层铺设 5. 材料运输
010403002	石勒脚	1. 石料种类、规格 2. 石表面加工要求 3. 勾缝要求 4. 砂浆强度等级、配合比		按设计图示尺寸以体积计算，扣除单个面积＞0.3m² 的孔洞所占体积	1. 砂浆制作、运输 2. 吊装 3. 砌石 4. 石表面加工 5. 勾缝 6. 材料运输
010403003	石墙			按设计图示尺寸以体积计算	

续表

项目编号	项目名称	项目特征	计量单位	工程量计算规则	工程内容
010403004	石挡土墙	1. 石料种类、规格 2. 石表面加工要求 3. 勾缝要求 4. 砂浆强度等级、配合比	m³	按设计图示尺寸以体积计算	1. 砂浆制作、运输 2. 吊装 3. 砌石 4. 变形缝、泄水孔、压顶抹灰 5. 滤水层 6. 勾缝 7. 材料运输
010403005	石柱				1. 砂浆制作、运输 2. 吊装 3. 砌石 4. 石表面加工 5. 勾缝 6. 材料运输
010403006	石栏杆	1. 石料种类、规格 2. 石表面加工要求 3. 勾缝要求 4. 砂浆强度等级、配合比	m	按设计图示以长度计算	1. 砂浆制作、运输 2. 吊装 3. 砌石 4. 石表面加工 5. 勾缝 6. 材料运输
010403007	石护坡	1. 垫层材料种类、厚度 2. 石料种类、规格 3. 护坡厚度、高度 4. 石表面加工要求 5. 勾缝要求 6. 砂浆强度等级、配合比	m³	按设计图示尺寸以体积计算	1. 砂浆制作、运输 2. 吊装 3. 砌石 4. 石表面加工 5. 勾缝 6. 材料运输
010403008	石台阶				1. 铺设垫层 2. 石料加工 3. 砂浆制作、运输 4. 砌石 5. 石表面加工 6. 勾缝 7. 材料运输
010403009	石坡道		m²	按设计图示尺寸以水平投影面积计算	

项目编号	项目名称	项目特征	计量单位	工程量计算规则	工程内容
010403010	石地沟、石明沟	1. 沟截面尺寸 2. 土壤类别、运距 3. 垫层材料种类、厚度 4. 石料种类、规格 5. 石表面加工要求 6. 勾缝要求 7. 砂浆强度等级、配合比	m	按设计图示以中心线长度计算	1. 土石挖、运 2. 砂浆制作、运输 3. 铺设垫层 4. 砌石 5. 石表面加工 6. 勾缝 7. 回填 8. 材料运输

表 10 - 5　　　　　　　　　　　**垫层（编码：010404）**

项目编号	项目名称	项目特征	计量单位	工程量计算规则	工程内容
010404001	垫层	垫层材料种类、配合比、厚度	m^3	按设计图示尺寸以立方米计算	1. 垫层材料的拌制 2. 垫层铺设 3. 材料运输

二、工程量计算规则

1. 砖基础

"砖基础"项目适用于各种类型砖基础，如柱基础、墙基础、管道基础等。

砖基础按设计图示尺寸以体积计算，包括附墙垛基础宽出部分体积，扣除地梁（圈梁）、构造柱所占体积，不扣除基础大放脚 T 形接头处的重叠部分及嵌入基础内的钢筋、铁件、管道、基础砂浆防潮层和单个面积≤$0.3m^2$ 的孔洞所占体积，靠墙暖气沟的挑檐不增加。

（1）条形基础：

1）基础长度。外墙按中心线，内墙按内墙净长线计算。

2）砖基础断面计算。砖基础受刚性角的限制，需在基础底部做成逐步放阶的形式，俗称大放脚。大放脚的体积要并入所附基础墙内，可根据大放脚的层数、所附基础墙的厚度及是否等高放阶等因素，查表 10 - 6 和表 10 - 7 来获得大放脚的折算高度或大放脚的增加面积，或者利用平面几何知识直接计算来求得。

表 10 - 6　　　　　　　　**等高式砖基础大放脚折算为墙高和断面面积**

大放脚/层数	折算高度（m）						折算为面积（m^2）
	$\frac{1}{2}$砖	1 砖	$1\frac{1}{2}$砖	2 砖	$2\frac{1}{2}$砖	3 砖	
一	0.137	0.066	0.043	0.032	0.026	0.021	0.015 75
二	0.411	0.197	0.129	0.096	0.077	0.064	0.047 25
三	0.822	0.394	0.259	0.193	0.154	0.128	0.094 50
四	1.369	0.656	0.432	0.321	0.256	0.213	0.157 50
五	2.054	0.984	0.647	0.432	0.384	0.319	0.236 30

大放脚/层数	折算高度（m）						折算为面积（m²）
	$\frac{1}{2}$砖	1 砖	$1\frac{1}{2}$砖	2 砖	$2\frac{1}{2}$砖	3 砖	
六	2.876	1.378	0.906	0.675	0.538	0.447	0.330 80
七	3.835	1.838	1.206	0.900	0.717	0.596	0.441 00
八	4.930	2.363	1.553	1.157	0.922	0.766	0.567 00
九	6.163	2.953	1.942	1.447	1.153	0.958	0.708 80
十	7.553	3.610	2.372	1.768	1.409	1.171	0.866 30

表 10-7　　　　　　　不等高式砖基础大放脚折算为墙高和断面面积

大放脚/层数	折算高度（m）						折算为面积（m²）
	$\frac{1}{2}$砖	1 砖	$1\frac{1}{2}$砖	2 砖	$2\frac{1}{2}$砖	3 砖	
1 低	0.069	0.033	0.022	0.016	0.013	0.011	0.007 88
1 高 1 低	0.342	0.164	0.108	0.080	0.064	0.053	0.039 38
2 高 1 低	0.685	0.328	0.216	0.161	0.128	0.106	0.078 75
2 高 2 低	1.096	0.525	0.345	0.257	0.205	0.170	0.1260
3 高 2 低	1.643	0.788	0.518	0.386	0.307	0.255	0.1890
3 高 3 低	2.260	1.083	0.712	0.530	0.423	0.351	0.2599
4 高 3 低	3.005	1.444	0.949	0.707	0.563	0.468	0.3456
4 高 4 低	3.836	1.838	1.208	0.900	0.717	0.596	0.4411
5 高 4 低	4.794	2.297	1.510	1.125	0.896	0.745	0.5513
5 高 5 低	5.821	2.789	1.834	1.366	1.088	0.905	0.6694

（2）独立基础：按设计图示尺寸计算。

（3）石基础工程量计算规则与砖基础相同。

2. 实心砖墙

实心砖墙的类型包括外墙、内墙、围墙、双面混水墙、双面清水墙、单面清水墙、直形墙、弧形墙等。

（1）工程量计算方法。实心砖墙按设计图示尺寸以体积计算。

（2）墙高的确定：

1）外墙。斜（坡）屋面无檐口天棚者，算至屋面板底；有屋架且室内外均有天棚者算至屋架下弦底另加 200mm；无天棚者算至屋架下弦底另加 300mm；出檐宽度超过 600mm 时按实砌高度计算；与钢筋混凝土楼板隔层者算至板顶。平屋面算至钢筋混凝土板底。

2）内墙。位于屋架下弦者，算至屋架下弦底；无屋架者算至天棚底另加 100mm；有钢筋混凝土楼板隔层者算至楼板顶；有框架梁时算至梁底。

3）女儿墙。从屋面板上表面算至女儿墙顶面（如有混凝土压顶时算至压顶下表面）。

4）内、外山墙。按其平均高度计算。

5）框架间墙。不分内外墙按墙体净尺寸以体积计算。

6）围墙。高度算至压顶上表面（如有混凝土压顶时算至压顶下表面），围墙柱并入围墙体积内。

（3）墙长的确定。外墙按中心线，内墙按净长计算。

（4）墙厚的确定。墙厚的确定按照设计结构墙体厚度确定，标准砖砌筑的墙体厚度参照表 4 - 1 - 1 确定。

（5）增减墙体工程量的确定：

1）扣除门窗、洞口、嵌入墙内的钢筋混凝土柱、梁、圈梁、挑梁、过梁及凹进墙内的壁龛、管槽、暖气槽、消火栓箱所占体积。

2）不扣除梁头、板头、檩头、垫木、木楞头、沿缘木、木砖、门窗走头、砖墙内加固钢筋、木筋、铁件、钢管及单个面积≤0.3m² 的孔洞所占体积。

3）凸出墙面的腰线、挑檐、压顶、窗台线、虎头砖、门窗套的体积也不增加。

4）凸出墙面的砖垛并入墙体体积内计算。

5）附墙烟囱、通风道、垃圾道应按设计图示尺寸以体积（扣除空洞所占体积）计算并入所依附的墙体体积内。

多孔砖墙、空心砖墙、砌块墙、石墙的工程量计算规则与实心砖墙相同。

3. 空斗墙

空斗墙，一般使用标砖砌筑，使墙体内形成许多空腔的墙体，如一眠一斗、一眠二斗、一眠三斗及无眠空斗等砌法。空斗墙工程量以空斗墙外形体积计算，包括墙角、内外墙交接处、门窗洞口立边、窗台砖、屋檐处的实砌部分体积。

空斗墙的窗间墙、窗台下、楼板下、梁头下等的实砌部分，按零星砌砖项目编码列项。

4. 空花墙

空花墙用砖砌成各种镂空花式的墙。空花墙工程量按设计图示尺寸以空花部分的外形体积计算，应包括空花的外框，不扣除空洞部分体积。

5. 实心砖柱

按设计图示尺寸以体积计算，扣除混凝土及钢筋混凝土梁垫、梁头、板头所占体积。

多孔砖柱、砌块柱工程量计算规则与实心砖柱相同。

6. 零星砌砖

零星砌砖主要适用于台阶、台阶挡墙、梯带、锅台、炉灶、蹲台、池槽、池槽腿、砖胎膜、花台、花池、楼梯拦板、阳台拦板、地垄墙、≤0.3m² 的孔洞堵塞等。零星砌砖工程量的计算：砖砌锅台与炉灶可按外形尺寸以个计算；砖砌台阶可按水平投影面积，以平方米计算（不包括梯带或台阶挡墙）；小便槽、地垄墙可按长度计算；小型池槽、锅台、炉灶可按个计算，应按"长×宽×高"顺序标明外形尺寸；其他工程量按立方米计算。

7. 砖检查井

砖检查井按设计图示数量计算。

检查井内的爬梯按钢筋工程相关项目编码列项。井内的混凝土构件按混凝土及钢筋混凝土预制构件编码列项。

8. 石挡土墙、石勒脚、石台阶

（1）石挡土墙、石勒脚清单项目适用于各种规格（条石、块石、毛石、卵石等）、各种材质（砂石、青石、石灰石等）和各种类型（直形、弧形、台阶形等）的挡土墙和勒脚。

（2）石挡土墙工程量按设计图示尺寸以体积计算。

（3）石勒脚工程量按设计图示尺寸以体积计算。扣除单个面积＞0.3m² 的孔洞所占体积。

（4）石台阶项目包括石梯带（垂带），不包括石梯膀。石台阶按设计图示尺寸以体积计算。石梯膀的工程量计算以石梯带下边线为斜边，与地平相交的直线为一直角边，石梯与平台相交的垂线为另一直角边，形成一个三角形，三角形面积乘以砌石的宽度为石梯膀的工程量。石梯膀是指石梯的两侧面形成的两直角三角形的翼墙（古建筑中称"象眼"）。

9. 石护坡、石坡道

（1）石护坡项目适用于各种石质和各种石料（粗料石、细料石、片石、块石、毛石、卵石等）。

（2）石护坡工程量按设计图示尺寸以体积计算。

（3）石坡道工程量按设计图示以水平投影面积计算。

10. 垫层

（1）除混凝土垫层应按照混凝土及钢筋混凝土部分相关项目编码列项外，其他没有包括垫层要求的清单项目均按照本部分垫层项目编码列项。

（2）垫层工程量按设计图示尺寸以立方米计算。其中外墙基础垫层长度按外墙中心线长度计算，内墙基础垫层长度按内墙基础垫层净长计算。

三、招标工程量清单编制实例

[**例 10-1**] 某基础工程，如图 10-2 所示。已知该条形基础由 M7.5 水泥砂浆砌筑标准黏土砖而成，砂浆为袋装预拌砂浆。基础内镶嵌 240mm×240mm 的混凝土地圈梁。3∶7 灰土垫层 300mm 厚（就地取土）。试编制该砖基础工程的招标工程量清单。

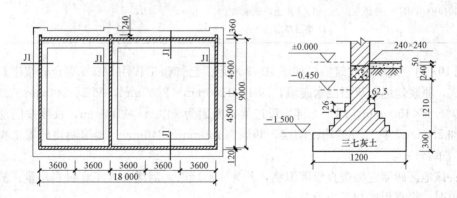

图 10-2 砖基础

解：（1）砖基础清单工程量：

外墙条形基础长度：
$$L_{中} = (9.00 + 3.60 \times 5) \times 2 + 0.24 \times 3 = 54.72(\text{m})$$

内墙条形基础长度：
$$L_{内} = 9.00 - 0.24 = 8.76(\text{m})$$

应扣除圈梁体积：

$$V_{圈梁} = 0.24 \times 0.24 \times (54.72 + 8.76) = 3.66(\text{m}^3)$$

砖基础体积：

$$V_{基础} = (0.0625 \times 5 \times 0.126 \times 4 + 0.24 \times 1.5) \times (54.72 + 8.76) - 3.66 = 29.19(\text{m}^3)$$

（2）灰土垫层工程量：

外墙灰土垫层长度：

$$L_{中} = (9.00 + 3.60 \times 5) \times 2 + 0.24 \times 3 = 54.72(\text{m})$$

内墙灰土垫层长度：

$$L_{净} = 9.00 - 1.20 = 7.80(\text{m})$$

$$灰土垫层工程量 = 1.20 \times 0.30 \times (54.72 + 7.80) = 22.51(\text{m}^3)$$

该工程工程量清单见表 10 - 8。

表 10 - 8　　　　　　　　　　分部分项工程量清单与计价表

工程名称：某建筑工程　　　　　　　　　　　　　标段：　　　　　　　　第 1 页　共 1 页

序号	项目编码	项目名称	项目特征	计量单位	工程量	金额（元）		
						综合单价	合价	其中：暂估价
1	010401001001	砖基础	1. 砖品种、规格、强度等级：机制标准红砖 2. 基础类型：条形基础 3. 砂浆强度等级：M7.5 水泥砂浆 4. 防潮层材料种类：无	m³	29.19			
2	010404001001	垫层	1. 垫层材料、种类、配合比：3：7灰土，就地取土 2. 垫层厚度：300mm	m³	22.51			

[**例 10 - 2**]　某单层建筑物，如图 10 - 3 所示。已知该工程用 M5.0 混合砂浆砌筑标准黏土砖而成，原浆勾缝，双面混水砖墙，M-1：1000mm×2400mm，M-2：900mm×2400mm，C1：1500mm×1500mm，门窗上部均设过梁，断面为 240mm×180mm，长度按门窗洞口宽度每边加 250mm，内、外墙均设圈梁，断面为 240mm×240mm。试编制该砖墙工程的招标工程量清单。

解：该地区砖墙定额按直形墙编制，若为弧形墙时，需增加人工和材料用量。故编制工程量清单时，将直形墙和弧形墙分列。

（1）直形墙体清单工程量。

1）直形外墙墙体清单工程量：

直形外墙长度：

$$L_{外直} = 6.00 + 3.60 + 6.00 + 3.60 + 8.00 = 27.20(\text{m})$$

直形外墙高度：

$$H_{外直} = 0.90 + 1.50 + 0.18 + 0.38 = 2.96(\text{m})$$

扣除门窗洞口面积：

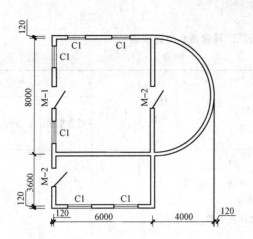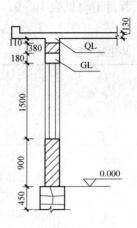

图 10-3 某单层建筑物平面图及剖面图

$$S_{门窗} = 1.50 \times 1.50 \times 6 + 1.00 \times 2.40 + 0.90 \times 2.4 = 18.06(\text{m}^2)$$

扣除过梁体积：

$$V_{过梁} = 0.24 \times 0.18 \times 2.00 \times 6 + 0.24 \times 0.18 \times 1.50 + 0.24 \times 0.18 \times 1.4 = 0.64(\text{m}^3)$$

直形外墙工程量：

$$V_{外直} = (27.20 \times 2.96 - 18.06) \times 0.24 - 0.64 = 14.35(\text{m}^3)$$

2) 直形内墙墙体清单工程量：

直形内墙长度：

$$L_{内直} = 6.0 - 0.24 + 8.0 - 0.24 = 13.52(\text{m})$$

直形内墙高度：

$$H_{内直} = 0.90 + 1.50 + 0.18 + 0.38 = 2.96(\text{m})$$

扣除门窗洞口面积：

$$S_{门窗} = 0.90 \times 2.4 = 2.16(\text{m}^2)$$

扣除过梁体积：

$$V_{过梁} = 0.24 \times 0.18 \times 1.4 = 0.06(\text{m}^3)$$

直形内墙工程量：

$$V_{内直} = (13.52 \times 2.96 - 2.16) \times 0.24 - 0.06 = 9.03(\text{m}^3)$$

直形墙体工程量：

$$V_{直} = 14.35 + 9.03 = 23.38(\text{m}^3)$$

（2）弧形外墙墙体清单工程量：

弧形外墙长度：

$$L_{外弧} = 4.00 \times 3.14 = 12.56(\text{m})$$

弧形外墙高度：

$$H_{外弧} = 0.90 + 1.50 + 0.18 + 0.38 = 2.96(\text{m})$$

弧形外墙工程量：

$$V_{外弧} = 12.56 \times 2.96 \times 0.24 = 8.92(\text{m}^3)$$

该工程工程量清单见表 10 - 9。

表 10 - 9　　　　　　　　　　**分部分项工程量清单与计价表**

工程名称：某建筑工程　　　　　　　　　　标段：　　　　　　　　第 1 页　共 1 页

序号	项目编码	项目名称	项目特征	计量单位	工程量	金额（元）		
						综合单价	合价	其中：暂估价
1	010401003001	实心砖墙	1. 砖品种、规格、强度等级：机制标准红砖 2. 墙体类型：直形墙，双面混水 3. 墙体厚度：240mm 4. 勾缝要求：原浆勾缝 5. 砂浆强度等级、配合比：M5.0 混合砂浆	m³	23.38			
2	010401003002	实心砖墙	1. 砖品种、规格、强度等级：机制标准红砖 2. 墙体类型：弧形外墙，双面混水 3. 墙体厚度：240mm 4. 勾缝要求：原浆勾缝 5. 砂浆强度等级、配合比：M5.0 混合砂浆	m³	8.92			

[**例 10 - 3**]　某单层建筑物工程的平面图、剖面图，如图 10 - 4 所示。框架结构，墙身用 M5.0 混合砂浆砌筑加气混凝土砌块，女儿墙砌筑煤矸石空心砖，混凝土压顶断面 240mm×60mm，外墙厚均为 240mm。框架柱断面 240mm×240mm 到女儿墙顶，框架梁断面 240mm×400mm，门窗洞口上均采用现浇钢筋混凝土过梁，断面 240mm×180mm。M1：1560mm × 2700mm，M2：900mm × 2700mm，C1：1800mm × 1800mm，C2：1560mm×1800mm。试编制外墙的工程量清单。

解：（1）加气混凝土砌块墙工程量 ＝ [(11.34 − 0.24 + 10.44 − 0.24 − 0.24×6)×2×3.60 − 1.56×2.70(M1) − 1.80×1.80×6(C1) − 1.56×1.80(C2)]×0.24 − (2.06×2 + 2.30×6)×0.24×0.18(过梁) ＝ 27.19m³

注：式中 2.06 和 2.30 分别为 M1、C2 和 C1 上过梁的长度。当设计没有规定时，过梁长度按门窗洞口每边各加 250mm 计算。

（2）煤矸石空心砖墙女儿墙工程量 ＝ (11.34 − 0.24 + 10.44 − 0.24 − 0.24×6)×2×(0.50 − 0.06)×0.24 ＝ 4.19(m³)。

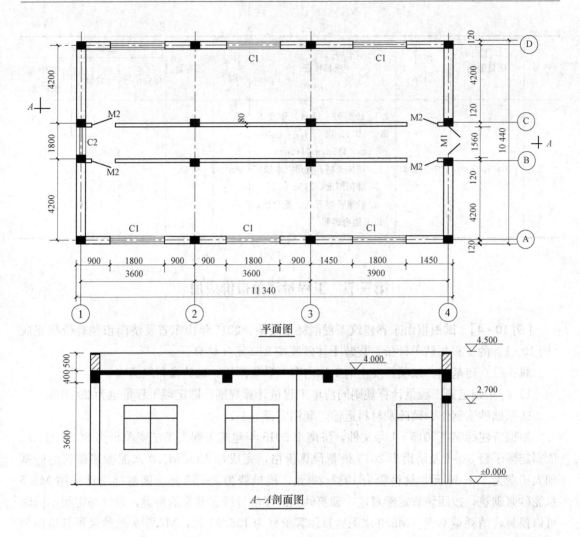

图 10-4　某单层建筑物

该工程招标工程量清单见表 10-10。

表 10-10　　　　　　　　　分部分项工程量清单与计价表

工程名称：某建筑工程　　　　　　　　　标段：　　　　　　　　第 1 页　共 1 页

| 序号 | 项目编码 | 项目名称 | 项目特征 | 计量单位 | 工程量 | 金额（元） | | |
						综合单价	合价	其中：暂估价
1	010402001001	砌块墙	1. 砖品种、规格、强度等级：C20 加气混凝土砌块，585mm×240mm×240mm 2. 墙体类型：直形混水墙 3. 墙体厚度：240mm 4. 砂浆强度等级、配合比：M5.0 混合砂浆	m³	27.19			

续表

序号	项目编码	项目名称	项目特征	计量单位	工程量	金额（元）		
						综合单价	合价	其中：暂估价
2	010401005001	空心砖墙	1. 砖品种、规格、强度等级：MU15 煤矸石空心砖，240mm×115mm×115mm 2. 墙体类型：直形混水墙 3. 墙体厚度：240mm 4. 砂浆强度等级、配合比：M5.0 混合砂浆	m³	4.19			

第三节 工程量清单报价应用

[例 10 - 4] 试根据山东省建筑工程消耗量定额、2015 年山东省及济南市预算价格完成 [例 10 - 1] 的工程量清单计价。袋装干拌砂浆按 210 元/t 计算。

解：（1）砖基础。该项目发生的工作内容为砂浆制作、砌砖及材料运输。

1) 砖基础定额工程量计算规则同清单工程量计算规则，即定额工程量也为 29.19m³。砖基础砂浆制作、砌砖及材料运输，套用定额 3-1-1。

根据济建标字〔2015〕1 号文件，济南市 2015 年建筑工程人工工资单价为 80 元/工日。依据定额子目 3-1-1 及济南市 2015 最新预算价格，完成每 10m³ M5.0 水泥砂浆砌筑的砖基础人工费为 974.40 元，材料费为 1932.23 元，机械费为 38.57 元。该基础设计采用 M7.5 水泥砂浆砌筑，按照该省定额规定，砌筑砂浆的强度等级、砂浆的种类，设计与定额不同时可以换算，消耗量不变。M5.0 水泥砂浆预算价格为 156.95 元，M7.5 水泥砂浆预算价格为 166.73 元，定额 3-1-1 中砂浆消耗量为 2.36m³。换算后材料费单价为 1932.23 +（166.73 − 156.95）× 2.36 = 1955.31(元)。

2) 袋装预拌砂浆的调整。山东省建筑工程消耗量定额是按照现场搅拌砂浆编制的。根据商务部、公安部、建设部、质检总局、环保部《关于在部分城市限期禁止现场搅拌砂浆工作的通知》，禁止采用现场搅拌砂浆，而是用散装干拌砂浆、袋装干拌砂浆或湿拌砂浆。按照文件规定，当使用预拌砂浆时，需对原定额中的人工、材料和机械进行调整。山东省定额规定如下：

使用散装干拌砂浆，扣除人工 0.25 工日/m³（指砂浆用量），干拌砂浆和水的配合比可按砂浆生产企业使用说明的要求计算，应将每立方米现场搅拌砂浆换算成干拌砂浆 1.75t 及水 0.29t；扣除相应定额子目中的灰浆搅拌机台班，另增加用电 2.15kWh/m³（指砂浆用量），该用电费计入机械费中。

使用袋装干拌砂浆，扣除人工 0.16 工日/m³（指砂浆用量），干拌砂浆和水的配合比可按砂浆生产企业使用说明的计算要求，应将每立方米现场搅拌砂浆换算成干拌砂浆 1.75t 及水 0.29t。

使用湿拌砂浆，扣除人工 0.4 工日/m³（指砂浆用量），将现拌砂浆换算成湿拌砂浆，扣除相应定额子目中的灰浆搅拌机台班。

本例中按照袋装干拌砂浆对定额 3-1-1 的人工、材料和机械进行调整。

定额 3-1-1 中，人工消耗量为 12.18（工日），砂浆消耗量为 2.36m³。因此，调整后人工消耗量＝12.18－2.36×0.16＝11.802（工日），定额人工单价＝11.802×80＝944.19（元）。

定额中 M7.5 砂浆消耗量为 2.36m³，砌筑用水 1.05m³。原砂浆扣除，换算为袋装干拌砂浆（单位为 t），消耗量＝2.36×1.75＝4.13（t），材料预算单价为 95.2743 元。

调整后水的消耗量＝1.05＋2.36×0.29＝1.7344（m³），水的预算单价为 4.40 元。

因此，定额 3-1-1 调整后材料单价＝1955.31－2.36×166.73＋4.13×95.2743＋2.36×0.29×4.40＝1958.32（元）。

袋装预拌砂浆按市场价 210 元调整，调整后定额材料单价为 2432.14 元。

机械费不作调整。

注：以后章节涉及预拌砂浆的，均按照此方法进行调整换算，不再赘述。

3）参考本地区建设工程费用定额，管理费费率和利润率分别为 5.0% 和 3.1%，计费基数均为省人工费、省材料费和省机械费之和。根据鲁建标字〔2015〕12 号文件，山东省人工工资单价为 76 元/每工日，同时按照袋装干拌砂浆的调整方法，调整后 10m³ M7.5 水泥砂浆砌筑的砖基础（定额 3-1-1）对应的省人工费为 896.98 元，省材料费为 1958.32 元，省机械费为 36.93 元。因此，定额 3-1-1 对应的管理费和利润的单价为（896.98＋1958.32＋36.93）×（5.0%＋3.1%）＝234.27（元）。

砖基础清单项目的综合单价分析表见表 10-11。

表 10-11　　　　　　　　　工程量清单综合单价分析表

工程名称：某建筑工程　　　　　　　　标段：　　　　　　　　第 1 页　共 1 页

项目编码	010401001001	项目名称	砖基础		计量单位		m³

清单综合单价组成明细

定额编号	定额名称	定额单位	数量	单价（元）				合价（元）			
				人工费	材料费	机械费	管理费与利润	人工费	材料费	机械费	管理费与利润
3-1-1 换	M7.5 水泥砂浆砖基础（袋装干拌砂浆）	10m³	0.1000	944.19	2432.14	38.57	234.27	94.42	243.21	3.86	23.43
人工单价		小计						94.42	243.21	3.86	23.43
80 元/工日		未计价材料费						—			
清单项目综合单价								364.92			

（2）垫层。该项目发生的工作内容为垫层材料拌制、垫层铺设、材料运输。

1）灰土垫层定额工程量计算规则同清单工程量计算规则，即定额工程量也为 22.51m³。灰土垫层材料拌制、铺设及材料运输，套定额 2-1-1。

依据定额子目 2-1-1 及济南市 2015 年最新预算价格，完成每 10m³ 3：7 灰土垫层的人工费为 669.60 元，材料费为 812.75 元，机械费为 12.04 元。

　　垫层定额是按照地面垫层编制的，如果是基础垫层，在执行定额时，人工和机械进行系数调整。条形基础人工、机械分别乘以系数 1.05，独立基础人工、机械分别乘以系数 1.10，满堂基础人工、机械分别乘以系数 1.00。定额 2-1-1 换算后人工单价为 703.08 元，机械单价为 12.64 元。

　　另外，3：7 灰土垫层定额是按照买土编制的，若为就地取土，应扣除灰土配合比中的黏土。按照定额 2-1-1，每 $10m^3$ 垫层 3：7 灰土的消耗量为 $10.10m^3$，每 m^3 3：7 灰土中黏土用量为 $1.15m^3$，故应扣除黏土 $10.10 \times 1.15m^3$，黏土单价为 28.00 元/m^3。3：7 灰土垫层定额换算后材料单价为 812.75－10.10×1.15×28＝487.53（元）。

　　2）参考本地区建设工程费用定额，管理费费率和利润率分别为 5.0% 和 3.1%，计费基数均为人工费、材料费和机械费的和。定额 2-1-1 对应的省人工费为 636.12 元，省材料费为 812.75 元，省机械费为 12.04 元。同样，经上述换算后的省人工费为 667.93，省材料费为 487.53 元，省机械费为 12.64 元。对应的管理费和利润单价 =（667.93 + 487.53 + 12.64）×（5.0% + 3.1%）= 94.62（元）。

　　3：7 灰土垫层清单项目的综合单价分析表见表 10-12。

表 10-12　　　　　　　　　　　工程量清单综合单价分析表

工程名称：某建筑工程　　　　　　　　　　　标段：　　　　　　　　第 1 页　共 1 页

项目编码	010404001001	项目名称		垫层		计量单位		m^3
清单综合单价组成明细								

定额编号	定额名称	定额单位	数量	单价（元）				合价（元）			
				人工费	材料费	机械费	管理费与利润	人工费	材料费	机械费	管理费与利润
2-1-1 换	3：7 灰土垫层（就地取土）	$10m^3$	0.1000	703.08	487.53	12.64	94.62	70.31	48.75	1.26	9.46
人工单价		小计						70.31	48.75	1.26	9.46
80 元/工日		未计价材料费						—			
清单项目综合单价								129.78			

　　分部分项工程量清单与计价表如表 10-13 所示。

表 10-13　　　　　　　　　　　分部分项工程量清单与计价表

工程名称：某建筑工程　　　　　　　　　　　标段：　　　　　　　　第 1 页共　1 页

序号	项目编码	项目名称	项目特征	计量单位	工程量	金额（元）		
						综合单价	合价	其中：暂估价
1	010401001001	砖基础	1. 砖品种、规格、强度等级：机制标准红砖 2. 基础类型：条形基础 3. 砂浆强度等级：M7.5 水泥砂浆 4. 防潮层材料种类：无	m^3	29.19	364.92	10 652.01	

序号	项目编码	项目名称	项目特征	计量单位	工程量	综合单价	合价	其中暂估价
						金额（元）		
2	010404001001	垫层	1. 垫层材料、种类、配合比：3：7灰土，就地取土 2. 垫层厚度：300mm	m³	22.51	129.78	2921.35	

[**例 10 - 5**] 试根据山东省建筑工程消耗量定额、2015 年山东省及济南市预算价格完成[例 10 - 2]中弧形墙清单项目的工程量清单计价。袋装干拌砂浆市场价格为 210 元/t。

解： 该项目发生的工作内容为砂浆制作、砌砖、原浆勾缝及材料运输。

（1）实心砖墙定额工程量同清单工程量不同。按照山东省的相关规定，在确定墙体高度时，有钢筋混凝土楼板隔层的内墙高度算至楼板底，平屋面外墙高度算至钢筋混凝土板顶。该例题中内外墙均设置圈梁，无论外墙还是内墙高度均算至钢筋混凝土圈梁底。因此，该例题中定额工程量等于清单工程量，即定额工程量分别为 23.38、8.92m³。

（2）山东省墙体砌筑定额是按照直形墙编制的。240mm 厚直形墙砌筑套用定额 3-1-14。依据定额子目 3-1-14 及济南市 2015 年预算价格，完成每 10m³ M2.5 混合砂浆混水砖墙的人工费为 1230.40 元，材料费为 1953.15 元，机械费为 35.18 元。该砖墙设计采用 M5.0 混合砂浆砌筑，且为袋装干拌砂浆，需要进行砂浆强度等级的换算及预拌砂浆人工、材料和机械的调整。按照济南市人工工资单价 80 元/工日，袋装干拌砂浆市场价 210 元/t，调整换算后定额人工单价 1201.60 元，材料单价 2428.61 元，机械单价 36.74 元。

240mm 厚弧形墙砌筑除套用定额 3-1-14 外，还应套用 3-1-17 弧形墙另加工料项目计算由此增加的人工和材料。人工费单价为 120.00 元，材料费单价为 30.81 元，不发生机械消耗。

（3）参考本地区建设工程费用定额，管理费费率和利润率分别为 5.0% 和 3.1%，计费基数均为省人工费、材料费和机械费之和。定额 3-1-14 对应的省调整后人工单价为 1141.52元，省材料费 1971.30 元，省机械费为 35.18 元。定额 3-1-17 对应的省人工费为 114.00元，材料费为 30.81 元。

该弧形墙体清单项目的综合单价分析表见表 10 - 14。

表 10 - 14 　　　　　**工程量清单综合单价分析表**

工程名称：某建筑工程　　　　　　　　标段：　　　　　第 1 页 共 1 页

项目编码	010401002002	项目名称	实心砖墙	计量单位	m³

| | | | | 清单综合单价组成明细 | | | | | | | |

定额编号	定额名称	定额单位	数量	单价（元）				合价（元）			
				人工费	材料费	机械费	管理费与利润	人工费	材料费	机械费	管理费与利润
3-1-14换	M5.0 混水砖墙砌筑 240mm（袋装干拌砂浆）	10m³	0.100	1201.60	2428.61	36.74	254.99	120.16	242.86	3.67	2.55

续表

项目编码	010401002002	项目名称	实心砖墙	计量单位	m³

清单综合单价组成明细

定额编号	定额名称	定额单位	数量	单价（元）				合价（元）			
				人工费	材料费	机械费	管理费与利润	人工费	材料费	机械费	管理费与利润
3-1-17	弧形砖墙另加工料	10m³	0.100	120.00	30.81	—	11.73	12.00	3.08	—	1.17
人工单价			小计					132.16	245.94	3.67	3.72
80元/工日			未计价材料费					—			
清单项目综合单价								385.49			

分部分项工程量清单与计价表如表 10-15 所示。

表 10-15　　　　　　**分部分项工程量清单与计价表**

工程名称：某建筑工程　　　　　　　　　　　标段：　　　　　　第 1 页　共 1 页

序号	项目编码	项目名称	项目特征	计量单位	工程量	金额（元）		
						综合单价	合价	其中：暂估价
2	010401002002	实心砖墙	1. 砖品种、规格、强度等级：机制标准红砖 2. 墙体类型：弧形外墙，双面混水 3. 墙体厚度：240mm 4. 勾缝要求：原浆勾缝 5. 砂浆强度等级、配合比：M5.0 混合砂浆	m³	8.92	385.49	3438.57	

[例 10-6]　试根据山东省建筑工程消耗量定额、2015 年山东省及济南市预算价格完成 [例 10-3] 中砌块墙清单项目的工程量清单计价。袋装干拌砂浆市场价 210 元/t。

解：（1）砌块墙定额工程量同清单工程量，即定额工程量分别为 27.19m³。

（2）M5.0 混合砂浆砌筑 240mm 厚加气混凝土砌块直形墙套用定额 3-3-26。定额中采用加气混凝土砌块规格为 585mm×240mm×240mm，与设计相同，不需要调整。只需对现场搅拌砂浆改预拌砂浆进行调整换算。根据调整方法，并依据定额子目 3-3-26 及济南市 2015 年预算价格、预拌砂浆的市场价格，调整换算后定额人工费单价为 714.05 元，材料费为 1833.03 元，机械费为 10.72 元。

（3）参考本地区建设工程费用定额，管理费费率和利润率分别为 5.0% 和 3.1%，计费基数均为人工费、材料费和机械费之和。定额 3-3-26 对应的省人工费单价为 678.34 元，省材料费为 1700.37 元，省机械费为 10.27 元。

该砌块墙清单项目的综合单价分析表见表 10 - 16。

表 10 - 16　　　　　　　**工程量清单综合单价分析表**

工程名称：某建筑工程　　　　　　　　　标段：　　　　　　　第 1 页　共 1 页

项目编码	010402001001	项目名称		砌块墙		计量单位		m³

清单综合单价组成明细

定额编号	定额名称	定额单位	数量	单价（元）				合价（元）			
				人工费	材料费	机械费	管理费与利润	人工费	材料费	机械费	管理费与利润
3-3-26	M5.0 混浆加气混凝土砌块墙 240mm（袋装干拌砂浆）	10m³	0.1000	714.05	1833.03	10.72	193.51	71.41	183.30	1.07	19.35
人工单价		小计						71.41	183.30	1.07	19.35
80 元/工日		未计价材料费						—			
清单项目综合单价								275.13			

分部分项工程量清单与计价表如表 10 - 17 所示。

表 10 - 17　　　　　　　**分部分项工程量清单与计价表**

工程名称：某建筑工程　　　　　　　　　标段：　　　　　　　第 1 页　共 1 页

序号	项目编码	项目名称	项目特征	计量单位	工程量	金额（元）		
						综合单价	合价	其中：暂估价
1	010402001001	砌块墙	1. C20 加气混凝土砌块，585mm×240mm×240mm 2. 直形墙 3. 240mm 4. M5.0 混合砂浆	m³	27.19	275.13	7480.78	

🌱 **复习思考题**

1. 实心砖墙清单项目的理解应是"实心砖"墙，还是"实心"砖墙？

2. 砌体内加强筋的制作、安装是否还要单独编写清单？

3. 实心砖墙清单项目中，砖砌围墙、女儿墙压顶突出墙面部分是否计算工程量？

4. 石挡土墙项目在报价时，压顶抹灰、泄水孔、变形缝是否应包括在报价内？

5. 空斗墙砌筑中的窗台下、楼板下、梁头下的实砌部分是否需要单独编写清单项目？对应的清单项目名称是什么？

6. 砌筑使用预拌砂浆时，定额如何调整？

第十一章 混凝土及钢筋混凝土工程

【本章概要】

本章主要介绍了混凝土及钢筋混凝土工程的基础知识及基本规定，围绕《房屋建筑与装饰工程工程量计算规范》（GB 50854—2013）重点介绍了混凝土及钢筋混凝土工程所包含的现浇混凝土基础、现浇混凝土柱、现浇混凝土梁、现浇混凝土墙、现浇混凝土板、现浇混凝土楼梯、现浇混凝土其他构件、后浇带、预制混凝土柱、预制混凝土梁、预制混凝土屋架、预制混凝土板、预制混凝土楼梯、其他预制构件、钢筋工程、螺栓铁件共十六个分部工程的工程量清单和相应工程量清单报价的编制理论与方法。

第一节 混凝土及钢筋混凝土工程概述

一、混凝土及钢筋混凝土工程的工作内容

混凝土及钢筋混凝土工程包括现浇混凝土工程、预制混凝土工程、钢筋工程三个专业工程。每个专业工程都是一个综合的施工过程，现浇混凝土构件包括模板及支撑制作、安装、拆除、堆放、运输及清理模内杂物、刷隔离剂，混凝土制作、运输、浇筑、振捣、养护。钢筋工程包括钢筋制作、运输，钢筋安装、焊接（绑扎）等工作内容。

《房屋建筑与装饰工程工程量计算规范》（GB 50854—2013）对现浇混凝土模板采用两种方式进行编制。一是"工作内容"中包括模板工程的内容，与混凝土项目一起组成综合单价。同时又在措施项目中单列了现浇混凝土模板工程项目，单独组成综合单价。上述规定包含三层含义：一是招标人应根据工程的实际情况在同一标段中在两种方式中选择其一；二是招标人若采用单列现浇混凝土模板工程，必须按本规范所规定的计量单位、项目编码、项目特征描述列出清单，同时，现浇混凝土项目中不含模板的工程费用；三是招标人若不单列现浇混凝土模板工程项目，不再编列现浇混凝土模板项目清单，意味着现浇混凝土工程项目的综合单价中包含了模板的工程费用。

预制混凝土构件中包括模板工程，模板的措施费用不再单列。若采用成品预制混凝土构件时，成品价（包括模板、钢筋、混凝土等所有费用）计入综合单价中，即成品的出厂价格及运杂费等计入综合单价。

二、混凝土及钢筋混凝土工程基本规定

1. 混凝土基础与墙（柱）身的划分

混凝土基础与混凝土墙身（室内混凝土柱）的划分，均以基础扩大顶面为界，扩大顶面以下为基础，以上为墙（柱）身。

2. 有梁板、无梁板、平板的划分

（1）有梁板是指梁（包括主、次梁，圈梁除外）与板构成一体。常见的有梁板分为普通有梁板、肋形板和密肋形板。

（2）无梁板指不带梁，直接由柱和柱帽支撑的板。

（3）平板是指板间无柱，又非现浇梁结构，周边直接置于墙或预制钢筋混凝土梁上的板。

第二节　混凝土工程清单项目设置及计算规则

一、混凝土工程清单项目设置

按照《房屋建筑与装饰工程工程量计算规范》（GB 50854—2013）的规定，混凝土工程包括现浇混凝土基础、现浇混凝土柱、现浇混凝土梁、现浇混凝土墙、现浇混凝土板、现浇混凝土楼梯、现浇混凝土其他构件、后浇带、预制混凝土柱、预制混凝土梁、预制混凝土屋架、预制混凝土板、预制混凝土楼梯、其他预制构件 14 个分部工程量清单项目，其工程量清单项目及工程量计算规则见表 11 - 1～表 11 - 14。

表 11 - 1　　　　　　　　现浇混凝土基础（编码：010501）

项目编号	项目名称	项目特征	计量单位	工程量计算规则	工程内容
010501001	垫层		m³	按设计图示尺寸以体积计算，不扣除伸入承台基础的桩头所占体积	1. 模板及支撑制作、安装、拆除、堆放、运输及清理模内杂物、刷隔离剂等 2. 混凝土制作、运输、浇筑、振捣、养护
010501002	带形基础	1. 混凝土种类 2. 混凝土强度等级			
010501003	独立基础				
010501004	满堂基础				
010501005	桩承台基础				
010501006	设备基础	1. 混凝土种类 2. 混凝土强度等级 3. 灌浆材料及其强度等级			

表 11 - 2　　　　　　　　现浇混凝土柱（编码：010502）

项目编号	项目名称	项目特征	计量单位	工程量计算规则	工程内容
010502001	矩形柱	1. 混凝土种类 2. 混凝土强度等级	m³	按设计图示尺寸以体积计算	1. 模板及支撑制作、安装、拆除、堆放、运输及清理模内杂物、刷隔离剂等 2. 混凝土制作、运输、浇筑、振捣、养护
010502002	构造柱				
010502003	异形柱	1. 柱形状 2. 混凝土种类 3. 混凝土强度等级			

表 11 - 3　　　　　　　　现浇混凝土梁（编码：010503）

项目编号	项目名称	项目特征	计量单位	工程量计算规则	工程内容
010503001	基础梁	1. 混凝土种类 2. 混凝土强度等级	m³	按设计图示尺寸以体积计算。伸入墙内的梁头、梁垫并入梁体积内	1. 模板及支撑制作、安装、拆除、堆放、运输及清理模内杂物、刷隔离剂等 2. 混凝土制作、运输、浇筑、振捣、养护
010503002	矩形梁				
010503003	异形梁				
010503004	圈梁				
010503005	过梁				
010503006	弧形、拱形梁				

表 11 - 4　　　　　　　　　　　现浇混凝土墙（编码：010504）

项目编号	项目名称	项目特征	计量单位	工程量计算规则	工程内容
010504001	直形墙	1. 混凝土种类 2. 混凝土强度等级	m³	按设计图示尺寸以体积计算	1. 模板及支撑制作、安装、拆除、堆放、运输及清理模内杂物、刷隔离剂等 2. 混凝土制作、运输、浇筑、振捣、养护
010504002	弧形墙				
010504003	短肢剪力墙				
010504004	挡土墙				

注　短肢剪力墙是指截面厚度不大于 300mm、各肢截面高度与厚度之比的最大值大于 4 但不大于 8 的剪力墙；各肢截面高度与厚度之比的最大值不大于 4 的剪力墙按柱项目编码列列项。

表 11 - 5　　　　　　　　　　　现浇混凝土板（编码：010505）

项目编号	项目名称	项目特征	计量单位	工程量计算规则	工程内容
010505001	有梁板	1. 混凝土种类 2. 混凝土强度等级	m³	按设计图示尺寸以体积计算，不扣除单个面积≤0.3m² 的柱、垛以及孔洞所占体积	1. 模板及支撑制作、安装、拆除、堆放、运输及清理模内杂物、刷隔离剂等 2. 混凝土制作、运输、浇筑、振捣、养护
010505002	无梁板				
010505003	平板				
010505004	拱板				
010505005	薄壳板				
010505006	栏板				
010505007	天沟（檐沟）、挑檐板			按设计图示尺寸以体积计算	
010505008	雨篷、悬挑板、阳台板			按设计图示尺寸以墙外部分体积计算，包括伸出墙外的牛腿和雨篷反挑檐的体积	
010505009	空心板			按设计图示尺寸以体积计算。空心板（GBF 高强薄壁蜂巢芯板等）应扣除空心部分体积	
010505010	其他板			按设计图示尺寸以体积计算	

表 11 - 6　　　　　　　　　　　现浇混凝土楼梯（编码：010506）

项目编号	项目名称	项目特征	计量单位	工程量计算规则	工程内容
010506001	直形楼梯	1. 混凝土种类 2. 混凝土强度等级	1. m² 2. m³	详见工程量计算规则部分	1. 模板及支撑制作、安装、拆除、堆放、运输及清理模内杂物、刷隔离剂等 2. 混凝土制作、运输、浇筑、振捣、养护
010506002	弧形楼梯				

表 11 - 7　　　　　　　**现浇混凝土其他构件（编码：010507）**

项目编号	项目名称	项目特征	计量单位	工程量计算规则	工程内容
010507001	散水、坡道	1. 垫层材料种类、厚度 2. 面层厚度 3. 混凝土种类 4. 混凝土强度等级 5. 变形缝填塞材料种类	m²	按设计图示尺寸以水平投影面积计算。不扣除单个≤0.3m²的孔洞所占面积	1. 地基夯实 2. 铺设垫层 3. 模板及支撑制作、安装、拆除、堆放、运输及清理模内杂物、刷隔离剂等 4. 混凝土制作、运输、浇筑、振捣、养护 5. 变形缝填塞
010507002	室外地坪	1. 地坪厚度 2. 混凝土强度等级			
010507003	电缆沟、地沟	1. 土壤类别 2. 沟截面净空尺寸 3. 垫层材料种类、厚度 4. 混凝土种类 5. 混凝土强度等级 6. 防护材料种类	m	按设计图示以中心线长度计算	1. 挖填、运土石方 2. 铺设垫层 3. 模板及支撑制作、安装、拆除、堆放、运输及清理模内杂物、刷隔离剂等 4. 混凝土制作、运输、浇筑、振捣、养护 5. 刷防护材料
010507004	台阶	1. 踏步高、宽 2. 混凝土种类 3. 混凝土强度等级	1. m² 2. m³	1. 以平方米计量，按设计图示尺寸水平投影面积计算 2. 以立方米计量，按设计图示尺寸以体积计算	1. 模板及支撑制作、安装、拆除、堆放、运输及清理模内杂物、刷隔离剂等 2. 混凝土制作、运输、浇筑、振捣、养护
010507005	扶手、压顶	1. 断面尺寸 2. 混凝土种类 3. 混凝土强度等级	1. m 2. m³	1. 以米计量，按设计图示的中心线延长米计算 2. 以立方米计量，按设计图示尺寸以体积计算	
010507006	化粪池、检查井	1. 部位 2. 混凝土强度等级 3. 防水、抗渗要求	1. m² 2. 座	1. 按设计图示尺寸以体积计算 2. 以座计量，按设计图示数量计算	
010507007	其他构件	1. 构件的类型 2. 构件规格 3. 部位 4. 混凝土种类 5. 混凝土强度等级	m³		

表 11 - 8　　　　　　　　　后浇带（编码：010508）

项目编号	项目名称	项目特征	计量单位	工程量计算规则	工程内容
010508001	后浇带	1. 混凝土种类 2. 混凝土强度等级	m³	按设计图示尺寸以体积计算	1. 模板及支撑制作、安装、拆除、堆放、运输及清理模内杂物、刷隔离剂等 2. 混凝土制作、运输、浇筑、振捣、养护

表 11 - 9　　　　　　　　预制混凝土柱（编码：010509）

项目编号	项目名称	项目特征	计量单位	工程量计算规则	工程内容
010509001	矩形柱	1. 图代号 2. 单件体积 3. 安装高度 4. 混凝土强度等级 5. 砂浆（细石混凝土）强度等级、配合比	1. m³ 2. 根	1. 以立方米计量，按设计图示尺寸以体积计算 2. 以根计量，按设计图示尺寸以数量计算	1. 模板及支撑制作、安装、拆除、堆放、运输及清理模内杂物、刷隔离剂等 2. 混凝土制作、运输、浇筑、振捣、养护 3. 构件运输、安装 4. 砂浆制作、运输 5. 接头灌缝、养护
010509002	异形柱				

表 11 - 10　　　　　　　预制混凝土梁（编码：010510）

项目编号	项目名称	项目特征	计量单位	工程量计算规则	工程内容
010510001	矩形梁	1. 图代号 2. 单件体积 3. 安装高度 4. 混凝土强度等级 5. 砂浆（细石混凝土）强度等级、配合比	1. m³ 2. 根	1. 以立方米计量，按设计图示尺寸以体积计算 2. 以根计量，按设计图示尺寸以数量计算	1. 模板及支撑制作、安装、拆除、堆放、运输及清理模内杂物、刷隔离剂等 2. 混凝土制作、运输、浇筑、振捣、养护 3. 构件运输、安装 4. 砂浆制作、运输 5. 接头灌缝、养护
010510002	异形梁				
010510003	过梁				
010510004	拱形梁				
010510005	鱼腹式吊车梁				
010510006	其他梁				

表 11 - 11　　　　　　　预制混凝土屋架（编码：010511）

项目编号	项目名称	项目特征	计量单位	工程量计算规则	工程内容
010511001	折线型	1. 图代号 2. 单件体积 3. 安装高度 4. 混凝土强度等级 5. 砂浆（细石混凝土）强度等级、配合比	1. m³ 2. 榀	1. 以立方米计量，按设计图示尺寸以体积计算 2. 以榀计量，按设计图示尺寸以数量计算	1. 模板及支撑制作、安装、拆除、堆放、运输及清理模内杂物、刷隔离剂等 2. 混凝土制作、运输、浇筑、振捣、养护 3. 构件运输、安装 4. 砂浆制作、运输 5. 接头灌缝、养护
010511002	组合				
010511003	薄腹				
010511004	门式刚架				
010511005	天窗架				

表 11 - 12　　　　　　　　**预制混凝土板（编码：010512）**

项目编号	项目名称	项目特征	计量单位	工程量计算规则	工程内容
010512001	平板	1. 图代号 2. 单件体积 3. 安装高度 4. 混凝土强度等级 5. 砂浆（细石混凝土）强度等级、配合比	1. m³ 2. 块	详见工程量计算规则部分	1. 模板及支撑制作、安装、拆除、堆放、运输及清理模内杂物、刷隔离剂等 2. 混凝土制作、运输、浇筑、振捣、养护 3. 构件运输、安装 4. 砂浆制作、运输 5. 接头灌缝、养护
010512002	空心板				
010512003	槽形板				
010512004	网架板				
010512005	折线板				
010512006	带肋板				
010512007	大型板				
010512008	沟盖板、井盖板、井圈	1. 单件体积 2. 安装高度 3. 混凝土强度等级 4. 砂浆强度等级、配合比	1. m³ 2. 块 （套）	1. 以立方米计算，按设计图示尺寸以体积计算 2. 以块计量，按设计图示尺寸以数量计算	

表 11 - 13　　　　　　　　**预制混凝土楼梯（编码：010513）**

项目编号	项目名称	项目特征	计量单位	工程量计算规则	工程内容
010513001	楼梯	1. 楼梯类型 2. 单件体积 3. 混凝土强度等级 4. 砂浆（细石混凝土）强度等级	1. m³ 2. 段	详见工程量计算规则部分	1. 模板及支撑制作、安装、拆除、堆放、运输及清理模内杂物、刷隔离剂等 2. 混凝土制作、运输、浇筑、振捣、养护 3. 构件运输、安装 4. 砂浆制作、运输 5. 接头灌缝、养护

表 11 - 14　　　　　　　　**其他预制构件（编码：010514）**

项目编号	项目名称	项目特征	计量单位	工程量计算规则	工程内容
010514001	烟道、垃圾道、通风道	1. 单件体积 2. 混凝土强度等级 3. 砂浆强度等级	1. m³ 2. m² 3. 根 （块、套）	详见工程量计算规则部分	1. 模板及支撑制作、安装、拆除、堆放、运输及清理模内杂物、刷隔离剂等 2. 混凝土制作、运输、浇筑、振捣、养护 3. 构件运输、安装 4. 砂浆制作、运输 5. 接头灌缝、养护
010514002	其他构件	1. 单件体积 2. 构件类型 3. 混凝土强度等级 4. 砂浆强度等级			

二、工程量计算规则

（一）现浇混凝土构件

1. 现浇混凝土基础

现浇混凝土基础按设计图示尺寸以体积计算，不扣除伸入承台基础的桩头所占体积。

（1）带形基础：

1）带形基础分为有梁式带形基础和无梁式带形基础，其肋高与肋宽之比在4∶1以内的为有梁式带形基础，超过4∶1的，起肋部分为混凝土墙，肋以下为无梁式带形基础，如图11-1所示。

2）混凝土带形基础的工程量的一般按带形基础长度乘以带形基础段面积计算。带形基础长度：外墙按中心线长度计算，内墙按设计内墙基础图示长度计算。带形基础交接处T形接头部分体积及转角处体积按实计算并入带形基础工程量内，如图11-2所示。

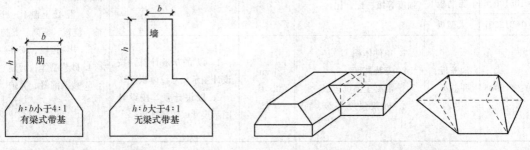

图11-1　带形基础　　　　　　　　　　图11-2　带形基础交接处

（2）独立柱基础。独立柱基础一般为阶梯形和截锥形。当基础为阶梯形时，其体积为各阶立方体的长、宽、高相乘后相加；截锥形的独立基础，其体积可由立方体体积和棱台体积之和构成。

（3）满堂基础。满堂基础分为有梁式满堂基础、无梁式满堂基础和箱式满堂基础。设有正翻梁，且肋高大于0.4m的为有梁式满堂基础；设有正翻梁，且肋高小于0.4m或者设有暗梁、下翻梁的为无梁式满堂基础；箱体状满堂基础为箱式满堂基础。有梁式和无梁式满堂基础的工程量按照梁板体积之和计算，箱式满堂基础分别按照无梁式满堂基础、柱、墙、梁、板有关工程量计算规则计算。

（4）桩承台。桩承台有独立桩承台和带形桩承台两种。带形桩承台按带形基础的计算规则计算，独立桩承台按独立基础的计算规则计算。计算桩承台混凝土工程量时，不扣除伸入承台基础内的桩头所占体积。

（5）设备基础。设备基础分为块体设备基础、框架式设备基础和楼层上的钢筋混凝土设备基础。块体基础工程量以体积计算，框架式设备基础分别按基础、柱、梁、板、墙的计算规则分别计算工程量，楼层上的钢筋混凝土设备基础按有梁板工程量计算规则计算。

（6）现浇混凝土垫层。条形基础垫层，外墙按外墙中心线长度，内墙按其设计净长度乘以垫层平均断面面积，以立方米计算。柱间条形基础垫层，按柱基础（含垫层）之间的净长度计算。

独立基础垫层和满堂基础垫层，按设计图示尺寸乘以平均厚度，以立方米计算。

2. 现浇混凝土柱

现浇混凝土柱按设计图示尺寸以体积计算。一般按图示柱断面面积乘以柱高计算。

有梁板的柱高，应自柱基上表面（或楼板上表面）算至上一层楼板上表面之间的高度计算；无梁板的柱高，应自柱基上表面（或楼板上表面）算至柱帽下表面之间的高度计算；框架柱的柱高，应自柱基上表面至柱顶高度计算；构造柱按全高计算，嵌接墙体部分（马牙槎）并入柱身体积。同一柱有几个不同断面时，工程量应按断面分别计算体积后相加。依附柱上的牛腿和升板的柱帽，并入柱身体积计算。

3. 现浇混凝土梁

（1）现浇混凝土梁按设计图示尺寸以体积计算。伸入墙内的梁头、梁垫并入梁体积内。现浇混凝土梁工程量的一般方法为：梁体积＝图示梁断面面积×梁长。

（2）梁长的计算规定：

1）梁与柱连接时，梁长算至柱侧面。圈梁与构造柱连接时，算至构造柱侧面，有马牙槎时，算至构造柱主断面侧面。

2）主、次梁连接时，次梁长算至主梁侧面。

4. 现浇混凝土墙

（1）工程量计算方法。按设计图示尺寸以体积计算，扣除门窗洞口及单个面积＞0.3m² 的孔洞所占体积，墙垛及突出墙面部分并入墙体体积内计算：

$$墙体积 ＝（图示混凝土墙长度×墙高－门窗洞口面积）×墙厚$$

（2）墙长的计算规定。外墙长度按外墙中心线长度计算，内墙长度按内墙墙体净长线计算。

（3）墙高的计算确定：

1）墙与基础连接时，以基础扩大顶面为墙体高度的下界；

2）墙与梁连接时，墙高算至梁底；

3）柱、墙、板相交时外墙和柱高算到板顶，内墙和柱高算至板底。

（4）混凝土墙的暗柱、暗梁不单独计算。

5. 现浇混凝土板

（1）工程量计算方法。现浇混凝土板按设计图示尺寸以体积计算，不扣除单个面积≤0.3m² 的柱、垛以及孔洞所占体积。

（2）有梁板（包括主、次梁与板）按梁、板体积之和计算。

（3）无梁板按板和柱帽体积之和计算。

（4）各类板伸入墙内的板头、平板边沿的翻檐并入板体积内。

（5）薄壳板的肋、基梁并入薄壳板体积内计算。

（6）现浇挑檐、天沟板、雨篷、阳台与板（包括屋面板、楼板）连接时，以外墙外边线为分界线；与圈梁（包括其他梁）连接时，以梁外边线为分界线。外边线以外为挑檐、天沟、雨篷或阳台。

（7）雨篷、悬挑板、阳台板按设计图示尺寸以墙外部分体积计算，包括伸出墙外的牛腿和雨篷反挑檐的体积。

（8）空心板按设计图示尺寸以体积计算。空心板（GBF 高强薄壁蜂巢芯板等）应扣除空心部分体积。

（9）压型钢板混凝土板扣除构件内压型钢板所占体积。

6. 现浇混凝土楼梯

现浇混凝土楼梯包括直形楼梯和弧形楼梯清单项目。

《房屋建筑与装饰工程工程量计算规范》（GB 50854—2013）提供了两种计算楼梯混凝土工程量的方法：

（1）以平方米计算，按设计图示尺寸以水平投影面积计算，不扣除宽度≤500mm 的楼梯井，伸入墙内部分不计算。

（2）以立方米计算，按设计图示尺寸以体积计算。

在计算整体楼梯（包括直形楼梯、弧形楼梯）水平投影面积时，包括了休息平台、平台梁、斜梁和楼梯的连接梁。当整体楼梯与现浇板无梯梁连接时，以楼梯的最后一个踏步边缘加 300mm 为界。

7. 现浇混凝土其他构件

现浇混凝土其他构件包括散水、坡道、室外地坪、电缆沟、地沟、台阶、扶手、压顶、化粪池、检查井及其他构件。

（1）散水、坡道、室外地坪，按设计图示尺寸以水平投影面积计算，不扣除单个≤0.3m² 的孔洞所占面积。

（2）电缆沟、地沟，按设计图示以中心线长度计算。

（3）台阶，可以按设计图示尺寸以水平投影面积计算，也可以按设计图示尺寸以体积计算。

（4）扶手、压顶，可以按设计图示的中心线延长米计算，也可以按设计图示尺寸以体积计算。

（5）化粪池、检查井，可以按设计图示尺寸以体积计算，也可以按设计图示数量计算。

（6）现浇混凝土其他构件，按设计图示尺寸以体积计算。

8. 后浇带

后浇带项目适用于梁、墙、板等的后浇带，分别按照相应构件设计图示尺寸以体积计算。

（二）预制混凝土工程

1. 预制混凝土柱、梁

《房屋建筑与装饰工程工程量计算规范》（GB 50854—2013）提供了两种计算预制混凝土柱、梁混凝土工程量的方法：

（1）以立方米计量，按设计图示尺寸以体积计算。

（2）以根计量，按设计图示尺寸以数量计算。

2. 预制混凝土屋架

《房屋建筑与装饰工程工程量计算规范》（GB 50854—2013）提供了两种计算预制混凝土屋架混凝土工程量的方法：

（1）以立方米计量，按设计图示尺寸以体积计算。

（2）以榀计量，按设计图示尺寸以数量计算。

3. 预制混凝土板

预制混凝土平板、空心板、槽形板、网架板、折线板、带肋板、大型板混凝土工程量可以按立方米计量，也可以按块计量。

（1）当按立方米计量时，按设计图示尺寸以体积计算，不扣除单个面积≤300mm×300mm 的孔洞所占体积，扣除空心板空洞体积。

（2）当按块计量时，同类型相同构件尺寸的预制混凝土板按设计图示尺寸以数量计算。

（3）同类型相同构件尺寸的预制混凝土沟盖板工程量可按块数计算，混凝土井圈、井盖板工程量可按套数计算。预制混凝土沟盖板、井圈、井盖板也可以按设计图示尺寸以体积计算。

4. 预制混凝土楼梯

预制混凝土楼梯可以立方米计量，即按设计图示尺寸以体积计算，扣除空心踏步板空洞体积。也可以段计量，即按设计图示数量计算。

5. 其他预制构件

其他预制构件包括烟道、垃圾道、通风道及其他构件。《房屋建筑与装饰工程工程量计算规范》（GB 50854—2013）提供了三种计算其他预制构件混凝土工程量的方法：

（1）以立方米计量，按设计图示尺寸以体积计算，不扣除单个面积≤300mm×300mm的孔洞所占体积，扣除烟道、垃圾道、通风道的孔洞所占体积。

（2）以平方米计量，按设计图示尺寸以面积计算，不扣除单个面积≤300mm×300mm的孔洞所占面积。

（3）以根计量，按设计图是尺寸以数量计算。

三、招标工程量清单编制实例

[**例 11 - 1**]　某工程基础平面图及详图如图 11 - 3 所示。混凝土垫层强度等级为 C15，混凝土基础强度等级为 C25，场外集中搅拌 25m³/h。试编制该基础工程招标工程量清单。

解：根据图纸内容及《房屋建筑与装饰工程工程量计算规范》（GB 50854—2013）的规定，应分别编制条形基础垫层、独立基础垫层、条形基础、独立基础四个清单项目。

（1）条形基础清单工程量：

$$L_{中} = (3.60 \times 3 + 6.00 \times 2 + 0.25 \times 2 - 0.37 + 2.70 + 4.20$$
$$\times 2 + 2.10 + 0.25 \times 2 - 0.37) \times 2$$
$$= 72.52(m)$$

$$J_{2-2} 上层 L_{净} = 3.60 \times 3 - 0.37 + (3.60 + 4.20 - 0.37) \times 2$$
$$+ (4.20 - 0.37) \times 2 + 4.20 + 2.10 - 0.37$$
$$= 38.88(m)$$

$$J_{2-2} 上层 L_{净} = 38.88 - 0.30 \times 2 \times 6 = 35.28(m)$$

现浇钢筋混凝土条形基础工程量 $= 72.52 \times (1.10 \times 0.35 + 0.50 \times 0.30) + 38.88$
$$\times 0.37 \times 0.30 + 35.28 \times 0.97 \times 0.35$$
$$= 55.10(m^3)$$

（2）独立基础清单工程量：

清单工程量 $= 1.20 \times 1.20 \times 0.35 + 0.36 \times 0.36 \times 0.30 + 1/3 \times 0.35$
$$\times (1.20 \times 1.20 + 0.36 \times 0.36 + 1.20 \times 0.36)$$
$$= 0.78(m^3)$$

（3）条形基础垫层清单工程量：

清单工程量 $= 72.52 \times 1.30 \times 0.10 + (35.28 - 0.10 \times 2 \times 6) \times 1.17 \times 0.10$
$$= 13.41(m^3)$$

（4）独立基础垫层清单工程量：

$$清单工程量 = 1.40 \times 1.40 \times 0.10 = 0.20(m^3)$$

该基础工程招标工程量清单见表 11 - 15。

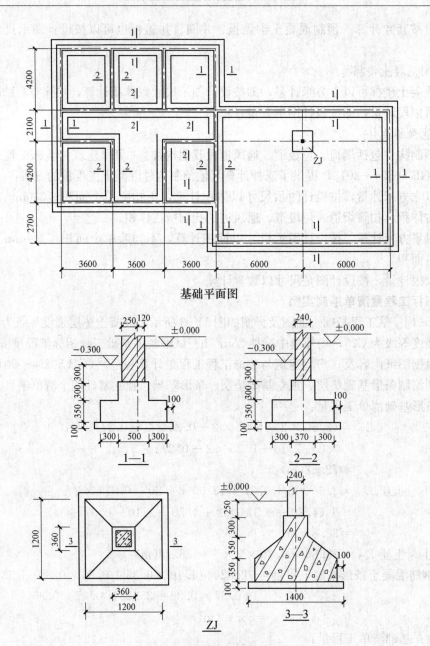

基础平面图

1—1 2—2

ZJ 3—3

图 11-3 某基础工程平面图及详图

表 11-15　　　　　　　　　**分部分项工程量清单与计价表**

工程名称：某基础工程　　　　　　　　　　　标段：　　　　　　　　第 1 页　共 1 页

序号	项目编码	项目名称	项目特征	计量单位	工程量	金额（元）		
						综合单价	合价	其中：暂估价
1	010501002001	带形基础	1. 混凝土种类：场外集中搅拌25m³/h 2. 混凝土强度等级：C25	m³	55.10			

续表

序号	项目编码	项目名称	项目特征	计量单位	工程量	金额（元）		
						综合单价	合价	其中：暂估价
2	010501003001	独立基础	1. 混凝土种类：场外集中搅拌 25m³/h 2. 混凝土强度等级：C25	m³	0.78			
3	010501001001	垫层	1. 混凝土种类：场外集中搅拌 25m³/h 2. 混凝土强度等级：C15 3. 基础形式：带形	m³	13.41			
4	010501001002	垫层	1. 混凝土种类：场外集中搅拌 25m³/h 2. 混凝土强度等级：C15 3. 基础形式：独立	m³	0.20			

[例 11 - 2] 某工程首层结构布置图及剖面图如图 11 - 4 所示。柱、梁、板混凝土强度等级均为 C30，商品混凝土。未注明框架柱均为 600mm×600mm，未注明板厚均为 100mm。设计规定，当框架梁下墙体净长度超过 4m 时，墙中设置 240mm×240mm 构造柱，构造柱马牙槎宽度为 60mm。不考虑圈梁和过梁。编制图中混凝土构件的招标工程量清单。

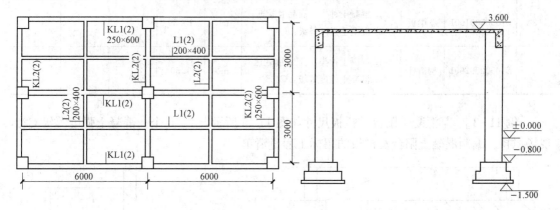

图 11 - 4 某工程首层结构布置图及剖面图

解： 根据图纸内容及《房屋建筑与装饰工程工程量计算规范》（GB 50854—2013）的规定，应分别编制矩形柱、框架梁、有梁板、构造柱四个清单项目。

（1）矩形柱清单工程量：

矩形柱混凝土工程量 $= 0.60 \times 0.60 \times (3.60 + 0.80) \times 9 = 14.26 (\text{m}^3)$

（2）框架梁清单工程量：

KL1：$(6.00 \times 2 - 0.60 \times 2) \times 0.25 \times (0.60 - 0.10) \times 3 = 4.05 (\text{m}^3)$

KL2：$(3.00 \times 2 - 0.60 \times 2) \times 0.25 \times (0.60 - 0.10) \times 3 = 1.80 (\text{m}^3)$

$$框架梁混凝土清单工程量 = 4.05 + 1.80 = 5.85(m^3)$$

注：当梁与板整浇时，梁高算至板底。

（3）有梁板清单工程量：

$$L1：(6.00 \times 2 + 0.60 - 0.25 \times 3) \times 0.20 \times (0.40 - 0.10) \times 2 = 1.42(m^3)$$

$$L2：(3.00 \times 2 + 0.60 - 0.25 \times 3 - 0.20 \times 2) \times 0.20 \times (0.40 - 0.10) \times 2 = 0.65(m^3)$$

$$板：(6.00 \times 2 + 0.60) \times (3.00 \times 2 + 0.60) \times 0.10 = 8.32(m^3)$$

$$有梁板混凝土清单工程量 = 1.42 + 0.65 + 8.32 = 10.39(m^3)$$

（4）构造柱清单工程量：

$$构造柱混凝土工程量 = 0.24 \times (0.24 + 0.06) \times (3.60 - 0.60) \times 6 = 1.30(m^3)$$

该工程招标工程量清单见表 11 - 16。

表 11 - 16　　　　　　　　　　**分部分项工程量清单与计价表**

工程名称：某建筑工程　　　　　　　　　　　标段：　　　　　　　　第 1 页　共 1 页

序号	项目编码	项目名称	项目特征	计量单位	工程量	金额（元）		
						综合单价	合价	其中：暂估价
1	010502001001	矩形柱	1. 混凝土种类：商品混凝土 2. 混凝土强度等级：C30	m^3	14.26			
2	010503002001	矩形梁	1. 混凝土种类：商品混凝土 2. 混凝土强度等级：C30	m^3	5.85			
3	010505001001	有梁板	1. 混凝土种类：商品混凝土 2. 混凝土强度等级：C30	m^3	10.39			
4	010502002001	构造柱	1. 混凝土种类：商品混凝土 2. 混凝土强度等级：C30	m^3	1.30			

［**例 11 - 3**］　某混凝土阳台及栏板尺寸如图 11 - 5 所示，共 50 个。混凝土强度等级 C25，现场搅拌。编制混凝土阳台及栏板的招标工程量清单。

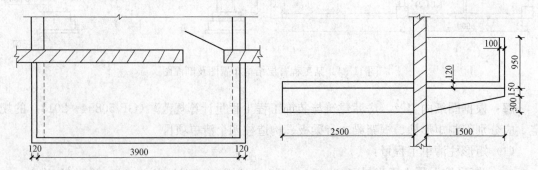

图 11 - 5　某工程阳台及栏板布置图

解：根据图纸内容及《房屋建筑与装饰工程工程量计算规范》（GB 50854—2013）的规定，应分别编制阳台板和栏板两个清单项目。

（1）阳台板混凝土清单工程量：

$$阳台板凝土清单工程量 = [(3.90 + 0.12 \times 2) \times 1.50 \times 0.12 + 1.50 \times 0.24$$
$$\times (0.15 + 0.45) \div 2 \times 2] \times 50$$
$$= 48.06 (m^3)$$

（2）阳台栏板混凝土清单工程量：

$$阳台栏板混凝土清单工程量 = [(3.90 + 0.12 \times 2) + (1.50 - 0.10) \times 2$$
$$\times (0.95 - 0.12) \times 0.10] \times 50$$
$$= 28.80 (m^3)$$

该工程招标工程量清单见表 11-17。

表 11-17　　　　　　　　　　　分部分项工程量清单与计价表

工程名称：某建筑工程　　　　　　　　　标段：　　　　　　　第 1 页　共 1 页

序号	项目编码	项目名称	项目特征	计量单位	工程量	金额（元）		
						综合单价	合价	其中：暂估价
1	010505008001	阳台板	1. 混凝土种类：现场搅拌 2. 混凝土强度等级：C25 3. 板厚：120mm	m³	48.06			
2	010505006001	栏板	1. 混凝土种类：现场搅拌 2. 混凝土强度等级：C25	m³	28.80			

第三节　钢筋工程清单项目设置及计算规则

一、钢筋工程清单项目设置

按照《房屋建筑与装饰工程工程量计算规范》（GB 50854—2013）的规定，钢筋工程包括钢筋工程和螺栓、铁件两个分部工程量清单项目，其工程量清单项目及工程量计算规则见表 11-18、表 11-19。

表 11-18　　　　　　　　　　钢筋工程（编码：010515）

项目编号	项目名称	项目特征	计量单位	工程量计算规则	工程内容
010515001	现浇构件钢筋				1. 钢筋制作、运输 2. 钢筋安装 3. 焊接（绑扎）
010515002	预制构件钢筋				
010515003	钢筋网片	钢筋种类、规格	t	按设计图示钢筋（网）长度（面积）乘以单位理论质量计算	1. 钢筋网制作、运输 2. 钢筋网安装 3. 焊接（绑扎）
010515004	钢筋笼				1. 钢筋笼制作、运输 2. 钢筋笼安装 3. 焊接（绑扎）

项目编号	项目名称	项目特征	计量单位	工程量计算规则	工程内容
010515005	先张法预应力钢筋	1. 钢筋种类、规格 2. 锚具种类	t	按设计图示钢筋长度乘以单位理论质量计算	1. 钢筋制作、运输 2. 钢筋张拉
010515006	后张法预应力钢筋	1. 钢筋种类、规格 2. 钢丝种类、规格 3. 钢绞线种类、规格 4. 锚具种类 5. 砂浆强度等级		按设计图示钢筋（丝束、绞线）长度乘以单位理论质量计算	1. 钢筋、钢丝、钢绞线制作、运输 2. 钢筋、钢丝、钢绞线安装 3. 预埋管孔道铺设 4. 锚具安装 5. 砂浆制作、运输 6. 孔道压浆、养护
010515007	预应力钢丝				
010515008	预应力钢绞线				
010515009	支撑钢筋（铁马）	1. 钢筋种类 2. 规格		按钢筋长度乘单位理论质量计算	钢筋制作、焊接、安装
010515010	声测管	1. 材质 2. 规格型号		按设计图示尺寸以质量计算	1. 检测管截断、封头 2. 套管制作、焊接 3. 定位、固定

表 11-19　　　　　螺栓、铁件（编码：010516）

项目编号	项目名称	项目特征	计量单位	工程量计算规则	工程内容
010516001	螺栓	1. 螺栓种类 2. 规格	t	按设计图示尺寸以质量计算	1. 螺栓（铁件）制作、运输 2. 螺栓（铁件）安装
010516002	预埋铁件	1. 钢材种类 2. 规格 3. 铁件尺寸			
010516003	机械连接	1. 连接方式 2. 螺纹套筒种类 3. 规格	个	按数量计算	1. 钢筋套丝 2. 套筒连接

二、工程量计算规则

（一）钢筋工程量计算基本方法

钢筋图示用量 ＝（构件长度－两端保护层＋弯钩长度＋弯起增加长度＋钢筋搭接长度）×线密度（每米钢筋理论质量）

1. 计算施工图构件钢筋工程量的步骤

在看懂施工图纸和施工要求的前提下，按照下列步骤进行计算：

（1）计算钢筋长度。钢筋长度应根据图示配筋情况，参照以上给出的计算公式分别计算：两端无弯钩的直筋长度、两端有弯钩的钢筋长度、有弯钩的弯起钢筋长度、箍筋长度等。

（2）钢筋计算长度汇总。把已计算出来的钢筋长度，按不同钢种和规格分门别类地加总起来，以便为下个步骤做准备。

（3）计算钢筋质量。将以上按不同钢种和规格分门别类地加总起来的钢筋分别按现浇、预制构件再次汇总，然后将汇总出来的各类钢筋总长度乘以相应单位质量求出其总质量。

2. 计算施工图构件钢筋工程量的主要参数

（1）混凝土保护层。为了保护钢筋不受大气的侵蚀生锈，在钢筋周围留有混凝土保护层。混凝土保护层的厚度（指构件最外层钢筋外边缘至混凝土构件表面的距离）通常称为钢筋的保护层厚度。

构件中受力钢筋的保护层厚度不应小于钢筋的公称直径。当设计没有规定时，受力钢筋保护层根据表 11 - 20 中的规定选取。

表 11 - 20　　　　　　　　受力钢筋保护层的最小厚度及环境类别划分

环境类别	板、墙	梁、柱	环境类别条件
一	15	20	室内干燥环境；无侵蚀性净水浸没环境
二 a	20	25	室内潮湿环境；非严寒和非寒冷地区的露天环境；非严寒和非寒冷地区与无侵蚀性的水或土壤直接接触的环境；严寒和寒冷地区的冰冻线以下与无侵蚀性的水或土壤直接接触的环境
二 b	25	35	干湿交替环境；水位频繁变动环境；严寒和寒冷地区的露天环境；严寒和寒冷地区冰冻线以上与无侵蚀性的水或土壤直接接触的环境
三 a	30	40	严寒和寒冷地区冬季水位变动区环境；受除冰盐影响环境；海风环境
三 b	40	50	盐渍土环境；受除冰盐作用环境；海岸环境

数据来源：混凝土结构施工图平面整体表示方法制图规则和构造详图（11G101-1）。

从表中可以看出，按照平面构件和杆状构件分两类确定混凝土保护层厚度。表中保护层厚度是按照混凝土强度等级大于 C25 为基准编制的，当混凝土强度等级不大于 C25 时，表中保护层厚度数值应增加 5mm。

另外，表中数据适用于设计使用年限为 50 年的混凝土结构。设计使用年限为 100 年的混凝土结构，一类环境中，钢筋的保护层厚度不应小于表中数值的 1.4 倍；二、三类环境中，应采取专门的有效措施。

基础底面钢筋的保护层厚度，有混凝土垫层时，应从垫层顶面算起，且不应小于 40mm。无垫层时不应小于 70mm。

（2）弯钩增加长度。为了使钢筋和混凝土结成一个牢固的整体来共同承担外力的作用，不得因钢筋表面光滑而削弱钢筋和混凝土之间的黏结能力，从而降低构件的承载能力。因此，在光圆钢筋的端部，需要做成弯钩以增强钢筋在混凝土中的锚固能力。因为螺纹钢筋本身所具有的花纹就可以加强钢筋和混凝土间的黏结能力，再加上螺纹钢筋一般都比较粗，不易加工，所以螺纹钢筋不做弯钩。施工图中一般有三种弯钩形式：半圆弯钩（180°）、斜弯钩（45°）、直弯钩（90°）。

（3）弯起钢筋增加长度。弯起钢筋比较少见，弯起角度只限 30°、45°、60° 三种，弯起钢筋中间部分弯折处的弯曲直径 $D \geqslant 5d$，d 为弯起钢筋的直径，弯起部分增加长度分别为 $0.268h$、$0.414h$ 和 $0.577h$，h 为减去保护层的弯起钢筋净高。

（4）钢筋锚固长度。钢筋锚固长度一般指梁、板、柱等构件的受力钢筋伸入支座或基础中的总长度。钢筋的锚固有直锚和弯锚两种，并且抗震构件和非抗震构件的锚固长度不同。

抗震构件的最小锚固长度用 l_{aE} 表示，非抗震构件的最小锚固长度用 l_a 表示。混凝土结构施工图平面整体表示方法制图规则和构造详图（11G101-1）中给出了受拉钢筋基本锚固长度 l_{ab} 和 l_{abE} 的数值，如表 11-21 所示，表中 d 为锚固的钢筋直径。

表 11-21　　　　　　　　　　　　　受拉钢筋基本锚固长度 l_{ab}、l_{abE}

钢筋种类	抗震等级	混凝土强度等级								
		C20	C25	C30	C35	C40	C45	C50	C55	≥C60
HPR300	一、二级（l_{abE}）	$45d$	$39d$	$35d$	$32d$	$29d$	$28d$	$26d$	$25d$	$24d$
	三级（l_{abE}）	$41d$	$36d$	$32d$	$29d$	$26d$	$25d$	$24d$	$23d$	$22d$
	四级（l_{abE}）	$39d$	$34d$	$30d$	$28d$	$25d$	$24d$	$23d$	$22d$	$21d$
	非抗震（l_{ab}）									
HRB335 HRBF335	一、二级（l_{abE}）	$44d$	$38d$	$33d$	$31d$	$29d$	$26d$	$25d$	$24d$	$24d$
	三级（l_{abE}）	$40d$	$35d$	$31d$	$28d$	$26d$	$24d$	$23d$	$22d$	$22d$
	四级（l_{abE}）	$38d$	$33d$	$29d$	$27d$	$25d$	$23d$	$22d$	$21d$	$21d$
	非抗震（l_{ab}）									
HRB400 HRBF400 RRB400	一、二级（l_{abE}）	—	$46d$	$40d$	$37d$	$33d$	$32d$	$31d$	$30d$	$29d$
	三级（l_{abE}）	—	$42d$	$37d$	$34d$	$30d$	$29d$	$28d$	$27d$	$26d$
	四级（l_{abE}）	—	$40d$	$35d$	$32d$	$29d$	$28d$	$27d$	$26d$	$25d$
	非抗震（l_{ab}）									
HRB500 HRBF500	一、二级（l_{abE}）	—	$55d$	$49d$	$45d$	$41d$	$39d$	$37d$	$36d$	$35d$
	三级（l_{abE}）	—	$50d$	$45d$	$41d$	$38d$	$36d$	$34d$	$33d$	$32d$
	四级（l_{abE}）	—	$48d$	$43d$	$39d$	$36d$	$34d$	$32d$	$31d$	$30d$
	非抗震（l_{ab}）									

受拉钢筋钢筋锚固长度的计算方法及相关规定如表 11-22 和表 11-23 所示。

表 11-22　　　　　　　　　　　受拉钢筋锚固长度 l_a、抗震锚固长度 l_{aE}

非抗震	抗震	
$l_a = \xi_a l_{ab}$	$l_{aE} = \xi_{aE} l_a$	1. l_a 不应小于 200。 2. 锚固长度修正系数 ξ_a 按受拉钢筋锚固长度修正系数 ξ_a 表取用，当多于一项时，可按连乘计算，但不应小于 0.6。 3. ξ_{aE} 为抗震锚固长度修正系数，对一、二级抗震等级取 1.15，对三级抗震等级取 1.05，对四级抗震等级取 1.0

表 11-23　　　　　　　　　　　　受拉钢筋锚固长度修正系数 ξ_a

锚固条件		ξ_a	备注
带肋钢筋的公称直径大于 25		1.10	
环氧树脂层带肋钢筋		1.25	—
施工过程中易受扰动的钢筋		1.10	
保护层厚度	$3d$	0.8	中间时按内插值，d 为锚固钢筋直径
	$5d$	0.7	

（5）钢筋搭接长度。当混凝土构件中钢筋长度超过其定尺长度时，需要两根钢筋连接。钢筋的连接方式主要有机械连接、焊接和绑扎三种。当采用机械连接和焊接时，需要根据相关规定计算接头个数，当采用绑扎连接时，则需要计算钢筋的搭接长度。受拉钢筋绑扎接头的搭接长度，按表 11-24 计算；受压钢筋绑扎接头的搭接长度按受拉钢筋的 0.7 倍计算。当受拉钢筋直径大于 25mm 及受压钢筋直径大于 28mm 时，不宜采用绑扎搭接。

表 11-24　　　　　　　　　纵向受拉钢筋绑扎搭接长度 l_l、l_{lE}

抗震	非抗震	1. 当不同直径的钢筋搭接时，l_l、l_{lE} 按直径较小的钢筋计算。
$l_{lE}=\zeta_l l_{aE}$	$l_l=\zeta_l l_a$	2. 在任何情况下 l_l 不得小于 300mm。

纵向受拉钢筋搭接长度修正系数 ζ_l				3. 式中 ζ_l 为纵向受拉钢筋搭接长度修正系数，当纵向钢筋搭接接头百分率为表的中间值时，可按内插取值
纵向钢筋搭接接头面积百分率（%）	≤25	≤50	≤100	
ζ_l	1.2	1.4	1.6	

（6）线密度（每米钢筋理论质量）：

钢筋每米质量 $=0.006\,165\times d^2$（d 为钢筋直径，单位 mm）或按表 11-25 计算。

表 11-25　　　　　　　　　　　　钢筋单位理论质量表

钢筋直径 d	$\phi4$	56.5	$\phi8$	$\phi10$	$\phi12$	$\phi14$	$\phi16$
理论质量（kg/m）	0.099	0.261	0.395	0.617	0.888	1.208	1.578
钢筋直径 d	$\phi18$	$\phi20$	$\phi22$	$\phi25$	$\phi28$	$\phi30$	$\phi32$
理论质量（kg/m）	1.998	2.466	2.984	3.850	4.830	5.550	6.310

（二）现浇混凝土构件钢筋

1. 钢筋平面整体表示法简介

（1）平法的概念。目前，混凝土构件的钢筋主要按照混凝土结构施工图平面整体表示方法制图规则和构造详图，采用平面整体表示方法（简称"平法"）进行设计。从表达形式上来讲，平法是把结构构件的尺寸和配筋等，按照平面整体表示方法制图规则，整体直接表达在各类构件的结构平面布置图上，再与标准构造详图相配合，即构成一套新型完整的结构设计。该方法改变了传统的将构件从结构平面布置图中索引出来，再逐个绘制配筋详图的烦琐方法。

（2）钢筋平法图集及适用范围。为了规范使用建筑结构施工图平面整体设计方法，保证按平法设计绘制的结构施工图实现全国统一，确保设计、施工质量，制定了钢筋平面整体表示方法的系列图集，简称 G101 系列图集，每种图集都有各自的适用范围。G101 系列图集现有四册为：

1）11G101-1，混凝土结构施工图平面整体表示方法制图规则和构造详图（现浇混凝土框架、剪力墙、梁、板），适用于基础顶面以上各种现浇混凝土结构的框架、剪力墙、梁、板构件的结构施工图设计。

2）11G101-2，混凝土结构施工图平面整体表示方法制图规则和构造详图（现浇混凝土板式楼梯），适用于混凝土结构或砌体结构的现浇板式楼梯的施工图设计。

3）11G101-3，混凝土结构施工图平面整体表示方法制图规则和构造详图（独立基础、条形基础、筏形基础及桩基承台），适用于现浇混凝土的独立基础、条形基础、筏形基础及桩承台施工图设计。

2. 钢筋混凝土柱平法识图及钢筋计算

(1) 钢筋混凝土柱制图规则。钢筋混凝土柱包括框架柱、框支柱、剪力墙柱等类型。柱的编号由类型代号和序号组成，如表 11-26 所示。

表 11-26　　　　钢筋混凝土柱编号表示方法

柱类型	代号	序号	柱类型	代号	序号
框架柱	KZ	××	梁上柱	LZ	××
框支柱	KZZ	××	墙上柱	QZ	××
芯柱	XZ	××			

在平法施工图中，可以在柱平面布置图中采用列表注写方式和截面注写方式对柱钢筋信息进行标注。

列表注写方式，系在柱平面布置图上（一般只需采用适当比例绘制一张柱平面布置图），分别在同一编号的柱中选择一个截面标注几何参数代号；在柱表中注写柱号、柱段起止标高、几何尺寸与配筋的具体数值，并配以各种柱截面形状及其箍筋类型图的方式，来表达柱平法施工图。柱配筋表如表 11-27 所示。

表 11-27　　　　　　　　柱　配　筋　表

柱号	标高	$b \times h$ (d)	b_1	b_2	h_1	h_2	全部纵筋	角筋	b 边一侧中部筋	h 边一侧中部筋	箍筋类型号	箍筋
	−0.030～19.470	750×700	375	375	150	550	24 Φ 25				1(5×4)	Φ10@100/200
KZ3	19.470～37.470	650×600	325	325	150	450		4 Φ 22	5 Φ 22	4 Φ 20	1(4×4)	Φ10@100/200
	37.470～59.070	550×500	275	275	150	350		4 Φ 22	5 Φ 22	4 Φ 20	1(4×4)	Φ8@100/200

截面注写方式，系在分标准层绘制的柱平面布置图的柱截面上，分别在同一编号的柱中选择一个截面，以直接注写截面尺寸和配筋具体数值的方式来表达柱平法施工图。以上表中 19.470～37.470 范围内的 KZ3 为例，其截面注写如图 11-6 所示。

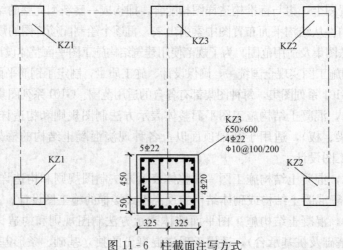

图 11-6　柱截面注写方式

（2）柱纵筋长度计算。框架柱钢筋主要有纵筋和箍筋。柱纵筋从基础开始，分层布置。应区分基础插筋、中间层纵筋和顶层纵筋等几种不同的情况分别计算。

1）基础插筋。基础插筋构造如图 11 - 7 所示。基础插筋从基础底部开始，伸出基础顶面并伸过非连接区后与首层钢筋连接（有地下室时，与地下室钢筋连接）。

由图可知，基础插筋单根长度＝弯折长度＋竖直长度＋非连接区＋与上层钢筋搭接长度

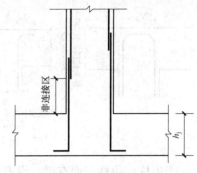

图 11 - 7 基础插筋构造详图

其中，弯折长度与竖直长度 h_j 有关，当 $h_j > l_{aE}(l_a)$ 时，弯折长度取 $\max(6d，150\text{mm})$；当 $h_j \leqslant l_{aE}(l_a)$ 时，弯折长度取 $15d$。竖直长度＝基础高度 h_j—基础保护层厚度。非连接区的长度与基础顶部是否为嵌固部位有关。当基础顶面为嵌固部位时（如有地下室的柱），非连接区长度为 $H_n/3$，H_n 为楼层净高；当基础顶面为非嵌固部位时（如无地下室的柱），非连接区长度为 $\max(H_n/6，h_c，500\text{mm})$，$h_c$ 为柱长边尺寸。当钢筋为机械连接时，搭接长度为 0。

2）中间层纵筋。中间层纵筋构造如图 11 - 8 所示。

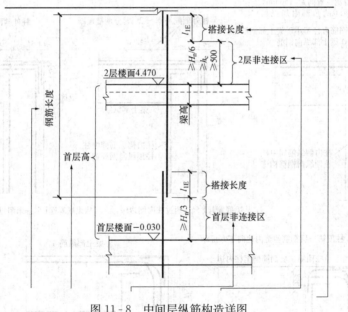

图 11 - 8 中间层纵筋构造详图

中间层纵筋单根长度＝当前层层高－当前层非连接区＋上一层非连接区＋搭接长度（如果是机械连接，搭接长度为 0）

其中，首层楼面处为嵌固部位，其非连接区长度为 $H_n/3$，二层及以上各层非连接区为 $\max(H_n/6，h_c，500\text{mm})$。

3）顶层柱纵筋。顶层柱由于其所处位置不同，分为中柱、边柱和角柱三类，中柱四面有梁，边柱三面有梁，角柱两面有梁。各类柱纵筋的顶层锚固长度各不相同，并且，柱纵筋可以按照在各类柱中所处的位置分为外侧纵筋和内侧纵筋两类。

①中柱：中柱中所有钢筋均为内侧纵筋。中柱四面有梁，其顶层纵筋直接锚入梁内或板内，锚入方式有以下四种情况，如图 11 - 9 所示。

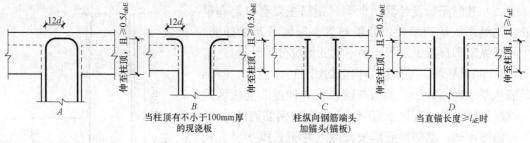

图 11 - 9　中柱柱顶纵向钢筋构造

②边柱：边柱三面有梁，没有梁的一边上的所有纵筋为外侧纵筋，其余钢筋为内侧纵筋，即在所有纵筋中，有两个角筋和 H 边一侧中部筋是外侧纵筋。顶层边柱纵筋在梁或板内的锚固方式有两种构造类型，每一构造类型中分若干种构造做法。计算时，根据设计者指定的类型选用；当未指定类型时，即为设计者允许施工人员根据具体情况自主选用，确定构造类型后，应根据各种构造做法所要求的条件正确选用。11G101-1 图集中提供了五种边柱柱顶纵向钢筋构造，如图 11 - 10 所示。

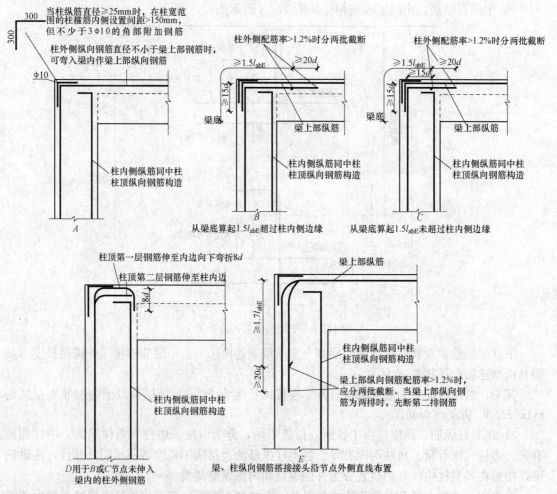

图 11 - 10　抗震框架边柱柱顶纵向钢筋构造

节点 A、B、C、D 应配合使用，节点 D 不应单独使用，仅用于未伸入梁内的柱外侧纵筋锚固，伸入梁内的柱外侧纵筋不宜少于柱外侧全部纵筋面积的 65%。施工时，可选择 $B+D$ 或 $C+D$ 或 $A+B+D$ 或 $A+C+D$ 的做法。节点 E 用于梁、柱纵向钢筋接头沿节点柱顶外侧直线布置的情况，可与节点 A 组合使用。

边柱的内侧纵向钢筋构造参照中柱内侧纵向钢筋。

③角柱：角柱两边有梁，角柱钢筋的计算方法和边柱一样，只是外侧纵筋根数不同。角柱两边没有梁的是外侧，因此，在角柱所有纵筋中，三个角部钢筋、B 边和 H 边各一侧的中部筋是外侧纵筋，其余为内侧纵筋。

4) 变截面纵筋。当柱截面在某层发生变化时，柱纵筋的构造也将发生变化。在具体计算中，应区别两种情况：①$\Delta/h_b \leqslant 1/6$，Δ 为上下层柱截面变化尺寸，h_b 为梁高。在这种情况下，Δ 值较小，斜长可忽略不计，柱纵筋斜通上层，钢筋长度计算同中间层一样。②$\Delta/h_b > 1/6$。在这种情况下，c 值相对较大，变截面范围内的纵筋断开，当前层钢筋在层顶弯锚，弯折长度为 $12d$；上层钢筋伸入下层，伸入长度为 $1.2l_{aE}$。具体构造如图 11-11 所示。

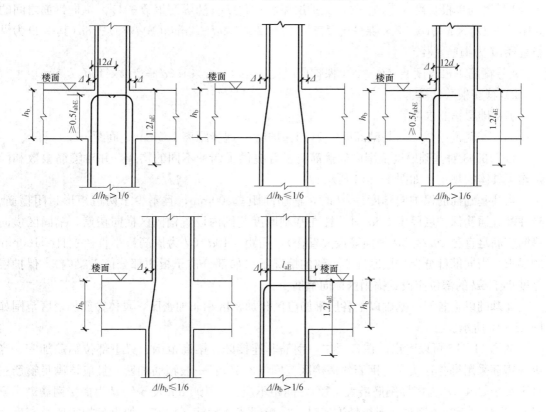

图 11-11　柱变截面位置纵向钢筋构造

(3) 柱箍筋计算。柱箍筋有非复合箍筋和复合箍筋两种类型。复合箍筋的肢数一般用"B 边肢数 $\times H$ 边肢数"的形式表示，如 4×4 的箍筋，表示 B 边肢数为 4 肢，H 边肢数为四肢，如图 11-12 所示。

1) 箍筋单根长度计算。以 5×4 的箍筋为例，分别计算柱中不同形状的箍筋单根长度。在 5×4 的箍筋中，有 1 号、2 号、3 号和 4 号四种不同形状的箍筋，如图 11-13 所示。

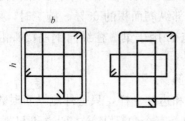
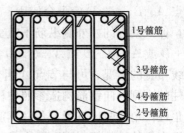

图 11-12　4×4 箍筋图　　　　　　　图 11-13　5×4 箍筋图

1 号箍筋单根长度 $= 2(b+h) - 8 \times$ 保护层厚度 $+ 2 \times 1.9d + 2\max(10d, 75) + 8d$

2 号和 3 号箍筋的计算方法是一样的，区别在于两者的方向不同。

2 号箍筋单根长度 $= [(b - 2 \times$ 保护层厚度 $- D)/(h$ 边纵筋根数 $-1) \times$ 纵向钢筋之间的间距数 $+ D] \times 2 + (h - 2 \times$ 保护层厚度 $) \times 2 + 2 \times 1.9d + 2\max(10d, 75) + 8d$（其中 D 为纵筋直径，d 为箍筋直径）

3 号箍筋单根长度 $= [(h - 2 \times$ 保护层厚度 $- D)/(h$ 边纵筋根数 $-1) \times$ 纵向钢筋之间的间距数 $+ D] \times 2 + (b - 2 \times$ 保护层厚度 $) \times 2 + 2 \times 1.9d + 2\max(10d, 75) + 8d$（其中 D 为纵筋直径，d 为箍筋直径）

4 号箍筋单根长度 $= (h - 2 \times$ 保护层厚度 $+ 4d) + 2 \times 1.9d + 2\max(10d, 75\text{mm})$

2）箍筋根数计算：

①基础层箍筋根数：

箍筋根数 $=$（基础高度 $-$ 基础保护层 $-$ 起步距离 100mm）/ 间距 -1

11G101-3 对基础厚度范围内的箍筋的设置提供了四种不同的构造，并对箍筋根数和间距作了具体的规定，如图 11-14 所示。

当柱基础插筋保护层厚度 $>5d$ 时，箍筋间距 $\leqslant 500$mm，且不少于两道矩形封闭箍筋。当柱基础插筋保护层厚度 $\leqslant 5d$ 时，柱在基础厚度范围内设置锚固区横向箍筋。锚固区横向箍筋应满足直径 $\geqslant d/4$（d 为插筋最大直径），间距 $\leqslant 10d$（d 为插筋最小直径）且 $\leqslant 100$mm 的要求。当插筋部分保护层厚度不一致的情况下（如部分位于板中部分位于梁内），保护层厚度小于 $5d$ 的部位应设置锚固区横向箍筋。

②基础以上各层。基础以上各层箍筋应区分加密区和非加密区，具体箍筋加密区范围如图 11-15 所示。

从图 11-15 可以看出，在各层中，钢筋非连接区、梁高范围、梁下部位箍筋加密。当纵向钢筋采用绑扎连接时，钢筋的搭接区范围（$2.3l_{lE}$）一般箍筋加密，且应该满足箍筋直径不小于 $d/4$（d 为搭接钢筋最大直径），间距不应大于 100mm 及 $5d$（d 为搭接钢筋最小直径）。当纵向钢筋采用焊接或机械连接时，搭接区范围箍筋不加密。如果各加密区总高度大于层高，说明柱全高加密。

非连接区第一根箍筋设置起步距离 50mm。各段箍筋根数 $=$ 实际布筋范围/箍筋间距，各层箍筋根数 $=$ 各段箍筋根数之和 $+1$。

3. 钢筋混凝土梁平法识图及钢筋计算

（1）钢筋混凝土梁的分类。不同类型的梁钢筋的计算有所不同，因此，在计算梁的钢筋工程量时，应区别不同类型的梁分别计算。梁的分类及代号如表 11-28 所示。

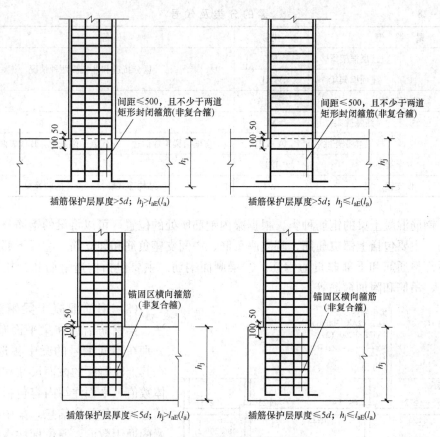

插筋保护层厚度>5d；h_j>l_{aE}(l_a)　　　　　插筋保护层厚度>5d；h_j≤l_{aE}(l_a)

插筋保护层厚度≤5d；h_j>l_{aE}(l_a)　　　　　插筋保护层厚度≤5d；h_j≤l_{aE}(l_a)

图 11-14　柱插筋在基础中的锚固

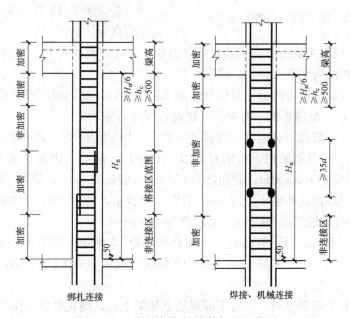

绑扎连接　　　　　　　　　　　焊接、机械连接

图 11-15　抗震框架柱箍筋加密区范围

表 11 - 28		梁 的 分 类 及 代 号	
梁 类 型		代号	备 注
框架梁	楼层框架梁	KL	区分抗震和非抗震两种情况
	屋面框架梁	WKL	
非框架梁		L	
悬挑梁	纯悬挑梁	XL	
	框架梁带悬挑	A 或 B	在框架梁跨数后边，A 代表一端悬挑，B 代表两端悬挑
井字梁		JZL	
框支梁		KZL	结构形式转换时设置的转换梁

（2）钢筋混凝土梁的钢筋种类。根据梁内钢筋所处的位置，可以将梁的钢筋分为：①梁上部钢筋。主要包括上部贯通筋、端支座负筋、中间支座负筋和架立筋。②梁下部钢筋。主要包括下部贯通筋和下部非贯通钢筋。③梁侧面钢筋。主要包括构造钢筋和抗扭钢筋，箍筋、拉筋、吊筋和附加箍筋等。

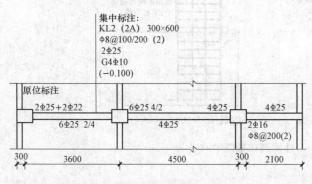

图 11 - 16　某框架梁平法配筋图

（3）钢筋混凝土梁钢筋平法标注。梁钢筋信息在梁平面布置图上，分别在不同编号的梁中各选一根梁，在其上注写梁的截面尺寸和配筋的具体数值。平面注写内容包括集中标注信息和原位标注信息，集中标注表达梁的通用数值，原位标注表达梁的特殊数值，使用时，原位标注取值优先。梁钢筋平法标注如图 11 - 16 所示。

1）集中标注信息主要内容。主要包括梁编号、跨数、截面尺寸、箍筋信息、上部贯通筋、架立筋、侧面纵向钢筋及拉筋、梁顶标高高差等信息。

各类梁的编号如前边梁的分类及代号。如 KL2（2A），表示楼层框架梁 2，两跨，一端悬挑。其中 A 表示一端带悬挑，若为两端悬挑，则以 B 表示。

梁的截面尺寸一般以"截面宽×截面高"表示，如 300×600，表示梁截面宽为 300mm，截面高为 600mm。当梁加腋时，腋的尺寸以"Y 腋长×腋高"表示，如 300×600Y500×250，表示梁的截面宽为 300mm，截面高为 600mm，腋长 500mm，腋高 250mm。当为悬挑梁，悬挑根部和远端截面高度不同时，用"/"分开表示，如 300×600/400，表示，梁截面宽为 300mm，悬挑梁根部高 600mm，远端高为 400mm。

箍筋一般以"钢筋级别＋钢筋直径＋加密区间距/非加密区间距＋肢数"的形式表示。如 Φ8@100/200（2）表示箍筋采用 8mm 的圆钢，加密区间距 100mm，非加密区间距 200mm，二肢箍。

如果梁中只有上部贯通筋，没有下部贯通筋和架立筋，则在集中标注中只表示上部贯通筋，如上图 2Φ25 表示两根上部通长筋，直径 25mm。

如果梁上有上部贯通筋，同时也有下部贯通筋，则两者用分号隔开。如在集中标注中标出"2Φ25；4Φ22"，表示梁的上部贯通筋为 2 根直径 25mm 的螺纹钢筋，下部贯通筋为 4 根直径 22mm 的钢筋。

如果梁中设架立筋，应用括号括起来，并用"＋"与上部贯通筋相连，置于上部通长筋后边。如在集中标注中标出"2Φ25＋(2Φ12)"，表示梁的上部贯通筋为 2 根直径 25mm 的螺纹钢筋，架立筋为 2 根直径 12mm 的圆钢。

当梁腹板高度（梁高－板厚）大于 450mm 时，梁的中部需配置构造钢筋，以 G 表示；如果梁需要设置抗扭钢筋，以 N 表示。其根数表示梁两侧的总根数，且对称布置。如上图中 G4Φ10 表示梁两侧设置 4 根直径 10mm 的构造钢筋，每边两根对称布置。

梁顶面标高高差是指相对于结构层楼面标高的高差值，有相对高差时，须将其写入括号内，无高差时可以不标注。当梁顶标高高于所在结构层楼面标高时，其标高高差为正值；反之为负值。如上图标注（－0.100）表示该梁顶面标高相对于该层楼面标高低 0.10m。

2）原位标注信息主要内容。主要包括梁支座纵筋、梁下部钢筋、吊筋和附加箍筋。

梁支座纵筋包括左右端支座钢筋和中间支座钢筋。在支座位置标注的钢筋数量表示在该截面上部纵筋的总根数，其中包括上部贯通筋，其余的为支座负筋。如图 11-16 中左端支座处标注"2Φ25＋2Φ22"表示该支座处纵筋的总根数，其中两根直径 25mm 的钢筋为集中标注中的上部贯通筋，其余两根直径 22mm 的钢筋为端支座负筋。

当上部纵筋多于一排时，用"／"将各排纵筋自上而下分开。如图 11-16 中间支座处标注"6Φ25 4/2"表示上排纵筋为 4Φ25，下排纵筋为 2Φ25，其中上排两根角部筋为上部贯通筋，其余两根为第一排中间支座负筋，下排两根 25mm 直径的钢筋为第二排中间支座负筋。

当梁中间支座两边的上部纵筋相同时，可仅在支座的一边标注配筋值，另一边省去不注，当两边上部纵筋不同时，须在支座两边分别标注。

当梁下部的纵筋是非贯通的，各跨单独布置，在每跨下部中间位置标注相应的钢筋信息。当同排纵筋有两种直径时，用加号将两种直径的纵筋相连，一般情况下角筋注写在前边。如下部钢筋标注"2Φ25＋2Φ22"表示梁下部有 4 根纵筋，角部为 2Φ25，中间为 2Φ22。

当梁下部纵筋不全伸入支座时，将梁支座处下部纵筋减少的数量写在括号内。如下部钢筋标注为"6Φ22 2(－2)/4"表示上排纵筋为 2Φ22，且不伸入支座，下排纵筋为 4Φ22，且全伸入支座。

当梁的集中标注中已经分别注写了梁上部和下部均为通长的纵筋值时，则不需再在梁下部重复做原位标注。

当主次梁相交时，有时需要设置吊筋和附加箍筋。吊筋直接用引线注写总配筋值，附加箍筋直接将其画在主梁上，并用引线直接注写出总根数、肢数、间距和钢筋直径等信息。

（4）钢筋混凝土梁钢筋长度计算。在进行混凝土梁钢筋长度计算时，应区分框架梁和非框架梁，并区分抗震和非抗震两种情况，同时考虑楼层框架梁和屋面框架梁的区别。

1）楼层抗震框架梁钢筋计算。楼层抗震框架梁纵向钢筋构造如图 11-17 所示。

①上、下部贯通筋的计算。上、下部贯通筋从梁的最左端一直延伸到梁的最右端，并且在左右两端的支座处锚固，即梁贯通筋单根长度＝梁通跨净长＋左右两端支座锚固长度。

当支座宽－保护层厚度＜l_{aE} 或＜$0.5h_c＋5d$ 时，钢筋在端支座处弯锚。l_{aE} 为纵向钢筋最小锚固长度要求，h_c 为柱长边尺寸，d 为梁纵筋直径。此时，纵向钢筋伸至梁上部纵筋弯钩段内侧或柱外侧纵筋内侧后弯折 $15d$。

弯锚长度＝支座宽－保护层厚度＋$15d$，或弯锚长度＝支座宽－保护层厚度－柱纵筋直径－柱纵筋与梁纵筋净距（25mm）。

当支座宽－保护层厚度 $\geqslant l_{aE}$ 时且 $\geqslant 0.5h_c+5d$ 时，钢筋在端支座处直锚。直锚长度＝$\max\{l_{aE}, 0.5h_c+5d\}$。

当支座左右两跨有高差，或梁的宽度变化，上部贯通筋无法贯通时，钢筋在该支座位置断开，梁顶标高高的一侧的钢筋在支座处弯锚，梁顶标高低的一侧的钢筋在支座处直锚。

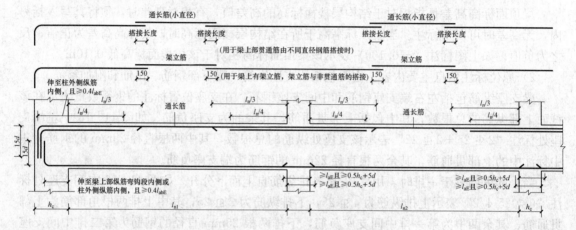

图 11-17　抗震楼层框架梁纵向钢筋构造

当梁端带悬挑时，且 $L>4h_b$ 时（L 为悬挑端净长，h_b 为悬挑梁根部高度，以下同），位于悬挑端上部第一排的钢筋，至少两根角筋，并不少于第一排纵筋的二分之一伸至悬挑最远端下弯 $12d$，第一排其余纵筋在远端弯下，弯下后平直段长度为 $10d$；位于上部第二排的纵筋伸入悬挑端的长度为 $0.75L$。上部钢筋延伸到框架梁跨内的长度分别按照上部通长筋和支座负筋的规定计算。当 $L<4h_b$ 时，上部钢筋不在端部弯下。

位于梁下部的钢筋在悬挑端单独布置，下部的钢筋伸至最远端，在支座处的锚固长度为 $15d$，如图 11-18 所示。

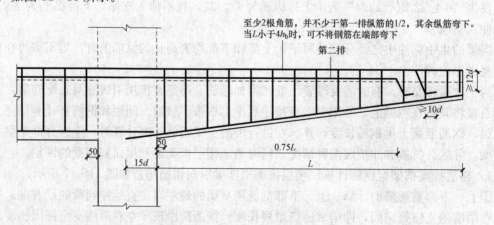

图 11-18　框架梁悬挑端钢筋构造

②端支座负筋。梁的端支座负筋从端支座处伸进边跨一段距离断开，并在支座处锚固。因此，端支座负筋单根长度＝伸入跨内长度＋左（右）端支座锚固长度。

端支座负筋在左（右）端支座处的锚固长度的计算方法和上下部贯通筋相同。

当端支座负筋处于第一排时，伸入跨内长度为 $l_n/3$；当端支座负筋处于第二排时，伸入跨内长度为 $l_n/4$。l_n 为梁跨净长。

③中间支座负筋。中间支座负筋在支座处向其左右两边的跨内伸进一定距离断开，因此，中间支座负筋单根长度＝伸进跨内长度×2＋支座宽。

当中间支座负筋处于第一排时，伸入跨内长度为 $l_n/3$；当中间支座负筋处于第二排时，伸入跨内长度为 $l_n/4$。

当中间支座左右两跨净跨长不同时，取数值较大者计算伸进跨内长度，即左右两边伸进长度是相等的。

当中间支座两侧标注钢筋根数或直径不同时，则多出的钢筋或直径有变化的钢筋在该支座处弯锚。

当两大跨中间为小跨，且下跨净尺寸小于左右两大跨净尺寸之和的 1/3 时，小跨上部纵筋采取贯通全跨方式。此时，应将贯通小跨的钢筋注写在小跨中部。

④架立筋。架立筋是把箍筋架立起来所需要的贯穿箍筋角部的纵向构造钢筋，主要起固定箍筋的作用。

在梁每跨的支座处，当设置有支座负筋时，支座负筋也可以起到架立筋的作用。因此，架立筋在设置时，只要和每跨两端支座处的负筋连接上即可。

架立筋单根长度＝梁净长－左右两端支座负筋伸进长度＋150×2。其中 150 是指架立筋与支座负筋的搭接长度。

⑤下部非贯通筋。下部非贯通筋每跨单独布置，在每一跨分别锚入相邻支座。

$$下部非贯通筋单根长度 ＝ 净跨长 l_n ＋ 左、右支座锚固长度$$

对于边跨的下部非贯通筋，端支座的锚固应区别直锚和弯锚两种情况，另一端为直锚；对于中间跨的下部非贯通筋，两端均为直锚。

当梁下部有不伸入支座的钢筋时，该钢筋在距离左右两端支座 $0.1l_n$ 处断开，即某跨内下部不伸入支座的钢筋单根长度＝$l_n-0.1l_n×2＝0.8l_n$。

⑥侧面纵筋。当梁的腹板高度 $h_w≥450$mm 时，在梁的两个侧面应沿高度配置纵向构造钢筋。纵向构造钢筋间距≤200mm。当梁侧面配置有直径不小于构造钢筋的受扭纵筋时，受扭钢筋可以替代构造钢筋。

梁侧面构造钢筋的搭接与锚固长度可取 15d。梁侧面受扭纵筋的搭接长度为 l_{lE} 或 l，其锚固长度为 l_{aE} 或 l_a，锚固方式同框架梁下部纵筋。

当梁宽≤350mm 时，拉筋直径为 6mm；梁宽＞350mm 时，拉筋直径为 8mm。拉筋间距为非加密区箍筋间距的 2 倍。当设有多排拉筋时，上下两排拉筋竖向错开设置。

⑦箍筋。箍筋单根长度 ＝（梁高＋梁宽）×2－保护层厚度×8＋8d＋1.9d×2＋$\max\{10d,75\}$×2。其中，d 表示钢筋直径，1.9d 为 135°箍筋弯钩增加长度，$\max\{10d,75\}$ 为箍筋弯钩平直段长度。

箍筋在梁内的设置分成两部分：加密区和非加密区。在梁每跨的两端为箍筋加密区，剩余中间部分为非加密区，加密区的长度与工程抗震等级有有关。一级和二～四级抗震等级每

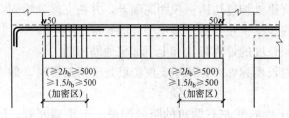

图 11-19　一级（二～四级）抗震等级梁箍筋加密范围

跨箍筋加密范围分别如图 11-19 所示。

每跨箍筋根数 ＝ 加密区根数 × 2 ＋ 非加密区根数

加密区根数 ＝（加密区长度 － 50）÷ 加密区间距 ＋ 1，取整。

非加密区根数 ＝（梁净跨长 l_{n1} － 加密区长度 × 2）÷ 非加密区间距 － 1，取整。

⑧吊筋。当主梁与次梁连接，主梁为次梁支座时，在相交位置设置吊筋。吊筋构造如图 11-20 所示。

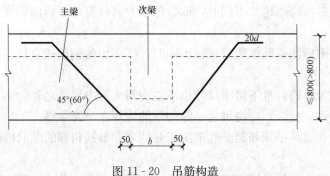

图 11-20　吊筋构造

⑨附加箍筋。附加箍筋沿主梁方向设置，因此单根长度与主梁的箍筋相同，根数按照图中注写的根数计算。

2）屋面抗震框架梁计算。屋面抗震框架梁与楼层抗震框架梁的钢筋计算基本是一样的，只是上部纵筋在端支座锚固时有所区别，即左右端支座的锚固长度不同。

3）非抗震框架梁钢筋计算。非抗震框架梁的钢筋计算基本同抗震框架梁，但在以下几个方面存在区别：①最小锚固长度要求不同。抗震框架梁的最小锚固长度要求为 l_{aE}，而非抗震框架梁的最小锚固长度为 l_a。②箍筋间距不同。非抗震框架梁一般采用一种箍筋间距，无加密区。当采用两种箍筋间距时，梁端箍筋规格及数量由设计标注。③上部贯通筋不同。非抗震框架梁无上部贯通筋，上部钢筋由支座负筋和架立筋相互连接构成。

4）非框架梁钢筋计算。非框架梁配筋构造如图 11-21 所示。

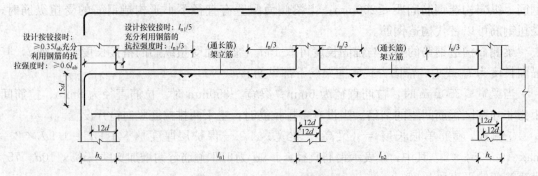

图 11-21　非框架梁钢筋端部构造

非框架梁和框架梁的钢筋长度计算方法基本相同，但也存在以下主要区别：①非框架梁上部纵筋一般由支座负筋和架立筋连接构成。端支座处钢筋应伸至柱纵筋内侧下弯 $15d$，并且，当设计铰接时，平直段长度应不小于 $0.35l_{ab}$，当充分利用钢筋的抗拉强度时，平直段长度不小于 $0.6l_{ab}$。②当梁上部有通长钢筋时，连接位置宜位于跨中 $l_n/3$ 范围内。梁下部钢筋连接位置宜位于支座 $l_n/4$ 范围内。③非框架梁端支座处上部纵筋伸入跨内的长度，当设计按铰接时为 $l_n/5$，当充分利用钢筋的抗拉强度时为 $l_n/3$。④非框架梁下部钢筋伸入端支座的锚固长度为 $12d$，在中间支座处的直锚长度为 $12d$。当纵筋采用光面钢筋时，$12d$ 应改为 $15d$。⑤当端支座为柱、剪力墙时，梁端部应设箍筋加密区，设计应确定加密区长度，设计未确定时取该工程框架梁加密区长度。

4. 钢筋混凝土板平法识图及钢筋计算

根据 11G101-1 平法图集，钢筋混凝土板包含有梁楼盖、无梁楼盖和楼板其他构造三部分。本部分以有梁楼盖为例讲解板钢筋的计算。

（1）有梁楼盖平法施工图制图规则。有梁楼盖板平法施工图，系在楼面板和屋面板布置图上，采用平面注写的表达方式。板平面注写包括板块集中标注和板支座原位标注。

板块集中标注的内容为板块编号、板厚、贯通纵筋，以及当板面标高不同时的标高高差。对于普通楼面，两向均以一跨为一板块。在计算板钢筋时，必须理解板块的含义，因为它会影响板底受力筋的长度。板底受力筋是单块板分别布置，所以它在板边断开，对于一级钢筋受力筋而言，在每块板边，钢筋都增加一个弯钩长度。

如图 11-22 中集中标注信息表示 1 号楼面板，板厚 $h=120\text{mm}$，板底配置水平和垂直方向的双向钢筋，水平方向的钢筋为 X ϕ 10@200，即水平方向钢筋为直径 10mm 的一级钢筋，间距为 200mm，垂直方向的钢筋为 Y ϕ 10@150，即垂直方向钢筋为直径 10mm 的一级钢筋，间距为 150mm。

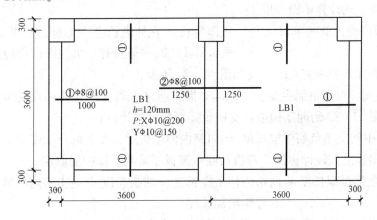

图 11-22　某楼板配筋图

板底钢筋以 B 表示，当板顶设有贯通筋时，以 T 表示，形式同板底钢筋一样。水平方向受力筋以 X 表示，垂直方向受力筋以 Y 表示。

板支座原位标注内容主要是上部非贯通筋，即端支座负筋和中间支座负筋。在配置相同跨的第一跨，垂直于板支座（梁或墙）绘制一条适宜长度的实线，以该线段代表支座上部非贯通筋；并在线段上方注写钢筋编号和配筋值；板支座上部非贯通筋自支座中线向跨内的延伸长度，注写在线段的下方位置；当中间支座上部非贯通筋向支座两侧对称延伸时，可仅在支座一侧线段下方标注延伸长度，另一侧不注。

这里需要注意的是，在截面注写方式下，上部非贯通筋的标注长度应根据图纸上的标注方式确定是从支座中线还是从支座内边线开始。

如图 11-22 中①号钢筋，表示①号端支座负筋，直径 8mm 的一级钢筋，间距为 150mm，自梁中心线向跨内的延伸长度为 1000mm，沿板四边梁长度方向布置。②号钢筋表示②号中间支座负筋，直径 8mm 一级钢筋，间距 180mm，自梁中心线向个边板内的延伸长度为 1250mm，沿中间梁长度方向布置。

（2）板钢筋计算。有梁楼盖（屋）面板配筋构造如图 11-23 所示。

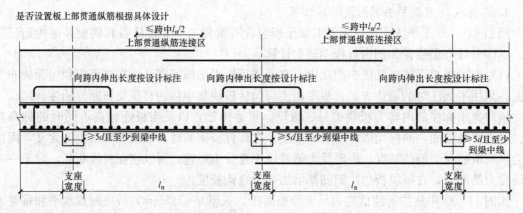

图 11-23　有梁楼盖（屋）面板配筋构造

1）板底受力筋。板底受力筋分板块单独布置，并伸入板块左右两端的支座中。因此，板底受力筋可按下式计算单根长度：

$$板底受力筋的单根长度 = 板净跨长 + 左伸进长度 + 右伸进长度$$
$$+ 6.25d \times 2（一般只有一级钢筋设弯钩）$$

板底受力筋伸入左右支座的长度如图 11-24 所示。

2）板顶钢筋。板顶钢筋主要包括上部非贯通筋（中间支座负筋和端支座负筋）和上部贯通筋。根据图 11-23 的配筋构造，支座负筋可按下式计算：

$$中间支座负筋单根长度 = 向跨内伸出长度 \times 2 + 弯折长度 \times 2$$

向跨内伸出长度按设计标注，弯折长度可按板厚减两个保护层取定。

$$端支座负筋单根长度 = 向跨内伸出净长度 + 弯折长度 + 端支座内的锚固长度$$
$$+ 弯钩增加长度$$

端支座处的锚固长度可按图 11-24 的配筋构造确定，即纵筋在端支座应伸至支座（梁、圈梁或剪力墙）外侧纵筋内侧后弯折，弯折长度取 15d。

当板顶设置贯通纵筋时，按照能通则通的原则配置。纵筋宜在跨中 1/2 范围内连接。当相邻等跨或不等跨的上部贯通纵筋配置不同时，应将配置较大者越过其标注的跨数终点或起点伸至相邻跨的跨中连接区域连接。

板内钢筋的根数根据布筋范围和间距按如下公式计算：

$$板底钢筋根数 = （板跨净长 - 起步距离 \times 2） \div 间距 + 1（取整）$$

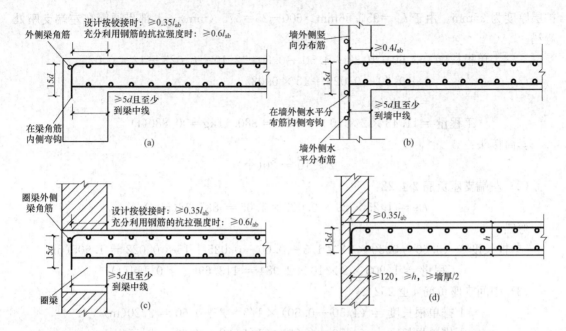

图 11-24　板在端部支座的锚固构造

(a) 端部支座为梁；(b) 端部支座为剪力墙；(c) 端部支座为圈梁；(d) 端部支座为砌体墙

板顶贯通纵筋根数 ＝（板通跨净长－起步距离×2）÷间距＋1(取整)

端支座和中间支座负筋根数 ＝（板跨净长－起步距离×2）÷间距＋1(取整)

起步距离取板筋间距的 1/2。

3）负筋分布筋。负筋的分布筋放置于负筋下，在负筋向跨内伸出长度内垂直于负筋布置，主要起固定负筋的作用。

分布筋单根长度 ＝ 负筋布置范围－两端负筋标注长度＋150×2

端支座负筋分布筋的根数 ＝（负筋向跨内的伸出长度－起步距离）÷间距＋1(取整)

中间支座负筋分布筋的根数 ＝［（负筋向跨内的伸出长度－起步距离）÷间距＋1(取整)］×2

4）马凳筋。马凳筋主要起支撑板上部钢筋的作用。应根据设计采用的形状、尺寸和间距按实计算。

剪力墙、混凝土基础、桩承台、混凝土楼梯等现浇构件的钢筋参照相关图集的规定及图纸的设计按实计算。

三、钢筋计算实例

[例 11-4]　某楼层框架梁配筋如图 11-16 所示。混凝土结构环境类别按二 a 类考虑。混凝土强度等级 C30，三级抗震，纵筋采用 HRB335 环氧树脂涂层带肋钢筋，钢筋直径大于 18mm 时，套筒机械连接，其余绑扎连接。钢筋定尺长度按 9m 计算。试编制该工程招标工程量清单。

解：（1）上部贯通筋 2Φ25：

上部贯通筋在左端支座处锚固，在悬挑端伸至悬挑端部下弯 12d。由于悬挑长度小于 4h_b，上部钢筋不再端部弯下。

查 11G101 图集，上部贯通筋最小锚固长度 $l_{aE}=1.25×29d×1.05=951.56$ (mm)。保

护层厚度为 25mm。由于 $l_{aE} = 951.56mm > 600 - 25 = 575$（mm），上部贯通筋在左端支座处弯锚。

$$单根长度 = 3.60 - 0.30 + 4.50 + 0.30 + 2.10 - 0.025 + 12 \times 0.025$$
$$+ 0.60 - 0.025 + 15 \times 0.025$$
$$= 11.43(m)$$
$$工程量 = 11.43 \times 2 \times 10 \times 3.850 = 880.11kg = 0.880(t)$$

套筒接头：

$$2 \times 10 = 20(个)$$

（2）左端支座负筋 $2 \Phi 22$：
$$l_{aE} = 1.25 \times 29 \times 0.022 \times 1.05 = 837.38(mm)$$

弯锚：
$$单根长度 = (3.60 - 0.30 \times 2) \times 1/3 + 0.60 - 0.025 + 15 \times 0.022 = 1.905(m)$$
$$工程量 = 1.905 \times 2 \times 10 \times 2.984 = 113.69kg = 0.114(t)$$

（3）中间支座负筋 $4 \Phi 252/2$：
$$上排单根长度 = (4.50 - 0.60) \times 1/3 \times 2 + 0.60 = 3.20(m)$$
$$下排单根长度 = (4.50 - 0.60) \times 1/4 \times 2 + 0.60 = 2.55(m)$$
$$工程量 = (3.20 \times 2 + 2.55 \times 2) \times 10 \times 3.850 = 442.25kg = 0.442(t)$$

（4）中间支座负筋（贯通悬挑部分）$2 \Phi 25$：
$$单根长度 = (4.50 - 0.60) \times 1/3 + 0.60 + 2.10 - 0.025 + 12 \times 0.025 = 4.275(m)$$
$$工程量 = 4.275 \times 2 \times 10 \times 3.850 = 329.175kg = 0.329(t)$$

（5）第一跨下部钢筋 $6 \Phi 252/4$：
$$单根长 = 3.60 - 0.30 \times 2 + 0.60 - 0.025 + 15 \times 0.025$$
$$+ \max\{951.56mm, 0.5 \times 600 + 5 \times 25\}$$
$$= 4.902(m)$$
$$工程量 = 4.902 \times 6 \times 10 \times 3.850 = 1132.36kg = 1.132(t)$$

（6）第二跨下部钢筋 $4 \Phi 25$：
$$单根长 = 4.50 - 0.30 \times 2 + \max\{951.56mm, 0.5 \times 600 + 5 \times 25\}$$
$$+ 0.60 - 0.025 + 15 \times 0.025$$
$$= 5.802(m)$$
$$工程量 = 5.802 \times 4 \times 10 \times 3.850 = 893.508kg = 0.894(t)$$

（7）悬挑端下部钢筋 $2 \Phi 16$：
$$单根长度 = 2.10 - 0.025 + 15 \times 0.016 = 2.315(m)$$
$$工程量 = 2.315 \times 2 \times 10 \times 1.578 = 73.06kg = 0.073(t)$$

（8）构造钢筋 $4 \Phi 10$：
$$单根长度 = 3.60 + 4.50 + 0.30 + 2.10 - 0.30 + 15 \times 0.01 - 0.025 + 12 \times 0.01 + 1.4 \times$$
$0.38 = 10.977$（m）（最小锚固长度 $l_{aE} = 380mm$，钢筋接头面积百分率取 $\leqslant 50\%$）
$$工程量 = 10.977 \times 4 \times 10 \times 0.617 = 270.912kg = 0.271(t)$$

（9）箍筋：
$$单根长度 = (0.30 + 0.60) \times 2 - 8 \times 0.025 + 8 \times 0.008 + 11.9 \times 0.008 \times 2 = 1.854(m)$$

第一跨(第二跨) 加密区根数 $= (1.5 \times 0.6 - 0.05) \div 0.1 = 9$(根)

第一跨非加密区根数 $= (3.60 - 0.60 - 1.5 \times 0.6 \times 2) \div 0.2 + 1 = 7$(根)

第二跨非加密区根数 $= (4.50 - 0.60 - 1.5 \times 0.6 \times 2) \div 0.2 + 1 = 12$(根)

悬挑端根数 $= (2.10 - 0.05 - 0.025) \div 0.2 + 1 = 12$(根)

工程量 $= 1.854 \times (9 \times 4 + 7 + 12 + 12) \times 10 \times 0.395 = 490.66 \text{kg} = 0.491(\text{t})$

(10) 拉筋:

因为梁的宽度为 300mm,小于 350mm,所以拉筋直径为 6mm,间距为箍筋非加密区间距的 2 倍,即 $200 \times 2 = 400$ (mm)。

$$单根长度 = 0.30 - 0.025 \times 2 + 0.0065 \times 2 + 1.9 \times 0.0065$$
$$\times 2 + 10 \times 0.075 \times 2$$
$$= 0.4377(\text{m})$$

第一跨根数 $= (3.60 - 0.60 - 0.05 \times 2) \div 0.4 + 1 = 9$(根)

第二跨根数 $= (4.50 - 0.60 - 0.05 \times 2) \div 0.4 + 1 = 11$(根)

悬挑端根数 $= (2.10 - 0.20 - 0.05 \times 2) \div 0.4 + 1 = 6$(根)

箍筋总根数 $= 9 + 11 + 6 = 26$(根)

质量 $= 0.4377 \times 26 \times 10 \times 0.222 = 25.26 \text{kg} = 0.025(\text{t})$

汇总工程量:$\Phi 25 = 3.677 \text{t}$;$\Phi 22 = 0.114 \text{t}$;$\Phi 16 = 0.073 \text{t}$;$\phi 10 = 0.271 \text{t}$;$\phi 8 = 0.491 \text{t}$;$\phi 6 = 0.025 \text{t}$;$\Phi 25$ 套筒接头 $= 20$ 个

该工程招标工程量清单如表 11-29 所示。

表 11-29　　　　　　　　　　分部分项工程量清单与计价表

工程名称:某建筑工程　　　　　　　　　　标段:　　　　　　　第 1 页　共 1 页

序号	项目编码	项目名称	项目特征	计量单位	工程量	金额(元)		
						综合单价	合价	其中:暂估价
1	010515001001	现浇构件钢筋	钢筋种类、规格:HRB335,25mm	t	3.677			
2	010515001002	现浇构件钢筋	钢筋种类、规格:HRB335,22mm	t	0.114			
3	010515001003	现浇构件钢筋	钢筋种类、规格:HRB335,16mm	t	0.073			
4	010515001004	现浇构件钢筋	钢筋种类、规格:HRB335,10mm	t	0.271			
5	010515001005	现浇构件钢筋	钢筋种类、规格:HRB335,8mm,箍筋	t	0.491			
6	010515001006	现浇构件钢筋	钢筋种类、规格:HRB335,6mm,箍筋	t	0.025			
7	010516003001	机械连接	1. 连接方式:套筒连接 2. 规格:25mm	个	20			

第四节　工程量清单报价应用

[例 11 - 5]　试根据山东省建筑工程消耗量定额、2015 年山东省及济南市预算价格完成 [例 11 - 2] 中有梁板清单项目的工程量清单计价。C30 商品混凝土单价按 350 元/m³ 计算。

解：该项目发生的工作内容包括混凝土浇筑（按泵送考虑）、振捣和养护。

（1）混凝土浇筑。混凝土浇筑定额工程量与清单工程量计算规则相同，即定额工程量 = 10.39m³。

现浇混凝土有梁板套用定额 4-2-36。依据定额子目 4-2-36 及济南市 2015 年预算价格（人工工资单价 80 元/工日），完成每 10m³ C25 现浇混凝土有梁板的人工费为 854.40 元，材料费为 2361.00 元，机械费为 8.63 元。该有梁板设计采用 C30 混凝土，C30 和 C25 混凝土的材料预算价格分别为 243.64 元和 225.40 元。换算后材料费单价为 = 2361.00 + (243.64 - 225.40) × 10.15 = 2546.14(元)。另外，采用商品混凝土，商品混凝土单价为 350 元。现浇混凝土转商品混凝土后的材料预算价格为 2346.14 + (350 - 243.64) × 10.15 = 3625.69(元)。

（2）混凝土泵送。混凝土泵送定额工程量按混凝土消耗量以体积计算。按照山东省定额，混凝土有梁板定额 4-2-36 的混凝土消耗量为 10.15m³。因此：

$$混凝土泵送工程量 = 10.39 × 10.15 ÷ 10 = 10.55(m³)$$

混凝土泵送分别套用定额 4-4-10（板泵送混凝土 30m³/h）、4-4-18（泵送增加材料）和 4-4-20（泵送混凝土管道安拆）。依据济南市 2015 年预算价格，三个定额对应的人工单价、材料单价和机械单价如表 11 - 30 所示。

（3）参考本地区建设工程费用定额，管理费费率和利润率分别为 5.0% 和 3.1%，计费基数均为省人工费、省材料费和省机械费之和。根据鲁建标字〔2015〕12 号文件，山东省人工工资单价为 76 元/工日。10m³ C30 现浇混凝土有梁板（定额 4-2-36）对应的省人工费为 811.68 元，省材料费为 2546.13 元，省机械费为 8.63 元。定额 4-4-10 对应的省人工费为 568.48 元，省材料费为 53.04 元，省机械费为 62.51 元。定额 4-4-18 对应的省人工费为 0 元，省材料费为 198.09 元，省机械费为 0 元。定额 4-4-20 对应的省人工费为 22.80 元，省材料费为 26.85 元，省机械费为 0 元。因此，定额 4-2-36 对应的管理费和利润的单价为 (811.68 + 2546.13 + 8.63) × (5.0% + 3.1%) = 272.68(元)。同理，定额 4-4-10、4-4-18、4-4-20 对应的管理费和利润的单价分别为 55.41、16.05、4.02 元。

该清单项目的综合单价分析表见表 11 - 30。

表 11 - 30　　　　　　　　　　**工程量清单综合单价分析表**

工程名称：某建筑工程　　　　　　　　　　标段：　　　　　　　　第 1 页　共 1 页

| 项目编码 | 010505001001 | 项目名称 | | 有梁板 | | | 计量单位 | | | m³ |

| 清单综合单价组成明细 | | | | | | | | | | |

定额编号	定额名称	定额单位	数量	单价（元）				合价（元）			
				人工费	材料费	机械费	管理费与利润	人工费	材料费	机械费	管理费与利润
4-2-36 换	C30 混凝土有梁板（商品混凝土）	10m³	0.1000	854.40	3625.69	8.63	272.68	85.44	362.57	0.86	27.27

续表

项目编码	010505001001	项目名称		有梁板		计量单位	m³

清单综合单价组成明细

定额编号	定额名称	定额单位	数量	单价（元）				合价（元）			
				人工费	材料费	机械费	管理费与利润	人工费	材料费	机械费	管理费与利润
4-4-10	板泵送商品混凝土	10m³	0.1015	598.40	53.04	62.92	55.40	60.76	5.39	6.39	5.63
4-4-18	泵送增加材料	10m³	0.1015	—	198.09	—	16.04	—	20.11	—	1.63
4-4-20	泵送管道安拆	10m³	0.1015	24.00	26.85	—	4.02	2.44	2.73	—	0.41
人工单价			小计					148.64	390.80	7.25	34.93
80元/工日			未计价材料费					—			
清单项目综合单价								581.61			

该工程分部分项工程量清单与计价表见表 11-31。

表 11-31　　　　　　　分部分项工程量清单与计价表

工程名称：某建筑工程　　　　　　　　　　标段：　　　　　　　　第 1 页　共 1 页

序号	项目编码	项目名称	项目特征	计量单位	工程量	金额（元）		
						综合单价	合价	其中：暂估价
1	010505001001	有梁板	1. 混凝土种类：商品混凝土 2. 混凝土强度等级：C30	m³	10.39	581.61	6042.93	

[例 11-6]　根据山东省建筑工程消耗量定额、2015 年山东省及济南市预算价格完成 [例 11-3] 中阳台板清单项目的工程量清单计价。混凝土强度等级 C25，现场搅拌。

解：（1）混凝土阳台板浇筑。按照山东省建筑工程工程量计算规则，阳台板按伸出墙外的水平投影面积计算，伸出外墙的牛腿不另计算。

阳台板定额工程量 $= (3.90 + 0.12 \times 2) \times 1.50 \times 50 = 310.50 (\text{m}^2)$

有梁式阳台套用定额 4-2-48，依据定额子目 4-2-48 及济南市 2015 年预算价格（人工工资单价 80 元/工日），完成每 10m² C20 现浇混凝土阳台板的人工费为 282.40 元，材料费为 371.80 元，机械费为 2.36 元。该阳台板设计采用 C25 混凝土，C25 混凝土的预算价格为 225.40 元，C20 混凝土预算价格为 210.69 元。换算后材料费单价为 $= 371.80 + (225.40 - 210.69) \times 1.69 = 396.66 (\text{元})$。

定额 4-2-48 是按照阳台板 100mm 厚编制的，设计阳台板厚度为 120mm，需要进行阳台板厚度的调整，套用定额 4-2-65（阳台板厚每增减 10mm），工程量 $= 310.50 \times 2 = 621.00 (\text{m}^2)$。

根据济南市 2015 年预算价格，C25 阳台板厚每增减 10mm 的人工单价为 16.80 元，材料单价为 22.99 元，机械单价为 0.16 元。

（2）混凝土制作。混凝土现场制作工程量按混凝土消耗量以体积计算。定额 4-2-48 和 4-2-65 对应的混凝土消耗量分别为 1.69 和 $0.102 \mathrm{m}^3$。因此：

混凝土制作工程量 $= 310.50 \times 1.69 \div 10 + 621.00 \times 0.102 \div 10 = 58.81 (\mathrm{m}^3)$

混凝土现场搅拌套用定额 4-4-17，根据济南市 2015 年预算价格，现场搅拌混凝土的人工单价为 183.20 元，材料单价为 35.99 元，机械单价为 166.76 元。

（3）山东省 2015 年人工工资单价为 76 元。定额 4-2-48 对应的省人工费为 268.28 元，省材料费为 396.66 元，省机械费为 2.36 元。定额 4-2-65 对应的省人工费为 15.96 元，省材料费为 22.99 元，省机械费为 0.16 元。定额 4-4-17 对应的省人工费为 174.04 元，省材料费为 35.99 元，省机械费为 161.20 元。因此，定额 4-2-48 对应的管理费和利润的单价为 $(268.28 + 396.66 + 2.36) \times (5.0\% + 3.1\%) = 54.05$ 元。同理，定额 4-2-65、4-4-17 对应的管理费和利润的单价分别为 3.17、30.07 元。

该清单项目的综合单价分析表见表 11-32。

表 11-32　　　　　工程量清单综合单价分析表

工程名称：某建筑工程　　　　　　　　标段：　　　　　第 1 页　共 1 页

项目编码	010505008001	项目名称	阳台板	计量单位	m^3

清单综合单价组成明细

定额编号	定额名称	定额单位	数量	单价（元）				合价（元）			
				人工费	材料费	机械费	管理费与利润	人工费	材料费	机械费	管理费与利润
4-2-48 换	C25 混凝土阳台板	$10 \mathrm{m}^2$	0.6461	282.40	396.66	2.36	54.05	182.45	256.27	1.52	34.92
4-2-65	阳台板每增加 10mm	$10 \mathrm{m}^2$	1.2921	16.80	22.99	0.16	3.17	21.71	29.71	0.21	4.10
4-4-17	混凝土现场搅拌	$10 \mathrm{m}^3$	0.1224	183.20	35.99	166.76	30.07	22.42	4.40	20.41	3.68
人工单价		小计						226.58	290.38	22.14	42.70
80 元/工日		未计价材料费						—			
清单项目综合单价								581.79			

该工程分部分项工程量清单与计价表见表 11-33。

表 11-33　　　　　分部分项工程量清单与计价表

工程名称：某建筑工程　　　　　　　　标段：　　　　　第 1 页　共 1 页

序号	项目编码	项目名称	项目特征	计量单位	工程量	金额（元）		
						综合单价	合价	其中：暂估价
1	010505008001	阳台板	1. 混凝土种类：现场搅拌 2. 混凝土强度等级：C25 3. 板厚：120mm	m^3	48.06	581.79	27 960.83	

[**例 11-7**]　根据山东省建筑工程消耗量定额、2015 年山东省及济南市预算价格完成 [例 11-4] 中 25mm 现浇构件钢筋清单项目的工程量清单计价。

解：钢筋工程定额工程量计算规则与清单工程量计算规则相同。因此，定额工程量为 3.677t。

25mmHRRB335 带肋钢筋套定额 4-1-19，对应的人工、材料和机械单价分别为 354.40（336.68）、4593.93 元和 55.88 元。

管理费和利润率分别取 5.0% 和 3.1%，均按省人工费、材料费和机械费的和为计算基数。

该现浇构件钢筋清单项目综合单价分析表如表 11-34 所示。

表 11-34　　　　　　　　　**工程量清单综合单价分析表**

工程名称：某建筑工程　　　　　　　　　　标段：　　　　　　第 1 页　共 1 页

项目编码	010515001001	项目名称		现浇构件钢筋		计量单位		t

清单综合单价组成明细

定额编号	定额名称	定额单位	数量	单价（元）				合价（元）			
				人工费	材料费	机械费	管理费与利润	人工费	材料费	机械费	管理费与利润
4-1-19	现浇构件螺纹钢筋 25mm	t	1.000	354.40	4593.93	55.88	403.90	354.40	4593.93	55.88	403.90
人工单价		小计						354.40	4593.93	55.88	403.90
80 元/工日		未计价材料费						—			
清单项目综合单价								5408.11			

该工程分部分项工程量清单与计价表如表 11-35 所示。

表 11-35　　　　　　　　　**分部分项工程量清单与计价表**

工程名称：某建筑工程　　　　　　　　　标段：　　　　　　第 1 页　共 1 页

序号	项目编码	项目名称	项目特征	计量单位	工程量	金额（元）		
						综合单价	合价	其中：暂估价
1	010515001001	现浇构件钢筋	钢筋种类、规格：HRB335、25mm	t	3.677	5408.11	19 885.62	

复习思考题

1. 混凝土模板费用应包括在相应的混凝土子目中还是措施费中？

2. 混凝土石子粒径如何选用？混凝土石子粒径对混凝土价格有何影响？

3. 混凝土的工程量与混凝土的消耗量有何区别？

4. 钢筋工程量计算时必备的图集有哪些？

5. 需要计算但图纸中未明确画出的钢筋有哪些？
6. 不同形式和用途的混凝土墙如何进行清单列项？
7. 计算钢筋工程量时，如何确定混凝土保护层厚度、锚固长度和搭接长度？
8. 楼层框架梁纵筋在端支座锚固时，如何判断直锚或弯锚？
9. 抗震框架梁、非抗震框架梁、非框架梁的纵筋构造有什么区别？
10. 混凝土圈梁和过梁连在一起时，如何划分工程量？
11. 施工单位为节约材料而发生的钢筋搭接，其搭接的长度或钢筋接头需不需要计算？

第十二章 金属结构工程

【本章概要】

本章主要围绕《房屋建筑与装饰工程工程量计算规范》（GB 50854—2013）介绍了钢屋架、钢桁架、钢柱、钢梁等金属结构工程的分部工程的工程量清单的编制和相应工程量清单报价的理论与方法。

第一节 概 述

一、金属结构工程主要内容

金属结构工程是指一般工业与民用建筑常用金属结构制作、拼装、安装、运输及金属构件的探伤、除锈等项目。

金属构件探伤是利用探伤器检验金属构件内部缺陷（如隐蔽的裂纹、砂眼、杂质等）的一种方法。通过一定装置，利用磁性、X射线、伽玛射线、超声波等检查和探测金属材料内部的缺陷。

除锈按方法不同可以分为手工除锈、工具除锈、喷砂除锈和化学除锈四种。手工除锈是用旧砂轮片、砂布、铲刀、钢丝刷等简单工具，以磨、敲、铲、刷等方法除掉金属表面的氧化物及杂质，一般用于金属表面刷油前的除锈；工具除锈是指人工使用砂轮机、钢丝刷机等机械进行除锈；喷砂除锈是采用无油压缩空气为动力，将干燥的石英砂、河砂喷射到金属表面上达到除锈的目的，适用于大面积及除锈质量高的工程；化学除锈是利用一定浓度的无机酸水溶液对金属表面起溶蚀作用，除掉表面氧化物，一般适用于小面积、形状复杂的构件除锈。

二、金属结构工程适用范围

金属结构工程适用于一般工业与民用建筑工程、构筑物的钢结构工程。

金属结构构件主要包括钢屋架、钢桁架、钢网架、钢托架、钢梁、钢柱、压型钢板楼板、墙板、钢构件、金属网等。

钢梁项目适用于钢梁和实腹式型钢混凝土梁、空腹式型钢混凝土梁。型钢混凝土梁是指由混凝土包裹型钢组成的梁。

钢柱包括实腹柱、空腹柱和钢管柱。钢管混凝土柱是指将普通混凝土填入薄壁圆形钢管内形成的组合结构。

第二节 清单项目设置及计算规则

一、清单项目设置

《房屋建筑与装饰工程工程量计算规范》（GB 50854—2013）附录F中金属结构工程包

括钢网架，钢屋架、钢托架、钢桁架、钢架桥，钢柱，钢梁，钢板楼板、墙板，钢构件，金属制品 7 个部分共 31 个清单项目，其工程量清单项目设置及工程量计算规则如表 12 - 1～表 12 - 7 所示。

表 12 - 1　　　　　　　　　　　钢网架（编码：010601）

项目编码	项目名称	项目特征	计量单位	工程量计算规则	工程内容
010601001	钢网架	1. 钢材品种、规格 2. 网架节点形式、连接方式 3. 屋架跨度、安装高度 4. 探伤要求 5. 防火要求	t	详见工程量计算规则部分	1. 拼装 2. 安装 3. 探伤 4. 补刷油漆

表 12 - 2　　　　　　钢屋架、钢托架、钢桁架、钢架桥（编码：010602）

项目编码	项目名称	项目特征	计量单位	工程量计算规则	工程内容
010602001	钢屋架	1. 钢材品种、规格 2. 单榀质量 3. 屋架跨度、安装高度 4. 螺栓种类 5. 探伤要求 6. 防火要求	1. 榀 2. t	详见工程量计算规则部分	1. 拼装 2. 安装 3. 探伤 4. 补刷油漆
010602002	钢托架	1. 钢材品种、规格 2. 单榀质量 3. 安装高度 4. 螺栓种类 5. 探伤要求 6. 防火要求	t		
010602003	钢桁架				
010602004	钢架桥	1. 桥类型 2. 钢材品种、规格 3. 单榀质量 4. 安装高度 5. 螺栓种类 6. 探伤要求			

表 12 - 3　　　　　　　　　　　钢柱（编码：010603）

项目编码	项目名称	项目特征	计量单位	工程量计算规则	工程内容
010603001	实腹钢柱	1. 柱类型 2. 钢材品种、规格 3. 单根柱质量 4. 螺栓种类 5. 探伤要求 6. 防火要求	t	详见工程量计算规则部分	1. 拼装 2. 安装 3. 探伤 4. 补刷油漆
010603002	空腹钢柱				

续表

项目编码	项目名称	项目特征	计量单位	工程量计算规则	工程内容
010603003	钢管柱	1. 钢材品种、规格 2. 单根柱质量 3. 螺栓种类 4. 探伤要求 5. 防火要求	t	详见工程量计算规则部分	1. 拼装 2. 安装 3. 探伤 4. 补刷油漆

表 12-4　　　　　　钢梁（编码：010604）

项目编码	项目名称	项目特征	计量单位	工程量计算规则	工程内容
010604001	钢梁	1. 梁类型 2. 钢材品种、规格 3. 单根质量 4. 螺栓种类 5. 安装高度 6. 探伤要求 7. 防火要求	t	详见工程量计算规则部分	1. 拼装 2. 安装 3. 探伤 4. 补刷油漆
010604002	钢吊车梁	1. 钢材品种、规格 2. 单根质量 3. 螺栓种类 4. 安装高度 5. 探伤要求 6. 防火要求			

表 12-5　　　　　　钢板楼板、墙板（编码：010605）

项目编码	项目名称	项目特征	计量单位	工程量计算规则	工程内容
010605001	钢板楼板	1. 钢材品种、规格 2. 钢板厚度 3. 螺栓种类 4. 防火要求	m²	按设计图示尺寸以铺设水平投影面积计算。不扣除单个面积≤0.3m²的柱、垛及孔洞所占面积	1. 拼装 2. 安装 3. 探伤 4. 补刷油漆
010605002	钢板墙板	1. 钢材品种、规格 2. 钢板厚度、复合板厚度 3. 螺栓种类 4. 复合板夹芯材料品种、层数、型号、规格 5. 防火要求		按设计图示尺寸以铺挂展开面积计算。不扣除单个面积≤0.3m²的梁、孔洞所占面积，包角、包边、窗台泛水等不另加面积	

表 12 - 6　　　　　　　　　　钢构件（编码：010606）

项目编码	项目名称	项目特征	计量单位	工程量计算规则	工程内容
010606001	钢支撑、钢拉条	1. 钢材品种、规格 2. 构件类型 3. 安装高度 4. 螺栓种类 5. 探伤要求 6. 防火要求			
010606002	钢檩条	1. 钢材品种、规格 2. 构件类型 3. 单根质量 4. 安装高度 5. 螺栓种类 6. 探伤要求 7. 防火要求			
010606003	钢天窗架	1. 钢材品种、规格 2. 单榀质量 3. 安装高度 4. 螺栓种类 5. 探伤要求 6. 防火要求			
010606004	钢挡风架	1. 钢材品种、规格 2. 单榀质量 3. 螺栓种类 4. 探伤要求 5. 防火要求	t	详见工程量计算规则部分	1. 拼装 2. 安装 3. 探伤 4. 补刷油漆
010606005	钢墙架				
010606006	钢平台	1. 钢材品种、规格 2. 螺栓种类 3. 防火要求			
010606007	钢走道				
010606008	钢梯	1. 钢材品种、规格 2. 钢梯形式 3. 螺栓种类 4. 防火要求			
010606009	钢栏杆	1. 钢材品种、规格 2. 防火要求			
010606010	钢漏斗	1. 钢材品种、规格 2. 漏斗、天沟形式 3. 安装高度 4. 探伤要求			
010606011	钢板天沟				
010606012	钢支架	1. 钢材品种、规格 2. 安装高度 3. 防火要求			
010606013	零星钢构件	1. 构件名称 2. 钢材品种、规格			

表 12 - 7 金属制品（编码：010607）

项目编码	项目名称	项目特征	计量单位	工程量计算规则	工程内容
010607001	成品空调金属百叶护栏	1. 材料品种、规格 2. 边框材质	m²	按设计图示尺寸以框外围展开面积计算	1. 安装 2. 校正 3. 预埋铁件及安装螺栓
010607002	成品栅栏	1. 材料品种、规格 2. 边框及立柱型钢品种、规格			1. 安装 2. 校正 3. 预埋铁件 4. 安螺栓及金属立柱
010607003	成品雨篷	1. 材料品种、规格 2. 雨篷宽度 3. 晾衣杆品种、规格	1. m 2. m²	1. 以米计量，按设计图示接触边以米计算。 2. 以平方米计量，按设计图示尺寸以展开面积计算	1. 安装 2. 校正 3. 预埋铁件及安装螺栓
010607004	金属网栏	1. 材料品种、规格 2. 边框及立柱型钢品种、规格		按设计图示尺寸以框外围展开面积计算	
010607005	砌块墙钢丝网加固	1. 材料品种、规格 2. 加固方式	m²	按设计图示尺寸以面积计算	1. 铺贴 2. 铆固
010607006	后浇带金属网				

二、工程量计算规则

（1）一般规定。钢网架、钢屋架、钢托架、钢桁架、钢桥架、钢柱、钢梁等金属结构制作安装，按图示钢材尺寸以 t 计算，不扣除孔眼、切边的质量。焊条、铆钉、螺栓不另增加质量。在计算不规则或多边形钢板质量时，均以其最大对角线乘最大宽度的矩形面积计算。

多边形钢板质量＝最大对角线长度×最大宽度×面密度（kg/m²）

（2）依附于实腹钢柱、空腹钢柱上的牛腿及悬臂梁等并入钢柱工程量内。

（3）钢管柱上的节点板、加强环、内衬管、牛腿等并入钢管柱工程量内。

（4）制动梁、制动板、制动桁架、车档并入钢吊车梁工程量内。

（5）钢板楼板按设计图示尺寸以铺设水平投影面积计算。不扣除单个面积≤0.3m² 的柱、垛及孔洞所占面积。钢板墙板按设计图示尺寸以铺挂展开面积计算。不扣除单个面积≤0.3m² 的梁、孔洞所占面积，包角、包边、窗台泛水等不另加面积。

（6）依附漏斗后天沟的型钢并入漏斗或天沟工程量内。

三、招标工程量清单编制实例

[例 12-1]　某厂房屋面钢屋架 15 榀，每榀重 5t，采用不同规格的角钢。由金属构件厂加工，场外运输 5km，现场拼装，采用汽车吊跨外安装，安装高度为 10m。编制钢屋架的分部分项工程量清单。

解： 钢屋架清单工程量＝5.000×15＝75.000（t）

钢屋架分部分项工程量清单见表 12-8。

表 12-8　　　　　　　　　　**分部分项工程量清单与计价表**

工程名称：某建筑工程　　　　　　　　　　　　标段：　　　　　　　第 1 页　共 1 页

序号	项目编码	项目名称	项目特征	计量单位	工程量	金额（元）		
						综合单价	合价	其中：暂估价
1	010602001001	钢屋架	1. 屋架类型：一般钢屋架 2. 钢材品种、规格：不同规格角钢 3. 单榀屋架质量：5t	t	75.000			

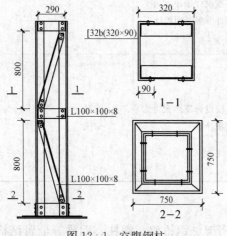

图 12-1　空腹钢柱

[例 12-2]　如图 12-1 所示，某工程空腹钢柱共 24 根，刷防锈漆 1 遍。柱脚底座钢板 12mm 厚。编制空腹钢柱分部分项工程量清单。

解： 空腹钢柱分部分项工程量清单的编制：

—12 钢板底座：

$0.75 \times 0.75 \times 94.20 \times 24 = 1271.76 (kg)$

角钢L 140×140×10 底座：

$(0.32 + 0.14 \times 2) \times 4 \times 21.488 \times 24$
$= 1237.68 (kg)$

角钢斜撑：

$\sqrt{0.8^2 + 0.29^2} \times 6 \times 12.276 \times 24$
$= 1504.32 (kg)$

角钢横撑：

$$0.29 \times 6 \times 12.276 \times 24 = 512.64 (kg)$$

槽钢立柱：

$$2.97 \times 2 \times 43.25 \times 24 = 6165.601 (kg)$$

钢柱工程量 $= 1271.76 + 1237.68 + 1504.32 + 512.64 + 6165.60$

$= 10692.00 kg = 10.692 (t)$

分部分项工程量清单见表 12-9。

表 12 - 9　　　　　　　　　　**分部分项工程量清单与计价表**

工程名称：某建筑工程　　　　　　　　　标段：　　　　　　　　第 1 页　共 1 页

序号	项目编码	项目名称	项目特征	计量单位	工程量	金额（元）		
						综合单价	合价	其中：暂估价
1	010603002001	空腹钢柱	1. 钢材品种、规格：立柱32b 槽钢 2. 单根质量：0.45t 3. 油漆种类、刷漆遍数：防锈漆 1 遍	t	10.692			

第三节　工程量清单报价应用

[**例 12 - 3**]　根据山东省建筑工程消耗量定额、2015 年山东省及济南市预算价格完成[例 12 - 1]中钢屋架清单项目的工程量清单计价。

解：钢屋架清单项目发生的工程内容包括构件制作、运输、拼装、安装。

（1）钢屋架制作定额工程量与清单工程量计算规则相同。因此，定额工程量＝75.000t。钢屋架制作每榀 5t 以内套定额 7-2-4。

（2）钢屋架运输工程量＝75.000t，钢屋架（Ⅰ类构件）运输 5km 以内套定额 10-3-26。

（3）钢屋架拼装工程量＝75.000t。钢屋架拼装每榀重量 8t 以内套定额 10-3-214（采用汽车吊按轮胎式起重机定额项目乘以系数 1.05，扣除定额内所含轮胎式起重机台班费用）。

（4）钢屋架安装工程量＝75.000t。钢屋架安装每榀质量 8t 以内套定额 10-3-217（采用汽车吊按轮胎式起重机定额项目乘以系数 1.05，扣除定额内所含轮胎式起重机台班费用；跨外安装就位人工、机械台班乘以 1.18 系数）。按照 2015 年济南市预算价格及人工工资单价标准（80 元/工日），并考虑上述涉及的定额调整换算，各定额对应的人工单价、材料单价、机械单价见表 12 - 10。

（5）参考本地区建设工程费用定额，管理费费率和利润率分别为 5.0％和 3.1％，计费基数均为省人工费、省材料费和省机械费之和。根据鲁建标字〔2015〕12 号文件，山东省人工工资单价为 76 元/工日。各定额对应的管理费和利润单价如表 12 - 10 所示。

表 12 - 10　　　　　　　　　　**工程量清单综合单价分析表**

工程名称：某建筑工程　　　　　　　　　标段：　　　　　　　　第 1 页　共 1 页

项目编码	010602001001	项目名称		钢屋架		计量单位		t

清单综合单价组成明细

定额编号	定额名称	定额单位	数量	单价（元）				合价（元）			
				人工费	材料费	机械费	管理费与利润	人工费	材料费	机械费	管理费与利润
1-4-1	钢屋架制作 5t 内	t	1.000	1080	5406.41	851.46	589.32	1080.00	5406.41	851.46	589.32

续表

项目编码	010602001001		项目名称		钢屋架			计量单位		t

清单综合单价组成明细

定额编号	定额名称	定额单位	数量	单价（元）				合价（元）			
				人工费	材料费	机械费	管理费与利润	人工费	材料费	机械费	管理费与利润
10-3-26	Ⅰ类金属构件运输5km内	10t	0.100	148.80	64.01	811.39	81.68	14.88	6.40	81.14	8.17
10-3-214换	8t内钢屋架轮胎吊拼装	t	1.000	124.80	42.42	115.59	22.34	124.80	42.42	115.59	22.34
10-3-217换	8t内钢屋架轮胎吊安装	t	1.000	188.80	23.82	223.1	34.42	188.80	23.82	223.10	34.42
人工单价			小计					1408.48	5479.05	1271.29	654.25
80元/工日			未计价材料费					—			
清单项目综合单价								8813.07			

分部分项工程量清单计价表见表12-11。

表12-11 　　　　　　　　分部分项工程量清单与计价表

工程名称：某建筑工程　　　　　　　　　标段：　　　　　　第1页　共1页

序号	项目编码	项目名称	项目特征	计量单位	工程量	金额（元）		
						综合单价	合价	其中：暂估价
1	010602001001	钢屋架	1. 屋架类型：一般钢屋架 2. 钢材品种、规格：不同规格角钢 3. 单榀屋架重量：5t	t	75.000	8813.07	660 980.25	

[例12-4] 　根据山东省建筑工程消耗量定额、2015年山东省及济南市预算价格完成[例12-2]中空腹钢柱清单项目的工程量清单计价。

解：（1）钢柱清单项目发生的工程内容包括屋架制作、运输、安装。工程量同清单。

钢柱制作套定额7-1-4。

Ⅰ类金属构件运输5km套定额10-3-26。

钢柱安装每根2t内套定额10-3-202。

按照2015年济南市预算价格及人工工资单价标准（80元/工日），并考虑上述涉及的定额调整换算，各定额对应的人工单价、材料单价、机械单价见表12-12。

（2）参考本地区建设工程费用定额，管理费费率和利润率分别为5.0%和3.1%，计费基数均为省人工费、省材料费和省机械费之和。根据鲁建标字〔2015〕12号文件，山东省人工工资单价为76元/工日。各定额对应的管理费和利润单价如表12-12所示。

表 12 - 12　　　　　　　　　　　　**工程量清单综合单价分析表**

工程名称：某建筑工程　　　　　　　　标段：　　　　　　　第 1 页　共 1 页

项目编码	010603002001	项目名称	空腹钢柱	计量单位	t

清单综合单价组成明细

定额编号	定额名称	定额单位	数量	单价（元）				合价（元）			
				人工费	材料费	机械费	管理费与利润	人工费	材料费	机械费	管理费与利润
7-1-4	空腹钢柱制作 7t 内	t	1.000	926.40	6190.06	1277.26	675.33	926.40	6190.06	1277.26	675.33
10-3-26	I 类金属构件运输 5km 内	10t	0.100	148.80	64.01	811.39	81.68	14.88	6.40	81.14	8.17
10-3-202	2t 内钢柱轮胎吊安装	t	1.000	687.20	328.95	150.63	91.63	687.20	328.95	150.63	91.63
人工单价			小计					1628.48	6525.41	1509.03	775.13
80 元/工日			未计价材料费					—			
清单项目综合单价								10 438.04			

分部分项工程量清单计价表见表 12 - 13。

表 12 - 13　　　　　　　　　　　　**分部分项工程量清单与计价表**

工程名称：某建筑工程　　　　　　　　标段：　　　　　　　第 1 页　共 1 页

序号	项目编码	项目名称	项目特征	计量单位	工程量	金额（元）		
						综合单价	合价	其中：暂估价
1	010603002001	空腹钢柱	1. 钢材品种、规格：立柱 32b 槽钢 2. 单根质量：0.45t 3. 油漆种类、刷漆遍数：防锈漆 1 遍	t	10.692	10 438.04	111 603.52	

复习思考题

1. 金属结构工程中哪些构件以平方米为单位计算工程量？

2. 计算金属结构构件工程量时，焊条、铆钉、螺栓如何处理？

3. 计算金属结构构件工程量时，多边形钢板如何计算工程量？

第十三章 木结构工程

【本章概要】

本章主要围绕《房屋建筑与装饰工程工程量计算规范》（GB 50854—2013）介绍了木结构工程的分部工程工程量清单的编制和相应工程量清单报价的理论与方法。

第一节 清单项目设置及工程量计算规则

一、木结构工程概述

木结构是指由木材或主要由木材承受荷载的结构。主要受力构件有木柱、木梁、木屋架和屋面木基层，以及木楼梯等其他木构件。

木结构按连接方式和截面形状分为齿连接的原木或方木结构，裂环、齿板或钉连接的板材结构和胶合木结构。

木结构自重较轻，木构件便于运输、装拆，能多次使用，故广泛用于房屋建筑中，也用于桥梁和塔架。近代胶合木结构的出现，更扩大了木结构的应用范围。

二、清单项目设置

《房屋建筑与装饰工程工程量计算规范》（GB 50854—2013）附录 G 中木结构工程包括木屋架、木构件和屋面木基层 3 个部分共 8 个清单项目，其工程量清单项目设置及工程量计算规则如表 13-1～表 13-3 所示。

表 13-1　　　　　　　　木屋架（编码：010701）

项目编码	项目名称	项目特征	计量单位	工程量计算规则	工程内容
010701001	木屋架	1. 跨度 2. 材料品种、规格 3. 刨光要求 4. 拉杆及夹板种类 5. 防护材料种类	1. 榀 2. m³	1. 以榀计量，按设计图示数量计算 2. 以立方米计量，按设计图示的规格尺寸以体积计算	1. 制作 2. 运输 3. 安装 4. 刷防护材料
010701002	钢木屋架	1. 跨度 2. 木材品种、规格 3. 刨光要求 4. 钢材品种、规格 5. 防护材料种类	榀	以榀计量，按设计图示数量计算	

表 13-2   **木构件（编码：010702）**

项目编码	项目名称	项目特征	计量单位	工程量计算规则	工程内容
010702001	木柱	1. 构件规格尺寸 2. 木材种类 3. 刨光要求 4. 刷防护材料种类	m³	按设计图示尺寸以体积计算	1. 制作 2. 运输 3. 安装 4. 刷防护材料
010702002	木梁				
010702003	木檩		1. m³ 2. m	1. 以立方米计量，按设计图示尺寸以体积计算 2. 以米计量，按设计图示尺寸以长度计算	
010702004	木楼梯	1. 楼梯形式 2. 木材种类 3. 刨光要求 4. 防护材料种类	m²	按设计图示尺寸以水平投影面积计算。不扣除宽度≤300mm 的楼梯井，伸入墙内部分不计算	
010702005	其他木构件	1. 构件名称 2. 构件规格尺寸 3. 木材种类 4. 刨光要求 5. 防护材料种类	1. m³ 2. m	1. 以立方米计量，按设计图示尺寸以体积计算 2. 以米计量，按设计图示尺寸以长度计算	

表 13-3   **木屋架（编码：010703）**

项目编码	项目名称	项目特征	计量单位	工程量计算规则	工程内容
010703001	屋面木基层	1. 椽子断面尺寸及椽距 2. 望板材料种类、厚度 3. 防护材料种类	m²	按设计图示尺寸以斜面积计算。不扣除房上烟囱、风帽底座、风道、小气窗、斜沟等所占面积。小气窗的出檐部分不增加面积	1. 椽子制作、安装 2. 望板制作、安装 3. 顺水条和挂瓦条制作、安装 4. 刷防护材料

三、招标工程量清单编制实例

[例 13-1] 如图 13-1 所示，某临时仓库，设计方木钢屋架，共 3 榀，现场制作，不刨光，铁件刷防锈漆 1 遍，轮胎式起重机安装，安装高度 6m。编制钢木屋架招标工程量清单。

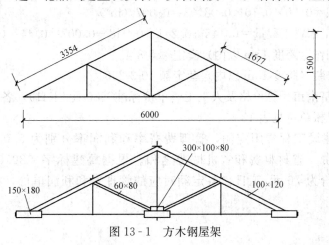

图 13-1 方木钢屋架

解： 钢木屋架清单工程量＝3.00 榀。分部分项工程量清单见表 13-4。

表 13-4 　　　　　　　　　　**分部分项工程量清单与计价表**

工程名称：某建筑工程　　　　　　　　　　标段：　　　　　　第1页　共1页

序号	项目编码	项目名称	项目特征	计量单位	工程量	金额（元）		
						综合单价	合价	其中：暂估价
1	010701002001	钢木屋架	1. 跨度：6m 2. 木材品种、规格：方木钢屋架 3. 刨光要求：不刨光 4. 防护材料种类：铁件刷防锈漆	榀	3.00			

第二节　工程量清单报价应用

［例 13-2］ 根据山东省建筑工程消耗量定额、2015 年山东省及济南市预算价格完成 ［例 13-1］中钢木屋架清单项目的工程量清单计价。

解： 钢木屋架清单项目发生的工程内容包括屋架制作、安装。

钢木屋架制作安装定额工程量计算。按照《山东省建筑工程工程量计算规则》规定，钢木屋架按竣工木料以立方米计算，其后备长度及配置损耗不另计算，钢杆件用量不计算。附属于屋架的垫木不另计算。

下弦杆体积＝0.15×0.18×0.60×3×3＝0.146（m³）

上弦杆体积＝0.10×0.12×3.354×2×3＝0.241（m³）

斜撑体积＝0.06×0.08×1.667×2×3＝0.048（m³）

元宝垫木体积＝0.30×0.10×0.08×3＝0.007（m³）

　　　竣工木料工程量＝0.146＋0.241＋0.048＋0.007＝0.442（m³）

方木钢屋架制作（跨度 15m 以内）套定额 5-8-4。

方木钢屋架安装（跨度 15m 以内）套定额 10-3-256。

按照 2015 年济南市预算价格及人工工资单价标准（80 元/工日），各定额对应的人工单价、材料单价、机械单价见表 13-5。

参考本地区建设工程费用定额，管理费费率和利润率分别为 5.0% 和 3.1%，计费基数均为省人工费、省材料费和省机械费之和。根据鲁建标字〔2015〕12 号文件，山东省人工工资单价为 76 元/工日。各定额对应的管理费和利润单价，如表 13-5 所示。

表 13 - 5　　　　　　　　　　**工程量清单综合单价分析表**

工程名称：某建筑工程　　　　　　　　　标段：　　　　　　　　第 1 页　共 1 页

项目编码	010701002001	项目名称		钢木屋架		计量单位			榀
清单综合单价组成明细									
定额编号	定额名称	定额单位	数量	单价（元）				合价（元）	
				人工费	材料费	机械费	管理费与利润	人工费	材料费	机械费	管理费与利润
5-8-4	方木钢木屋架 15m 内	10m³	0.0147	10 608.00	38 481.78	908.86	4006.93	156.29	566.96	13.39	59.04
10-3-256	15m 内钢木屋架轮胎吊安装	10m³	0.0147	2644.80	—	3119.81	454.21	38.97	—	45.97	6.69
人工单价		小计						195.26	566.96	59.36	65.73
80 元/工日		未计价材料费						—			
清单项目综合单价								887.30			

分部分项工程量清单计价表见表 13 - 6。

表 13 - 6　　　　　　　　　　**分部分项工程量清单与计价表**

工程名称：某建筑工程　　　　　　　　　标段：　　　　　　　　第 1 页　共 1 页

序号	项目编码	项目名称	项目特征	计量单位	工程量	金额（元）		
						综合单价	合价	其中：暂估价
1	010701002001	钢木屋架	1. 跨度：6m 2. 木材品种、规格：方木钢屋架 3. 刨光要求：不刨光 4. 防护材料种类：铁件刷防锈漆	榀	3.00	887.30	2661.90	

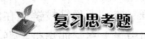

复习思考题

1. 钢木屋架的清单工程量计算规则是如何规定的？

2. 计算木楼梯工程量时，宽度为 500mm 的楼梯井如何处理？

第十四章 门 窗 工 程

【本章概要】

本章围绕《房屋建筑与装饰工程工程量计算规范》（GB 50854—2013）主要介绍了木门，金属门，金属卷帘门，厂库房大门、特种门，其他门，木窗，金属窗，门窗套，窗台板，窗帘、窗帘盒、轨等分部工程的工程量清单编制和相应工程量清单报价的理论与方法。

第一节 概 述

门窗工程是建筑物的主要组成部分，按其制作材料不同，可分为木门窗、金属门窗、塑料门窗等。

一、普通木门窗

普通木门主要有镶板门和胶合板门。镶板门是指门扇由骨架和门芯板组成的木门。门芯板可为木板、胶合板、硬质纤维板、塑料板、玻璃等。门芯板为玻璃时，则为玻璃门；门芯为纱或百叶时，则为纱门或百叶门。也可以根据需要，部分采用玻璃、纱或百叶，如上部玻璃、下部百叶组合等方式。胶合板门也称夹板门，其中间为轻型骨架，一般用厚 32～35mm、宽 34～60mm 的方木做框，内为格形肋条。门扇上也可做小玻璃窗和百叶窗。

普通木窗按开启方式可分为平开窗、推拉窗、固定窗、悬窗等。最常用的普通木窗为平开窗。普通木窗按立面形式可分为单层玻璃窗、双层玻璃窗、一玻一纱木窗、百叶窗等。

二、铝合金门窗

铝合金门窗是采用铝合金型材作为框架，中间镶嵌玻璃而成的门窗。铝合金型材规格很多，不同的规格将影响到工程造价的高低。

铝合金门主要包括铝合金地弹门、铝合金推拉门、铝合金平开门等。铝合金地弹门是弹簧门的一种。弹簧门为开启后会自动关闭的门。弹簧门一般装有弹簧铰链，常用的弹簧铰链有单面弹簧、双面弹簧和地弹簧。单（双）面弹簧铰链装在门侧边，地弹簧安装在门扇边梃下方的地面内。铝合金推拉门分为四扇无上亮、四扇带上亮、双扇无上亮、双扇带上亮四种形式。平开门分为单扇平开门（带上亮或不带上亮）、双扇平开门（带上亮或不带上亮或带顶窗）等形式。

铝合金窗按照组扇形式分为单扇平开窗（无上亮、带上亮、带顶窗）、双扇平开窗（无上亮、带上亮、带顶窗）、双（三、四）扇推拉窗（不带亮、带亮）、固定窗等。

铝合金窗的型号按窗框厚度尺寸确定，目前用得较多的有 40 系列（包括 38 系列）、50 系列、55 系列、60 系列、70 系列和 90 系列推拉窗。例如，60TL 表示 60 系列的推拉窗。所谓某系列，是指虽然门窗的边框、边梃、横框、冒头等的断面形式有所不同，但框料铝合金型材总厚（高）度按照一个标准尺寸定型生产而成为一个系列，在这个标准尺寸的控制下，根据使用部位不同，有不同的断面形式。

三、塑钢门窗

塑钢门窗是以硬质聚氯乙烯为主要原料，加入适量耐老化剂、增塑剂、稳定剂等助剂，经专门加工而成，具有轻质坚固、防湿耐腐、表面光洁、不易燃烧等优点。

四、装饰木门窗

装饰木门窗是指对装饰有较高要求的门窗，一般造价较高。主要有花饰木门、夹板实心门、夹板门等。

花饰木门是指在门扇上由装饰线条组成各种图案，以增强装饰效果。

夹板实心门是指中间由厚细木板实拼代替方木龙骨架，细木板面贴柚木等。

双面夹板门、双面防火板门和双面塑料夹板门，这三种门均属于夹板门，其中间骨架构造是相同的，主要不同在于面板。双面夹板门的面板是三层胶合板，而双面防火板门则在胶合板外再贴一层防火板。双面塑料夹板门的构造与夹板门基本相同，只是面板为塑面夹板。塑料夹板还可以压制成浮雕图案，做成塑料浮雕装饰门。

五、厂库房大门、特种门

厂库房大门按使用材料的不同分为木板大门、钢木大门和全钢板大门三种类型。木板大门有平开、推拉、带观察窗、不带观察窗等类型，钢木大门有平开、推拉、单面铺木板、双面铺木板、防风型、保暖型等类型，而全钢板大门则有平开、推拉、折叠、单面铺钢板、双面铺钢板等类型。

特种门是指具有某种特殊使用功能的门。特种门的种类非常多，但常见的有防射线门、密闭门、保温门、隔音门、冷藏库门、冷藏冻结间门、变电室门、密闭钢门、人防门、金库门等。

第二节 清单项目设置及计算规则

一、清单项目设置

《房屋建筑与装饰工程工程量计算规范》（GB 50854—2013）附录 H 中门窗工程包括木门，金属门，金属卷帘（闸）门，厂库房大门、特种门，其他门，木窗，金属窗，门窗套，窗台板，窗帘、窗帘盒、窗帘轨等 10 个部分共 53 个清单项目，其工程量清单项目设置及工程量计算规则如表 14 - 1～表 14 - 10 所示。

表 14 - 1　　　　　　　　　　　木门（编码：010801）

项目编码	项目名称	项目特征	计量单位	工程量计算规则	工程内容
010801001	木质门	1. 门代号及洞口尺寸 2. 镶嵌玻璃品种、厚度	1. 樘 2. m²	1. 以樘计量，按设计图示数量计算 2. 以平方米计量，按设计图示洞口尺寸以面积计算	1. 门安装 2. 玻璃安装 3. 五金安装
010801002	木质门带套				
010801003	木质连窗门				
010801004	木质防火门				
010801005	木门框	1. 门代号及洞口尺寸 2. 框截面尺寸 3. 防护材料种类	1. 樘 2. m	1. 以樘计量，按设计图示数量计算 2. 以米计量，按设计图示框的中心线以延长米计算	1. 木门框制作、安装 2. 运输 3. 刷防护材料

项目编码	项目名称	项目特征	计量单位	工程量计算规则	工程内容
010801006	门锁安装	1. 锁品种 2. 锁规格	个 （套）	按设计图示数量计算	安装

表 14 - 2　　　　　　　　　　金属门（编码：010802）

项目编码	项目名称	项目特征	计量单位	工程量计算规则	工程内容
010802001	金属（塑钢）门	1. 门代号及洞口尺寸 2. 门框或扇外围尺寸 3. 门框、扇材质 4. 玻璃品种、厚度	1. 樘 2. m²	1. 以樘计量，按设计图示数量计算 2. 以平方米计量，按设计图示洞口尺寸以面积计算	1. 门安装 2. 五金安装 3. 玻璃安装
010802002	彩板门	1. 门代号及洞口尺寸 2. 门框或扇外围尺寸			
010802003	钢质防火门	1. 门代号及洞口尺寸 2. 门框或扇外围尺寸 3. 门框、扇材质			1. 门安装 2. 五金安装
010802004	防盗门				

表 14 - 3　　　　　　　　　　金属卷帘（闸）门（编码：010803）

项目编码	项目名称	项目特征	计量单位	工程量计算规则	工程内容
010803001	金属卷帘（闸）门	1. 门代号及洞口尺寸 2. 门材质 3. 启动装置的品种、规格	1. 樘 2. m²	1. 以樘计量，按设计图示数量计算 2. 以平方米计量，按设计图示洞口尺寸以面积计算	1. 门运输、安装 2. 启动装置、活动小门、五金安装
010803002	防火卷帘（闸）门				

表 14 - 4　　　　　　　　　　厂库房大门、特种门（编码：010804）

项目编码	项目名称	项目特征	计量单位	工程量计算规则	工程内容
010804001	木板大门	1. 门代号及洞口尺寸 2. 门框或扇外围尺寸 3. 门框、扇材质 4. 五金种类、规格 5. 防护材料种类	1. 樘 2. m²	1. 以樘计量，按设计图示数量计算 2. 以平方米计量，按设计图示洞口尺寸以面积计算	1. 门（骨架）制作、运输 2. 门、五金配件安装 3. 刷防护材料
010804002	钢木大门				
010804003	全钢板大门				
010804004	防护铁丝门			1. 以樘计量，按设计图示数量计算 2. 以平方米计量，按设计图示门框或扇以面积计算	

项目编码	项目名称	项目特征	计量单位	工程量计算规则	工程内容
010804005	金属格栅门	1. 门代号及洞口尺寸 2. 门框或扇外围尺寸 3. 门框、扇材质 4. 启动装置的品种、规格		1. 以樘计量，按设计图示数量计算 2. 以平方米计量，按设计图示洞口尺寸以面积计算	1. 门安装 2. 启动装置、五金配件安装
010804006	钢质花饰大门		1. 樘 2. m²	1. 以樘计量，按设计图示数量计算 2. 以平方米计量，按设计图示门框或扇以面积计算	1. 门安装 2. 五金配件安装
010804007	特种门	1. 门代号及洞口尺寸 2. 门框或扇外围尺寸 3. 门框、扇材质		1. 以樘计量，按设计图示数量计算 2. 以平方米计量，按设计图示洞口尺寸以面积计算	

表 14-5　　　　　　　　　　其他门（编码：010805）

项目编码	项目名称	项目特征	计量单位	工程量计算规则	工程内容
010805001	电子感应门	1. 门代号及洞口尺寸 2. 门框或扇外围尺寸 3. 门框、扇材质 4. 玻璃品种、厚度 5. 启动装置的品种、规格 6. 电子配件品种、规格			1. 门安装 2. 启动装置、五金、电子配件安装
010805002	旋转门				
010805003	电子对讲门	1. 门代号及洞口尺寸 2. 门框或扇外围尺寸 3. 门材质 4. 玻璃品种、厚度 5. 启动装置的品种、规格 6. 电子配件品种、规格	1. 樘 2. m²	1. 以樘计量，按设计图示数量计算 2. 以平方米计量，按设计图示洞口尺寸以面积计算	
010805004	电动伸缩门				
010805005	全玻自由门	1. 门代号及洞口尺寸 2. 门框或扇外围尺寸 3. 框材质 4. 玻璃品种、厚度			1. 门安装 2. 五金安装
010805006	镜面不锈钢饰面门	1. 门代号及洞口尺寸 2. 门框或扇外围尺寸 3. 框、扇材质 4. 玻璃品种、厚度			
010805007	复合材料门				

表 14-6   **木窗 （编码：010806）**

项目编码	项目名称	项目特征	计量单位	工程量计算规则	工程内容
010806001	木质窗	1. 窗代号及洞口尺寸 2. 玻璃品种、厚度		1. 以樘计量，按设计图示数量计算 2. 以平方米计量，按设计图示洞口尺寸以面积计算	1. 窗安装 2. 五金、玻璃安装
010806002	木飘（凸）窗				
010806003	木橱窗	1. 窗代号 2. 框截面及外围展开面积 3. 玻璃品种、厚度 4. 防护材料种类	1. 樘 2. m²	1. 以樘计量，按设计图示数量计算 2. 以平方米计量，按设计图示框外围展开面积计算	1. 窗制作、运输、安装 2. 五金、玻璃安装 3. 刷防护材料
010806004	木纱窗	1. 窗代号及框的外围尺寸 2. 窗纱材料品种、规格		1. 以樘计量，按设计图示数量计算 2. 以平方米计量，按框的外围展开面积计算	1. 窗安装 2. 五金安装

表 14-7   **金属窗 （编码：010807）**

项目编码	项目名称	项目特征	计量单位	工程量计算规则	工程内容
010807001	金属（塑钢、断桥）窗	1. 窗代号 2. 框、扇材质 3. 玻璃品种、厚度		1. 以樘计量，按设计图示数量计算 2. 以平方米计量，按设计图示洞口尺寸以面积计算	1. 窗安装 2. 五金、玻璃安装
010807002	金属防火窗				
010807003	金属百叶窗				
010807004	金属纱窗	1. 窗代号及框外围尺寸 2. 框材质 3. 窗纱材料品种、规格	1. 樘 2. m²	1. 以樘计量，按设计图示数量计算 2. 以平方米计量，按框的外围尺寸以面积计算	1. 窗安装 2. 五金安装
010807005	金属格栅窗	1. 窗代号及洞口尺寸 2. 框外围尺寸 3. 框、扇材质		1. 以樘计量，按设计图示数量计算 2. 以平方米计量，按设计图示洞口尺寸以面积计算	

项目编码	项目名称	项目特征	计量单位	工程量计算规则	工程内容
010807006	金属（塑钢、断桥）橱窗	1. 窗代号 2. 框外围展开面积 3. 框、扇材质 4. 玻璃品种、厚度 5. 防护材料种类	1. 樘 2. m²	1. 以樘计量，按设计图示数量计算 2. 以平方米计量，按设计尺寸以框外围展开面积计算	1. 窗制作、运输、安装 2. 五金、玻璃安装 3. 刷防护材料
010708007	金属（塑钢、断桥）飘（凸）窗	1. 窗代号 2. 框外围展开面积 3. 框、扇材质 4. 玻璃品种、厚度			1. 窗安装 2. 五金、玻璃安装
010807008	彩板窗	1. 窗代号 2. 框外围尺寸 3. 框、扇材质 4. 玻璃品种、厚度		1. 以樘计量，按设计图示数量计算 2. 以平方米计量，按设计图示洞口尺寸或框外围以面积计算	
010807009	复合材料窗				

表 14 - 8　　　　　　　门窗套（编码：010808）

项目编码	项目名称	项目特征	计量单位	工程量计算规则	工程内容
010808001	木门窗套	1. 窗代号及洞口尺寸 2. 门窗套展开宽度 3. 基层材料种类 4. 面层材料品种、规格 5. 线条品种、规格 6. 防护材料种类	1. 樘 2. m² 3. m	1. 以樘计量，按设计图示数量计算 2. 以平方米计量，按设计图示尺寸以展开面积计算 3. 以米计量，按设计图示中心线以延长米计算	1. 清理基层 2. 立筋制作、安装 3. 基层板安装 4. 面层铺贴 5. 线条安装 6. 刷防护材料
010808002	木筒子板	1. 筒子板宽度 2. 基层材料种类 3. 面层材料品种、规格 4. 线条品种、规格 5. 防护材料种类			
010808003	饰面夹板筒子板				
010808004	金属门窗套	1. 窗代号及洞口尺寸 2. 门窗套展开宽度 3. 基层材料种类 4. 面层材料品种、规格 5. 防护材料种类			1. 清理基层 2. 立筋制作、安装 3. 基层板安装 4. 面层铺贴 5. 刷防护材料
010808005	石材门窗套	1. 窗代号及洞口尺寸 2. 门窗套展开宽度 3. 黏结层厚度、砂浆配合比 4. 面层材料品种、规格 5. 防护材料种类			1. 清理基层 2. 立筋制作、安装 3. 基层抹灰 4. 面层铺贴 5. 线条安装

项目编码	项目名称	项目特征	计量单位	工程量计算规则	工程内容
010808006	门窗木贴脸	1. 门窗代号及洞口尺寸 2. 贴脸版宽度 3. 防护材料种类	1. 樘 2. m	1. 以樘计量，按设计图示数量计算 2. 以米计量，按设计图示尺寸以延长米计算	安装
010808007	成品木门窗套	1. 门窗代号及洞口尺寸 2. 门窗套展开宽度 3. 门窗套材料品种、规格	1. 樘 2. m² 3. m	1. 以樘计量，按设计图示数量计算 2. 以平方米计量，按设计图示尺寸以展开面积计算 3. 以米计量，按设计图示中心线以延长米计算	1. 清理基层 2. 立筋制作、安装 3. 板安装

表 14 - 9   **窗台板（编码：010809）**

项目编码	项目名称	项目特征	计量单位	工程量计算规则	工程内容
010809001	木窗台板	1. 基层材料种类 2. 窗台面板材质、规格、颜色 3. 防护材料种类	m²	按设计图示尺寸以展开面积计算	1. 基层清理 2. 基层制作、安装 3. 窗台板制作、安装 4. 刷防护材料
010809002	铝塑窗台板				
010809003	金属窗台板				
010809004	石材窗台板	1. 黏结层厚度、砂浆配合比 2. 窗台板材质、规格、颜色			1. 基层清理 2. 抹找平层 3. 窗台板制作、安装

表 14 - 10   **窗帘、窗帘盒、窗帘轨（编码：010810）**

项目编码	项目名称	项目特征	计量单位	工程量计算规则	工程内容
010810001	窗帘	1. 窗帘材质 2. 窗帘高度、宽度 3. 窗帘层数 4. 带幔要求	1. m 2. m²	1. 以米计量，按设计图示尺寸以成活后长度计算 2. 以平方米计量，按图示尺寸成活后展开面积计算	1. 制作、运输 2. 安装

项目编码	项目名称	项目特征	计量单位	工程量计算规则	工程内容
010810002	木窗帘盒				
010810003	饰面夹板、塑料窗帘盒	1. 窗帘盒材质、规格 2. 防护材料种类	m	按设计图示尺寸以长度计算	1. 制作、运输、安装 2. 刷防护材料
010810004	铝合金窗帘盒				
010810005	窗帘轨	1. 窗帘轨材质、规格 2. 轨的数量 3. 防护材料种类			

二、招标工程量清单编制实例

[**例 14 - 1**] 某工程的木门如图 14 - 1 所示。带纱门扇半截玻璃镶板门、双扇带亮（上亮无纱扇）6 樘，木材为红松，一类薄板，要求现场制作，刷防护底油。编制木门招标工程量清单。

解：木门工程量＝6 樘，或 $1.30 \times 2.70 \times 6 = 21.06$（$m^2$）

木门工程分部分项工程量清单如表 14 - 11 所示。

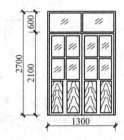

图 14 - 1　木门示意图

表 14 - 11　　　　　　分部分项工程量清单

工程名称：某建筑工程　　　　　　　　　　　标段：　　　　　　第 1 页　共 1 页

序号	项目编码	项目名称	项目特征	计量单位	工程量	金额（元） 综合单价	合价	其中：暂估价
1	010808001001	木质门	1. 门代号及洞口尺寸：带纱半截玻璃镶板木门，双扇带亮，1300mm×2700mm 2. 镶嵌玻璃品种：普通玻璃	樘	6.00			
			3. 木材材料种类：红松，一类薄板，框断面 95mm×55mm	m^2	21.06			

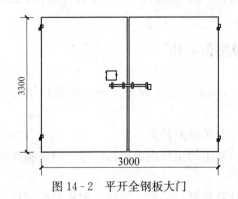

图 14 - 2　平开全钢板大门

[**例 14 - 2**] 如图 14 - 2 所示，某厂房有平开全钢板大门（带探望孔），共 3 樘，采用钢骨架薄钢板，尺寸 3300mm×3000mm，刷防锈漆。编制平开全钢板大门工程量清单。

解：全钢板大门工程量＝3 樘，或工程量＝$3.30 \times 3.00 \times 3 = 29.70$（$m^2$）

全钢板大门工程分部分项工程量清单如表 14 - 12 所示。

表 14-12　　　　　　　　　分部分项工程量清单与计价表

工程名称：某建筑工程　　　　　　　　　　　　标段：　　　　　　　第1页　共1页

序号	项目编码	项目名称	项目特征	计量单位	工程量	金额（元）		
						综合单价	合价	其中：暂估价
1	010804003001	全钢板大门	1. 门类型：双扇平开门	m³	29.70			
			2. 材质：钢骨架薄钢板	樘	3			

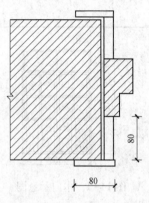

图 14-3　某门套大样图

[例 14-3]　如图 14-3 所示，某宾馆有 900mm×2100mm 的门洞 66 个，内外钉贴细木工板门套、贴脸（不带龙骨），榉木夹板贴面。编制该门套招标工程量清单。

解：《房屋建筑与装饰工程工程量计算规范》（GB 50854—2013）对门窗套提供了三种工程量计算方法，本例中以面积计量。

$$门套清单工程量 = [(0.90 + 2.10 \times 2) \times 0.08$$
$$+ (0.90 + 0.08 \times 2 + 2.10$$
$$\times 2) \times 0.08] \times 2 \times 66$$
$$= 109.40(\text{m}^2)$$

该门套分部分项工程量清单如表 14-13 所示。

表 14-13　　　　　　　　　分部分项工程量清单与计价表

工程名称：某建筑工程　　　　　　　　　　　　标段：　　　　　　　第1页　共1页

序号	项目编码	项目名称	项目特征	计量单位	工程量	金额（元）		
						综合单价	合价	其中：暂估价
1	010808001001	木门窗套	1. 窗代号及洞口尺寸：900mm×2100mm 2. 门窗套展开宽度：160mm 3. 基层材料：细木工板 4. 面层材料：榉木夹板	m³	109.40			

第三节　工程量清单报价应用

[例 14-4]　根据山东省建筑工程消耗量定额、2015 年山东省及济南市预算价格完成 [例 14-1] 中木质门清单项目综合单价的计算。

解：本例选取清单工程量计量单位"樘"进行综合单价的计算。

本例木质门为现场制作，因此，木质门清单项目发生的工程内容包括门框、门扇制作和安装，纱门扇的制作和安装，门窗配件的安装。

（1）门框、门扇。按照山东省建筑工程工程量计算规则，门框、门扇工程量均按洞口尺寸以面积计算。因此，定额工程量为 21.06m²。

木门框制作，套 5-1-3；木门框安装，套 5-1-4。

木门扇制作，套 5-1-51；木门扇安装，套 5-1-52。

按照山东省定额规定，门窗定额木材木种均以一、二类木种为准，如采用三、四类木种是，木门窗制作、安装定额相应人工和机械需要进行系数调整。本例中木材为红松，属于一类木种，因此不需要进行调整换算。

（2）纱门扇。按照山东省建筑工程工程量计算规则，纱门扇按扇外围面积计算。因此，纱门扇定额工程量 $= (1.30 - 0.052 \times 2) \times (2.10 - 0.055 + 0.02) \times 6 = 14.82 (m^2)$。

纱门扇制作，套 5-1-103；纱门扇安装，套 5-1-104。

（3）门扇、纱扇五金配件。按照山东省建筑工程工程量计算规则，五金配件以樘为单位计算。因此，门扇五金配件定额工程量均为 6 樘，纱扇五金配件定额工程量为 12 樘。

木门扇配件，套 5-9-2（双扇带亮配件）；纱门扇配件，套 5-9-14。

按照 2015 年济南市预算价格及人工工资单价标准（80 元/工日），各定额对应的人工单价、材料单价、机械单价见表 14-14。

（4）参考本地区建设工程费用定额，管理费费率和利润率分别为 5.0% 和 3.1%，计费基数均为省人工费、省材料费和省机械费之和。根据鲁建标字〔2015〕12 号文件，山东省人工工资单价为 76 元/工日。各定额对应的管理费和利润单价如表 14-14 所示。

表 14-14　　　　　　　　　　工程量清单综合单价分析表

工程名称：某建筑工程　　　　　　　　　　标段：　　　　　　第 1 页　共 1 页

项目编码	010801001001	项目名称		木质门		计量单位		樘

清单综合单价组成明细

定额编号	定额名称	定额单位	数量	单价（元）				合价（元）			
				人工费	材料费	机械费	管理费与利润	人工费	材料费	机械费	管理费与利润
5-1-3	双扇带亮带纱木门框制作	10m²	0.3510	50.40	416.86	4.95	38.04	17.69	146.32	1.74	13.35
5-1-4	双扇带亮带纱木门框安装	10m²	0.3510	84.00	50.40	0.11	10.56	29.48	17.69	0.04	3.71
5-1-51	双扇带亮半截玻璃木门扇制作	10m²	0.3510	156.00	702.17	16.87	70.24	54.76	246.46	5.92	24.65
5-1-52	双扇带亮半截玻璃木门扇安装	10m²	0.3510	124.00	73.56	—	15.50	43.52	25.82	—	5.44
5-9-2	双扇带亮木门配件	樘	0.1000	—	664.85	—	53.85	—	66.49	—	5.39
5-1-103	纱门扇制作（扇面积）	10m²	0.2470	164.00	369.82	13.78	43.69	40.51	91.35	3.40	10.79

续表

项目编码	010801001001	项目名称		木质门		计量单位		樘

清单综合单价组成明细

定额编号	定额名称	定额单位	数量	单价（元）				合价（元）			
				人工费	材料费	机械费	管理费与利润	人工费	材料费	机械费	管理费与利润
5-1-104	纱门扇安装（扇面积）	10m²	0.2470	172.00	15.72	—	14.51	42.48	3.88	—	3.58
5-9-14	纱门配件	10樘	0.2000	—	78.00	—	6.32	—	15.60	—	1.26
人工单价		小计						228.45	613.6	11.10	68.18
80元/工日		未计价材料费						—			
清单项目综合单价								921.33			

 复习思考题

1. 门窗材木种不同时如何处理？

2. 门窗五金配件是否包含在门窗安装定额中？

3. 现场制作和购买成品两种情况下，门窗清单项目工作内容有什么差异？

4. 门窗口套、窗台板不做木龙骨，如何处理？

第十五章 屋面及防水工程

【本章概要】

本章围绕《房屋建筑与装饰工程工程量计算规范》（GB 50854—2013）主要介绍了屋面及防水的基本知识，重点介绍了瓦及型材屋面、屋面防水、墙与地面防水防潮工程的分部工程工程量清单的编制和相应工程量清单报价的理论与方法。

第一节 屋面及防水工程概述

一、屋顶的功能及构成

屋顶是房屋建筑的重要组成部分之一，是房屋最上层覆盖的外围护结构，主要起到覆盖、承重、避免日晒、遮风挡雨、防水、排水、保温、隔热等作用。

屋顶一般由结构层、找平层、保温隔热层、防水层、面层等构成。

二、屋面的分类

屋面按坡度不同分类，可以划分为平屋面和坡屋面。平屋面一般坡度较小，倾斜度在2%～3%，适合于城市住宅、办公楼、学校和医院等工程。坡屋面一般坡度较大。

按采用材料不同分类，可分为刚性屋面、瓦屋面、型材屋面、膜结构屋面等。刚性屋面是指用细石混凝土做防水层的屋面。其构造简单、施工方便、造价较低，但容易开裂，对气温变化和屋面基层变形的适应性较差。膜结构是20世纪中期发展起来的一种新型建筑结构形式，是由多种高强薄膜材料及加强构件（钢架、钢柱或钢索）通过一定方式使其内部产生一定的预张应力以形成某种空间形状，作为覆盖结构，并能承受一定的外荷载作用的一种空间结构形式。型材屋面主要是指采用彩钢压型钢板、彩钢压型夹芯板、石棉瓦、玻璃钢波纹瓦、塑料波纹瓦、镀锌铁皮等材料所做的屋面。

三、防水工程

建筑防水工程是保证建筑物（构筑物）的结构不受水的侵袭、内部空间受水的危害的一项分部工程，在整个建筑工程中占有重要的地位。建筑防水工程涉及建筑物（构筑物）的地下室、墙地面、墙身、屋顶等诸多部位，其功能就是要使建筑物或构筑物在设计耐久年限内，防止雨水及生产、生活用水的渗漏和地下水的浸蚀，确保建筑结构、内部空间不受到污损，为人们提供一个舒适和安全的生活空间环境。

按所用的不同防水材料分类，又可分为刚性防水材料（如涂抹防水砂浆、浇筑掺有外加剂的细石混凝土或预应力混凝土等）和柔性防水材料（如铺设不同档次的防水卷材，涂刷各种防水涂料等）。结构自防水和刚性材料防水均属于刚性防水，用各种卷材、涂料所做的防水层均属于柔性防水。

按建（构）筑物工程部位分类，可划分为地下防水、屋面防水、墙面防水、楼地面防水等。

按防水材料品种分类，可分为卷材防水（沥青防水卷材、高聚物改性沥青防水卷材、合成高分子防水卷材）、涂膜防水（沥青基防水涂料、高聚物改性沥青防水涂料、合成高分子防水涂料）、密封材料防水（改性沥青密封材料、合成高分子密封材料）、混凝土防水（普通防水混凝土、补偿收缩防水混凝土、预应力防水混凝土、掺外加剂防水混凝土以及钢纤维或塑料纤维防水混凝土）、砂浆防水（水泥砂浆、掺外加剂水泥砂浆以及聚合物水泥砂浆）以及其他防水材料，各类粉状憎水材料、建筑拒水粉、复合建筑防水粉和各类渗透剂的防水材料。

第二节　清单项目设置及计算规则

一、清单项目设置

《房屋建筑与装饰工程工程量计算规范》（GB 50854—2013）附录 J 中屋面及防水工程包括瓦、型材及其他屋面，屋面防水及其他，墙面防水、防潮，楼（地）面防水、防潮 4 个部分共 21 个清单项目，其工程量清单项目设置及工程量计算规则如表 15 - 1～表 15 - 4 所示。

表 15 - 1　　　　　　　　　　瓦、型材及其他屋面（编码：010901）

项目编码	项目名称	项目特征	计量单位	工程量计算规则	工程内容
010901001	瓦屋面	1. 瓦品种、规格 2. 黏结层砂浆的配合比			1. 砂浆制作、运输、摊铺、养护 2. 安瓦、做瓦脊
010901002	型材屋面	1. 型材品种、规格 2. 金属檩条材料品种、规格 3. 接缝、嵌缝材料种类			1. 檩条制作、运输、安装 2. 屋面型材安装 3. 接缝、嵌缝
010901003	阳光板屋面	1. 阳光板品种、规格 2. 骨架材料品种、规格 3. 接缝、嵌缝材料种类 4. 油漆品种、刷漆遍数			1. 骨架制作运输、安装、刷防护材料、油漆 2. 阳光板安装 3. 接缝、嵌缝
010901004	玻璃钢屋面	1. 玻璃钢品种、规格 2. 骨架材料品种、规格 3. 玻璃钢固定方式 4. 接缝、嵌缝材料种类 5. 油漆品种、刷漆遍数	m²	详见工程量计算规则部分	1. 骨架制作运输、安装、刷防护材料、油漆 2. 玻璃钢制作、安装 3. 接缝、嵌缝
010901005	膜结构屋面	1. 膜布品种、规格 2. 支柱（网架）钢材品种、规格 3. 钢丝绳品种、规格 4. 锚固基座做法 5. 油漆品种、刷漆遍数			1. 膜布热压胶接 2. 支柱（网架）制作、安装 3. 膜布安装 4. 穿钢丝绳、锚头锚固 5. 锚固基座、挖土、回填 6. 刷防护材料，刷油漆

表 15 - 2   **屋面防水及其他（编码：010902）**

项目编码	项目名称	项目特征	计量单位	工程量计算规则	工程内容
010902001	屋面卷材防水	1. 卷材品种、规格、厚度 2. 防水层数 3. 防水层做法	m²	详见工程量计算规则部分	1. 基层处理 2. 刷底油 3. 铺油毡卷材、接缝
010902002	屋面涂膜防水	1. 防水膜品种 2. 涂膜厚度、遍数 3. 增强材料种类			1. 基层处理 2. 刷基层处理剂 3. 铺布、喷涂防水层
010902003	屋面刚性层	1. 防水层厚度 2. 嵌缝材料种类 3. 混凝土强度等级			1. 基层处理 2. 混凝土制作、运输、铺筑、养护 3. 钢筋制作、安装
010902004	屋面排水管	1. 排水管品种、规格 2. 雨水斗、山墙出水口品种、规格 3. 接缝、嵌缝材料种类 4. 油漆品种、刷漆遍数	m	详见工程量计算规则部分	1. 排水管及配件安装、固定 2. 雨水斗、山墙出水口、雨水算子安装 3. 接缝、嵌缝 4. 刷漆
010902005	屋面排（透）气管	1. 排气管品种、规格 2. 接缝、嵌缝材料种类 3. 油漆品种、刷漆遍数			1. 排（透）气管及配件安装、固定 2. 铁件制作、安装 3. 接缝、嵌缝 4. 刷漆
010902006	屋面（廊、阳台）泄（吐）水管	1. 吐水管品种、规格 2. 接缝、嵌缝材料种类 3. 吐水管长度 4. 油漆品种、刷漆遍数	根（个）	详见工程量计算规则部分	1. 水管及配件安装、固定 2. 接缝、嵌缝 3. 刷漆
010902005	屋面天沟、沿沟	1. 材料品种、规格 2. 接缝、嵌缝材料种类	m²	详见工程量计算规则部分	1. 天沟材料铺设 2. 天沟配件安装 3. 接缝、嵌缝 4. 刷防护材料
010902008	屋面变形缝	1. 嵌缝材料种类 2. 止水带材料种类 3. 盖缝材料 4. 防护材料种类	m	详见工程量计算规则部分	1. 清缝 2. 填塞防水材料 3. 止水带安装 4. 盖缝制作、安装 5. 刷防护材料

表 15 - 3　　　　　　　　墙面防水、防潮（编码：010903）

项目编码	项目名称	项目特征	计量单位	工程量计算规则	工程内容
010903001	墙面卷材防水	1. 卷材品种、规格、厚度 2. 防水层数 3. 防水层做法	m²	详见工程量计算规则部分	1. 基层处理 2. 刷黏结剂 3. 铺防水卷材 4. 接缝、嵌缝
010903002	涂膜防水	1. 防水膜品种 2. 涂膜厚度、遍数 3. 增强材料种类			1. 基层处理 2. 刷基层处理剂 3. 铺布、喷涂防水层
010903003	砂浆防水（潮）	1. 防水（潮）部位 2. 防水（潮）厚度、层数 3. 砂浆配合比 4. 外加剂材料种类			1. 基层处理 2. 挂钢丝网片 3. 设置分格缝 4. 砂浆制作、运输、摊铺、养护
010903004	墙面变形缝	1. 嵌缝材料种类 2. 止水带材料种类 3. 盖板材料 4. 防护材料种类	m	详见工程量计算规则部分	1. 清缝 2. 填塞防水材料 3. 止水带安装 4. 盖缝制作、安装 5. 刷防护材料

表 15 - 4　　　　　　　　楼（地）面防水、防潮（编码：010904）

项目编码	项目名称	项目特征	计量单位	工程量计算规则	工程内容
010904001	楼（地）面卷材防水	1. 卷材品种、规格、厚度 2. 防水层数 3. 防水层做法 4. 反边高度	m²	详见工程量计算规则部分	1. 基层处理 2. 刷黏结剂 3. 铺防水卷材 4. 接缝、嵌缝
010904002	楼（地）面涂膜防水	1. 防水膜品种 2. 涂膜厚度、遍数 3. 增强材料种类 4. 反边高度			1. 基层处理 2. 刷基层处理剂 3. 铺布、喷涂防水层
010904003	楼（地）面砂浆防水（防潮）	1. 防水层做法 2. 砂浆厚度、配合比 3. 反边高度			1. 基层处理 2. 砂浆制作、运输、摊铺、养护
010904004	楼（地）面变形缝	1. 嵌缝材料种类 2. 止水带材料种类 3. 盖板材料 4. 防护材料种类	m	详见工程量计算规则部分	1. 清缝 2. 填塞防水材料 3. 止水带安装 4. 盖缝制作、安装 5. 刷防护材料

二、工程量计算规则

1. 瓦、型材及其他屋面

瓦屋面及型材屋面按设计图示尺寸以斜面积计算，不扣除房上烟囱、风帽底座、风道、小气窗、斜沟等所占面积，小气窗的出檐部分不增加面积。

阳光板屋面、玻璃钢屋面按设计图示尺寸以斜面积计算，不扣除屋面面积≤0.3m² 的孔洞所占面积。

膜结构屋面按设计图示尺寸以需要覆盖的水平面积计算。

计算屋面斜面积所需的屋面坡度系数如表 15-5 所示。

表 15-5　　　　　　　　　　**屋面坡度系数表**

坡　　　度			延尺系数 C	隔延尺系数 D
B/A(A=1)	B/2A	角度 α		
1	1/2	45°	1.4142	1.7321
0.75		36°52′	1.2500	1.6008
0.70		35°	1.2207	1.5779
0.666	1/3	33°40′	1.2015	1.5620
0.65		33°01′	1.1926	1.5564
0.60		30°58′	1.1662	1.5362
0.577		30°	1.1547	1.5270
0.55		28°49′	1.1413	1.5170
0.50	1/4	26°34′	1.1180	1.5000
0.45		24°14′	1.0966	1.4839
0.40	1/5	21°48′	1.0770	1.4697
0.35		19°17′	1.0594	1.4569
0.30		16°42′	1.0440	1.4457
0.25		14°02′	1.0308	1.4362
0.20	1/10	11°19′	1.0198	1.4283
0.15		8°32′	1.0112	1.4221
0.125		7°8′	1.0078	1.4191
0.100	1/20	5°42′	1.0050	1.4177
0.083		4°45′	1.0035	1.4166
0.066	1/30	3°49′	1.0022	1.4157

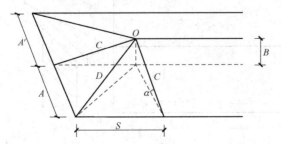

注：1. $A=A′$，且 $S=0$ 时，为等两坡屋面；$A=A′=S$ 时，等四坡屋面。

2. 屋面斜铺面积＝屋面水平投影面积×C。

3. 等两坡屋面山墙泛水斜长：$A×C$。

4. 等四坡屋面斜脊长度：$A×D$。

2. 屋面防水及其他

屋面卷材防水、涂膜防水、屋面刚性层按设计图示尺寸以面积计算。斜屋面（不包括平屋面顶找坡）按斜面积计算，平屋顶按水平投影面积计算；不扣除房上烟囱、风帽底座、风道、屋面小气窗和斜沟所占面积；屋面防水搭接及附加层用量不另计算，在综合单价中考虑。屋面的女儿墙、伸缩缝和天窗等处的弯起部分，并入屋面工程量内。伸缩缝、女儿墙的弯起部分设计未规定者按 250mm 计算，天窗弯起部分按 500mm计算。

屋面排水管按设计图示尺寸以长度计算。如设计未标注尺寸，以檐口至设计室外散水上表面垂直距离计算。屋面排（透）气管按设计图示尺寸以长度计算。屋面（廊、阳台）泄（吐）水管按设计图示数量计算。屋面天沟、檐沟按设计图示尺寸以展开面积计算。屋面变形缝按设计图示以长度计算。

3. 墙面防水、防潮

墙面卷材防水、涂膜防水、砂浆防水（防潮）按设计图示尺寸以面积计算，墙面防水搭接及附加层用量不另计算，在综合单价中考虑。墙面变形缝按设计图示以长度计算，若做双面，工程量乘系数 2。

4. 楼（地）面防水、防潮

楼（地）面卷材防水、涂膜防水、砂浆防水（防潮）按设计图示尺寸以面积计算。

（1）楼（地）面防水：按主墙间净空面积计算，扣除凸出地面的构筑物、设备基础等所占面积，不扣除间壁墙及单个面积 $\leqslant 0.3m^2$ 的柱、垛、烟囱和孔洞所占面积。

（2）楼（地）面防水反边高度 $\leqslant 300mm$ 算作地面防水，反边高度 $> 300mm$ 按墙面防水计算。

（3）楼（地）面防水搭接及附加层用量不另行计算，在综合单价中考虑。

楼（地）面变形缝按设计图示长度计算。

三、招标工程量清单编制实例

[例 15-1]　某两坡屋面平面图如图 15-1 所示，坡度 1/2，铺贴黏土瓦，采用∟50×5等边角钢檩条，共 17 根。编制瓦屋面分部分项工程量清单。

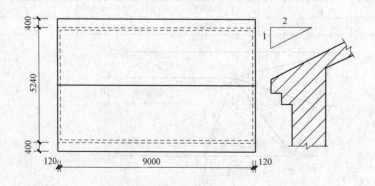

图 15-1　两坡瓦屋面平面图

解：瓦屋面工程量 $= (5.24 + 0.8) \times (9.24 + 0.8) \times 1.118 = 67.80(m^2)$

瓦屋面分部分项工程量清单如表 15-6 所示。

表 15-6 　　　　　　　　　　　**分部分项工程量清单与计价表**

工程名称：某建筑工程　　　　　　　　　标段：　　　　　　　　第1页 共1页

序号	项目编码	项目名称	项目特征	计量单位	工程量	金额（元）		
						综合单价	合价	其中：暂估价
1	010901001001	瓦屋面	1. 瓦品种：黏土瓦 2. 檩条类型：∟50×5 等边角钢	m²	67.80			

[例 15-2] 　某建筑物屋顶平面图如图15-2所示，墙厚240mm，四周女儿墙，无挑檐。屋面做法：1：3水泥砂浆找平层15mm厚，刷冷底子油一道，4mm厚 SBS 卷材防水，弯起250mm，编制屋面卷材防水分部分项工程量清单。

解： 屋面卷材防水工程量 $= (8.00 - 0.24) \times (3.60 - 0.24) + (8.00 - 0.24 + 3.60 - 0.24) \times 2 \times 0.25 = 31.63(\text{m}^2)$

分部分项工程量清单见表15-7。

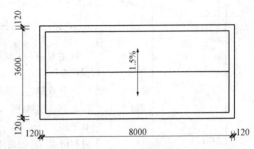

图 15-2 屋顶平面图

表 15-7 　　　　　　　　　　　**分部分项工程量清单与计价表**

工程名称：某建筑工程　　　　　　　　　标段：　　　　　　　　第1页 共1页

序号	项目编码	项目名称	项目特征	计量单位	工程量	金额（元）		
						综合单价	合价	其中：暂估价
1	010902001001	屋面卷材防水	1. 卷材品种、规格：4mmSBS 2. 防水层做法：15mm 厚 1：3 水泥砂浆找平层，4mmSBS	m²	31.63			

[例 15-3] 　某地下室工程外防水做法如图 15-3 所示，1：3 水泥砂浆找平 20mm 厚，三元乙丙橡胶卷材防水（冷贴满铺），外墙防水高度做到±0.000。编制外墙、地面卷材防水分部分项工程量清单。

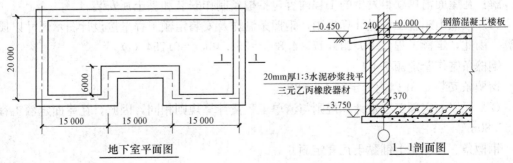

图 15-3 地下室平面图及剖面图

解：卷材防水（立面）工程量＝（45.00＋0.50＋20.00＋0.50＋6.00）×2×（3.75＋0.12）

$$= 557.28（m^2）$$

卷材防水（平面）工程量＝（45.00＋0.50）×（20.00＋0.50）－6.00×（15.00－0.50）

$$= 845.75（m^2）$$

分部分项工程量清单见表15-8。

表 15-8　　　　　　　　　　　　**分部分项工程量清单与计价表**

工程名称：某建筑工程　　　　　　　　　　　标段：　　　　　　　　第1页　共1页

序号	项目编码	项目名称	项目特征	计量单位	工程量	金额（元）		
						综合单价	合价	其中：暂估价
1	010904001001	楼（地）面卷材防水	1. 卷材品种、规格：三元乙丙橡胶卷材 2. 防水部位：平面 3. 防水层做法：1∶3水泥砂浆找平层20mm厚，三元乙丙橡胶卷材防水（冷贴满铺）	m²	845.75			
2	010903001001	墙面卷材防水	1. 卷材品种、规格：三元乙丙橡胶卷材 2. 防水部位：立面 3. 防水层做法：1∶3水泥砂浆找平层20mm厚，三元乙丙橡胶卷材防水（冷贴满铺）	m²	557.28			

第三节　工程量清单报价应用

[例15-4]　根据山东省建筑工程消耗量定额、2015年山东省及济南市预算价格完成 [例15-1] 中瓦屋面清单项目综合单价的计算。

解：瓦屋面清单项目发生的工程内容包括檩条制作安装和黏土瓦安装。

（1）按照山东省工程量计算规则，钢檩条制作及安装定额工程量按设计图示尺寸以质量计算。因此，定额工程量＝9.24×17×4.803＝754.46kg＝0.754（t）。

钢檩条制作套定额7-4-4。

钢檩条安装0.3t以内套定额10-3-234。

（2）瓦屋面定额工程量计算规则与清单工程量计算规则相同，因此，瓦屋面定额工程量为67.80m²。

钢檩条、挂瓦条上铺黏土瓦套定额6-1-2。

按照2015年济南市预算价格及人工工资单价标准（80元/工日），各定额对应的人工单价、材料单价、机械单价如表 15-9 所示。

（3）参考本地区建设工程费用定额，管理费费率和利润率分别为 5.0% 和 3.1%，计费基数均为省人工费、省材料费和省机械费之和。根据鲁建标字〔2015〕12 号文件，山东省人工工资单价为 76 元/工日。各定额对应的管理费和利润单价如表 15-9 所示。

表 15-9 工程量清单综合单价分析表

工程名称：某建筑工程　　　　　标段：　　　　　第 1 页　共 1 页

项目编码	010901001001	项目名称	瓦屋面			计量单位			m²

清单综合单价组成明细

定额编号	定额名称	定额单位	数量	单价（元）				合价（元）			
				人工费	材料费	机械费	管理费与利润	人工费	材料费	机械费	管理费与利润
7-4-4	型钢檩条制作	t	0.0111	953.60	5357.44	732.39	565.98	10.60	59.58	8.14	6.29
10-3-234	0.3t 内钢檩条轮胎吊安装	t	0.0111	136.80	269.15	126.54	42.52	1.52	2.99	1.41	0.47
6-1-2	钢檩条上铺三层苇箔挂黏土瓦	10m²	0.1000	152.00	174.15	—	25.81	15.20	17.42	—	2.58
人工单价			小计					27.33	79.99	9.55	9.35
80 元/工日			未计价材料费					—			
清单项目综合单价								126.22			

[例 15-5] 根据山东省建筑工程消耗量定额、2015 年山东省及济南市预算价格完成[例 15-2]中屋面卷材防水清单项目的工程量清单计价。

解： 屋面卷材防水清单发生的工程内容包括水泥砂浆找平、卷材防水。工程量同清单。

（1）水泥砂浆找平层、屋面卷材定额工程量计算规则混凝土清单工程量。因此，水泥砂浆找平层和屋面卷材防水的定额工程量均为 31.63m²。

水泥砂浆找平层 15mm 厚套定额 9-1-1 和 9-1-3。

SBS 卷材（一层）套定额 6-2-30。

按照 2015 年济南市预算价格及人工工资单价标准（80 元/工日），各定额对应的人工单价、材料单价、机械单价如表 15-10 所示。

（2）参考本地区建设工程费用定额，管理费费率和利润率分别为 5.0% 和 3.1%，计费基数均为省人工费、省材料费和省机械费之和。根据鲁建标字〔2015〕12 号文件，山东省人工工资单价为 76 元/工日。各定额对应的管理费和利润单价如表 15-10 所示。

表 15 - 10   **工程量清单综合单价分析表**

工程名称：某建筑工程   标段：   第 1 页 共 1 页

| 项目编码 | 010902001001 | 项目名称 | | 屋面卷材防水 | | 计量单位 | | m² |

清单综合单价组成明细

定额编号	定额名称	定额单位	数量	单价（元）				合价（元）			
				人工费	材料费	机械费	管理费与利润	人工费	材料费	机械费	管理费与利润
9-1-1	1：3 砂浆硬基层上找平层 20mm	10m²	0.1000	59.28	52.41	4.45	9.39	5.93	5.24	0.45	0.94
9-1-3	1：3 砂浆找平层±5mm	10m²	−0.1000	10.64	11.92	1.18	1.91	−1.06	−1.19	−0.12	−0.19
6-2-30	平面一层 SBS 改性沥青卷材满铺	10m²	0.1000	32.00	416.16	—	36.17	3.20	41.62	—	3.62
人工单价		小计						8.06	45.67	0.33	4.37
80 元/工日		未计价材料费						—			
清单项目综合单价								58.41			

分部分项工程量清单计价表见表 15 - 11。

表 15 - 11   **分部分项工程量清单与计价表**

工程名称：某建筑工程   标段：   第 1 页 共 1 页

序号	项目编码	项目名称	项目特征	计量单位	工程量	金额（元）		
						综合单价	合价	其中：暂估价
1	010902001001	屋面卷材防水	1. 卷材品种、规格：4mmSBS 2. 防水层做法：15mm 厚 3. 水泥砂浆找平层，4mmSBS	m²	31.63	58.41	1847.51	

复习思考题

1. 墙面、楼地面及屋面防水中上卷部分工程量如何处理？

2. 防水中搭接及附加层用量如何处理？

3. 防水工程有哪些分类？

第十六章 保温、隔热、防腐工程

【本章概要】

本章围绕《房屋建筑与装饰工程工程量计算规范》（GB 50854—2013）主要介绍了防腐、隔热、保温的基本知识，重点介绍了防腐面层、隔热和保温工程的分部工程的工程量清单的编制和相应工程量清单报价的理论与方法。

第一节 保温、隔热、防腐工程概述

一、保温隔热工程

1. 隔热

隔热层是指砌筑墙体的材料或制品夏季阻止热量传入，保持室温稳定的能力。通常是指围护结构在夏季隔离太阳辐射热和室外高温的影响，从而使其内表面保持适当温度的能力。因此，在地面、墙体或屋面等部位增加该构造层，或做成架空隔热层。

2. 保温

保温又称绝热，是减少系统热量向外传递的保温以及减少外部热量传入系统的保冷在工程中习惯上的统称。保温的主要目的是减少冷、热量的损失，节约能源，提高系统运行的经济型。对于高温设备和管道，保温能改善劳动环境，防止操作人员不被烫伤，有利于安全生产；对于低温设备和管道，保温能提高外表面温度，避免出现结露和结霜现象，也可避免人的皮肤与之接触而受冻；对于高寒地区的给水、排水系统，保温可防止出现系统冻结事故。

3. 保温隔热的部位和方式

保温隔热的工程部位主要在天棚、墙体、屋面、柱和其他部位保温，在楼地面部位隔热。

保温隔热的方式分为内保温、外保温和夹心保温。

二、防腐工程

腐蚀是指材料在周围环境介质下造成的破坏，即材料与其环境间的物理、化学作用所引起的材料本身性质的变化。

防腐按照所使用材料的不同，可以分为防腐混凝土、防腐砂浆、防腐胶泥、玻璃钢防腐、聚氯乙烯板防腐、块料防腐以及隔离层、防腐涂料、沥青浸渍砖等内容。

防腐混凝土是由耐腐蚀胶结剂、硬化剂、耐腐蚀粉料和粗细骨料以及外加剂按一定比例组成的，经过搅拌、成型和养护后可直接使用的一种耐腐蚀材料，主要有水玻璃混凝土、沥青混凝土、树脂混凝土等。其中，水玻璃混凝土常用于灌注地面的整体面层，设备基础以及池槽槽体等的防腐蚀工程；沥青混凝土多用于铺筑整体面层或垫层。

防腐砂浆是为防止酸、碱、盐及有机溶剂等介质破坏建筑材料，在铺砌砖、板面层和铺筑整体面层或垫层时，向砂浆中加入一定的防腐蚀材料而形成的胶结材料，主要有水玻璃砂浆、沥青砂浆、树脂砂浆和氯丁胶乳水泥砂浆等。水玻璃砂浆常用于铺砌各种耐酸砖板、块料面层；沥青砂浆多用于铺筑整体面层或垫层；树脂砂浆铺砌块料面层；氯丁胶乳水泥砂浆常用于混凝土、砖结构或钢结构表面上铺抹的整体面层和铺砌的耐酸砖的块材面层。

玻璃钢又称玻璃纤维增强塑料。玻璃钢防腐由各种树脂胶和玻璃布交错黏结而成，适用于楼地面及平台的防腐面层、重晶石等特种面层，也适用于墙面、踢脚板、地沟、地坑的防腐蚀面层。

隔离层是为防止防腐蚀材料在固化前对基层产生腐蚀作用而铺设在基层表面的一薄层防腐材料。做好隔离层后，进行下道工序施工时，要注意对隔离层的保护。

第二节　清单项目设置及计算规则

一、保温、隔热清单项目设置及工程量计算规则

《房屋建筑与装饰工程工程量计算规范》（GB 50854—2013）附录 K 中保温、隔热清单项目设置如表 16-1 所示。

表 16-1　　　　　　　　　　　　保温、隔热（编码：011001）

项目编码	项目名称	项目特征	计量单位	工程量计算规则	工程内容
011001001	保温隔热屋面	1. 保温隔热材料品种、规格、厚度 2. 隔气层材料品种、厚度 3. 黏结层材料种类、做法 4. 防护材料种类、做法		按设计图示尺寸以面积计算。扣除面积＞0.3m² 的孔洞及占位面积	1. 基层清理 2. 刷黏结材料 3. 铺粘保温层 4. 铺、刷（喷）防护材料
011001002	保温隔热天棚	1. 保温隔热面层材料品种、规格、厚度 2. 保温隔热材料品种、规格、厚度 3. 黏结层材料种类、做法 4. 防护材料种类、做法		按设计图示尺寸以面积计算。扣除面积＞0.3m² 的柱、垛、孔洞所占面积，与天棚相连的梁按展开面积，计算并入天棚工程量内	
011001003	保温隔热墙面	1. 保温隔热部位 2. 保温隔热方式 3. 踢脚线、勒脚线保温做法 4. 龙骨材料品种、规格 5. 保温隔热面层材料品种、规格、性能	m²	按设计图示尺寸以面积计算。扣除门窗洞口及面积＞0.3m² 的梁、孔洞所占面积；门窗洞口侧壁以及与墙相连的柱，并入保温墙体工程量内	1. 基层清理 2. 刷界面剂 3. 安装龙骨 4. 填贴保温材料 5. 保温板安装 6. 粘贴面层 7. 铺设增强格网、抹抗裂、防水砂浆面层 8. 嵌缝 9. 铺、刷（喷）防护材料
011001004	保温柱、梁	6. 保温隔热材料品种、规格及厚度 7. 增强网及抗裂防水砂浆种类 8. 黏结材料种类及做法 9. 防护材料种类及做法		1. 柱按设计图示柱断面保温层中心线展开长度乘保温层高度以面积计算，扣除面积＞0.3m² 的梁所占面积 2. 梁按设计图示梁断面保温层中心线展开长度乘保温层长度以面积计算	

续表

项目编码	项目名称	项目特征	计量单位	工程量计算规则	工程内容
011001005	保温隔热楼地面	1. 保温隔热部位 2. 保温隔热材料品种、规格及厚度 3. 隔气层材料品种、厚度 4. 黏结层材料类、做法 5. 防护材料种类、做法	m²	按设计图示尺寸以面积。扣除面积＞0.3m²的柱、垛、孔洞等所占面积。门洞、空圈、暖气包槽、壁龛的开口部分不增加面积	1. 基层清理 2. 刷粘贴材料 3. 铺粘保温层 4. 铺、刷（喷）防护材料
011001006	其他保温隔热	1. 保温隔热部位 2. 保温隔热方式 3. 隔气层材料品种、厚度 4. 保温隔热面层材料品种、规格、性能 5. 保温隔热材料种类、规格及厚度 6. 黏结材料种类及做法 7. 增强网及抗裂防水砂浆种类 8. 防护材料种类及做法		按设计图示尺寸以面积计算扣除面积＞0.3m²的孔洞及占位面积	1. 基层清理 2. 刷界面剂 3. 安装龙骨 4. 填贴保温材料 5. 保温板安装 6. 粘贴面层 7. 铺设增强格网、抹抗裂、防水砂浆面层 8. 嵌缝 9. 铺、刷（喷）防护材料

二、防腐面层清单项目设置及工程量计算规则

《房屋建筑与装饰工程工程量计算规范》（GB 50854—2013）附录 K 防腐机器他防腐清单项目设置如表 16-2、表 16-3 所示。

表 16-2   防腐面层（编码：011002）

项目编码	项目名称	项目特征	计量单位	工程量计算规则	工程内容
011002001	防腐混凝土面层	1. 防腐部位 2. 面层厚度 3. 混凝土种类 4. 胶泥种类、配合比	m²	1. 平面防腐：扣除凸出地面的构筑物、设备基础以及面积＞0.3m²的孔洞、柱、垛等所占面积。门洞、空圈、暖气包槽、壁龛的开口部分不增加面积 2. 立面防腐：扣除门、窗、洞口以及面积＞0.3m²的孔洞、梁所占面积。门、窗、洞口侧壁、垛突出部分按展开面积并入墙面积内	1. 基层清理 2. 基层刷稀胶泥 3. 混凝土制作、运输、摊铺、养护
011002002	防腐砂浆面层	1. 防腐部位 2. 面层厚度 3. 砂浆种类、配合比			1. 基层清理 2. 基层刷稀胶泥 3. 砂浆制作、运输、摊铺、养护
011002003	防腐胶泥面层	1. 防腐部位 2. 面层厚度 3. 胶泥种类、配合比			1. 基层清理 2. 胶泥调制、摊铺

项目编码	项目名称	项目特征	计量单位	工程量计算规则	工程内容
011002004	玻璃钢防腐面层	1. 防腐部位 2. 玻璃钢种类 3. 贴布材料的种类、层数 4. 面层材料品种	m²	1. 平面防腐：扣除凸出地面的构筑物、设备基础以及面积＞0.3m²的孔洞、柱、垛等所占面积。门洞、空圈、暖气包槽、壁龛的开口部分不增加面积 2. 立面防腐：扣除门、窗、洞口以及面积＞0.3m²的孔洞、梁所占面积。门、窗、洞口侧壁、垛突出部分按展开面积并入墙面积内	1. 基层清理 2. 刷底漆、刮腻子 3. 胶浆配制、涂刷 4. 粘布、涂刷面层
011002005	聚氯乙烯板面层	1. 防腐部位 2. 面层材料品种、厚度 3. 黏结材料种类			1. 基层清理 2. 配料、涂胶 3. 聚氯乙烯板铺设
011002006	块料防腐面层	1. 防腐部位 2. 块料品种、规格 3. 黏结材料种类 4. 勾缝材料种类			1. 基层清理 2. 铺贴块料 3. 胶泥调制、勾缝
011002007	池、槽块料防腐面层	1. 防腐池、槽名称、代号 2. 块料品种、规格 3. 黏结材料种类 4. 勾缝材料种类	m²	按设计图示尺寸以展开面积计算	1. 基层清理 2. 铺贴块料 3. 胶泥调制、勾缝

表 16‑3　　　　　　　　　　　其他防腐（编码：011003）

项目编码	项目名称	项目特征	计量单位	工程量计算规则	工程内容
011003001	隔离层	1. 隔离层部位 2. 隔离层材料品种 3. 隔离层做法 4. 黏结材料种类	m²	1. 平面防腐：扣除凸出地面的构筑物、设备基础等以及面积＞0.3m²的孔洞、柱、垛等所占面积。门洞、空圈、暖气包槽、壁龛的开口部分不增加面积 2. 立面防腐：扣除门、窗、洞口以及面积＞0.3m²的孔洞、梁所占面积。门、窗、洞口侧壁、垛突出部分按展开面积并入墙面积内	1. 基层清理、刷油 2. 煮沥青 3. 胶泥调制 4. 隔离层铺设
011003002	砌筑沥青浸渍砖	1. 砌筑部位 2. 浸渍砖规格 3. 胶泥种类 4. 浸渍砖砌法	m³	按设计图示尺寸以体积计算	1. 基层清理 2. 胶泥调制 3. 浸渍砖铺砌

项目编码	项目名称	项目特征	计量单位	工程量计算规则	工程内容
011003003	防腐涂料	1. 涂刷部位 2. 基层材料类型 3. 刮腻子的种类、遍数 4. 涂料品种、刷涂遍数	m²	1. 平面防腐：扣除凸出地面的构筑物、设备基础等以及面积>0.3m²的孔洞、柱、垛等所占面积。门洞、空圈、暖气包槽、壁龛的开口部分不增加面积 2. 立面防腐：扣除门、窗、洞口以及面积>0.3m²的孔洞、梁所占面积。门、窗、洞口侧壁、垛突出部分按展开面积并入墙面积内	1. 基层清理 2. 刮腻子 3. 刷涂料

三、招标工程量清单编制实例

[例 16-1]　某工程地面用沥青胶泥铺砌花岗石板防腐面层，厚度 60mm，如图 16-1 所示。编制花岗岩面层沥青胶泥铺砌防腐工程的分部分项工程量清单。

解： 花岗岩沥青胶泥铺砌工程量 $= (3.00 \times 3 - 0.24) \times (4.50 - 0.24) = 37.32$（m²）

分部分项工程量清单见表 16-4。

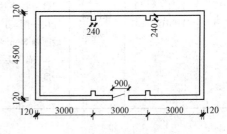

图 16-1　某工程平面图

表 16-4　　　　　　　　**分部分项工程量清单与计价表**

工程名称：某建筑工程　　　　　　　　标段：　　　　　　第 1 页　共 1 页

序号	项目编码	项目名称	项目特征	计量单位	工程量	金额（元）		
						综合单价	合价	其中：暂估价
1	011002006001	块料防腐面层	1. 防腐部位：地面 2. 块料品种、规格：花岗岩 60mm 厚 3. 粘结材料：沥青胶泥	m²	37.32			

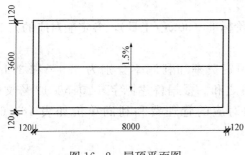

图 16-2　屋顶平面图

[例 16-2]　某建筑物屋顶平面图如图 16-2 所示，墙厚 240mm，四周女儿墙，无挑檐。屋面保温做法：空心板上 1:3 水泥砂浆找平层 20mm 厚，沥青隔气层一度，1:8 现浇水泥珍珠岩最薄处 60mm 厚，1:3 水泥砂浆找平层 20mm 厚，PVC 橡胶卷材防水。编制保温隔热屋面分部分项工程量清单。

解：保温隔热屋面工程量 $= (8.00 - 0.24) \times (3.60 - 0.24) = 26.07(\text{m}^2)$

分部分项工程量清单见表 16 - 5。

表 16 - 5   **分部分项工程量清单与计价表**

工程名称：某建筑工程   标段：   第 1 页 共 1 页

序号	项目编码	项目名称	项目特征	计量单位	工程量	金额（元）		
						综合单价	合价	其中：暂估价
1	011001001001	保温隔热屋面	1. 保温隔热部位：屋面 2. 保温隔热材料品种：1：3 水泥砂浆找平层 20mm 厚，沥青隔气层一度，1：8 现浇水泥珍珠岩最薄处 60mm 厚 3. 隔气层厚度：沥青隔气层一度	m²	26.07			

第三节 工程量清单报价应用

［例 16 - 3］ 根据山东省建筑工程消耗量定额、2015 年山东省及济南市预算价格完成［例 16 - 1］中块料防腐面层清单项目的工程量清单计价。

解：花岗岩沥青胶泥铺砌防腐面层清单项目发生的工程内容包括基层清理、块料铺砌、胶泥调制。

（1）根据山东省建筑工程工程量计算规则，耐酸防腐工程区分不同材料及厚度，按设计实铺面积以平方米计算。扣除凸出地面的构筑物、设备基础、门窗洞口等所占面积，墙垛等突出墙面部分按展开面积并入墙面防腐工程量内。

因此，花岗岩沥青胶泥铺砌定额工程量 $= (3.00 \times 3 - 0.24) \times (4.50 - 0.24) - 0.24 \times 0.24 \times 4 + 0.9 \times 0.12 = 37.20(\text{m}^2)$。

花岗岩沥青胶泥铺砌套定额 6-6-20。

按照 2015 年济南市预算价格及人工工资单价标准（80 元/工日），各定额对应的人工单价、材料单价、机械单价如表 16 - 6 所示。

（2）参考本地区建设工程费用定额，管理费费率和利润率分别为 5.0% 和 3.1%，计费基数均为省人工费、省材料费和省机械费之和。根据鲁建标字〔2015〕12 号文件，山东省人工工资单价为 76 元/工日。各定额对应的管理费和利润单价如表 16 - 6 所示。

表 16-6　　　　　　　　　　　**工程量清单综合单价分析表**

工程名称：某建筑工程　　　　　　　　　　　　　　标段：　　　　　　　　　第 1 页　共 1 页

项目编码	011002006001	项目名称	块料防腐面层	计量单位	m²

清单综合单价组成明细

定额编号	定额名称	定额单位	数量	单价（元）				合价（元）			
				人工费	材料费	机械费	管理费与利润	人工费	材料费	机械费	管理费与利润
6-6-20	耐酸沥青胶泥平铺花岗岩板 60mm	10m²	0.0997	848.00	1686.72	8.83	202.6	84.53	168.13	0.88	20.19
人工单价		小计						84.53	168.13	0.88	20.19
80 元/工日		未计价材料费						—			
清单项目综合单价								273.74			

分部分项工程量清单计价表见表 16-7。

表 16-7　　　　　　　　　　　**分部分项工程量清单与计价表**

工程名称：某建筑工程　　　　　　　　　　　　　　标段：　　　　　　　　　第 1 页　共 1 页

序号	项目编码	项目名称	项目特征	计量单位	工程量	金额（元）		
						综合单价	合价	其中：暂估价
1	011002006001	块料防腐面层	1. 防腐部位：地面 2. 块料品种、规格：花岗岩 60mm 厚 3. 黏结材料：沥青胶泥	m²	37.32	273.74	10 215.98	

[**例 16-4**]　根据山东省建筑工程消耗量定额、2015 年山东省及济南市预算价格完成 [例 16-2] 中保温隔热屋面清单项目的工程量清单计价。

解： 保温隔热屋面清单项目发生的工程内容包括水泥砂浆找平、隔气层、铺保温层。

（1）水泥砂浆找平层、隔气层定额工程量计算规则与清单工程量计算规则相同。因此，定额工程量为 26.07m²。水泥砂浆找平层 20mm 厚，套定额 9-1-1。沥青隔气层一度，套定额 6-2-72。

（2）按照山东省工程量计算规则，屋面保温层按设计图示面积乘以平均厚度，以立方米计算。屋面保温层平均厚度＝保温层宽度÷2×坡度÷2＋最薄处厚度。

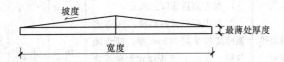

因此，本例中屋面保温层平均厚度 ＝ $(3.60-0.24)÷2×0.015÷2+0.06 = 0.073$（m）。

保温层工程量＝$26.07×0.073 = 1.90$（m^3）。

屋面现浇水泥珍珠岩保温，套定额6-3-15。山东省水泥珍珠岩定额是按1：10的配合比编制的，设计采用1：8配合比水泥珍珠岩，因此，需要进行配合比的调整换算。

按照2015年济南市预算价格及人工工资单价标准（80元/工日），并考虑上述涉及的定额调整换算，各定额对应的人工单价、材料单价、机械单价如表16-8所示。

（3）参考本地区建设工程费用定额，管理费费率和利润率分别为5.0%和3.1%，计费基数均为省人工费、省材料费和省机械费之和。根据鲁建标字〔2015〕12号文件，山东省人工工资单价为76元/工日。各定额对应的管理费和利润单价如表16-8所示。

表16-8　　　　　　　　　　　　工程量清单综合单价分析表

工程名称：某建筑工程　　　　　　　　　　标段：　　　　　　　　第1页　共1页

项目编码	011001001001	项目名称		保温隔热屋面		计量单位			m²
清单综合单价组成明细									
定额编号	定额名称	定额单位	数量	单价（元）				合价（元）	
				人工费	材料费	机械费	管理费与利润	人工费	材料费	机械费	管理费与利润
9-1-1	1：3砂浆硬基层上找平层20mm厚	10m²	0.1000	59.28	52.41	4.45	9.39	5.93	5.24	0.45	0.94
6-2-72	平面石油沥青一遍	10m²	0.1000	10.40	104.74	—	9.28	1.04	10.47		0.93
6-3-15换	混凝土板上现浇水泥珍珠岩1：8	10m³	0.0073	575.20	1668.28	—	179.40	4.19	12.16	—	1.31
人工单价		小计						11.16	27.87	0.45	3.17
80元/工日		未计价材料费						—			
清单项目综合单价								42.65			

分部分项工程量清单计价表见表16-9。

表16-9　　　　　　　　　　　　分部分项工程量清单与计价表

工程名称：某建筑工程　　　　　　　　　　标段：　　　　　　　　第1页　共1页

序号	项目编码	项目名称	项目特征	计量单位	工程量	金额（元）		
						综合单价	合价	其中：暂估价
1	010803001001	保温隔热屋面	1. 保温隔热部位：屋面 2. 保温隔热材料品种：1：3水泥砂浆找平层20mm厚，沥青隔气层一度，1：8现浇水泥珍珠岩最薄处60mm厚 3. 隔气层厚度：沥青隔气层一度	m²	26.07	42.65	1111.89	

复习思考题

1. 屋面保温层工程量应怎样计算？
2. 保温层种类不同怎样换算？
3. 屋面保温材料分哪几种？

第十七章 楼、地面工程

🎙 【本章概要】

本章主要介绍了楼、地面工程的基础知识及基本规定，围绕《房屋建筑与装饰工程工程量计算规范》（GB 50854—2013）重点介绍了楼、地面工程所包含的整体面层及找平层、块料面层、橡塑面层、其他材料面层、踢脚线、楼梯面层、台阶装饰、零星装饰项目等8个分项工程的工程量清单和相应工程量清单报价的编制理论与方法。

第一节 楼、地面工程概述

一、楼地面工程的工作内容

通常，楼地面是指楼面和地面，其主要构造层次一般为基层、垫层和面层，必要时可增设填充层、隔离层和结合层。其中，基层、垫层、填充层、隔离层、防水层等均在前面相应章节编码列项，找平层和面层在本章编码列项。

找平层是在楼板或垫层上或填充层上起找平、找坡和加强作用的构造层。面层是直接承受各种荷载作用的表面层，分为整体面层和块料面层两大类。在面层构造中，为了保护面层，延长使用寿命，或使面层更具有装饰效果或加强面层的使用功能等，而设置一些材料和构造，防护材料是耐酸、耐碱、耐臭氧、耐老化、防火、防油渗等的材料；嵌条材料是用于水磨石分格、作图案的嵌条，如铜嵌条、玻璃条、铝合金嵌条等。

楼、地面装饰工程包括楼、地面面层、踢脚线、楼梯台阶面层及零星项目等，工作内容包括清理基层、抹找平层，抹黏结层、抹（铺贴）面层及面层的处理和防护等内容。

二、楼地面工程的基本规定

1. 整体面层及找平层

整体面层是以建筑砂浆为主要材料，用现场浇筑法做成整片直接承受各种荷载、摩擦、冲击的表面层，一般分为水泥砂浆面层、现浇水磨石面层、细石混凝土面层、菱苦土面层、自流坪面层。

找平层一般有水泥砂浆、细石混凝土、沥青砂浆找平层等。水泥砂浆面层处理是拉毛还是提浆压光应在面层做法要求中描述。平面砂浆找平层项目只适用于仅做找平层的平面抹灰。

楼地面混凝土垫层另按"现浇混凝土基础"中垫层项目编码列项，除混凝土外的其他材料垫层应按"砌筑工程"中垫层项目编码列项。

2. 块料面层及其他面层

块料楼地面面层包括石材、碎石、陶瓷块料、橡胶塑料面层、地毯、木地板等内容，描述碎石材项目的面层材料特征时可不用描述规格、颜色。材、块料与黏结材料的结合面刷防渗材料的种类在防护层材料种类中描述。饰面材料需磨边时，应在报价时考虑其费用，工作内容中的磨边指施工现场磨边。

3. 踢脚线

规范中踢脚线有两种计算方法，在编制招标工程量清单时可任意选定一种，投标人报价时按照招标工程量清单的形式报价。

4. 楼梯、台阶面层

在描述碎石材项目的面层材料特征时可不用描述规格、颜色，石材、块料与粘结材料的结合面刷防渗材料的种类在防护材料种类中描述。

5. 零星装饰项目

零星装饰项目适用于楼梯、台阶牵边和侧面镶贴块料面层及不大于 $0.5m^2$ 的少量分散的楼地面镶贴块料面层。其中，楼梯、台阶的牵边是指楼梯、台阶踏步的两端（或一端）防止流水直接从踏步端部下落的构造或做法。

第二节　楼、地面工程清单项目设置及计算规则

一、楼地面工程清单项目设置

按照《房屋建筑与装饰工程工程量计算规范》（GB 50854—2013）的规定，楼地面工程包括整体面层及找平层、块料面层、橡塑面层、其他材料面层、踢脚线、楼梯面层、台阶装饰、零星装饰项目等 8 个分部工程，共 43 个清单项目，如表 17-1～表 17-8 所示。

表 17-1　　　　　　　整体面层及找平层（编码：011101）

项目编码	项目名称	项目特征	计量单位	工程量计算规则	工程内容
011101001	水泥砂浆楼地面	1. 找平层厚度、砂浆配合比 2. 素水泥浆遍数 3. 面层厚度、砂浆配合比 4. 面层做法要求	m²	按设计图示尺寸以面积计算。扣除凸出地面构筑物、设备基础、室内铁道、地沟等所占面积，不扣除间壁墙及≤0.3m²的柱、垛、附墙烟囱及孔洞所占面积，门洞、空圈、暖气包槽、壁龛的开口部分不增加面积	1. 基层清理 2. 抹找平层 3. 抹面层 4. 材料运输
011101002	现浇水磨石楼地面	1. 找平层厚度、砂浆配合比 2. 面层厚度、水泥石子砂浆配合比 3. 嵌条材料种类、规格 4. 石子种类、规格、颜色 5. 颜料种类、颜色 6. 图案要求 7. 磨光、酸洗、打蜡要求			1. 基层清理 2. 抹找平层 3. 面层铺设 4. 嵌缝条安装 5. 磨光、酸洗打蜡 6. 材料运输
011101003	细石混凝土楼地面	1. 找平层厚度、砂浆配合比 2. 面层厚度、混凝土强度等级			1. 基层清理 2. 抹找平层 3. 面层铺设 4. 材料运输

项目编码	项目名称	项目特征	计量单位	工程量计算规则	工程内容
011101004	菱苦土楼地面	1. 找平层厚度、砂浆配合比 2. 面层厚度 3. 打蜡要求	m²	按设计图示尺寸以面积计算。扣除凸出地面构筑物、设备基础、室内铁道、地沟等所占面积，不扣除间壁墙及≤0.3m²的柱、垛、附墙烟囱及孔洞所占面积，门洞、空圈、暖气包槽、壁龛的开口部分不增加面积	1. 基层清理 2. 抹找平层 3. 面层铺设 4. 打蜡 5. 材料运输
011101005	自流坪楼地面	1. 找平层砂浆配合比、厚度 2. 界面剂材料种类 3. 中层漆材料种类、厚度 4. 面漆材料种类、厚度 5. 面层材料种类			1. 基层处理 2. 抹找平层 3. 涂界面剂 4. 涂刷中层漆 5. 打磨、吸尘 6. 镘自流平面漆（浆） 7. 拌和自流平浆料 8. 铺面层
011101006	平面砂浆找平层	找平层厚度、砂浆配合比	m²	按设计图示尺寸面积计算	1. 基层清理 2. 抹找平层 3. 材料运输

表 17 - 2　　　块料面层（编码：011102）

项目编码	项目名称	项目特征	计量单位	工程量计算规则	工程内容
011102001	石材楼地面	1. 找平层厚度、砂浆配合比 2. 结合层厚度、砂浆配合比 3. 面层材料品种、规格、颜色 4. 嵌缝材料种类 5. 防护层材料种类 6. 酸洗、打蜡要求	m²	按设计图示尺寸以面积计算。门洞、空圈、暖气包槽、壁龛的开口部分并入相应的工程量内	1. 基层清理 2. 抹找平层 3. 面层铺设、磨边 4. 嵌缝 5. 刷防护材料 6. 酸洗、打蜡 7. 材料运输
011102002	碎石材楼地面				
011102003	块料楼地面	1. 找平层厚度、砂浆配合比 2. 结合层厚度、砂浆配合比 3. 面层材料品种、规格、颜色 4. 嵌缝材料种类 5. 防护层材料种类 6. 酸洗、打蜡要求			1. 基层清理 2. 抹找平层 3. 面层铺设、磨边 4. 嵌缝 5. 刷防护材料 6. 酸洗、打蜡 7. 材料运输

表 17 - 3　　　　　　　　　橡塑面层（编码：011103）

项目编码	项目名称	项目特征	计量单位	工程量计算规则	工程内容
011103001	橡胶板楼地面	1. 黏结层厚度、材料种类 2. 面层材料品种、规格、颜色 3. 压线条种类	m²	按设计图示尺寸以面积计算。门洞、空圈、暖气包槽、壁龛的开口部分并入相应的工程量内	1. 基层清理 2. 面层铺贴 3. 压缝条装钉 4. 材料运输
011103002	橡胶卷材楼地面				
011103003	塑料板楼地面				
011103004	塑料卷材楼地面				

表 17 - 4　　　　　　　　　其他材料面层（编码：011104）

项目编码	项目名称	项目特征	计量单位	工程量计算规则	工程内容
011104001	楼地面地毯	1. 面层材料品种、规格、颜色 2. 防护材料种类 3. 黏结材料种类 4. 压线条种类	m²	按设计图示尺寸以面积计算。门洞、空圈、暖气包槽、壁龛的开口部分并入相应的工程量内	1. 基层清理 2. 铺贴面层 3. 刷防护材料 4. 装钉压条 5. 材料运输
011104002	竹、木（复合）地板	1. 龙骨材料种类、规格、铺设间距 2. 基层材料种类、规格 3. 面层材料品种、规格、颜色 4. 防护材料种类			1. 基层清理 2. 龙骨铺设 3. 基层铺设 4. 面层铺贴 5. 刷防护材料 6. 材料运输
011104003	金属复合地板				
011104004	防静电活动地板	1. 支架高度、材料种类 2. 面层材料品种、规格、颜色 3. 防护材料种类			1. 基层清理 2. 固定支架安装 3. 活动面层安装 4. 刷防护材料 5. 材料运输

表 17 - 5　　　　　　　　　踢脚线（编码：011105）

项目编码	项目名称	项目特征	计量单位	工程量计算规则	工程内容
011105001	水泥砂浆踢脚线	1. 踢脚线高度 2. 底层厚度、砂浆配合比 3. 面层厚度、砂浆配合比	1. m² 2. m	1. 以平方米计量，按设计图示长度乘高度以面积计算 2. 以米计量，按延长米计算	1. 基层清理 2. 底层、面层抹灰 3. 材料运输
011105002	石材踢脚线	1. 踢脚线高度 2. 粘贴层厚度、材料种类 3. 面层材料品种、规格、颜色 4. 防护材料种类			1. 基层清理 2. 底层抹灰 3. 面层铺贴、磨边 4. 擦缝 5. 磨光、酸洗、打蜡 6. 刷防护材料 7. 材料运输
011105003	块料踢脚线				

项目编码	项目名称	项目特征	计量单位	工程量计算规则	工程内容
011105004	塑料板踢脚线	1. 踢脚线高度 2. 黏结层厚度、材料 3. 面层材料种类、规格、颜色	1. m² 2. m	1. 以平方米计量，按设计图示长度乘高度以面积计算 2. 以米计量，按延长米计算	1. 基层清理 2. 基层铺贴 3. 面层铺贴 4. 材料运输
011105005	木质踢脚线	1. 踢脚线高度 2. 基层材料种类、规格 3. 面层材料品种、规格、颜色			
011105006	金属踢脚线				
011105007	防静电踢脚线				

表 17 - 6   楼梯面层（编码：011106）

项目编码	项目名称	项目特征	计量单位	工程量计算规则	工程内容
011106001	石材楼梯面层	1. 找平层厚度、砂浆配合比 2. 黏结层厚度、材料种类 3. 面层材料品种、规格、颜色 4. 防滑条材料种类、规格 5. 勾缝材料种类 6. 防护材料种类 7. 酸洗、打蜡要求			1. 基层清理 2. 抹找平层 3. 面层铺贴、磨边 4. 贴嵌防滑条 5. 勾缝 6. 刷防护材料 7. 酸洗、打蜡 8. 材料运输
011106002	块料楼梯面层				
011106003	拼碎块料面层				
011106004	水泥砂浆楼梯面层	1. 找平层厚度、砂浆配合比 2. 面层厚度、砂浆配合比 3. 防滑条材料种类、规格	m²	按设计图示尺寸以楼梯（包括踏步、休息平台及≤500mm的楼梯井）水平投影面积计算。楼梯与楼地面相连时，算至梯口梁内侧边沿；无梯口梁者，算至最上一层踏步边沿加300mm	1. 基层清理 2. 抹找平层 3. 抹面层 4. 抹防滑条 5. 材料运输
011106005	现浇水磨石楼梯面层	1. 找平层厚度、砂浆配合比 2. 面层厚度、水泥石子浆配合比 3. 防滑条材料种类、楼梯面层规格 4. 石子种类、规格、颜色 5. 颜料种类、颜色 6. 磨光、酸洗打蜡要求			1. 基层清理 2. 抹找平层 3. 抹面层 4. 贴嵌防滑条 5. 磨光、酸洗、打蜡 6. 材料运输
011106006	地毯楼梯面层	1. 基层种类 2. 面层材料品种、规格、颜色 3. 防护材料种类 4. 黏结材料种类 5. 固定配件材料种类、规格			1. 基层清理 2. 铺贴面层 3. 固定配件安装 4. 刷防护材料 5. 材料运输

项目编码	项目名称	项目特征	计量单位	工程量计算规则	工程内容
011106007	木板楼梯面层	1. 基层材料种类、规格 2. 面层材料品种、规格、颜色 3. 黏结材料种类 4. 防护材料种类	m²	按设计图示尺寸以楼梯（包括踏步、休息平台及≤500mm 的楼梯井）水平投影面积计算。楼梯与楼地面相连时，算至梯口梁内侧边沿；无梯口梁者，算至最上一层踏步边沿加 300mm	1. 基层清理 2. 基层铺贴 3. 面层铺贴 4. 刷防护材料 5. 材料运输
011106008	橡胶板楼梯面层	1. 黏结层厚度、材料种类 2. 面层材料品种、规格、颜色 3. 压线条种类			1. 基层清理 2. 面层铺贴 3. 压缝条装钉 4. 材料运输
011106009	塑料板楼梯面层				

表 17 - 7 　　　　　　台阶装饰（编码：011107）

项目编码	项目名称	项目特征	计量单位	工程量计算规则	工程内容
011107001	石材台阶面	1. 找平层厚度、砂浆配合比 2. 黏结材料种类 3. 面层材料品种、规格、颜色 4. 勾缝材料种类 5. 防滑条材料种类、规格 6. 防护材料种类	m²	按设计图示尺寸以台阶（包括最上层踏步边沿加 300mm）水平投影面积计算	1. 基层清理 2. 抹找平层 3. 面层铺贴 4. 贴嵌防滑条 5. 勾缝 6. 刷防护材料 7. 材料运输
011107002	块料台阶面				
011107003	拼碎块料台阶面				
011107004	水泥砂浆台阶面	1. 找平层厚度、砂浆配合比 2. 面层厚度、砂浆配合比 3. 防滑条材料种类			1. 基层清理 2. 抹找平层 3. 抹面层 4. 抹防滑条 5. 材料运输
011107005	现浇水磨石台阶面	1. 找平层厚度、砂浆配合比 2. 面层厚度、水泥石子浆配合比 3. 防滑条材料种类、规格 4. 石子种类、规格、颜色 5. 颜料种类、颜色 6. 磨光、酸洗、打蜡要求			1. 清理基层 2. 抹找平层 3. 抹面层 4. 贴嵌防滑条 5. 打磨、酸洗、打蜡 6. 材料运输
011107006	剁假石台阶面	1. 找平层厚度、砂浆配合比 2. 面层厚度、砂浆配合比 3. 剁假石要求			1. 清理基层 2. 抹找平层 3. 抹面层 4. 剁假石 5. 材料运输

表 17-8　　　　　　　　**零星装饰项目（编码：011108）**

项目编码	项目名称	项目特征	计量单位	工程量计算规则	工程内容
011108001	石材零星项目	1. 工程部位 2. 找平层厚度、砂浆配合比 3. 结合层厚度、材料种类 4. 面层材料品种、规格、颜色 5. 勾缝材料种类 6. 防护材料种类 7. 酸洗、打蜡要求	m²	按设计图示尺寸以面积计算	1. 清理基层 2. 抹找平层 3. 面层铺贴、磨边 4. 勾缝 5. 刷防护材料 6. 酸洗、打蜡 7. 材料运输
011108002	拼碎石材零星项目				
011108003	块料零星项目				
011108004	水泥砂浆零星项目	1. 工程部位 2. 找平层厚度、砂浆配合比 3. 面层厚度、砂浆厚度			1. 清理基层 2. 抹找平层 3. 抹面层 4. 材料运输

二、工程量计算规则

1. 整体面层

整体面层及找平层按设计图示尺寸以面积计算。扣除凸出地面构筑物、设备基础、室内铁道、地沟等所占面积，不扣除间壁墙及≤0.3m² 的柱、垛、附墙烟囱及孔洞所占面积，门洞、空圈、暖气包槽、壁龛的开口部分不增加面积。

2. 块料面层及其他面层

按设计图示尺寸以面积计算。门洞、空圈、暖气包槽、壁龛的开口部分并入相应的工程量内。

3. 踢脚线

踢脚线有两种算法：一种是以米计量，按延长米计算；另一种是以平方米计量，按设计图示长度乘高度以面积计算，即：

4. 楼梯台阶面层

（1）楼梯面层。楼梯面层按设计图示尺寸以楼梯（包括踏步、休息平台及≤500mm 的楼梯井）水平投影面积计算。楼梯与楼地面相连时，算至梯口梁内侧边沿；无梯口梁者，算至最上一层踏步边沿加 300mm。

（2）台阶面层。台阶面层按设计图示尺寸以台阶（包括最上层踏步边沿加 300mm）水平投影面积计算。

三、招标工程量清单编制实例

［例 17-1］　某商店平面如图 17-1 所示。地面做法：1∶3 水泥砂浆找平层 15mm 厚，1∶2.5 白水泥色石子水磨石面层 20mm 厚，15mm×2mm 铜条分隔，距墙柱边 300mm 范围内按纵横 1m 宽分格。试编制该地面装饰工程的招标工程量清单。

解：本例楼地面装饰工程，按照表 17-1 的

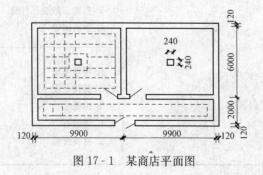

图 17-1　某商店平面图

规定，选择其项目编码、项目名称、计量单位并描述其项目特征。

现浇水磨石整体面层清单工程量 $= (9.90-0.24)\times(6.00-0.24)\times2+(9.90\times2-0.24)\times(2.00-0.24)=145.71(\mathrm{m}^2)$

分部分项工程量清单与计价表见表 17-9。

表 17-9　　　　　　　　分部分项工程量清单与计价表

工程名称：某商店装饰工程　　　　　　　　　　　标段：　　　　　第 1 页　共 1 页

序号	项目编码	项目名称	项目特征	计量单位	工程量	金额（元）		
						综合单价	合价	其中：暂估价
1	011101002001	现浇水磨石楼地面	1.1:3 水泥砂浆找平层，15mm 厚 2. 面层水泥白石子浆 1:1.5，20mm 厚 3. 铜嵌条 15mm×2mm	m²	145.71			

[**例 17-2**]　某砖混结构工程如图 17-2 所示，地面做法为：1:2.5 水泥砂浆铺贴全瓷抛光地板砖，规格为 600mm×600mm，面层酸洗打蜡，踢脚线高 150mm。门洞宽 1000mm。试编制该地面装饰工程的招标工程量清单。

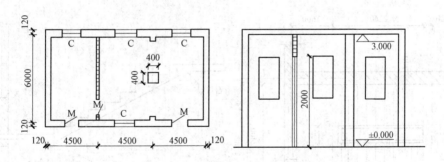

图 17-2　平面图及剖面图

解： 本例楼地面装饰工程，按照表 17-2 的规定，选择其项目编码、项目名称、计量单位并描述其项目特征。

$$
\begin{aligned}
\text{块料面层及酸洗打蜡工程量} &= (4.50\times3-0.24)\times(6.00-0.24)-0.12\\
&\quad\times0.24\times2-0.40\times0.40+0.12\times1.00\times2\\
&= 76.40(\mathrm{m}^2)
\end{aligned}
$$

$$
\begin{aligned}
\text{块料踢脚线工程量} &= [(4.50\times3-0.24+6.00-0.24)\times2+0.12\times2\times2\\
&\quad-1.00\times2+0.12\times2\times2]\times0.15\\
&= 5.55(\mathrm{m}^2)
\end{aligned}
$$

分部分项工程量清单与计价表见表 17-10。

表 17-10　　　　　　　　　　分部分项工程量清单与计价表

工程名称：某装饰工程　　　　　　　　　　标段：　　　　　　　第 1 页　共 1 页

序号	项目编码	项目名称	项目特征	计量单位	工程量	综合单价	合价	其中：暂估价
						金额（元）		
1	011102003001	块料楼地面	1. 1：2.5 水泥砂浆 2. 全瓷抛光地板砖，600mm×600mm 3. 酸洗打蜡	m²	76.40			
2	011105003001	块料踢脚线	1. 踢脚线高 150mm 2. 1：2.5 水泥砂浆 3. 全瓷抛光地板砖面层	m²	5.55			

[例 17-3]　某六层房屋楼梯设计图如图 17-3 所示，该建筑物有 4 个单元，楼梯饰面用 1：3 水泥砂浆铺贴花岗石，每一楼梯段为 8 步，7mm×2mm 铜防滑条 2 道/步。试编制该楼梯装饰工程的招标工程量清单。

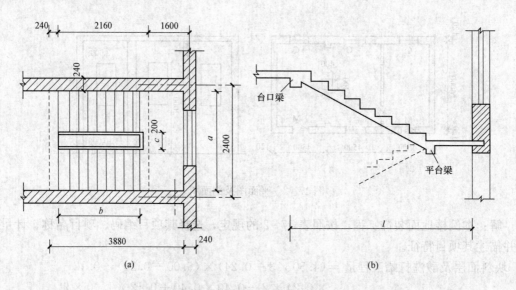

(a)　　　　　　　　　　　　　　　　(b)

图 17-3　楼梯平面及剖面图

解： 本例楼地面装饰工程，按照表 17-6 的规定，选择其项目编码、项目名称、计量单位并描述其项目特征。

楼梯面层工程量

$$S = l \times a \times 4 \times 5 = 3.88 \times (2.40 - 0.24) \times 4 \times 5 = 167.60(\text{m}^2)$$

分部分项工程量清单与计价表见表 17-11。

表 17-11 **分部分项工程量清单与计价表**

工程名称：某装饰工程 标段： 第 1 页 共 1 页

序号	项目编码	项目名称	项目特征	计量单位	工程量	金额（元）		
						综合单价	合价	其中：暂估价
1	011106001001	石材楼梯面层	1. 黏结层 1：3 水泥砂浆 2. 花岗石面层 3.2mm×7mm 铜防滑条	m²	167.60			

第三节 工程量清单报价应用

[例 17-4] 试根据山东省建筑工程消耗量定额、2015 年山东省及济南市预算价格完成 [例 17-1] 的工程量清单计价。水泥砂浆采用袋装干拌砂浆，市场单价 210 元/t。

解：（1）定额工程量计算。该项目发生的工作内容为基层清理、抹找平层、面层铺设、嵌缝条安装、材料运输。按照山东省建筑工程消耗量定额工程量计算规则，整体面层报价时应分别计算找平层、面层的工程量；水磨石楼地面中的分格嵌条应单独按设计以延长米计算工程量。

找平层定额工程量计算规则同清单工程量计算规则，即定额工程量也为 145.71m²；

现浇水磨石整体面层定额计算规则同清单计算规则，即定额工程量也为 145.71m²。

嵌条 15mm×2mm 铜条定额工程量 $= 9.90 - 0.24 - 0.30 - 0.30) \times [(6.00 - 0.24 - 0.30 - 0.30) \div 1.00 + 1] + (6.00 - 0.24 - 0.30 - 0.30) \times [(9.90 - 0.24 - 0.30 - 0.30) \div 1.00 + 1] + (9.90 \times 2 - 0.24 - 0.30 - 0.30) \times [(2 - 0.24 - 0.30 - 0.30) \div 1.00 + 1] + (2.00 - 0.24 - 0.30 - 0.30) \times [(9.90 \times 2 - 0.24 - 0.30 - 0.30) \div 1.00 + 1 = 273.04(m)$

（2）定额选取。

1：3 水泥砂浆找平层套用定额 9-1-1。定额考虑找平层厚度为 20mm，而设计采用 15mm，因此需要对找平层厚度进行调整换算，即套用定额 9-1-3，1：3 砂浆找平层±5mm。

现浇水磨石面层套用定额 9-1-14，定额考虑厚度为 20mm，同样需要进行厚度的调整换算，即套用定额 9-1-22，水磨石白水泥色石子浆±5mm。

水磨石楼地面嵌铜分格条 15mm×2mm，套用定额 9-1-28。

按照 2015 年济南市预算价格及装饰工程人工工资单价标准（92 元/工日），并按照"砌筑工程"中现拌砂浆调整为预拌砂浆的换算方法，各定额对应的人工单价、材料单价、机械单价如表 17-12 所示。

（3）参考本地区建设工程费用定额，装饰工程管理费费率和利润率分别为 49% 和 16%，计费基数均为省人工费。根据鲁建标字〔2015〕12 号文件，山东省人工工资单价为 76 元/工日，同时考虑现拌砂浆调整为预拌砂浆的换算。定额 9-1-1、9-1-3、9-1-14、9-1-22、9-1-28 对应的省价人工费单价分别为 56.70、10.02、357.96、12.92、5.32 元。因此，各定额对应的管理费和利润单价如表 17 - 12 所示。

表 17 - 12 **工程量清单综合单价分析表**

工程名称：某商店装饰工程　　　　　　　　　　标段：　　　　第 1 页　共 1 页

| 项目编码 | 011101002001 | 项目名称 | | 现浇水磨石楼地面 | | | 计量单位 | | | m² |

清单综合单价组成明细

定额编号	定额名称	定额单位	数量	单价（元）				合价（元）			
				人工费	材料费	机械费	管理费与利润	人工费	材料费	机械费	管理费与利润
9-1-1 换	1：3 砂浆硬基层上找平 20mm 厚（袋装干拌砂浆）	10m²	0.100	68.64	79.68	5.01	36.85	6.86	7.970	0.50	3.69
9-1-3 换	1：3 砂浆找平层 ± 5mm（袋装干拌砂浆）	10m²	—0.100	12.13	18.81	1.33	6.51	—1.21	—1.88	—0.13	—0.65
9-1-14	水磨石楼地面 15mm 厚	10m²	0.100	433.32	166.64	29.03	232.67	43.33	16.66	2.90	23.27
9-1-22	水磨石白水泥色石子浆 ±5mm	10m²	0.100	15.64	36.02	1.33	8.40	1.56	3.60	0.13	0.84
9-1-28	水磨石楼地面嵌铜分格条 15mm×2mm	10m	0.1874	6.44	119.3	0.14	3.46	1.21	22.36	0.03	0.65
人工单价		小计						51.75	48.71	3.43	27.79
92 元/工日		未计价材料费						—			
清单项目综合单价								131.68			

（4）编制分部分项工程量清单与计价表。将计算的综合单价填入招标工程量清单相应项目综合单价栏目内，如表 17 - 13 所示。

表 17 - 13 **分部分项工程量清单与计价表**

工程名称：某商店装饰工程　　　　　　　　　　标段：　　　　第 1 页　共 1 页

序号	项目编码	项目名称	项目特征	计量单位	工程量	金额（元）		
						综合单价	合价	其中：暂估价
1	011101002001	现浇水磨石楼地面	1. 1：3 水泥砂浆找平层，15mm 厚 2. 面层水泥白石子浆 1：1.5，20mm 厚 3. 铜嵌条 15mm×2mm	m²	145.71	131.68	19 187.09	

[例 17 - 5] 试根据山东省建筑工程消耗量定额、2015 年山东省及济南市预算价格完成 [例 17 - 2] 中块料楼地面清单项目的综合单价。袋装干拌砂浆市场价 210 元/t。

解：（1）定额工程量计算。

该项目发生的工作内容为清理基层、用 1：2.5 水泥砂浆铺贴块料面层、酸洗打蜡。

块料面层定额工程量计算规则同清单工程量计算规则，即定额工程量也为 76.40m²；

楼地面酸洗打蜡定额工程量计算规则同清单计算规则，即定额工程量也为 76.40m²。

（2）定额的选取。

楼地面面层套用定额 9-1-114，1：2.5 水泥砂浆全瓷抛光地板砖 2400mm 内。

楼地面面层酸洗打蜡套用定额 9-1-160，楼地面酸洗打蜡。

按照 2015 年济南市预算价格及装饰工程人工工资单价标准（92 元/工日），并按照"砌筑工程"中现拌砂浆调整为预拌砂浆的换算方法，各定额对应的人工单价、材料单价、机械单价如表 17 - 14 所示。

（3）参考本地区建设工程费用定额，装饰工程管理费费率和利润率分别为 49% 和 16%，计费基数均为省人工费。根据鲁建标字〔2015〕12 号文件，山东省人工工资单价为 76 元/工日，同时考虑现拌砂浆调整为预拌砂浆的换算。定额 9-1-114、9-1-160 对应的省价人工费单价分别为 263.89、33.44 元。因此，各定额对应的管理费和利润单价如表 17 - 14 所示。

该清单项目的综合单价分析表见表 17 - 14。

表 17 - 14 　　　　　　　　　　　　　**工程量清单综合单价分析表**

工程名称：某装饰工程　　　　　　　　　　标段：　　　　　　　　第 1 页　共 1 页

项目编码	011102003001	项目名称		块料楼地面		计量单位		m²
清单综合单价组成明细								

定额编号	定额名称	定额单位	数量	单价（元）				合价（元）			
				人工费	材料费	机械费	管理费与利润	人工费	材料费	机械费	管理费与利润
9-1-114 换	全瓷地板砖楼地面 2400mm 内（袋装干拌砂浆）	10m²	0.100	319.45	553.18	11.03	171.53	31.95	55.32	1.10	17.15
9-1-160	楼地面酸洗打蜡	10m²	0.100	40.48	7.09	—	21.74	4.05	0.71	—	2.17
人工单价			小计					35.99	56.03	1.10	19.33
92 元/工日			未计价材料费					—			
清单项目综合单价								112.45			

[例 17 - 6] 试根据山东省建筑工程消耗量定额、2015 年山东省及济南市预算价格完成 [例 17 - 3] 中石材楼梯面层清单项目的综合单价。袋装干拌砂浆市场价 210 元/t。

解：（1）定额工程量计算。

该清单项目发生的工作内容为清理基层、水泥砂浆铺贴花岗岩面层、嵌铜防滑条。

花岗岩楼梯面层定额工程量计算规则同清单计算规则，即定额工程量也为 167.60m²。

楼梯防滑条定额工程量计算规则为按设计尺寸以延长米计算，即定额工程量为：

防滑条工程量 $= (2.40 - 0.24 - 0.20) \times 8 \times 2 \times 4 \times 5 = 627.20$ (m)

（2）定额的选取。

花岗岩楼梯面层套用定额 9-1-57，水泥砂浆花岗岩楼梯。

楼梯踏步防滑条套用定额 9-1-31，楼梯台阶踏步嵌铜防滑条 2×7。

按照 2015 年济南市预算价格及装饰工程人工工资单价标准（92 元/工日），并按照"砌筑工程"中现拌砂浆调整为预拌砂浆的换算方法，各定额对应的人工单价、材料单价、机械单价如表 17-15 所示。

（3）参考本地区建设工程费用定额，装饰工程管理费费率和利润率分别为 49% 和 16%，计费基数均为省人工费。根据鲁建标字〔2015〕12 号文件，山东省人工工资单价为 76 元/工日，同时考虑现拌砂浆调整为预拌砂浆的换算。定额 9-1-57、9-1-31 对应的省价人工费单价分别为 476.03、56.24 元。因此，各定额对应的管理费和利润单价如表 17-15 所示。

该清单项目的综合单价分析表见表 17-15。

表 17-15 **工程量清单综合单价分析表**

工程名称：某装饰工程　　　　　　　　　　标段：　　　　　　第 1 页　共 1 页

项目编码	011106001001	项目名称		石材楼梯面层		计量单位		m²
清单综合单价组成明细								
定额编号	定额名称	定额单位	数量	单价（元）				合价（元）			
				人工费	材料费	机械费	管理费与利润	人工费	材料费	机械费	管理费与利润
9-1-57换	水泥砂浆花岗岩楼梯（袋装干拌砂浆）	10m²	0.1000	576.25	2975.18	45.39	309.41	57.63	297.52	4.54	30.94
9-1-31	楼梯台阶嵌铜防滑条2×7	10m	0.3742	68.08	76.02	1.49	36.56	25.48	28.45	0.56	13.68
人工单价		小计						83.10	325.97	5.10	44.62
92元/工日		未计价材料费						—			
清单项目综合单价								458.79			

复习思考题

1. 楼地面构造层次中，如何区分找平层和黏结层，如何编列清单项目？
2. 不同规格的块料面层如何编列工程量清单？
3. 地面中的混凝土垫层如何编列清单项目？
4. 素水泥浆的遍数是否应包含在报价内？
5. 装饰工程工程量清单计价中，管理费和利润的计算方法有哪些？

第十八章 墙、柱面工程

【本章概要】

本章主要介绍了墙、柱面工程的基础知识及基本规定，围绕《房屋建筑与装饰工程工程量计算规范》（GB 50854—2013）重点介绍了墙、柱面工程所包含的墙面抹灰、柱（梁）面抹灰、零星抹灰、墙面块料面层、柱（梁）面镶贴块料、镶贴零星块料、墙饰面、柱（梁）饰面、幕墙工程、隔断等 10 个分部工程的工程量清单和相应工程量清单报价的编制理论与方法。

第一节 墙、柱面工程概述

一、墙、柱面工程的工作内容

墙面装修按材料和施工方法不同分为抹灰、贴面、涂刷和裱糊四类。抹灰分为一般抹灰和装饰抹灰。

墙、柱面抹灰的工作内容包括清理基层、制作运输砂浆、抹底层灰、抹面层、抹装饰面、勾分格缝等。墙、柱面镶贴块料面层的工作内容包括清理基层、制作运输砂浆、铺贴黏结层、安装面层、嵌缝、刷防护材料、磨光、酸洗、打蜡等。墙、柱饰面的工作内容包括清理基层、制作运输安装龙骨、钉隔离层、铺钉基层、铺贴面层、装钉压条等。幕墙的工作内容包括制作运输安装骨架、安装面层、封闭隔离带、框边、嵌缝、塞口、清洗等。隔断的工作内容包括制作运输安装骨架及边框、制作运输安装隔板、嵌缝、塞口、装钉压条等。

二、墙、柱面工程的基本规定

1. 墙、柱面抹灰

墙、柱（梁）面一般抹灰项目适用于墙、柱（梁）面抹石灰砂浆、水泥砂浆、混合砂浆、聚合物水泥砂浆、麻刀石灰浆、石膏灰浆等，墙、柱（梁）面装饰抹灰项目适用于墙、柱（梁）面的水刷石、斩假石、干黏石、假面砖等。

墙、柱（梁）面抹灰各项目工作内容均包括底层抹灰，立面砂浆找平层项目只适用于仅做找平层的立面抹灰，底层、面层的抹灰厚度应根据设计规定（一般采用标准设计图）确定。

勾缝类型指清水砖墙、砖柱的加浆勾缝（平缝或凹缝），以及石墙、石柱的勾缝（如平缝、平凹缝、平凸缝、半圆凹缝、半圆凸缝和三角凸缝等。）

零星抹灰项目适用于墙、柱（梁）面 ≤0.5m² 的少量分散的抹灰。零星项目一般抹灰项目适用于零星项目抹石灰砂浆、水泥砂浆、混合砂浆、聚合物水泥砂浆、麻刀石灰浆、石膏灰浆等；零星项目装饰抹灰项目适用于零星项目的水刷石、斩假石、干黏石、假面砖等。

2. 墙、柱（梁）面镶贴块料

块料饰面是指石材饰面板（天然花岗石、大理石、人造花岗石、人造大理石、预制水磨石饰面板等）、陶瓷面砖（内墙彩釉面瓷砖、外墙面砖、陶瓷锦砖、大型陶瓷锦面板等）、玻璃面砖（玻璃锦砖、玻璃面砖等）。

墙、柱（梁）面的镶贴块料项目，工作内容包括"黏结层"，块料的安装方式可描述为砂浆或黏结剂粘贴、挂贴、干挂等，如图18-1～图18-3所示，不论哪种安装方式，都要详细描述与组价相关的内容。

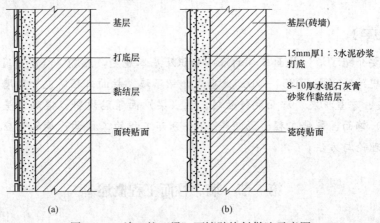

图18-1　墙、柱（梁）面镶贴块料做法示意图
(a) 面砖贴面；(b) 瓷砖贴面

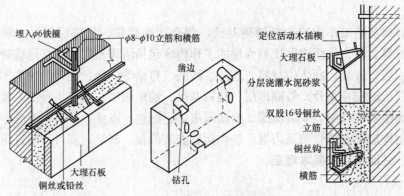

图18-2　墙、柱（梁）面挂贴块料做法示意图

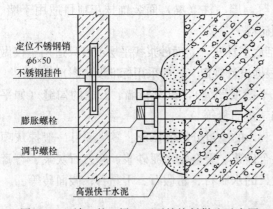

图18-3　墙、柱（梁）面干挂块料做法示意图

3. 墙柱饰面

墙、柱（梁）饰面板包括金属饰面板（彩色涂色钢板、彩色不锈钢板、镜面不锈钢饰面板、塑料贴面饰面板、复合铝板、铝塑板等）、塑料饰面板（聚氯乙烯塑料饰面板、玻璃钢饰面板、塑料贴面饰面板、聚酯装饰板、复塑中密度纤维板等）、木质饰面板（胶合板、硬质纤维板、细木工板、刨花板、建筑纸面草板、水泥木屑板、灰板条等）。

基层材料指面层内的底板材料，如木墙裙、木护墙、木板隔墙等，在龙骨上粘贴或铺钉一层加强面层的底板。

第二节　墙、柱面工程清单项目设置及计算规则

一、墙、柱面工程清单项目设置

按照《房屋建筑与装饰工程工程量计算规范》（GB 50854—2013）的规定，墙、柱面工程包括墙面抹灰、柱（梁）面抹灰、零星抹灰、墙面块料面层、柱（梁）面镶贴块料、镶贴零星块料、墙饰面、柱（梁）饰面、幕墙工程、隔断等 10 个分部工程，共 33 个清单项目，如表 18-1～表 18-10 所示。

表 18-1　　　　　　墙面抹灰（编码：011201）

项目编码	项目名称	项目特征	计量单位	工程量计算规则	工程内容
011201001	墙面一般抹灰	1. 墙体类型 2. 底层厚度、砂浆配合比 3. 面层厚度、砂浆配合比 4. 装饰面材料种类 5. 分格缝宽度、材料种类	m²	详见工程量计算规则部分	1. 基层清理 2. 砂浆制作、运输 3. 底层抹灰 4. 抹面层 5. 抹装饰面 6. 勾分格缝
011201002	墙面装饰抹灰				
011201003	墙面勾缝	1. 勾缝类型 2. 勾缝材料种类			1. 基层清理 2. 砂浆制作、运输 3. 勾缝
011201004	立面砂浆找平层	1. 基层类型 2. 找平层砂浆厚度、配合比			1. 基层清理 2. 砂浆制作、运输 3. 抹灰找平

表 18-2　　　　　　柱（梁）面抹灰（编码：011202）

项目编码	项目名称	项目特征	计量单位	工程量计算规则	工程内容
011202001	柱、梁面一般抹灰	1. 柱（梁）体类型 2. 底层厚度、砂浆配合比 3. 面层厚度、砂浆配合比 4. 装饰面材料种类 5. 分格缝宽度、材料种类	m²	1. 柱面抹灰：按设计图示柱断面周长乘高度以面积计算 2. 梁面抹灰：按设计图示梁断面周长乘长度以面积计算	1. 基层清理 2. 砂浆制作、运输 3. 底层抹灰 4. 抹面层 5. 勾分格缝
011202002	柱、梁面装饰抹灰				
011202003	柱、梁面砂浆找平	1. 柱（梁）体类型 2. 找平的砂浆厚度、配合比			1. 基层清理 2. 砂浆制作、运输 3. 抹灰找平
011202004	柱面勾缝	1. 勾缝类型 2. 勾缝材料种类		按设计图示柱断面周长乘高度以面积计算	1. 基层清理 2. 砂浆制作、运输 3. 勾缝

表 18 - 3 零星抹灰 （编码：011203）

项目编码	项目名称	项目特征	计量单位	工程量计算规则	工程内容
011203001	零星项目一般抹灰	1. 基层类型、部位 2. 底层厚度、砂浆配合比 3. 面层厚度、砂浆配合比 4. 装饰面材料种类 5. 分格缝宽度、材料种类			1. 基层清理 2. 砂浆制作、运输 3. 底层抹灰 4. 抹面层 5. 抹装饰面 6. 勾分格缝
011203002	零星项目装饰抹灰	1. 基层类型、部位 2. 底层厚度、砂浆配合比 3. 面层厚度、砂浆配合比 4. 装饰面材料种类 5. 分格缝宽度、材料种类	m²	按设计图示尺寸以面积计算	1. 基层清理 2. 砂浆制作、运输 3. 底层抹灰 4. 抹面层 5. 抹装饰面 6. 勾分格缝
011203003	柱、梁面砂浆找平	1. 基层类型、部位 2. 找平的砂浆厚度、配合比			1. 基层清理 2. 砂浆制作、运输 3. 抹灰找平

表 18 - 4 墙面块料面层 （编码：011204）

项目编码	项目名称	项目特征	计量单位	工程量计算规则	工程内容
011204001	石材墙面	1. 墙体类型 2. 安装方式 3. 面层材料品种、规格、颜色 4. 缝宽、嵌缝材料种类 5. 防护材料种类 6. 磨光、酸洗、打蜡要求	m²	按镶贴表面积计算	1. 基层清理 2. 砂浆制作、运输 3. 黏结层铺贴 4. 面层安装 5. 嵌缝 6. 刷防护材料 7. 磨光、酸洗、打蜡
011204002	拼碎石材墙面				
011204003	块料墙面				
011204004	干挂石材钢骨架	1. 骨架种类、规格 2. 防锈漆品种遍数	t	按设计图示以质量计算	1. 骨架制作、运输、安装 2. 刷漆

表 18 - 5 柱（梁）面镶贴块料（编码：011205）

项目编码	项目名称	项目特征	计量单位	工程量计算规则	工程内容
011205001	石材柱面	1. 柱截面类型、尺寸 2. 安装方式 3. 面层材料品种、规格、颜色 4. 缝宽、嵌缝材料种类 5. 防护材料种类 6. 磨光、酸洗、打蜡要求	m²	按镶贴表面积计算	1. 基层清理 2. 砂浆制作、运输 3. 黏结层铺贴 4. 面层安装 5. 嵌缝 6. 刷防护材料 7. 磨光、酸洗、打蜡
011205002	块料柱面				
011205003	拼碎块柱面				
011205004	石材梁面	1. 安装方式 2. 面层材料品种、规格、颜色 3. 缝宽、嵌缝材料种类 4. 防护材料种类 5. 磨光、酸洗、打蜡要求			
0112050045	块料梁面				

表 18 - 6 镶贴零星块料（编码：011206）

项目编码	项目名称	项目特征	计量单位	工程量计算规则	工程内容
011206001	石材零星项目	1. 基层类型、部位 2. 安装方式 3. 面层材料品种、规格、颜色 4. 缝宽、嵌缝材料种类 5. 防护材料种类 6. 磨光、酸洗、打蜡要求	m²	按镶贴表面积计算	1. 基层清理 2. 砂浆制作、运输 3. 面层安装 4. 嵌缝 5. 刷防护材料 6. 磨光、酸洗、打蜡
011206002	块料零星项目				
011206003	拼碎块零星项目				

表 18 - 7 墙饰面（编码：011207）

项目编码	项目名称	项目特征	计量单位	工程量计算规则	工程内容
011207001	墙面装饰板	1. 龙骨材料种类、规格、中距 2. 隔离层材料种类、规格 3. 基层材料种类、规格 4. 面层材料品种、规格、颜色 5. 压条材料种类、规格	m²	按设计图示墙净长乘净高以面积计算。扣除门窗洞口及单个＞0.3m² 的孔洞所占面积	1. 基层清理 2. 龙骨制作、运输、安装 3. 钉隔离层 4. 基层铺钉 5. 面层铺贴
011207002	墙面装饰浮雕	1. 基层类型 2. 浮雕材料种类 3. 浮雕样式		按设计图示尺寸以面积计算	1. 基层清理 2. 材料制作、运输 3. 安装成型

表 18-8　　　　　　　　　　　　柱（梁）饰面（编码：011208）

项目编码	项目名称	项目特征	计量单位	工程量计算规则	工程内容
011208001	柱（梁）面装饰	1. 龙骨材料种类、规格、中距 2. 隔离层材料种类 3. 基层材料种类、规格 4. 面层材料品种、规格、颜色 5. 压条材料种类、规格	m²	按设计图示饰面外围尺寸以面积计算。柱帽、柱墩并入相应柱饰面工程量内算	1. 清理基层 2. 龙骨制作、运输、安装 3. 钉隔离层 4. 基层铺钉 5. 面层铺贴
011208002	成品装饰柱	1. 柱截面、高度尺寸 2. 柱材质	1. 根 2. m	1. 以根计量，按设计数量计算 2. 以米计量，按设计长度计算	柱运输、固定、安装

表 18-9　　　　　　　　　　　　幕墙工程（编码：011209）

项目编码	项目名称	项目特征	计量单位	工程量计算规则	工程内容
011209001	带骨架幕墙	1. 骨架材料种类、规格、中距 2. 面层材料品种、规格、颜色 3. 面层固定方式 4. 隔离带、框边封闭材料品种、规格 5. 嵌缝、塞口材料种类	m²	按设计图示框外围尺寸以面积计算。与幕墙同种材质的窗所占面积不扣除	1. 骨架制作、运输、安装 2. 面层安装 3. 隔离带、框边封闭 4. 嵌缝、塞口 5. 清洗
011209002	全玻（无框玻璃）幕墙	1. 玻璃品种、规格、颜色 2. 黏结塞口材料种类 3. 固定方式		按设计图示尺寸以面积计算。带肋全玻幕墙按展开面积计算	1. 幕墙安装 2. 嵌缝、塞口 3. 清洗

表 18-10　　　　　　　　　　　　隔断（编码：011210）

项目编码	项目名称	项目特征	计量单位	工程量计算规则	工程内容
011210001	木隔断	1. 骨架、边框材料种类、规格 2. 隔板材料品种、规格、颜色 3. 嵌缝、塞口材料品种 4. 压条材料种类	m²	按设计图示框外围尺寸以面积计算。不扣除单个≤0.3m² 的孔洞所占面积；浴厕门的材质与隔断相同时，门的面积并入隔断面积内	1. 骨架及边框制作、运输、安装 2. 隔板制作、运输、安装 3. 嵌缝、塞口 4. 装钉压条
011210002	金属隔断	1. 骨架、边框材料种类、规格 2. 隔板材料品种、规格、颜色 3. 嵌缝、塞口材料品种			1. 骨架及边框制作、运输、安装 2. 隔板制作、运输、安装 3. 嵌缝、塞口

续表

项目编码	项目名称	项目特征	计量单位	工程量计算规则	工程内容
011210003	玻璃隔断	1. 边框材料种类、规格 2. 玻璃品种、规格、颜色 3. 嵌缝、塞口材料品种	m²	按设计图示框外围尺寸以面积计算。不扣除单个≤0.3m² 的孔洞所占面积	1. 边框制作、运输、安装 2. 玻璃制作、运输、安装 3. 嵌缝、塞口
011210004	塑料隔断	1. 边框材料种类、规格 2. 隔板材料品种、规格、颜色 3. 嵌缝、塞口材料品种			1. 骨架及边框制作、运输、安装 2. 隔板制作、运输、安装 3. 嵌缝、塞口
011210005	成品隔断	1. 隔断材料品种、规格、颜色 2. 配件品种、规格	1. m² 2. 间	1. 以平方米计量，按设计图示框外围尺寸以面积计算 2. 以间计量，按设计间的数量计算	1. 隔断运输、安装 2. 嵌缝、塞口
011210006	其他隔断	1. 骨架、边框材料种类、规格 2. 隔板材料品种、规格、颜色 3. 嵌缝、塞口材料品种	m²	按设计图示框外围尺寸以面积计算。不扣除单个≤0.3m² 的孔洞所占面积	1. 骨架及边框安装 2. 隔板安装 3. 嵌缝、塞口

二、工程量计算规则

1. 抹灰工程量计算

按设计图示尺寸以面积计算。扣除墙裙、门窗洞口及单个>0.3m² 的孔洞面积，不扣除踢脚线、挂镜线和墙与构件交接处的面积，门窗洞口和孔洞的侧壁及顶面不增加面积。附墙柱、梁、垛、烟囱侧壁并入相应的墙面面积内。

（1）外墙抹灰面积外墙垂直投影面积计算。

（2）外墙裙抹灰面积按其长度乘以高度计算。

（3）内墙抹灰面积按主墙间的净长乘以高度计算。

无墙裙的，高度按室内楼地面至天棚底面计算；有墙裙的，高度按墙裙顶至天棚底面计算；有吊顶天棚抹灰，高度算至天棚底。

（4）柱（梁）面抹灰按设计图示柱（梁）断面周长乘高度（长度）以面积计算。

2. 块料面层工程量计算

墙面、柱（梁）面块料面层按镶贴表面积计算。干挂石材骨架按设计图示以质量计算。

3. 墙、柱（梁）饰面

（1）墙饰面按设计图示墙净长乘净高以面积计算。扣除门窗洞口及单个>0.3m² 的孔洞所占面积。

（2）柱（梁）饰面按设计图示饰面外围尺寸以面积计算。柱帽、柱墩并入相应柱饰面工程量内计算。

（3）成品装饰柱有两种计算方法：一种是以根计量，按设计数量计算；一种是以米计量，按设计长度计算。

4. 幕墙与隔断

带骨架幕墙按设计图示框外围尺寸以面积计算。与幕墙同种材质的窗所占面积不扣除。全玻（无框玻璃）幕墙按设计图示尺寸以面积计算。带肋全玻幕墙按展开面积计算。木隔断、金属隔断按设计图示框外围尺寸以面积计算，不扣除单个$\leqslant 0.3m^2$的孔洞所占面积。浴厕门的材质与隔断相同时，门的面积并入隔断面积内。

三、招标工程量清单编制实例

[例 18-1] 某砖混结构建筑物平面和立面如图 18-4 所示。外墙面抹水泥砂浆，底层为 1：3 水泥砂浆打底 14mm 厚，面层为 1：2.5 水泥砂浆抹面 6mm 厚；外墙裙水刷石，1：3 水泥砂浆打底 12mm 厚，素水泥浆二遍，1：1.5 水泥白石子 10mm 厚（介格）。M：1000mm×2500mm C：1200mm×1500mm。试编制该装饰工程的招标工程量清单。

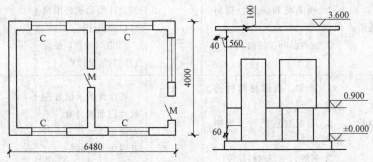

图 18-4 某建筑物平面及立面图

解： 本例外墙面一般抹灰和外墙裙装饰抹灰工程，按照表 18-1 的规定，选择相应的项目编码、项目名称、计量单位并描述项目特征。

外墙面水泥砂浆抹灰工程量 $= (6.48 + 4.00) \times 2 \times (3.60 - 0.10 - 0.90) - 1.00$
$$\times (2.50 - 0.90) - 1.20 \times 1.50 \times 5$$
$$= 43.90(m^2)$$

外墙裙水刷白石子工程量 $= [(6.48 + 4.00) \times 2 - 1.00] \times 0.90 = 17.96(m^2)$

分部分项工程量清单如表 18-11 所示。

表 18-11　　　　　　　　分部分项工程量清单与计价表

工程名称：某装饰工程　　　　　　　　　　　　　标段：　　　　　　　　　第 1 页　共 1 页

序号	项目编码	项目名称	项目特征	计量单位	工程量	金额（元）		
						综合单价	合价	其中：暂估价
1	011201001001	墙面一般抹灰	1. 砖墙 2. 底层 1：3 水泥砂浆打底 14mm 厚 3. 面层 1：2.5 水泥砂浆抹面 6mm 厚	m²	43.90			

续表

序号	项目编码	项目名称	项目特征	计量单位	工程量	金额（元）		
						综合单价	合价	其中：暂估价
2	011201002001	墙面装饰抹灰	1. 素水泥浆二遍 2. 1：3 水泥砂浆打底 12mm 厚 3. 1：1.5 水泥白石子 10mm 厚 4. 分格嵌缝	m²	17.96			

[例 18-2] 某建筑物钢筋混凝土柱高 3m、10 根，柱面挂贴花岗岩面层，构造如图 18-2所示。试编制该装饰工程的招标工程量清单。

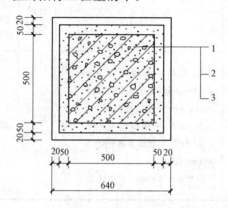

图 18-5 混凝土柱挂贴花岗岩断面
1—钢筋混凝土柱体；2—50mm 厚 1：2
水泥砂浆灌浆；3—20mm 厚花岗岩板

解： 本例柱面挂贴石材工程，按照表 18-5 的规定，选择相应的项目编码、项目名称、项目特征及计量单位。挂贴石材的骨架另按相关规定计算。

$$墙饰面工程量 = 0.64 \times 4 \times 3 \times 10 = 76.80 (m^2)$$

分部分项工程量清单如表 18-12 所示。

表 18-12　　　　　　　　　　分部分项工程量清单与计价表

工程名称：某装饰工程　　　　　　　　　　标段：　　　　　　　第1页　共　1页

序号	项目编码	项目名称	项目特征	计量单位	工程量	金额（元）		
						综合单价	合价	其中：暂估价
1	011205001001	石材柱面	1. 方柱，500mm×500mm 2. 挂贴 3. 20mm 厚花岗岩 4. 1：2 水泥砂浆灌缝 50mm 厚	m²	76.80			

[**例 18 - 3**]　某胶合板墙裙长 98m，净高 0.9m。木龙骨（成品）40mm×50mm，间距 400mm，中密度板基层，面层贴无花榉木夹板，其中有镜面不锈钢板装饰 500mm×900mm，共 16 块，50mm×10mm 榉木装饰线封边，木板面、木方面刷防火涂料两遍。试编制该装饰工程的招标工程量清单。

解：本例墙饰面工程，按照表 18 - 7 的规定，选择相应的项目编码、项目名称、项目特征及计量单位。木板面、木方面的防火涂料另按相关规定计算，此处不考虑。

$$墙饰面工程量 = 98.00 \times 0.90 = 88.20(m^2)$$

分部分项工程量清单如表 18 - 13 所示。

表 18 - 13　　　　　　　　　　分部分项工程量清单与计价表

工程名称：某装饰工程　　　　　　　　　　　　　标段：　　　　　　　　　第 1 页　共 1 页

序号	项目编码	项目名称	项目特征	计量单位	工程量	金额（元）		
						综合单价	合价	其中：暂估价
1	011207001001	墙面装饰板	1. 成品木龙骨断面 40mm×50mm，@400mm×400mm 2. 12mm 中密度板基层 3. 面层 1：3mm 榉木夹板 4. 面层 2：镜面不锈钢板 500mm×900mm，16 块 5. 50mm×10mm 榉木压条	m²	88.20			

第三节　工程量清单报价的应用

[**例 18 - 4**]　试根据山东省建筑工程消耗量定额、2015 年山东省及济南市预算价格完成 [例 18 - 1] 中两个清单项目的计价。袋装预拌砂浆市场价均按 210 元/t 执行。预拌水泥白石子浆、预拌素水泥浆执行预算价格。

解：（1）墙面一般抹灰（011201001001）。

该项目发生的工作内容为清理基层、抹底层灰、抹面层灰、抹装饰面，按照山东省建筑工程消耗量定额工程量计算规则，以上工程内容都包含在墙面一般抹灰定额项目里，因此，该清单项目所包含的定额项目为一项。

根据山东省消耗量定额工程量计算规则，外墙面一般抹灰定额工程量计算规则与清单工程量计算规则相同，外墙面一般抹灰定额工程量为 43.90m²。

山东省建筑工程消耗量定额一般抹灰和装饰抹灰子目均注明了抹灰厚度。凡厚度为××mm 者，砂浆种类为一种；凡厚度为××mm＋××mm 者，砂浆种类为两种，前者为打底厚度，后者为罩面厚度；凡厚度为××mm＋××mm＋××mm 者，砂浆种类为三种，前者为罩面厚度，中者为中层厚度，后者为打底厚度。

本例外墙面设计采用 1：3 水泥砂浆打底 14mm 厚，1：2.5 水泥砂浆抹面 6mm 厚。因此选用××mm＋××mm 类的定额。根据设计厚度，套用定额 9-2-20，砖墙面墙裙水泥砂浆 14+6。设计厚度与定额厚度相同，不需要进行厚度的调整。

按照 2015 年济南市预算价格及装饰工程人工工资单价标准（92 元/工日），并按照"砌筑工程"中现拌砂浆调整为预拌砂浆的换算方法，定额对应的人工单价、材料单价、机械单价如表 18-14 所示。

参考本地区建设工程费用定额，装饰工程管理费费率和利润率分别为 49% 和 16%，计费基数均为省人工费。根据鲁建标字〔2015〕12 号文件，山东省人工工资单价为 76 元/工日，同时考虑现拌砂浆调整为预拌砂浆的换算。定额 9-2-20 对应的省价人工费单价为 107.39 元。因此，各定额对应的管理费和利润单价如表 18-14 所示。

该清单项目的综合单价分析表见表 18-14。

表 18-14　　　　　　　　工程量清单综合单价分析表

工程名称：某装饰工程　　　　　　　　　　标段：　　　　　　第 1 页　共 1 页

项目编码	011201001001	项目名称		墙面一般抹灰		计量单位		m²

清单综合单价组成明细

定额编号	定额名称	定额单位	数量	单价（元）				合价（元）			
				人工费	材料费	机械费	管理费与利润	人工费	材料费	机械费	管理费与利润
9-2-20 换	砖墙面墙裙水泥砂浆 14+6（袋装干拌砂浆）	10m²	0.100	130.00	85.50	5.75	69.80	13.00	8.55	0.58	6.98
人工单价		小计						13.00	8.55	0.58	6.98
92 元/工日		未计价材料费						—			
清单项目综合单价								29.10			

（2）墙面装饰抹灰（011201002001）。

该项目发生的工作内容为清理基层、刷素水泥浆、抹底层灰、抹面层灰、抹装饰面、勾分格缝。

根据山东省消耗量定额，外墙面装饰抹灰定额工程量计算规则与清单工程量计算规则相同，因此，定额工程量为 17.96m²。

勾分格缝应单独计算工程量，工程量与抹灰工程量相同，即为 17.96m²。

外墙面装饰抹灰套用定额 9-2-74，砖墙面水刷石白石子 12mm+10mm。该定额综合考虑了清理基层、刷素水泥浆一遍、抹底层灰、抹面层灰、抹装饰面。而设计采用素水泥浆两遍，因此需增加一遍，套用定额 9-2-112，增减一遍素水泥浆。

勾分格缝套用定额 9-2-110。

按照 2015 年济南市预算价格及装饰工程人工工资单价标准（92 元/工日），并按照"砌筑工程"中现拌砂浆调整为预拌砂浆的换算方法，各定额对应的人工单价、材料单价、机械单价如表 18-15 所示。

参考本地区建设工程费用定额，装饰工程管理费费率和利润率分别为 49% 和 16%，计费基数均为省人工费。根据鲁建标字〔2015〕12 号文件，山东省人工工资单价为 76 元/工日，同时考虑现拌砂浆调整为预拌砂浆的换算。定额 9-2-74、9-2-112、9-2-110 对应的省价人工费单价分别为 284.82、9.12、44.08 元。因此，各定额对应的管理费和利润单价如表 18-15 所示。

该清单项目的综合单价分析表见表 18-15。

表 18-15　　　　　　　　　工程量清单综合单价分析表

工程名称：某装饰工程　　　　　　　　　　　　标段：　　　　　　　　第 1 页共 1 页

项目编码	011201002001	项目名称		墙面装饰抹灰		计量单位			m²

清单综合单价组成明细

定额编号	定额名称	定额单位	数量	单价（元）				合价（元）			
				人工费	材料费	机械费	管理费与利润	人工费	材料费	机械费	管理费与利润
9-2-74 换	砖混凝土墙面水刷白石子 12＋10（袋装干拌砂浆）	10m²	0.100	344.78	127.49	6.19	185.13	34.48	12.75	0.62	18.51
9-2-112 换	增减一遍素水泥浆	10m²	0.100	11.04	5.40	—	5.93	1.10	0.54	—	0.59
9-2-110	分格嵌缝	10m²	0.100	53.36	—	—	28.65	5.34	—	—	2.87
人工单价			小计					40.92	13.29	0.62	21.97
92 元/工日			未计价材料费					—			
清单项目综合单价								76.80			

（3）分部分项工程量清单及计价表如表 18-16 所示。

表 18-16　　　　　　　　　分部分项工程量清单与计价表

工程名称：某装饰工程　　　　　　　　　　　　标段：　　　　　　　　第 1 页　共 1 页

序号	项目编码	项目名称	项目特征	计量单位	工程量	金额（元）		
						综合单价	合价	其中：暂估价
1	011201001001	墙面一般抹灰	1. 砖墙 2. 底层 1：3 水泥砂浆打底 14mm 厚 3. 面层 1：2.5 水泥砂浆抹面 6mm 厚	m²	43.90	29.10	1277.49	
2	011201002001	墙面装饰抹灰	1. 素水泥浆二遍 2. 1：3 水泥砂浆打底 12mm 厚 3. 1：1.5 水泥白石子 10mm 厚 4. 分格嵌缝	m²	17.96	76.80	1379.33	

[例 18 - 5] 试根据山东省建筑工程消耗量定额、2015 年山东省及济南市预算价格完成 [例 18 - 2] 中石材柱面清单项目的综合单价的计算。袋装预拌砂浆市场价均按 210 元/t 执行。

解： 该项目发生的工作内容为清理基层、安装骨架（另外列项）、挂石材板，灌浆、清理面层等。按照山东省建筑工程消耗量定额工程量计算规则，以上工程内容都包含在柱面挂贴花岗岩定额项目里。

山东省定额柱面挂贴花岗岩的工程量计算规则与清单工程量计算规则相同，因此，柱面挂贴花岗岩的定额工程量也为 76.80m²。

柱面挂贴花岗岩套定额 9-2-131，混凝土柱面挂贴花岗岩（灌缝浆 50）。

按照 2015 年济南市预算价格及装饰工程人工工资单价标准（92 元/工日），并按照"砌筑工程"中现拌砂浆调整为预拌砂浆的换算方法，定额对应的人工单价、材料单价、机械单价如表 18 - 17 所示。

参考本地区建设工程费用定额，装饰工程管理费费率和利润率分别为 49% 和 16%，计费基数均为省人工费。根据鲁建标字〔2015〕12 号文件，山东省人工工资单价为 76 元/工日，同时考虑现拌砂浆调整为预拌砂浆的换算。定额 9-2-131 对应的省价人工费单价为 766.91 元。因此，定额对应的管理费和利润单价如表 18 - 17 所示。

该清单项目的综合单价分析表见表 18 - 17。

表 18 - 17   **工程量清单综合单价分析表**

工程名称：某装饰工程   标段：   第 1 页 共 1 页

项目编码	011205001001	项目名称		石材柱面		计量单位		m²

清单综合单价组成明细

定额编号	定额名称	定额单位	数量	单价（元）				合价（元）			
				人工费	材料费	机械费	管理费与利润	人工费	材料费	机械费	管理费与利润
9-2-131 换	混凝土柱面挂贴花岗岩（灌缝浆 50）袋装干拌砂浆	10m²	0.100	928.37	2590.26	63.93	498.5	92.84	259.03	6.39	49.85
人工单价			小计					92.84	259.03	6.39	49.85
92 元/工日			未计价材料费					—			
		清单项目综合单价						408.11			

[例 18 - 6] 试根据山东省建筑工程消耗量定额、2015 年山东省及济南市预算价格完成 [例 18 - 3] 中墙面装饰板清单项目计价。

解： 该项目发生的工作内容为清理基层、安装木龙骨、木龙骨刷防火涂料（另外列项）、铺钉基层、基层刷防火涂料（另外列项）、铺钉面层、钉封口线条等。按照山东省建筑工程消耗量定额工程量计算规则，木龙骨、基层、面层、线条是分别计算工程量。

木龙骨、基层的定额工程量与清单工程量计算规则相同，即为 88.20m²。

面层按实际尺寸计算。榉木板面层的定额工程量 $= 98.00 \times 0.90 - 0.50 \times 0.90 \times 16 =$

81.00（m²），不锈钢面层的定额工程量＝0.50×0.90×16＝7.20（m²），线条按实际尺寸以延长米计算，工程量为98m。

木龙骨套用定额9-2-252，墙柱面木龙骨安装20cm²@400内；

中密度板基层套用定额9-2-267，墙柱面木龙骨上中密度板；

榉木板面层套用定额9-2-281，粘贴榉木夹板面层；

不锈钢面层套用定额9-2-295，墙面镜面不锈钢板；

封边线条套用定额9-5-56，平面木装饰线50内。

按照2015年济南市预算价格及装饰工程人工工资单价标准（92元/工日），各定额对应的人工单价、材料单价、机械单价如表18-18所示。

参考本地区建设工程费用定额，装饰工程管理费费率和利润率分别为49%和16%，计费基数均为省人工费。根据鲁建标字〔2015〕12号文件，山东省人工工资单价为76元/工日，同时考虑现拌砂浆调整为预拌砂浆的换算。定额9-2-252、9-2-267、9-2-281、9-2-295、9-5-56对应的省价人工费单价分别为54.72、44.08、136.80、297.92、109.08元。因此，定额对应的管理费和利润单价如表18-18所示。

该清单项目的综合单价分析表见表18-18。

表18-18　　　　　　　　　　　　工程量清单综合单价分析表

工程名称：某装饰工程　　　　　　　　　　标段：　　　　　　　　第1页　共1页

项目编码	011207001001		项目名称		墙面装饰板		计量单位		m²
清单综合单价组成明细									
定额编号	定额名称	定额单位	数量	单价（元）				合价（元）	

定额编号	定额名称	定额单位	数量	人工费	材料费	机械费	管理费与利润	人工费	材料费	机械费	管理费与利润
9-2-252	柱面木龙骨安装 20cm²@400内	10m²	0.100	66.24	183.79	3.32	35.57	6.62	18.38	0.33	3.56
9-2-267	墙柱面木龙骨上中密度板	10m²	0.100	53.36	273.81	0	28.65	5.34	27.38	0	2.87
9-2-281	粘贴榉木夹板面层	10m²	0.0918	165.6	511.71	20.09	88.92	15.21	46.99	1.85	8.17
9-2-295	墙面镜面不锈钢板	10m²	0.0082	360.64	2820.62	0	193.65	2.94	23.03	0	1.58
9-5-56	平面木装饰线50内	10m	0.1111	21.16	81.22	6.7	11.37	2.35	9.02	0.74	1.26
人工单价			小计					32.46	124.80	2.92	17.43
92元/工日			未计价材料费					—			
清单项目综合单价								177.61			

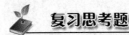 **复习思考题**

1. 零星项目一般抹灰和装饰抹灰各适用于什么情况？
2. 设计中如果采用标准图集做法，招标清单应该怎么编制？
3. 墙柱面块料面层黏结方式有哪几种？
4. 幕墙有哪几类？如何描述项目特征？

第十九章 天 棚 工 程

【本章概要】

本章主要介绍了天棚工程的基础知识及基本规定，围绕《房屋建筑与装饰工程工程量计算规范》（GB 50854—2013）重点介绍了天棚工程所包含的天棚抹灰、天棚吊顶、采光天棚和天棚其他装饰等 4 个分部工程的工程量清单和相应工程量清单报价的编制理论与方法。

第一节 天 棚 工 程 概 述

一、天棚工程的工作内容

天棚按其构造形式分为直接式顶棚和悬吊式顶棚，按其造型分为平面、跌级、锯齿形、阶梯形、吊挂式、藻井式。其中，跌级顶棚是指形状比较简单，不带灯槽，一个空间内有一个凹或凸形的顶棚。

天棚工程主要包括天棚抹灰、天棚吊顶、采光天棚和天棚其他装饰等内容。

天棚抹灰的工作内容包括清理基层、抹底层灰、抹面层。

天棚吊顶的工作内容包括清理基层、安装吊杆、龙安装骨、铺贴基层板、铺贴面层、嵌缝、刷防护材料等。

采光天棚的工作内容包括清理基层、制作安装面层、嵌缝塞口、清洗。

天棚其他装饰包括灯带（槽）安装、固定，风口安装固定、刷防护材料等。

二、天棚工程的基本规定

1. 天棚抹灰

天棚抹灰按抹灰级别可分为普通、中级、高级三个等级，按抹灰材料可分为石灰麻刀灰浆、水泥麻刀砂浆等。其中，天棚基层为混凝土基层、板条基层和钢丝网基层抹灰等。

2. 天棚吊顶

天棚吊顶由龙骨、面层（基层）和吊筋三大部分组成，天棚龙骨是一个由大龙骨、中龙骨和小龙骨所形成的骨架体系。通常轻钢龙骨和铝合金龙骨都设置为双层或单层结构两种不同的结构形式，如图 19-1 所示。

3. 采光天棚

采光天棚骨架不包括在本节中，应单独按"金属结构工程"相关项目编码列项。

4. 天棚其他装饰

天棚其他装饰包括灯带、灯槽、送风口、回风口等。

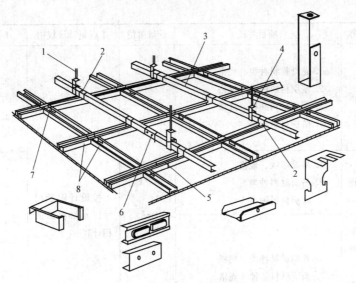

图 19-1　U 形轻钢龙骨吊顶示意图

1—大龙骨垂直吊挂件；2—大中龙骨纵向连接件；3—大龙骨；4—吊杆；

5—中小龙骨纵向连接件；6—大龙骨纵向连接件；7—平面连接件；8—中龙骨

第二节　天棚工程清单项目设置及计算规则

一、天棚工程清单项目设置

按照《房屋建筑与装饰工程工程量计算规范》（GB 50854—2013）的规定，天棚工程包括天棚抹灰、天棚吊顶、采光天棚、天棚其他装饰等 4 个分部工程，共 10 个清单项目，如表 19-1～表 19-4 所示。

表 19-1　　　　　　　　　天棚抹灰（编码：011301）

项目编码	项目名称	项目特征	计量单位	工程量计算规则	工程内容
011301001	天棚抹灰	1. 基层类型 2. 抹灰厚度、材料种类 3. 砂浆配合比	m²	详见工程量计算规则	1. 基层清理 2. 底层抹灰 3. 抹面层

表 19-2　　　　　　　　　天棚吊顶（编码：011302）

项目编码	项目名称	项目特征	计量单位	工程量计算规则	工程内容
011302001	吊顶天棚	1. 吊顶形式、吊杆规格、高度 2. 龙骨材料种类、规格、中距 3. 基层材料种类、规格 4. 面层材料品种、规格 5. 压条材料种类、规格 6. 嵌缝材料种类 7. 防护材料种类	m²	详见工程量计算规则	1. 基层清理、吊杆安装 2. 龙骨安装 3. 基层板铺贴 4. 面层铺贴 5. 嵌缝 6. 刷防护材料

项目编码	项目名称	项目特征	计量单位	工程量计算规则	工程内容
011302002	格栅吊顶	1. 龙骨材料种类、规格、中距 2. 基层材料种类、规格 3. 面层材料品种、规格 4. 防护材料种类	m²	按设计图示尺寸以水平投影面积计算	1. 基层清理 2. 安装龙骨 3. 基层板铺贴 4. 面层铺贴 5. 刷防护材料
011302003	吊筒吊顶	1. 吊筒形状、规格 2. 吊筒材料种类 3. 防护材料种类			1. 基层清理 2. 吊筒制作安装 3. 刷防护材料
011302004	藤条造型悬挂吊顶	1. 骨架材料种类、规格 2. 面层材料品种、规格			1. 基层清理 2. 龙骨安装 3. 铺贴面层
011302005	织物软雕吊顶				
011302006	装饰网架吊顶	网架材料品种、规格			1. 基层清理 2. 网架制作安装

表 19 - 3　　　　　采光天棚（编码：011303）

项目编码	项目名称	项目特征	计量单位	工程量计算规则	工程内容
011303001	采光天棚	1. 骨架类型 2. 固定类型、固定材料品种、规格 3. 面层材料品种、规格 4. 嵌缝、塞口材料种类	m²	按框外围展开面积计算	1. 清理基层 2. 面层制安 3. 嵌缝、塞口 4. 清洗

表 19 - 4　　　　　天棚其他装饰（编码：011304）

项目编码	项目名称	项目特征	计量单位	工程量计算规则	工程内容
011304001	灯带（槽）	1. 灯带型式、尺寸 2. 格栅片材料品种、规格 3. 安装固定方式	m	按设计图示尺寸以框外围面积计算	安装、固定
011304002	送风口、回风口	1. 风口材料品种、规格 2. 安装固定方式 3. 防护材料种类	个	按设计图示数量计算	1. 安装、固定 2. 刷防护材料

二、工程量计算规则

1. 天棚抹灰

按设计图示尺寸以水平投影面积计算。不扣除间壁墙、垛、柱、附墙烟囱、检查口和管道所占的面积，带梁天棚的梁两侧抹灰面积并入天棚面积内，板式楼梯底面抹灰按斜面积计算，锯齿形楼梯底板抹灰按展开面积计算。

2. 天棚吊顶

（1）吊顶天棚。按设计图示尺寸以水平投影面积计算。天棚面中的灯槽及跌级、锯齿形、吊挂式、藻井式天棚面积不展开计算。不扣除间壁墙、检查口、附墙烟囱、柱垛和管道所占面积，扣除单个＞0.3m² 的孔洞、独立柱及与天棚相连的窗帘盒所占的面积。

（2）其他天棚吊顶。按设计图示尺寸以水平投影面积计算。

3. 采光天棚

按框外围展开面积计算。

4. 天棚其他装饰

灯带（槽）按设计图示尺寸以框外围面积计算。送风口、回风口按设计图示数量计算。

三、招标工程量清单编制实例

[例 19 - 1]　某工程现浇井字梁顶棚如图 19 - 2 所示，天棚抹灰做法为：①钢筋混凝土现浇板底用水加 10％火碱清洗油腻；②刷素水泥浆一道；③6mm 厚 1∶0.5∶1 水泥石灰膏砂浆打底；④7mm 厚 1∶3∶9 水泥石灰膏砂浆抹平；⑤3mm 厚麻刀纸筋灰罩面；⑥腻子两遍刮平；⑦喷（刷）涂料三遍。试编制该天棚抹灰工程的招标工程量清单。

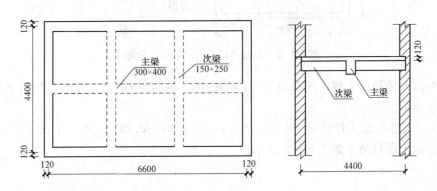

图 19 - 2　井字梁天棚示意图

解：本例井字梁天棚抹灰工程，按照表 19 - 1 的规定，选择相应的项目编码、项目名称、项目特征及计量单位。

$$外墙面水泥砂浆抹灰工程量 = (6.60 - 0.24) \times (4.40 - 0.24) + (0.40 - 0.12)$$
$$\times 6.36 \times 2 + (0.25 - 0.12) \times 3.86 \times 2 \times 2$$
$$- (0.25 - 0.12) \times 0.15 \times 4$$
$$= 31.95 (\text{m}^2)$$

分部分项工程量清单如表 19 - 5 所示。

表 19 - 5　　　　　　　　　　**分部分项工程量清单与计价表**

工程名称：某装饰工程　　　　　　　　　　　　　　　　标段：　　　　　　　　　第 1 页　共 1 页

序号	项目编码	项目名称	项目特征	计量单位	工程量	综合单价	合价	其中：暂估价
						金额（元）		
1	011301001001	天棚抹灰	1. 现浇混凝土板基层 2. 用水加 10％火碱清洗油腻 3. 刷素水泥浆一道 4.6mm 厚 1：0.5：1 水泥石灰膏砂浆打底 5.7mm 厚 1：3：9 水泥石灰膏砂浆抹平 6.3mm 厚麻刀纸筋灰罩面	m²	31.95			

　注　工程内容中腻子刮平、喷（刷）涂料三遍另外按照"喷刷涂料"相应项目编码列项。

　　［例 19 - 2］　某三级天棚尺寸如图 19 - 3 所示，钢筋混凝土板预留 ø6 钢筋环，双向吊点，中距 900mm，下吊双层 U 形轻钢龙骨，中距 600mm，面层为纸面石膏板。试编制该天棚吊顶工程的招标工程量清单。

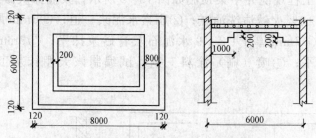

图 19 - 3　天棚吊顶平面和剖面示意图

　　解：本例天棚吊顶工程，按照表 19 - 2 的规定，选择相应的项目编码、项目名称、项目特征及计量单位。

$$天棚吊顶工程量 = (8.00 - 0.24) \times (6.00 - 0.24) = 44.70 (m^2)$$

分部分项工程量清单如表 19 - 6 所示。

表 19 - 6　　　　　　　　　　**分部分项工程量清单与计价表**

工程名称：某装饰工程　　　　　　　　　　　　　　　　标段：　　　　　　　　　第 1 页　共 1 页

序号	项目编码	项目名称	项目特征	计量单位	工程量	综合单价	合价	其中：暂估价
						金额（元）		
1	011302001001	吊顶天棚	1. 三级吊顶（不上人），ø6 吊杆 2. 双层轻钢龙骨@600×600 3. 纸面石膏板面层	m²	44.70			

第三节　工程量清单投标报价的编制

[**例19-3**]　试根据山东省建筑工程消耗量定额、2015年山东省及济南市预算价格完成[例19-1]中天棚抹灰清单项目综合单价的计算。混合砂浆（袋装干拌砂浆）均按照市场价210元/t计入综合单价，其他种类袋装干拌砂浆执行预算价格。

解：该项目发生的工作内容为清理基层、抹底层灰、抹面层灰、抹装饰面，按照山东省建筑工程消耗量定额工程量计算规则，以上工程内容都包含在现浇顶棚抹灰定额项目里。顶棚抹灰定额工程量计算规则与清单工程量计算规则相同，即天棚抹灰定额工程量为31.95m^2。

按照设计做法，天棚抹灰套用定额9-3-1，现浇混凝土顶棚麻刀灰抹面。

按照2015年济南市预算价格及装饰工程人工工资单价标准（92元/工日），并按照"砌筑工程"中现拌砂浆调整为预拌砂浆的换算方法，定额对应的人工单价、材料单价、机械单价如表19-7所示。

参考本地区建设工程费用定额，装饰工程管理费费率和利润率分别为49%和16%，计费基数均为省人工费。根据鲁建标字〔2015〕12号文件，山东省人工工资单价为76元/工日，同时考虑现拌砂浆调整为预拌砂浆的换算。定额9-3-1对应的省价人工费单价为103.18元。因此，各定额对应的管理费和利润单价如表19-7所示。

该清单项目的综合单价分析表见表19-7。

表19-7　　　　　　　　　　　**工程量清单综合单价分析表**

工程名称：某装饰工程　　　　　　　　　　　　标段：　　　　　　　　第1页　共1页

项目编码	011301001001	项目名称		天棚抹灰		计量单位			m^2
清单综合单价组成明细									
定额编号	定额名称	定额单位	数量	单价（元）				合价（元）	
				人工费	材料费	机械费	管理费与利润	人工费	材料费	机械费	管理费与利润
9-3-1	现浇混凝土顶棚麻刀灰抹面（袋装干拌砂浆）	10m^2	0.100	124.91	71.97	4.27	67.07	12.49	7.20	0.43	6.71
人工单价		小计						12.49	7.20	0.43	6.71
92元/工日		未计价材料费						—			
清单项目综合单价								26.83			

[**例19-4**]　试根据山东省建筑工程消耗量定额、2015年山东省及济南市预算价格完成[例19-2]中天棚吊顶清单项目综合单价的计算。

解：该项目发生的工作内容为清理基层、安装吊杆、安装轻钢龙骨、铺贴石膏板面层，按照山东省建筑工程消耗量定额工程量计算规则，天棚吊顶龙骨、基层、面层等应分别计算工程量，套用相应定额项目。

　　根据山东省消耗量定额工程量计算规则，各种吊顶顶棚龙骨按主墙间净空面积以平方米计算，不扣除间壁墙、检查口、附墙烟囱、柱、灯孔垛和管道所占面积。

　　计算吊顶顶棚龙骨时，应区分一级天棚龙骨和"二～三级"天棚龙骨。顶棚不在同一标高，且龙骨有跌级高差者为"二～三级"天棚龙骨。"二～三级"天棚龙骨的工程量，按龙骨跌级高差外边线所含最大矩形（以内或以外）面积以平方米计算。

　　计算顶棚龙骨时，顶棚中的折线、跌落、高低吊顶槽等面积不展开计算。

　　三级龙骨定额工程量 ＝ $(8.00-0.24-0.80\times2)\times(6.00-0.24-0.80\times2)$
　　　　　　　　　　　　 ＝ 25.63（m^2）

　　一级龙骨定额工程量 ＝ $(8.0-0.24)\times(6.0-0.24)-25.63=19.07$（$m^2$）

　　顶棚基层和面层装饰面积，按主墙间设计面积以平方米计算；不扣除间壁墙、检查口、附墙烟囱、柱、灯孔、垛和管道所占面积，但应扣除独立柱、灯带、大于 0.3m^2 的灯孔及与顶棚相连的窗帘盒所占的面积。顶棚中的折线、跌落、拱形、高低灯槽及其他艺术形式顶棚面层均按展开面积计算。由于线角较多，故增加 10％的用工。

　　面层工程量 ＝ $(8.00-0.24)\times(6.00-0.24)+(8.00-0.24-0.90\times2$
　　　　　　　　 $+6.00-0.24-0.90\times2)\times2\times0.20\times2$
　　　　　　　 ＝ 52.63（m^2）

　　一级吊顶龙骨套用定额 9-3-33，装配式 U 形龙骨 600×600 一级

　　三级龙骨套用定额 9-3-34，装配式 U 形龙骨 600×600 二～三级

　　面层套用定额 9-3-87，轻钢龙骨上铺钉纸面石膏板基层，需增加人工 10％。

　　按照 2015 年济南市预算价格及装饰工程人工工资单价标准（92 元/工日），并进行相关调整换算后，各定额对应的人工单价、材料单价、机械单价如表 19-8 所示。

　　参考本地区建设工程费用定额，装饰工程管理费费率和利润率分别为 49％和 16％，计费基数均为省人工费。根据鲁建标字〔2015〕12 号文件，山东省人工工资单价为 76 元/工日，同时考虑现拌砂浆调整为预拌砂浆的换算。定额 9-3-33、9-3-34、9-3-87 对应的省价人工费单价分别为 142.12、161.12、97.81 元。因此，各定额对应的管理费和利润单价如表 19-8 所示。

　　该清单项目的综合单价分析表见表 19-8。

表 19-8　　　　　　　　　　　　工程量清单综合单价分析表

工程名称：某装饰工程　　　　　　　　　　　　标段：　　　　　　　　　第 1 页　共 1 页

项目编码	011302001001	项目名称	吊顶天棚		计量单位		m^2

清单综合单价组成明细											
定额编号	定额名称	定额单位	数量	单价（元）				合价（元）			
				人工费	材料费	机械费	管理费与利润	人工费	材料费	机械费	管理费与利润
9-3-33	装配式 U 形龙骨 600×600 一级	10m^2	0.0427	172.04	610.59	11.33	92.38	7.34	26.05	0.48	3.94

续表

项目编码	011302001001		项目名称		吊顶天棚		计量单位		m²

清单综合单价组成明细

定额编号	定额名称	定额单位	数量	单价（元）				合价（元）			
				人工费	材料费	机械费	管理费与利润	人工费	材料费	机械费	管理费与利润
9-3-34	装配式U形龙骨600×600二～三级	10m²	0.0573	195.04	736.85	11.58	104.73	11.18	42.25	0.66	6.00
9-3-87换	轻钢龙骨上铺钉纸面石膏板基层	10m²	0.1178	118.40	198.31	—	63.58	13.95	23.36	—	7.49
人工单价		小计						32.47	91.66	1.15	17.43
92元/工日		未计价材料费						—			
清单项目综合单价								142.71			

 复习思考题

1. 常见天棚装饰方法有哪些？
2. 天棚抹灰的项目特征应描述哪些内容？
3. 吊顶天棚工程量的计算规则是什么？
4. 吊顶龙骨的项目特征应如何描述？

第二十章 油漆、涂料、裱糊工程

🎙️【本章概要】

本章主要介绍了油漆、涂料、裱糊工程的基础知识及基本规定，围绕《房屋建筑与装饰工程工程量计算规范》（GB 50854—2013）重点介绍了油漆、涂料、裱糊工程所包含的门油漆、窗油漆、木扶手及其他板条线条油漆、木材面油漆、金属面油漆、抹灰面油漆、喷刷涂料、裱糊等8个分部工程的工程量清单和相应工程量清单报价的编制理论与方法。

第一节 清单项目设置及清单编制

一、清单项目设置及计算规则

按照《房屋建筑与装饰工程工程量计算规范》（GB 50854—2013）的规定，油漆、涂料、裱糊工程包括门油漆，窗油漆，木扶手及其他板条、线条油漆，木材面油漆，金属面油漆，抹灰面油漆，刷喷涂料，裱糊等8个分部工程，共36个清单项目，如表20-1～表20-8所示。

表 20-1　　　　　　　　　　　门油漆（编码：011401）

项目编码	项目名称	项目特征	计量单位	工程量计算规则	工程内容
011401001	木门油漆	1. 门类型 2. 门代号及洞口尺寸 3. 腻子种类 4. 刮腻子遍数 5. 防护材料种类 6. 油漆品种、刷漆遍数	1. 樘 2. m²	1. 以樘计量，按设计图示数量计量 2. 以平方米计量，按设计图示洞口尺寸以面积计算	1. 基层清理 2. 刮腻子 3. 刷防护材料、油漆
011401002	金属门油漆				1. 除锈、基层清理 2. 刮腻子 3. 刷防护材料、油漆

表 20-2　　　　　　　　　　　窗油漆（编码：011402）

项目编码	项目名称	项目特征	计量单位	工程量计算规则	工程内容
011402001	木窗油漆	1. 窗类型 2. 窗代号及洞口尺寸 3. 腻子种类 4. 刮腻子遍数 5. 防护材料种类 6. 油漆品种、刷漆遍数	1. 樘 2. m²	1. 以樘计量，按设计图示数量计量 2. 以平方米计量，按设计图示洞口尺寸以面积计算	1. 基层清理 2. 刮腻子 3. 刷防护材料、油漆
011402002	金属窗油漆				1. 除锈、基层清理 2. 刮腻子 3. 刷防护材料、油漆

表 20 - 3 　　木扶手及其他板条、线条油漆（编码：011403）

项目编码	项目名称	项目特征	计量单位	工程量计算规则	工程内容
011403001	木扶手油漆	1. 门类型 2. 门代号及洞口尺寸 3. 腻子种类 4. 刮腻子遍数 5. 防护材料种类 6. 油漆品种、刷漆遍数	m	按设计图示尺寸以长度计算	1. 基层清理 2. 刮腻子 3. 刷防护材料、油漆
011403002	窗帘盒油漆				
011403003	封檐板、顺水板油漆				
011403004	挂衣板、黑板框油漆				
011403005	挂镜线、窗帘棍、单独木线油漆				

表 20 - 4 　　木材面油漆（编码：011404）

项目编码	项目名称	项目特征	计量单位	工程量计算规则	工程内容
011404001	木护墙、木墙裙油漆	1. 腻子种类 2. 刮腻子遍数 3. 防护材料种类 4. 油漆品种、刷漆遍数	m²	按设计图示尺寸以面积计算	1. 基层清理 2. 刮腻子 3. 刷防护材料、油漆
011404002	窗台板、筒子板、盖板、门窗套、踢脚线油漆				
011404003	清水板条天棚、檐口油漆				
011404004	木方格吊顶、天棚油漆				
011404005	吸音板墙面、天棚面油漆				
011404006	暖气罩油漆				
011404007	其他木材面油漆				
011404008	木间壁、木隔断油漆			按设计图示尺寸以单面外围面积计算	
011404009	玻璃间壁露明墙筋油漆				
011404010	木栅栏、木栏杆（带扶手）油漆				
011404011	衣柜、壁柜油漆			按设计图示尺寸以油漆部分展开面积计算	
011404012	梁柱饰面油漆				
011404013	零星木装修油漆				
011404014	木地板油漆			按设计图示尺寸以面积计算。空洞、空圈、暖气包槽、壁龛的开口部分并入相应的工程量内	
011404015	木地板烫硬蜡面	1. 硬蜡品种 2. 面层处理要求			1. 基层清理 2. 烫蜡

表 20 - 5　　　　　　　　　　　金属面油漆（编码：011405）

项目编码	项目名称	项目特征	计量单位	工程量计算规则	工程内容
011405001	金属面油漆	1. 构件名称 2. 腻子种类 3. 刮腻子要求 4. 防护材料种类 5. 油漆品种、刷漆遍数	1. t 2. m²	1. 以吨计量，按设计图示尺寸以质量计量 2. 以平方米计量，按设计展开面积计算	1. 基层清理 2. 刮腻子 3. 刷防护材料、油漆

表 20 - 6　　　　　　　　　　　抹灰面油漆（编码：011406）

项目编码	项目名称	项目特征	计量单位	工程量计算规则	工程内容
011406001	抹灰面油漆	1. 基层类型 2. 腻子种类 3. 刮腻子遍数 4. 防护材料种类 5. 油漆品种、刷漆遍数	m²	按设计图示尺寸以面积计算	1. 基层清理 2. 刮腻子 3. 刷防护材料、油漆
011406002	抹灰线条油漆	1. 线条宽度、道数 2. 腻子种类 3. 刮腻子遍数 4. 防护材料种类 5. 油漆品种、刷漆遍数	m	按设计图示尺寸以长度计算	
011406003	满刮腻子	1. 基层类型 2. 腻子种类 3. 刮腻子遍数	m²	按设计图示尺寸以面积计算	1. 基层清理 2. 刮腻子

表 20 - 7　　　　　　　　　　　喷刷涂料（编码：011407）

项目编码	项目名称	项目特征	计量单位	工程量计算规则	工程内容
011407001	墙面喷刷涂料	1. 基层类型 2. 喷刷涂料部位	m²	按设计图示尺寸以面积计算	1. 基层清理 2. 刮腻子 3. 刷、喷涂料
011407002	天棚喷刷涂料	3. 腻子种类 4. 刮腻子要求 5. 涂料品种、喷刷遍数			
011407003	空花格、栏杆刷涂料	1. 腻子种类 2. 刮腻子要求 3. 涂料品种、喷刷遍数			
011407004	线条刷涂料	1. 基层清理 2. 线条宽度 3. 刮腻子遍数 4. 刷防护材料、油漆	m	按设计图示尺寸以长度计算	

续表

项目编码	项目名称	项目特征	计量单位	工程量计算规则	工程内容
011407005	金属构件刷防火涂料	1. 喷刷防火涂料构件名称 2. 防火等级要求 3. 涂料品种、喷刷遍数	1. t 2. m²	1. 以吨计量,按设计图示尺寸以质量计量 2. 以平方米计量,按设计展开面积计算	1. 基层清理 2. 刷防火材料、油漆
011407005	木材构件喷刷防火涂料		m²	以平方米计量,按设计图示尺寸以面积计算	1. 基层清理 2. 刷防火材料

表 20 - 8　　　　　　　　　　裱糊（编码：011408）

项目编码	项目名称	项目特征	计量单位	工程量计算规则	工程内容
011408001	墙纸裱糊	1. 基层类型 2. 裱糊部位 3. 腻子种类 4. 刮腻子遍数 5. 黏结材料种类 6. 防护材料种类 7. 面层材料品种、规格、颜色	m²	按设计图示尺寸以面积计算	1. 基层清理 2. 刮腻子 3. 面层浦粘 4. 刷防护材料
011408002	织锦缎裱糊				

二、招标工程量清单编制实例

[例 20 - 1]　某住宅用单层木板门 45 樘，洞口尺寸如图 20 - 1 所示，油漆为底油一遍，调和漆四遍。编制该门油漆工程的招标工程量清单。

解：本例按木门油漆相关规定编制分部分项工程量清单。按照木门油漆清单工程量计算规则，可选择樘或平方米之一作为计量单位。

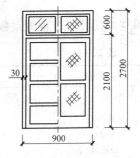

图 20 - 1　某单层木门

木门油漆清单工程量 $= 0.90 \times 2.70 \times 45 = 109.35 (\text{m}^2)$

木门油漆清单工程量 $= 45$ 樘

该工程分部分项工程量清单如表 20 - 9 所示。

表 20 - 9　　　　　　　　　　分部分项工程量清单与计价表

工程名称：某装饰工程　　　　　　　　　　标段：　　　　　　　　　　第 1 页　共 1 页

序号	项目编码	项目名称	项目特征	计量单位	工程量	综合单价	合价	其中：暂估价
1	011401001001	木门油漆	1. 单层木板门 900mm×2700mm 2. 底油一遍，调和漆两遍	m²	109.35			
				樘	45			

[**例 20 - 2**] 某天棚工程装修如例 [19 - 1]，试编制天棚喷刷涂料的招标工程量清单。

解： 按照装修做法，刮腻子两遍，刷乳胶漆三遍。按照天棚喷刷涂料清单项目列项。

喷刷涂料清单工程量计算规则与抹灰工程量计算规则相同。因此，天棚喷刷涂料清单工程量为 31.95m²。

该工程分部分项工程量清单如表 20 - 10 所示。

表 20 - 10   **分部分项工程量清单与计价表**

工程名称：某装饰工程   标段：   第 1 页   共 1 页

序号	项目编码	项目名称	项目特征	计量单位	工程量	金额（元）		
						综合单价	合价	其中：暂估价
1	011407001001	天棚喷刷涂料	1. 刮腻子两遍 2. 刷乳胶漆三遍	m²	31.95			

第二节   工程量清单报价的应用

[**例 20 - 3**] 试根据山东省建筑工程消耗量定额、2015 年山东省及济南市预算价格完成 [例 20 - 1] 中木门油漆清单项目综合单价的计算，以平方米为计量单位。

解：（1）定额工程量计算。该清单项目发生的工作内容包括清理基层、刷底油一遍，调和漆四遍。按照山东省建筑工程消耗量定额的计算规则，木材面、金属面油漆的工程量分别按油漆、涂料系数表的规定，并乘以系数表内的系数以平方米计算。即：

$$油漆工程量 = 基层项工程量 \times 各项相应系数$$

单层木门油漆工程量系数如表 20 - 11 所示。

表 20 - 11   **单层木门工程量系数表**

定额项目	项目名称	系数	工程量计算方法
单层木门	单层木门	1.00	按单面洞口面积
	双层（一板一纱）木门	1.36	
	双层（单裁口）木门	2.00	
	单层全玻门	0.83	
	木百叶门	1.25	
	厂库大门	1.10	

    注   单层木窗、木扶手、墙面墙裙、木地板等执行相应的工程量系数。

因此，木门油漆定额工程量＝0.90×2.70×45×1.00＝109.35（m²）。

（2）定额的选取。该木门油漆设计采用底油一遍、调和漆四遍。套用定额 9-4-1，刷底油一遍、调和漆两遍。由于定额 9-4-1 考虑调和漆两遍，因此需增加两遍调和漆，套用定额 9-4-21，每增加一遍调和漆。

按照 2015 年济南市预算价格及装饰工程人工工资单价标准（92 元/工日），各定额对应的人工单价、材料单价、机械单价如表 20 - 12 所示。

（3）参考本地区建设工程费用定额，装饰工程管理费费率和利润率分别为49％和16％，计费基数均为省人工费。根据鲁建标字〔2015〕12号文件，山东省人工工资单价为76元/工日，定额9-4-1、9-4-21对应的省价人工费单价分别为134.52、25.84元。因此，各定额对应的管理费和利润单价如表20-12所示。

该清单项目的综合单价分析表见表20-12。

表 20 - 12　　　　　　　　　　　　**工程量清单综合单价分析表**

工程名称：某装饰工程　　　　　　　　　　　标段：　　　　　　　第1页 共1页

项目编码	011401001001	项目名称		木门油漆			计量单位			m²

清单综合单价组成明细

定额编号	定额名称	定额单位	数量	单价（元）				合价（元）			
				人工费	材料费	机械费	管理费与利润	人工费	材料费	机械费	管理费与利润
9-4-1	底油一遍调和漆二遍，单层木门	10m²	0.100	162.84	89.71	—	87.43	16.28	8.97	—	8.74
9-4-21	调和漆增一遍，单层木门	10m²	0.200	31.28	39.17	—	16.79	6.26	7.83	—	3.36
人工单价			小计					22.54	16.81	—	12.10
92元/工日			未计价材料费					—			
清单项目综合单价								51.45			

[例20-4]　试根据山东省建筑工程消耗量定额、2015年山东省及济南市预算价格完成[例20-2]中天棚喷刷涂料清单项目的计价。

解：（1）定额工程量计算。

该清单项目发生的工作内容包括基层清理、刮腻子两遍、刷乳胶漆三遍。按照山东省建筑工程消耗量定额的规定，刮腻子、刷涂料应分别计算工程量。楼地面、顶棚面、墙、柱面的喷刷涂料、油漆工程，其工程量按装饰工程各自抹灰的工程量计算规则计算。涂料系数表中有规定的，按规定计算工程量并乘系数表中的系数。

天棚刮腻子、刷涂料定额工程量均为31.95m²。

（2）定额的选取。

天棚刮腻子套用定额9-4-262，顶棚抹灰面满刮腻子二遍，定额遍数与设计遍数相同，不需要进行遍数的调整。

天棚刷乳胶漆套用定额9-4-151，室内顶棚刷乳胶漆二遍，设计遍数为三遍，需要进行遍数的调整。套定额9-4-157，室内顶棚刷乳胶漆增一遍。

按照2015年济南市预算价格及装饰工程人工工资单价标准（92元/工日），各定额对应的人工单价、材料单价、机械单价如表20-13所示。

（3）参考本地区建设工程费用定额，装饰工程管理费费率和利润率分别为49％和16％，计费基数均为省人工费。根据鲁建标字〔2015〕12号文件，山东省人工工资单价为76元/工日，定额9-4-262、9-4-151、9-4-157对应的省价人工费单价分别为40.74、28.88、15.96

元。因此，各定额对应的管理费和利润单价如表 20 - 13 所示。

该清单项目的综合单价分析表见表 20 - 13。

表 20 - 13 **工程量清单综合单价分析表**

工程名称：某装饰工程　　　　　　　　　标段：　　　　第 1 页　共 1 页

项目编码	011407001001	项目名称	墙面喷刷涂料	计量单位	m²

清单综合单价组成明细

定额编号	定额名称	定额单位	数量	单价（元）				合价（元）			
				人工费	材料费	机械费	管理费与利润	人工费	材料费	机械费	管理费与利润
9-4-262	顶棚抹灰面满刮腻子二遍	10m²	0.100	49.31	44.25	—	26.48	4.93	4.43	—	2.65
9-4-151	室内顶棚刷乳胶漆二遍	10m²	0.100	34.96	53.47	—	18.77	3.50	5.35	—	1.88
9-4-157	室内顶棚刷乳胶漆增一遍	10m²	0.100	19.32	26.91	—	10.37	1.93	2.69	—	1.04
人工单价		小计						10.36	12.46	—	5.56
92 元/工日		未计价材料费						—			
清单项目综合单价								28.38			

（4）编制分部分项工程量清单与计价表。将计算的综合单价填入招标工程量清单相应项目综合单价栏目内，如表 20 - 14 所示。

表 20 - 14 **分部分项工程量清单与计价表**

工程名称：某装饰工程　　　　　　　　　标段：　　　　第 1 页　共 1 页

序号	项目编码	项目名称	项目特征	计量单位	工程量	金额（元）		其中：暂估价
						综合单价	合价	
1	011407001001	天棚喷刷涂料	1. 刮腻子两遍 2. 刷乳胶漆三遍	m²	31.95	28.38	906.74	

 **复习思考题**

1. 实际刷油漆遍数少于基本子目中的油漆遍数怎样处理？
2. 喷刷涂料、油漆的工程量应怎样计算？

第二十一章 其他装饰工程

【本章概要】

本章围绕《房屋建筑与装饰工程工程量计算规范》（GB 50854—2013）重点介绍了其他装饰工程所包含的柜类、货架，压条、装饰线，扶手、栏杆、栏板装饰，暖气罩，浴厕配件，雨篷、旗杆，招牌、灯箱，美术字等8个分部工程的工程量清单和相应工程量清单报价的编制理论与方法。

第一节 清单项目设置及清单编制

一、清单项目设置及计算规则

按照《房屋建筑与装饰工程工程量计算规范》（GB 50854—2013）的规定，其他装饰工程包括门柜类、货架，压条、装饰线，扶手、栏杆、栏板装饰，暖气罩，浴厕配件，雨篷、旗杆，招牌、灯箱，美术字等8个分部工程，共62个清单项目，如表21-1～表21-8所示。

表 21-1 柜类、货架（编码：011501）

项目编码	项目名称	项目特征	计量单位	工程量计算规则	工作内容
011501001	柜台				
011501002	酒柜				
011501003	衣柜				
011501004	存包柜				
011501005	鞋柜				
011501006	书柜				
011501007	厨房壁柜				
011501008	木壁柜	1. 台柜规格 2. 材料种类、规格 3. 五金种类、规格 4. 防护材料种类 5. 油漆品种、刷漆遍数	1. 个 2. m 3. m³	1. 以个计量，按设计图示数量计量 2. 以米计量，按设计图示尺寸以延长米计算 3. 以立方米计量，按设计图示尺寸以提及计算	1. 台柜制作、运输、安装（安放） 2. 刷防护材料、油漆 3. 五金件安装
011501009	厨房低柜				
011501010	厨房吊柜				
011501011	矮柜				
011501012	吧台背柜				
011501013	酒吧吊柜				
011501014	酒吧台				
011501015	展台				
011501016	收银台				
011501017	试衣间				
011501018	货架				
011501019	书架				
011501020	服务台				

表 21 - 2　　　　　　　　　　　　　压条、装饰线（编码：011502）

项目编码	项目名称	项目特征	计量单位	工程量计算规则	工作内容
011502001	金属装饰线	1. 基层类型 2. 线条材料品种、规格、颜色 3. 防护材料种类	m	按设计图示尺寸以长度计算	1. 线条制作、安装 2. 刷防护材料
011502002	木质装饰线				
011502003	石材装饰线				
011502004	石膏装饰线				
011502005	镜面玻璃线				
011502006	铝塑装饰线				
011502007	塑料装饰线				
011502008	GRC 装饰线条	1. 基层类型 2. 线条规格 3. 线条安装部位 4. 填充材料种类			线条制作安装

表 21 - 3　　　　　　　　　扶手、栏杆、栏板装饰（编码：011503）

项目编码	项目名称	项目特征	计量单位	工程量计算规则	工作内容
011503001	金属扶手、栏杆、栏板	1. 扶手材料种类、规格 2. 栏杆材料种类、规格 3. 栏板材料种类、规格 4. 固定配件种类 5. 防护材料种类	m	按设计图示以扶手中心线长度（包括弯头长度）计算	1. 制作 2. 运输 3. 安装 4. 刷防护材料
011503002	硬木扶手、栏杆、栏板				
011503003	塑料扶手、栏杆、栏板				
011503004	GRC 栏杆、扶手	1. 栏杆的规格 2. 安装间距 3. 扶手类型规格 4. 填充材料种类			
011503005	金属靠墙扶手	1. 扶手材料种类、规格 2. 固定配件种类 3. 防护材料种类			
011503006	硬木靠墙扶手				
011503007	塑料靠墙扶手				
011503008	玻璃栏板	1. 栏杆玻璃的种类、规格、颜色 2. 固定方式 3. 固定配件种类			

表 21 - 4　　　　　　　　　　　　　　暖气罩（编码：011504）

项目编码	项目名称	项目特征	计量单位	工程量计算规则	工作内容
011504001	饰面板暖气罩	1. 暖气罩材质 2. 防护材料种类	m^2	按设计图示尺寸以垂直投影面积（不展开）计算	1. 暖气罩制作、运输、安装 2. 刷防护材料
011504002	塑料板暖气罩				
011504003	金属暖气罩				

表 21 - 5   **浴厕配件（编码：011505）**

项目编码	项目名称	项目特征	计量单位	工程量计算规则	工作内容
011505001	洗漱台	1. 材料品种、规格、颜色 2. 支架、配件品种、规格	1. m² 2. 个	1. 按设计图示尺寸以台面外接矩形面积计算。不扣除孔洞、挖弯、削角所占面积，挡板、吊沿板面积并入台面面积内 2. 按设计图示数量计算	1. 台面及支架运输、安装 2. 杆、环、盒、配件安装 3. 刷油漆
011505002	晒衣架		个	按设计图示数量计算	
011505003	帘子杆				
011505004	浴缸拉手				
011505005	卫生间扶手				
011505006	毛巾杆（架）		套		1. 台面及支架制作、运输、安装 2. 杆、环、盒、配件安装 3. 刷油漆
011505007	毛巾环		副		
011505008	卫生纸盒		个		
011505009	肥皂盒				
011505010	镜面玻璃	1. 镜面玻璃品种、规格 2. 框材质、断面尺寸 3. 基层材料种类 4. 防护材料种类	m²	按设计图示尺寸以边框外围面积计算	1. 基层安装 2. 玻璃及框制作、运输、安装
011505011	镜箱	1. 箱体材质、规格 2. 玻璃品种、规格 3. 基层材料种类 4. 防护材料种类 5. 油漆品种、刷漆遍数	个	按设计图示数量计算	1. 基层安装 2. 箱体制作、运输、安装 3. 玻璃安装 4. 刷防护材料、油漆

表 21 - 6   **雨篷、旗杆（编码：011506）**

项目编码	项目名称	项目特征	计量单位	工程量计算规则	工作内容
011506001	雨篷吊挂饰面	1. 基层类型 2. 龙骨材料种类、规格、中距 3. 面层材料品种、规格 4. 吊顶（天棚）材料品种、规格 5. 嵌缝材料种类 6. 防护材料种类	m²	按设计图示尺寸以水平投影面积计算	1. 底层抹灰 2. 龙骨基层安装 3. 面层安装 4. 刷防护材料、油漆

续表

项目编码	项目名称	项目特征	计量单位	工程量计算规则	工作内容
011506002	金属旗杆	1. 旗杆材料种类、规格 2. 旗杆高度 3. 基础材料种类 4. 基座材料种类 5. 基座面层材料、种类、规格	根	按设计图示数量计算	1. 土石挖、填、运 2. 基础混凝土浇注 3. 旗杆制作、安装 4. 旗杆台座制作、饰面
011506003	玻璃雨篷	1. 玻璃雨篷固定方式 2. 龙骨材料种类、规格、中距 3. 玻璃材料品种、规格 4. 嵌缝材料种类 5. 防护材料种类	m²	按设计图示尺寸以水平投影面积计算	1. 龙骨基层安装 2. 面层安装 3. 刷防护材料、油漆

表 21 - 7　　　　　　　　　　招牌、灯箱（编码：011507）

项目编码	项目名称	项目特征	计量单位	工程量计算规则	工作内容
011507001	平面、箱式招牌	1. 箱体规格 2. 基层材料种类 3. 面层材料种类 4. 防护材料种类	m²	按设计图示尺寸以正立面边框外围面积计算。复杂形的凸凹造型部分不增加面积	1. 基层安装 2. 箱体及支架制作、运输、安装 3. 面层制作、安装 4. 刷防护材料、油漆
011507002	竖式招牌				
011507003	灯箱				
011507004	信报箱	1. 箱体规格 2. 基层材料种类 3. 面层材料种类 4. 保护材料种类 5. 户数	个	按设计图示数量计算	

表 21 - 8　　　　　　　　　　美术字（编码：011508）

项目编码	项目名称	项目特征	计量单位	工程量计算规则	工作内容
011508001	泡沫塑料字	1. 基层类型 2. 镌字材料品种、颜色 3. 字体规格 4. 固定方式 5. 油漆品种、刷漆遍数	个	按设计图示数量计算	1. 字制作、运输、安装 2. 刷油漆
011508002	有机玻璃字				
011508003	木质字				
011508004	金属字				
011508005	吸塑字				

二、招标工程量清单编制实例

[例 21 - 1]　某工程檐口上方设招牌，长 28m，高 1.5m，钢结构龙骨，九夹板基层，铝塑板面层，上嵌 8 个 1m×1m 泡沫塑料有机玻璃面大字。试编制该工程招标工程量

清单。

解：本例分别按平面招牌、泡沫塑料字的相关规定编制分部分项工程量清单。

$$平面招牌清单工程量 = 28.00 \times 1.50 = 42.00(m^2)$$

$$美术字清单工程量 = 8.00 个$$

该工程分部分项工程量清单如表 21-9 所示。

表 21-9　　　　　　　　　　**分部分项工程量清单与计价表**

工程名称：某装饰工程　　　　　　　　　　标段：　　　　　　　第 1 页　共 1 页

序号	项目编码	项目名称	项目特征	计量单位	工程量	金额（元）		
						综合单价	合价	其中：暂估价
1	011507001	平面招牌	钢结构龙骨，九夹板基层，铝塑板面层	m²	42.00			
2	011508001001	泡沫塑料字	泡沫塑料有机玻璃面，1m×1m	个	8.00			

第二节　工程量清单报价的应用

[例 21-2]　试根据山东省建筑工程消耗量定额、2015 年山东省及济南市预算价格完成[例 21-1]中平面招牌、美术字清单项目综合单价的计算。

解：（1）平面招牌：

1）定额工程量计算。

该清单项目发生的工作内容包括龙骨制作安装、基层及面层板安装。按照山东省建筑工程消耗量定额的计算规则，龙骨、基层、面层应分别计算工程量。龙骨按正立面投影面积计算。基层及面层按设计面积计算。

$$龙骨定额工程量 = 28.00 \times 1.50 = 42.00(m^2)$$

$$基层及面层定额工程量 = 28.00 \times 1.50 = 42.00(m^2)$$

2）定额的选取。

龙骨套用定额 9-5-253，招牌灯箱钢结构一般；

基层套用定额 9-5-259，招牌灯箱基层，钢龙骨九夹板；

面层套用定额 9-5-263，招牌灯箱面层，塑铝板。

按照 2015 年济南市预算价格及装饰工程人工工资单价标准（92 元/工日），各定额对应的人工单价、材料单价、机械单价如表 21-10 所示。

3）参考本地区建设工程费用定额，装饰工程管理费费率和利润率分别为 49% 和 16%，计费基数均为省人工费。根据鲁建标字〔2015〕12 号文件，山东省人工工资单价为 76 元/工日，定额 9-5-253、9-5-257、9-5-263 对应的省价人工费单价分别为 443.08、95.00、130.72 元。因此，各定额对应的管理费和利润单价如表 21-10 所示。

该清单项目的综合单价分析表见表 21-10。

表 21 - 10 **工程量清单综合单价分析表**

工程名称：某装饰工程　　　　　　　标段：　　　　　第 1 页　共 1 页

| 项目编码 | 011507001001 | 项目名称 | | 平面招牌 | | 计量单位 | | m² |

清单综合单价组成明细

定额编号	定额名称	定额单位	数量	单价（元）				合价（元）			
				人工费	材料费	机械费	管理费与利润	人工费	材料费	机械费	管理费与利润
9-5-253	招牌灯箱钢结构一般	10m²	0.100	536.36	646.11	86.26	288	53.64	64.61	8.63	28.8
9-5-259	招牌灯箱基层钢龙骨九夹板	10m²	0.100	115.00	353.29	—	61.75	11.5	35.33	—	6.18
9-5-263	招牌灯箱面层塑铝板	10m²	0.100	158.24	3003.73		84.97	15.82	300.37		8.50
人工单价			小计					80.96	400.31	8.63	43.47
92 元/工日			未计价材料费					—			
清单项目综合单价								533.37			

（2）泡沫塑料字：

1）定额工程量计算。

按照山东省建筑工程消耗量定额的计算规则，美术字按成品字安装固定编制，美术字按字的最大外围矩形面积以个计算。

美术字定额工程量＝8.00 个

2）定额的选取。

泡沫塑料有机玻璃字套用定额 9-5-232，泡沫塑料有机玻璃字 1.0m² 内，其他面。

按照 2015 年济南市预算价格及装饰工程人工工资单价标准（92 元/工日），各定额对应的人工单价、材料单价、机械单价如表 21 - 11 所示。

3）参考本地区建设工程费用定额，装饰工程管理费费率和利润率分别为 49％和 16％，计费基数均为省人工费。根据鲁建标字〔2015〕12 号文件，山东省人工工资单价为 76 元/工日，定额 9-5-2232 对应的省价人工费单价为 506.92 元。因此，定额对应的管理费和利润单价如表 21 - 11 所示。

该清单项目的综合单价分析表见表 21 - 11。

表 21 - 11 　　　　　　　　**工程量清单综合单价分析表**

工程名称：某装饰工程　　　　　　　　　　标段：　　　　　　　第 1 页　共 1 页

项目编码	011508001001	项目名称		泡沫塑料字		计量单位		个

清单综合单价组成明细

定额编号	定额名称	定额单位	数量	单价（元）				合价（元）			
				人工费	材料费	机械费	管理费与利润	人工费	材料费	机械费	管理费与利润
9-5-232	泡塑有机玻璃字 1.0m² 内 其他面	10 个	0.100	613.64	4021.21	3.65	329.5	61.36	402.12	0.37	32.95
人工单价		小计						61.36	402.12	0.37	32.95
92 元/工日		未计价材料费						—			
清单项目综合单价								496.80			

 复习思考题

1. 橱柜如何计算工程量？包括哪些工作内容？
2. 美术字如何计算工程量？

第二十二章 拆 除 工 程

【本章概要】

本章主要介绍了建筑物拆除的基础知识及基本规定，围绕《房屋建筑与装饰工程工程量计算规范》(GB 50854—2013)重点介绍了拆除工程所包含的砖砌体拆除、混凝土及钢筋混凝土构件拆除、木构件拆除、抹灰层拆除、块料面层拆除、龙骨及饰面拆除、屋面拆除、铲除油漆涂料裱糊面、栏杆栏板、轻质隔断隔墙拆除、门窗拆除、金属构件拆除、管道及卫生洁具拆除、灯具、玻璃拆除、其他构件拆除、开孔（打洞）等工程的工程量清单和相应工程量清单报价的编制理论与方法。

第一节 拆 除 工 程 概 述

一、拆除工程的工作内容

拆除工程是指对已经建成或部分建成的建筑物进行拆除的工程。随着我国城市现代化建设的加快，旧建筑拆除工程也日益增多。拆除工程是一个相对简单的施工过程，它包括拆除、控制扬尘、清理以及建渣场内、外运输等工作内容。

二、拆除工程基本规定

由于抹灰层、油漆涂料裱糊面往往附着在其他建筑物构件的表面，与之形成一个整体，所以若需要单独铲除抹灰层、油漆、涂料或裱糊面时，需要按抹灰层拆除或铲除油漆涂料裱糊面单独编码列项；若上述内容与附着的构件一起拆除，则不需单独编码列项。如砖墙表面的抹灰层，若拆除的对象为砖墙，则抹灰层的拆除不单独列项，只按砖砌体拆除列项；若只是铲除砖墙表面的抹灰层，则要按抹灰层列项。

第二节 清单项目设置及计算规则

一、清单项目设置

按照《房屋建筑与装饰工程工程量计算规范》(GB 50854—2013)的规定，拆除工程包括砖砌体拆除、混凝土及钢筋混凝土构件构件拆除、木构件拆除、抹灰层拆除、块料面层拆除、龙骨及饰面拆除、屋面拆除、铲除油漆涂料裱糊面、栏杆栏板及轻质隔断隔墙拆除、门窗拆除、金属构件拆除、管道及卫生洁具拆除、灯具玻璃拆除、其他构件拆除、开孔（打洞）等15个分部工程，共37个清单项目，如表22-1～表22-15所示。

二、工程量计算规则及特征描述

1. 砖砌体的拆除

本部分所列砖砌体的拆除主要指墙、柱、水池等部位的拆除。根据规范规定，计算砖砌体的拆除工程量可以有两种方法：一种以立方米为计量单位，按拆除部分的体积计算；另一种以米计量，按拆除部分的长度（延长米）计算，如砖地沟、砖明沟等，比较适合以长度计算。

表 22 - 1   砖砌体（编码：011601）

项目编号	项目名称	项目特征	计量单位	工程量计算规则	工程内容
011601001	砖砌体拆除	1. 砌体名称 2. 砌体材质 3. 拆除高度 4. 拆除砌体的截面尺寸 5. 砌体表面的附着物种类	1. m³ 2. m	1. 以立方米计量，按拆除的体积计算 2. 以米计量，按拆除的延长米计算	1. 拆除 2. 控制扬尘 3. 清理 4. 建渣场内、外运输

表 22 - 2   混凝土及钢筋混凝土构件拆除（编码：011602）

项目编号	项目名称	项目特征	计量单位	工程量计算规则	工程内容
011602001	混凝土构件拆除	1. 构件名称 2. 拆除构件的厚度或规格尺寸 3. 构件表面附着物种类	1. m³ 2. m² 3. m	1. 以立方米计量，按拆除构件的混凝土体积计算 2. 以平方米计量，按拆除部位的面积计算 3. 以米计量，按拆除部位的延长米计算	1. 拆除 2. 控制扬尘 3. 清理 4. 建渣场内、外运输
011602002	钢筋混凝土构件拆除				

表 22 - 3   木构件拆除（编码：011603）

项目编号	项目名称	项目特征	计量单位	工程量计算规则	工程内容
011603001	木构件拆除	1. 构件名称 2. 拆除构件的厚度或规格尺寸 3. 构件表面的附着物种类	1. m³ 2. m² 3. m	1. 以立方米计量，按拆除构件的混凝土体积计算 2. 以平方米计量，按拆除部位的面积计算 3. 以米计量，按拆除部位的延长米计算	1. 拆除 2. 控制扬尘 3. 清理 4. 建渣场内、外运输

表 22 - 4   抹灰层拆除（编码：011604）

项目编号	项目名称	项目特征	计量单位	工程量计算规则	工程内容
011604001	平面抹灰层拆除	1. 拆除部位 2. 抹灰层种类	m²	按拆除部位的面积计算	1. 拆除 2. 控制扬尘 3. 清理 4. 建渣场内、外运输
011604002	立面抹灰层拆除				
011604003	天棚抹灰面拆除				

表 22 - 5   块料面层拆除（编码：011605）

项目编号	项目名称	项目特征	计量单位	工程量计算规则	工程内容
011605001	平面块料拆除	1. 拆除的基层类型 2. 饰面材料种类	m²	按拆除面积计算	1. 拆除 2. 控制扬尘 3. 清理 4. 建渣场内、外运输
011605002	立面块料拆除				

表 22 - 6　　　　　　　　龙骨及饰面拆除（编码：011606）

项目编号	项目名称	项目特征	计量单位	工程量计算规则	工程内容
011606001	楼地面龙骨及饰面拆除	1. 拆除的基层类型 2. 龙骨及饰面种类	m²	按拆除面积计算	1. 拆除 2. 控制扬尘 3. 清理 4. 建渣场内、外运输
011606002	墙柱面龙骨及饰面拆除				
011606003	天棚面龙骨及饰面拆除				

表 22 - 7　　　　　　　　屋面拆除（编码：011607）

项目编号	项目名称	项目特征	计量单位	工程量计算规则	工程内容
011607001	刚性层拆除	刚性层的厚度	m²	按铲除部位的面积计算	1. 铲除 2. 控制扬尘 3. 清理 4. 建渣场内、外运输
011607002	防水层拆除	防水层的种类			

表 22 - 8　　　　　　　铲除油漆涂料裱糊面（编码：011608）

项目编号	项目名称	项目特征	计量单位	工程量计算规则	工程内容
011608001	铲除油漆面	1. 铲除部位名称 2. 铲除部位的截面尺寸	1. m² 2. m	1. 以平方米计量，按铲除部位的面积计算 2. 以米计量，按铲除部位的延长米计算	1. 拆除 2. 控制扬尘 3. 清理 4. 建渣场内、外运输
011608002	铲除涂料面				
011608003	铲除裱糊面				

表 22 - 9　　　　　栏杆栏板、轻质隔断隔墙拆除（编码：011609）

项目编号	项目名称	项目特征	计量单位	工程量计算规则	工程内容
011609001	栏杆、栏板拆除	1. 栏杆（板）的高度 2. 栏杆、栏板种类	1. m² 2. m	1. 以平方米计量，按拆除部位的面积计算 2. 以米计量，按拆除的延长米计算	1. 拆除 2. 控制扬尘 3. 清理 4. 建渣场内、外运输
011609002	隔断隔墙拆除	1. 拆除隔墙的骨架种类 2. 拆除隔墙的饰面种类	m²	按拆除部位的面积计算	

表 22 - 10　　　　　　　　门窗拆除（编码：011610）

项目编号	项目名称	项目特征	计量单位	工程量计算规则	工程内容
011610001	木门窗拆除	1. 室内高度 2. 门窗洞口尺寸	1. m² 2. 樘	1. 以平方米计量，按拆除面积计算 2. 以樘计量，按拆除樘数计算	1. 拆除 2. 控制扬尘 3. 清理 4. 建渣场内、外运输
011610002	金属门窗拆除				

表 22 - 11　　　　　　　　　　　**金属构件拆除（编码：011611）**

项目编号	项目名称	项目特征	计量单位	工程量计算规则	工程内容
011611001	钢梁拆除	1. 构件名称 2. 拆除构件的规格尺寸	1. t 2. m	1. 以吨计量，按拆除构件的质量计算 2. 以米计量，按拆除延长米计算	1. 拆除 2. 控制扬尘 3. 清理 4. 建渣场内、外运输
011611002	钢柱拆除				
011611003	钢网架拆除				
011611004	钢支撑、钢墙架拆除		t	按拆除构件的质量计算	
011611005	其他金属构件拆除		1. t 2. m	1. 以吨计量，按拆除构件的质量计算 2. 以米计量，按拆除延长米计算	

表 22 - 12　　　　　　　　　　**管道及卫生洁具拆除（编码：011612）**

项目编号	项目名称	项目特征	计量单位	工程量计算规则	工程内容
011612001	管道拆除	1. 管道种类、材质 2. 管道上的附着物种类	m	按拆除管道的延长米计算	1. 拆除 2. 控制扬尘 3. 清理 4. 建渣场内、外运输
011612002	卫生洁具拆除	卫生洁具种类	1. 套 2. 个	按拆除的数量计算	

表 22 - 13　　　　　　　　　　**灯具、玻璃拆除（编码：011613）**

项目编号	项目名称	项目特征	计量单位	工程量计算规则	工程内容
011613001	灯具拆除	1. 拆除灯具的高度 2. 灯具种类	套	按拆除数量计算	1. 拆除 2. 控制扬尘 3. 清理 4. 建渣场内、外运输
011613002	玻璃拆除	1. 玻璃厚度 2. 拆除部位	m²	按拆除的面积计算	

表 22 - 14　　　　　　　　　　**其他构件拆除（编码：011614）**

项目编号	项目名称	项目特征	计量单位	工程量计算规则	工程内容
011614001	暖气罩拆除	暖气罩材质	1. 个 2. m	1. 以个为单位计量，按拆除个数计算 2. 以米为计量单位，按拆除延长米计算	1. 拆除 2. 控制扬尘 3. 清理 4. 建渣场内、外运输
011614002	柜体拆除	1. 柜体材质 2. 柜体尺寸：长、宽、高			
011614003	窗台板拆除	窗台板平面尺寸	1. 块 2. m	1. 以块计量，按拆除数量计算 2. 以米计量，按拆除的延长米计算	
011614004	筒子板拆除	筒子板平面尺寸			
011614005	窗帘盒拆除	窗帘盒平面尺寸	m	按拆除的延长米计算	
011614006	窗帘轨拆除	窗帘轨的材质			

表 22 - 15　　　　　　　　开孔（打洞）（编码：011615）

项目编号	项目名称	项目特征	计量单位	工程量计算规则	工程内容
011615001	开孔（打洞）	1. 部位 2. 打洞部位材质 3. 洞尺寸	个	按数量计算	1. 拆除 2. 控制扬尘 3. 清理 4. 建渣场内、外运输

在编制工程量清单时，砖砌体的拆除工程需要描述砌体的名称、砌体材质、拆除高度、拆除砌体的截面尺寸、砌体表面的附着物种类等项目特征。若按延长米计算，则必须描述拆除部位的截面尺寸；若以立方米计量，截面尺寸则不必描述。砌体表面的附着物种类是指抹灰层、块料层、龙骨及装饰面层等。此类附着物随砌体一起拆除，按本项目列项，不再单独列项。

2. 混凝土及钢筋混凝土构件拆除

混凝土及钢筋混凝土构件拆除工程的清单量计算，有三种方法：①以立方米为计量单位，按拆除部分的体积计算；②以平方米计量，按拆除部位的面积计算；③以米计量，按拆除部分的长度（延长米）计算。计算时，可以根据拆除部位的特点选择合适的计量方法。

混凝土及钢筋混凝土构件的拆除工程应描述构件名称、拆除构件的厚度或规格尺寸、构件表面的附着物种类。构件名称的描述，如区分柱、梁、板等。构件厚度或规格尺寸的描述按不同的计量方法，描述的要求不同：以立方米作为计量单位时，可不描述构件的规格尺寸；以平方米作为计量单位时，则应描述构件的厚度；以米作为计量单位时，则必须描述构件的规格尺寸。构件表面附着物的种类指抹灰层、块料层、龙骨及装饰面层等。

3. 木构件的拆除

木构件拆除工程的清单量计算，可以以立方米为计量单位，按拆除部分的体积计算，可以以平方米计量，按拆除部位的面积计算，也可以以米计量，按拆除部分的长度（延长米）计算，根据拆除部位的特点选择合适的计量方法。

木构件的拆除工程应描述构件名称、拆除构件的厚度或规格尺寸、构件表面的附着物种类。构件名称的描述，应按木梁、木柱、木楼梯、木屋架、承重木楼板等名称分别描述。以立方米作为计量单位时，可不描述构件的规格尺寸；以平方米作为计量单位时，则应描述构件的厚度；以米作为计量单位时，则必须描述构件的规格尺寸。构件表面附着物的种类指抹灰层、块料层、龙骨及装饰面层等。

4. 抹灰层拆除

抹灰层拆除分平面抹灰层拆除、里面抹灰层拆除、天棚抹灰面拆除。不拆除构件，只铲除构件表面的抹灰层时应按抹灰层拆除项目列项。抹灰层拆除计算规则比较简单，按拆除部位的面积计算。项目特征应描述拆除部位和抹灰层种类。抹灰层种类可描述为一般抹灰或装饰抹灰。

5. 块料面层拆除

块料面层拆除分平面块料拆除和立面块料拆除，如瓷砖地面、石材墙面等部位的拆除，按拆除面积计算。

块料面层的拆除需要描述拆除的基层类型和饰面材料的种类。如仅拆除块料层，不拆除基层，则不用描述拆除的基层类型。拆除的基层类型是指砂浆层、防水层、干挂或挂贴所采用的钢筋骨架层等。

6. 龙骨及饰面拆除

龙骨及饰面拆除分楼地面龙骨及饰面拆除、墙柱面龙骨及饰面拆除、天棚面龙骨及饰面拆除。清单工程量按拆除部位的面积计算。

龙骨及饰面拆除应描述拆除的基层类型、龙骨及饰面的种类。基层指砂浆层、防水层等。如果仅拆除龙骨及饰面，不拆除基层，则不用描述基层类型。如果只拆除饰面，不拆除龙骨，则不用描述龙骨材料种类。

7. 屋面拆除

屋面拆除分刚性层拆除和防水层拆除，按拆除部位的面积计算。刚性层的拆除应描述刚性层的厚度，防水层的拆除应描述防水层的种类。

8. 铲除油漆涂料裱糊面

铲除油漆面、涂料面、裱糊面，可以以平方米计量，按铲除部位的面积计算，也可以以米计量，按铲除部位的延长米计算。本项目适用于不拆除附着构件，只单独铲除油漆涂料裱糊面的工程。

铲除油漆涂料裱糊面应描述铲除部位的名称及截面尺寸。铲除部位名称的描述指墙面、柱面、天棚、门窗等。以米计量时，必须描述铲除部位的截面尺寸；以平方米计量时，则不用描述铲除部位的截面尺寸。

9. 栏杆栏板、轻质隔断隔墙拆除

栏杆栏板的拆除，可以以平方米计量，按拆除部位的面积计算；也可以以米计量，按拆除的延长米计算。项目特征应描述栏杆（板）的高度及栏杆、栏板种类。以平方米计量时，不用描述栏杆（板）的高度。

隔断隔墙拆除，按拆除部位的面积计算，项目特征须描述拆除隔墙的骨架种类及饰面种类。

10. 门窗拆除

门窗拆除工程分木门窗的拆除和金属门窗的拆除两个清单项。清单量的计算，可以以平方米计量，按拆除面积计算；也可以以樘计量，按拆除樘数计算。

项目特征须描述室内高度、门窗洞口尺寸。室内高度是指室内楼地面至门窗的上边框。门窗拆除若以平方米计量，不用描述门窗的洞口尺寸；若以樘计量，则需要描述。

11. 金属构件拆除

金属构件拆除分钢梁拆除、钢柱拆除、钢网架拆除、钢支撑及钢墙架拆除、其他金属构件拆除五个清单项。其中，钢网架的拆除以吨计量，按拆除构件的质量计算。钢梁、钢柱、钢支撑、钢墙架及其他金属构件的拆除均可以以吨计量或以延长米计量。以吨计量，按拆除构件的质量计算；以米计量，按拆除构件的延长米计算。

项目特征须描述构件名称和拆除构件的规格尺寸。

12. 管道及卫生洁具拆除

管道及卫生洁具拆除分管道拆除和卫生洁具拆除两个清单项。其中，管道拆除以米计量，按拆除管道的延长米计算，项目特征须描述管道种类和材质，以及管道上的附着物种类。

卫生洁具的拆除以套或个计量，按拆除的数量计算。

13. 灯具、玻璃拆除

灯具、玻璃拆除分灯具拆除和玻璃拆除两个清单项。

灯具拆除以套计量，按拆除数量计算，项目特征须描述拆除灯具的高度及灯具种类。

玻璃拆除以平方米计量，按拆除的面积计算。项目特征须描述玻璃厚度及拆除的部位。拆除部位的描述指门窗玻璃、隔断玻璃、墙玻璃、家具玻璃等。

14. 其他构件拆除

其他构件拆除清单计算规范中分列了暖气罩拆除、柜体拆除、窗台板拆除、筒子板拆除、窗帘盒拆除、窗帘轨拆除六个清单项。其中，暖气罩拆除和柜体拆除，可以以个为单位计量，按拆除个数计算；也可以以米为计量单位，按拆除延长米计算。暖气罩拆除项目特征描述暖气罩材质，柜体拆除须描述柜体材质以及柜体的长、宽、高等尺寸。窗台板、筒子板的拆除可以以块计量，按拆除数量计算，也可以以米计量，按拆除的延长米计算。项目特征描述窗台板或筒子板的平面尺寸。窗帘盒、窗帘轨的拆除以米计量，按拆除的延长米计算。若为双轨窗帘，窗帘轨拆除按双轨长度分别计算工程量。项目特征描述，窗帘盒拆除描述窗帘盒的平面尺寸，窗帘轨的拆除描述窗帘轨的材质。

15. 开孔（打洞）

开孔（打洞）以个位单位计量，按开孔或打洞的数量计算。

项目特征须描述开孔或打洞的部位、打洞部位的材质以及洞口的尺寸等。部位可描述为墙面或楼板，打洞部位材质可描述为页岩砖或空心砖或钢筋混凝土等。

复习思考题

1. 拆除工程如何划分清单项目？
2. 混凝土构件的拆除都要考虑哪些工作内容？

第二十三章 措 施 项 目

🎤【本章概要】

本章主要介绍了措施项目的基础知识及基本规定，围绕《房屋建筑与装饰工程工程量计算规范》（GB 50854—2013）重点介绍了措施项目所包含的脚手架、混凝土模板及支撑、垂直运输、超高施工增加、大型机械进出场及安拆、施工排水降水、安全文明施工等分部工程的工程量清单及报价的编制理论与方法。

第一节 脚 手 架 工 程

一、脚手架工程概述

脚手架是指为了保证施工安全和操作方便，采用钢管、木杆、竹竿等搭设的供建筑工人手攀脚踏、当作操作平台、堆置或运输材料的架子。脚手架一般由立杆、横杆、上料平台、斜道、安全网等组成。脚手架分类如表 23-1 所示。

表 23-1 脚 手 架 分 类 表

分类方式	脚 手 架 名 称
按材料分	木脚手架、竹脚手架、钢管脚手架
按构造形式分	多立杆式、门式、桥式、悬吊式、挂式、挑式
按搭设形式分	单排、双排
按使用功能分	外脚手架、里脚手架、满堂脚手架、井字架、斜道、挑脚手架、悬空脚手架

二、脚手架工程基本规定

计价规范将措施项目分成综合脚手架和单项脚手架两类，其中综合脚手架和单项脚手架均已综合考虑了斜道、上料平台、安全网，不再另行计算。

1. 综合脚手架

综合脚手架的工作内容包括场内、场外材料搬运；搭、拆脚手架、斜道、上料平台；安全网的铺设；选择附墙点与主体连接；测试电动装置、安全锁等；拆除脚手架后材料的堆放。

凡能够按《建筑工程建筑面积计算规范》（GB/T 50353—2013）计算建筑面积的建筑工程均按综合脚手架项目计算脚手架费用。综合脚手架已综合考虑了砌筑、浇筑、吊装、抹灰、油漆、涂料等脚手架费用。

综合脚手架工程量区分单层、多层和不同檐高，按建筑面积计算。其中，檐口高度是指檐口滴水高度，平屋顶为屋面板底高度，凸出屋面的电梯间、水箱间不计算檐高。

2. 单项脚手架

凡不能够按《建筑工程建筑面积计算规范》（GB/T 50353—2013）计算建筑面积的建筑工程，但施工组织设计规定需搭设脚手架时，均按单项脚手架项目计算脚手架费用。单项脚手架包括外脚手架、里脚手架、满堂脚手架、悬空脚手架、挑脚手架等项目。

（1）外脚手架。外脚手架是沿建筑物外围搭设的脚手架，它可用于建筑物外墙砌筑和外墙的装饰，包括单排脚手架、双排脚手架、悬挑梁式脚手架以及导轨附着式爬架。

外脚手架工程量按墙外边线长度乘以外墙面高度以平方米计算，不扣除门窗洞口所占面积，凸出墙面的墙垛及附墙烟囱等不另计算。

（2）里脚手架。里脚手架也称内脚手架，沿室内墙面搭设的脚手架。里脚手架常用于内墙砌筑，室内装修和框架外墙砌筑及围墙。里脚手架一般为工具式，常见的有折叠式里脚手架、支柱式里脚手架和马凳式里脚手架。定额按照不同的材料木架、竹架、钢管架列项。

（3）满堂脚手架。满堂脚手架是在施工作业面上满铺的脚手架，形如棋盘井格，主要用于满堂基础和室内天棚的安装装饰等的施工。

（4）悬空脚手架。悬空脚手架也称吊脚手架，它是利用吊索悬吊吊篮或吊架操作的一种脚手架，常用于外墙面装饰工程。

（5）挑脚手架。挑脚手架是从建筑物内部通过窗洞口向外挑出的一种脚手架，常用于挑檐、阳台和其他突出部分的施工，也用于高层建筑的施工。

（6）防护架。防护架分水平防护架和垂直防护架，是指脚手架以外单独搭设的，用于车辆通道、人行通道、临街防护和施工与其他物体隔离等的防护。

（7）安全网。当多层或高层建筑物用外脚手架时，砌筑高度超过 4m 或立体交叉作业时，需在脚手架外侧设置安全网。当用里脚手架施工外墙时，也要沿墙外架设安全网。

三、清单项目设置及计算规则

按照《房屋建筑与装饰工程工程量计算规范》（GB 50854—2013）的规定，脚手架工程包括综合脚手架、外脚手架、里脚手架、悬空脚手架、挑脚手架、满堂脚手架共 6 个清单项目，如表 23-2 所示。

表 23-2　　　　　　　　　　脚手架清单项目设置及计算规则

项目编码	项目名称	项目特征	计量单位	工程量计算规则	工作内容
011701001	综合脚手架	1. 建筑结构形式 2. 檐口高度	m²	按建筑面积计算	1. 场内、场外材料搬运 2. 搭、拆脚手架、斜道、上料平台 3. 安全网的铺设 4. 选择附墙点与主体连接 5. 测试电动装置、安全锁等 6. 拆除脚手架后材料的堆放
011701002	外脚手架	1. 搭设方式 2. 搭设高度 3. 脚手架材质		按所服务对象的垂直投影面积计算	1. 场内、场外材料搬运 2. 搭、拆脚手架、斜道、上料平台 3. 安全网的铺设 4. 拆除脚手架后材料的堆放
011701003	里脚手架				
0111701004	悬空脚手架	1. 搭设方式 2. 悬挑宽度 3. 脚手架材质		按搭设的水平投影面积计算	
011701005	挑脚手架		m	按搭设长度乘以搭设层数以延长米计算	
011701006	满堂脚手架	1. 搭设方式 2. 搭设高度 3. 脚手架材质	m²	按搭设的水平投影面积计算	

四、工程量清单编制及计价实例

[**例 23 - 1**] 某高层建筑工程，主楼高层 25 层，裙楼低层 8 层，女儿墙高 2m，各层高及檐高如图 23 - 1 所示。试编制该工程外墙脚手架项目的工程量清单，并根据 2015 年山东省及济南市预算价格进行清单项目综合单价的计算。

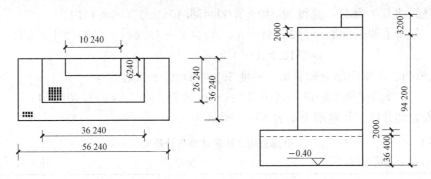

图 23 - 1　某工程外墙脚手架

解：（1）招标工程量清单编制。

本工程按照表 23 - 2 中"外脚手架"清单项目编码列项。

清单工程量按所服务对象的垂直投影面积计算。在计算内、外墙脚手架时，均不扣除门窗洞口、空圈洞口等所占的面积。当同一建筑物高度不同时，应按不同高度分别计算。

在具体外脚手架工程量计算时，按外墙外边线长度（凸出墙面宽度大于 240mm 的墙垛等，按图示尺寸展开计算，并入外墙长度内），乘以外脚手架高度，以平方米计算。外脚手架的高度，均自设计室外地坪算至檐口顶，并按下列规定执行：

1）先主体、后回填，自然地坪低于设计室外地坪时，自自然地坪算起。

2）设计室外地坪标高不同时，有错坪的按不同标高分别计算；有坡度的，按平均标高计算。

3）外墙有女儿墙的，算至女儿墙压顶上坪；无女儿墙的，算至檐板上坪或檐沟翻檐的上坪。

4）坡屋面的山尖部分，其工程量按山尖部分的平均高度计算。

5）高出屋面的电梯间、水箱间，其脚手架按自身高度计算。

6）高低层交界处的高层外脚手架，按低层屋面结构上坪至檐口（或女儿墙顶）的高度计算工程量。

7）地下室外脚手架的高度，按基础底板上坪至地下室顶板上坪之间的高度计算。

外挑阳台的外脚手架，按其外挑宽度并入外墙外边线长度内计算。

独立柱（现浇混凝土框架柱）的外脚手架按柱图示结构外围周长另加 3.6m，乘以设计柱高以平方米计算，混凝土独立基础超过 1m 时，按独立柱规则计算脚手架工程量。现浇混凝土梁、墙，按设计室外地坪或楼板上表面至楼板底之间的高度，乘以梁、墙净长以平方米计算。

因此，本案例中应区别以下三种高度分别计算外墙脚手架工程量：

1）高层（25 层）部分，高度 94.20＋2.00＝96.20（m）（110m 以内）

外脚手架工程量 $=36.24 \times (94.20 + 2.00) + (36.24 + 26.24 \times 2)$
$$\times (94.20 - 36.40 + 2.00) + 10.24 \times (3.20 - 2.00)$$
$$= 8811.29(\text{m}^2)$$

2）低层（8层）部分，高度 $36.40 + 2.00 = 38.40$（m）（50m 以内）

外脚手架工程量 $= [(36.24 + 56.24) \times 2 - 36.24] \times (36.40 + 2.00)$
$$= 5710.85(\text{m}^2)$$

3）电梯间、水箱间部分脚手架，高度 3.2（m）（10m 以内）

外脚手架工程量 $= (10.24 + 6.24 \times 2) \times 3.20 = 72.70(\text{m}^2)$

该工程分部分项工程量清单如表 23-3 所示。

表 23-3   分部分项工程量清单与计价表

工程名称：某建筑工程   标段：   第 1 页 共 1 页

序号	项目编码	项目名称	项目特征	计量单位	工程量	金额（元）		
						综合单价	合价	其中：暂估价
1	011701002001	外脚手架	1. 搭设方式：投标单位自行考虑 2. 搭设高度：96.2m 3. 脚手架材质：钢管	m²	8811.29			
2	011701002002	外脚手架	1. 搭设方式：投标单位自行考虑 2. 搭设高度：38.4m 3. 脚手架材质：钢管	m²	5710.85			
3	011701002003	外脚手架	1. 搭设方式：投标单位自行考虑 2. 搭设高度：3.2m 3. 脚手架材质：钢管	m²	72.70			

（2）工程量清单计价。

外脚手架定额工程量同清单工程量，分别为 8811.29、5710.85m² 和 72.70m²。

按照《山东省建筑工程消耗量定额》，套用脚手架定额要区分不同的高度范围、单排或双排、脚手架材料等特征。

高层（25层）部分，套用定额 10-1-11，110m 以内钢管双排外脚手架。[注：高低层交界处的高层外脚手架，按设计室外地坪至檐口（或女儿墙顶）的高度执行定额]

低层（8层）部分，套用定额 10-1-8，50m 以内钢管双排外脚手架。

电梯间、水箱间部分脚手架，套用 10-1-4，10m 以内钢管单排外脚手架。（注：当采用

轻质墙体时，需采用双排外脚手架）

按照 2015 年济南市预算价格及建筑工程人工工资单价标准（80 元/工日），各定额对应的人工单价、材料单价、机械单价如表 23-4～表 23-6 所示。

参考本地区建设工程费用定额，建筑工程管理费费率和利润率分别为 5.0% 和 3.1%，计费基数均为省人工费、材料费和机械费之和。根据鲁建标字〔2015〕12 号文件，山东省人工工资单价为 76 元/工日，定额 10-1-11 对应的省价人工费单价、材料费单价和机械费单价分别为 297.16、389.05、17.34 元。定额 10-1-8 对应的省价人工费单价、材料费单价和机械费单价分别为 100.32、134.62、14.45 元。定额 10-1-4 对应的省价人工费单价、材料费单价和机械费单价分别为 49.40、47.56、10.60 元。因此，各定额对应的管理费和利润单价如表 23-4～表 23-6 所示。

表 23-4　　　　　　　　　　**工程量清单综合单价分析表**

工程名称：某建筑工程　　　　　　　标段：　　　　　第 1 页　共 1 页

| 项目编码 | 011701002001 | 项目名称 | | 外脚手架 | | 计量单位 | | | | m² |

清单综合单价组成明细

定额编号	定额名称	定额单位	数量	单价（元）				合价（元）			
				人工费	材料费	机械费	管理费与利润	人工费	材料费	机械费	管理费与利润
10-1-11	双排外钢管脚手架 110m 内	10m²	0.100	312.8	389.05	17.49	56.99	31.28	38.91	1.75	5.70
人工单价			小计					31.28	38.91	1.75	5.70
80 元/工日			未计价材料费					—			
清单项目综合单价								77.64			

表 23-5　　　　　　　　　　**工程量清单综合单价分析表**

工程名称：某建筑工程　　　　　　　标段：　　　　　第 1 页　共 1 页

| 项目编码 | 011701002002 | 项目名称 | | 外脚手架 | | 计量单位 | | | | m² |

清单综合单价组成明细

定额编号	定额名称	定额单位	数量	单价（元）				合价（元）			
				人工费	材料费	机械费	管理费与利润	人工费	材料费	机械费	管理费与利润
10-1-8	双排外钢管脚手架 50m 内	10m²	0.100	105.6	134.62	14.58	20.20	10.56	13.46	1.46	2.02
人工单价			小计					10.56	13.46	1.46	2.02
80 元/工日			未计价材料费					—			
清单项目综合单价								27.50			

表 23 - 6　　　　　**工程量清单综合单价分析表**

工程名称：某建筑工程　　　　　　　　　　标段：　　　　　　　第 1 页　共 1 页

项目编码	011701002003	项目名称		外脚手架		计量单位			m²

清单综合单价组成明细

定额编号	定额名称	定额单位	数量	单价（元）				合价（元）			
				人工费	材料费	机械费	管理费与利润	人工费	材料费	机械费	管理费与利润
10-1-4	单排外钢管脚手架 15m 内	10m²	0.100	52.00	47.56	10.69	8.71	5.20	4.76	1.07	0.87
人工单价		小计						5.20	4.76	1.07	0.87
80 元/工日		未计价材料费						—			
清单项目综合单价								11.90			

（单位：m）

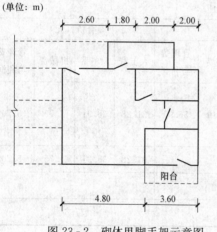

图 23 - 2　砌体里脚手架示意图

[**例 23 - 2**]　如图 23 - 2 所示，层高 2.90m，砖墙厚 240mm，混凝土楼板、阳台板厚 120mm。试编制该工程实线内墙部分里脚手架项目的工程量清单，并根据 2015 年山东省及济南市预算价格进行清单项目综合单价的计算。

解：（1）招标工程量清单的编制。

本工程按照表 23 - 2 中"里脚手架"清单项目编码列项。

清单工程量按所服务对象的垂直投影面积计算。

里脚手架工程量 = $(11.00 - 0.24 + 13.60 - 0.24 \times 2 + 6.40 - 0.24 + 4.00 - 0.24 + 3.60 - 0.24 + 3.60 - 0.24) \times (2.90 - 0.12) = 112.65 \, (\text{m}^2)$，阳台外墙应按里脚手架计入。

该工程分部分项工程量清单如表 23 - 7 所示。

表 23 - 7　　　　　**分部分项工程量清单与计价表**

工程名称：某建筑工程　　　　　　　　　　标段：　　　　　　　第 1 页　共 1 页

序号	项目编码	项目名称	项目特征	计量单位	工程量	金额（元）		
						综合单价	合价	其中：暂估价
1	011701003001	里脚手架	1. 搭设方式：投标单位自行考虑 2. 搭设高度：2.9m 3. 脚手架材质：钢管	m²	112.65			

（2）工程量清单计价。

里脚手架定额工程量按墙面垂直投影面积计算。设计室内地坪至顶板下表面计算（有山尖或坡度的高度折算），计算面积时不扣除混凝土圈梁、过梁、构造柱及梁头等所占面积。因此，定额工程量为112.65m²。

按照《山东省建筑工程消耗量定额》，建筑物内墙脚手架，凡设计室内地坪至顶板下表面（或山墙高度1/2处）的高度在3.6m以下（非轻质砌块墙）时，按单排里脚手架计算；高度超过3.6m而小于6m（非轻质砌块墙）时，按双排里脚手架计算；若内墙砌体高度超过6m（非轻质砌块墙）时，按外墙单排外脚手架执行；轻质砌块墙砌体按双排外脚手架执行，高度超过6m时，轻质砌块墙砌筑脚手架，按双排外脚手架执行。

本工程套用定额10-1-21，3.6m以内钢管单排里脚手架。

按照2015年济南市预算价格及建筑工程人工工资单价标准（80元/工日），定额10-1-21对应的人工单价、材料单价、机械单价如表23-8所示。

参考本地区建设工程费用定额，建筑工程管理费费率和利润率分别为5.0％和3.1％，计费基数均为省人工费、材料费和机械费之和。根据鲁建标字〔2015〕12号文件，山东省人工工资单价为76元/工日，定额10-1-21对应的省价人工费单价、材料费单价和机械费单价分别为29.64、6.10、10.60元。定额对应的管理费和利润单价如表23-8所示。

该清单项目的综合单价分析表见表23-8。

表 23-8　　　　　　　　工程量清单综合单价分析表

工程名称：某建筑工程　　　　　　　　标段：　　　　第1页 共1页

项目编码	011701003001	项目名称	里脚手架	计量单位	m²

清单综合单价组成明细

定额编号	定额名称	定额单位	数量	单价（元）				合价（元）			
				人工费	材料费	机械费	管理费与利润	人工费	材料费	机械费	管理费与利润
10-1-21	单排里钢管脚手架3.6m内	10m²	0.100	31.20	6.10	10.69	3.76	3.12	0.61	1.07	0.38
人工单价			小计					3.12	0.61	1.07	0.38
80元/工日			未计价材料费					—			
清单项目综合单价								5.17			

[例23-3]　某房间天棚装饰，室内净面积为25m²，室内净高度为7.8m。试编制该工程装饰脚手架招标工程量清单，并根据2015年山东省及济南市预算价格进行清单项目综合单价的计算。

解：（1）招标工程量清单编制。

本工程按照表 23 - 2 中"满堂脚手架"清单项目进行编码列项。清单工程量按搭设的水平投影面积计算。因此，清单工程量为 25.00m²。

该工程分部分项工程量清单如表 23 - 9 所示。

表 23 - 9　　　　　　　　　　　分部分项工程量清单与计价表

工程名称：某建筑工程　　　　　　　　　　　　标段：　　　　　　　第 1 页　共 1 页

序号	项目编码	项目名称	项目特征	计量单位	工程量	综合单价	合价	其中：暂估价
						金额（元）		
1	011701006001	满堂脚手架	1. 搭设方式：投标单位自行考虑 2. 搭设高度：7.8m 3. 脚手架材质：钢管	m²	25.00			

（2）工程量清单计价。

本例属于装饰脚手架中的满堂脚手架。按照《山东省建筑工程消耗量定额》规定，除满堂脚手架外，高度超过 3.6m 的内墙面装饰不能利用原砌筑脚手架时，可按里脚手架计算规则计算装饰脚手架。装饰脚手架按双排里脚手架乘以 0.3 系数计算。当搭设满堂脚手架时，不再计取内墙装饰脚手架。

满堂脚手架按室内净面积计算，计算室内净面积时，不扣除柱、垛所占面积。

因此，满堂脚手架定额工程量为 25.00m²。

满堂脚手架套用定额 10-1-27，满堂钢管脚手架。

按照《山东省建筑工程消耗量定额》规定，室内天棚装饰面距设计室内地坪为 3.6m 以上时，可计算满堂脚手架。高度为 3.61～5.2m 时，计算基本层，即直接根据室内净面积套用满堂木或钢管脚手架。超过 5.2m 时，需要计算增加层，即除了按面积套用满堂脚手架定额后，还要按实际增加层数的净面积套用满堂脚手架增加层 1.2m 定额。每增加 1.2m 按增加一层计算，不足 0.6m 的不计。

因此，除套用 10-1-27 满堂脚手架基本层定额外，还应该计算增加层相关费用。

增加层 =（7.80 - 5.20）/1.2 = 2.17，取 2 层。

增加层工程量 = 25.00×2 = 50.00m²，套定额 10-1-28，满堂钢管脚手架增加层 1.2m。

按照 2015 年济南市预算价格及建筑工程人工工资单价标准（80 元/工日），定额 10-1-27、10-1-28 对应的人工单价、材料单价、机械单价如表 23 - 10 所示。

参考本地区建设工程费用定额，建筑工程管理费费率和利润率分别为 5.0% 和 3.1%，计费基数均为省人工费、材料费和机械费之和。根据鲁建标字〔2015〕12 号文件，山东省人工工资单价为 76 元/工日，定额 10-1-27 对应的省价人工费单价、材料费单价和机械费单价为 72.96、49.76、4.82 元。10-1-28 对应的省价人工费单价、材料费单价和机械费单价为 27.36、2.20、0.96 元。定额对应的管理费和利润单价如表 23 - 10 所示。

该清单项目的综合单价分析表见表 23 - 10。

表 23 - 10   **工程量清单综合单价分析表**

工程名称：某建筑工程   标段：   第 1 页 共 1 页

项目编码	011701006001	项目名称	满堂脚手架		计量单位		m²

清单综合单价组成明细

定额编号	定额名称	定额单位	数量	单价（元）				合价（元）			
				人工费	材料费	机械费	管理费与利润	人工费	材料费	机械费	管理费与利润
10-1-27	满堂钢管脚手架	10m²	0.100	76.80	49.76	4.86	10.33	7.68	4.98	0.49	1.03
10-1-28	满堂钢管脚手架增加层1.2m	10m²	0.200	28.80	2.20	0.97	2.48	5.76	0.44	0.19	0.50
人工单价		小计						13.44	5.42	0.68	1.53
80 元/工日		未计价材料费						—			
清单项目综合单价								21.06			

五、脚手架其他相关规定

1. 建筑物垂直封闭

建筑物垂直封闭工程量按封闭面的垂直投影面积计算。若交替倒用时，按倒用封闭过的垂直投影面积。高出屋面的电梯井、水箱间不计算垂直封闭。

$$建筑物垂直封闭工程量 ＝封闭面的投影长度×垂直投影高度 ＝（外围周长＋1.5×8）$$
$$×（建筑物脚手架高度＋1.5 倍护栏高）$$

《山东省建筑工程消耗量定额》中列了竹席、竹笆和密目网三种封闭材料的定额。当交替倒用时，套用相应定额时，竹席材料乘系数 0.5，竹笆和密目网材料乘系数 0.33。报价时按施工组织设计确定是否倒用。编制招标控制价时，16 层（50m）以内的按固定封闭，16 层以上的按交替倒用。

2. 斜道

斜道区别不同高度以座计算。根据斜道所爬垂直高度套用相应定额，从下至上连成一个整体的斜道为 1 座。

斜道一般依附于外脚手架旁搭设，即依附斜道。因此，《山东省建筑工程消耗量定额》是按依附斜道编制的。当使用独立斜道时，套用相应高度依附斜道定额，同时，相应的人工、材料、机械乘系数 1.8。

斜道的数量，当投标报价时，按施工组织设计确定。编制招标控制价时，建筑物底面积小于 1200m² 的按 1 座计算，超过 1200m² 按每 500m² 以内增加 1 座。

3. 平挂式安全网

平挂式安全网（脚手架与建筑物外墙之间的安全网）按水平挂设的投影面积计算。

投标报价时，施工单位根据施工组织设计要求确定。编制招标控制价时，按平挂式安全网计算，根据《建筑施工扣件式钢管脚手架安全技术规范》（JGJ 130—2011）要求，随层安全网搭设数量按每层一道，平挂式安全网宽度按 1.5m，工程量按下式计算：

$$平挂式安全网工程量 ＝（外围周长×1.50＋1.50×1.50×4）×（建筑物层数－1）$$

第二节　混凝土模板及支撑

混凝土模板及支架（撑）是混凝土结构工程的重要组成部分。模板及其支架必须具有足够的强度、刚度和稳定性，并能可靠地承受钢筋和混凝土的自重和侧压力以及施工荷载，确保工程结构和构建形体几何尺寸和相互位置的正确性。常用的模板有木模板、组合钢模板、滑升模板等。

混凝土模板及支架（撑）的工作内容包括模板制作；模板安装、拆除、整理堆放及场内外运输；清理模板黏结物及模内杂物、刷隔离剂等。

一、清单项目设置

按照《房屋建筑与装饰工程工程量计算规范》（GB 50854—2013）的规定，混凝土及支架（撑）工程量清单包括基础、矩形柱、构造柱、异形柱、基础梁、直形墙、有梁板、楼梯、散水、后浇带、检查井等共 32 个清单项目，如表 23 - 11 所示。

表 23 - 11　混凝土及支架（撑）清单项目设置及计算规则

项目编码	项目名称	项目特征	计量单位	工程量计算规则	工作内容
011702001	基础	基础类型	m²	详见工程量计算规则部分	1. 模板制作 2. 模板安装、拆除、整理堆放及场内外运输 3. 清理模板黏结物及模内杂物、刷隔离剂等
011702002	矩形柱				
011702003	构造柱				
011702004	异形柱	柱截面形状			
011702005	基础梁	梁截面形状			
011702006	矩形梁	支撑高度			
011702007	异形梁	1. 梁截面形状 2. 支撑高度			
011702008	圈梁				
011702009	过梁				
011702010	弧形、拱形梁	1. 梁截面形状 2. 支撑高度			
011702011	直形墙				
011702012	弧形墙				
011702013	短肢剪力墙、电梯井壁				
011702014	有梁板				
011702015	无梁板				
011702016	平板				1. 模板制作 2. 模板安装、拆除、整理堆放及场内外运输 3. 清理模板黏结物及模内杂物、刷隔离剂等
011702017	拱板	支撑高度	m²	详见工程量计算规则部分	
011702018	薄壳板				
011702019	空心板				
011702020	其他板				

项目编码	项目名称	项目特征	计量单位	工程量计算规则	工作内容
011702021	栏板	构件类型	m²	详见工程量计算规则部分	1. 模板制作 2. 模板安装、拆除、整理堆放及场内外运输 3. 清理模板粘结物及模内杂物、刷隔离剂等
011702022	天沟、檐沟	1. 构件类型 2. 板厚度			
011702023	雨篷、悬挑板、阳台板				
011702024	楼梯	类型			
011702025	其他现浇构件	构件类型			
011702026	电缆沟、地沟	1. 沟类型 2. 沟截面			
011702027	台阶	台阶踏步宽			
011702028	扶手	扶手截面尺寸			
011702029	散水				
011702030	后浇带	后浇带部位			
011702031	化粪池	1. 化粪池部位 2. 化粪池规格			
011702032	检查井	1. 检查井部位 2. 检查井规格			

二、工程量计算规则

1. 一般规定

现浇混凝土构件模板按模板与现浇混凝土构件的接触面积计算。

混凝土模板及支撑（架）项目，只适用于以平方米计量，按模板与混凝土构件的接触面积计算。以立方米计量的模板及支撑（支架），按混凝土及钢筋混凝土实体项目执行，其综合单价应包含模板及支撑（支架）。

2. 现浇钢筋混凝土基础

现浇混凝土带形基础的模板，按其展开高度乘以基础长度，以平方米计算；基础与基础相交时重叠的模板面积不扣除；直形基础端头的模板，也不增加。

杯形基础和高杯基础杯口内的模板，并入相应基础模板工程量内。

3. 现浇钢筋混凝土墙、板、柱、梁

现浇钢筋混凝土墙、板单孔面积≤0.3m²的孔洞不予扣除，洞侧壁模板亦不增加；单孔面积＞0.3m²时应予扣除，洞侧壁模板面积并入墙、板工程量内计算。

现浇框架分别按梁、板、柱有关规定计算；附墙柱、暗梁、暗柱并入墙内工程量内计算。

柱、梁、墙、板相互连接的重叠部分，均不计算模板面积。

构造柱按图示外露部分计算模板面积。

4. 雨篷、悬挑板、阳台板

雨篷、悬挑板、阳台板按图示外挑部分尺寸的水平投影面积计算，挑出墙外的悬挑梁及板边不另计算。

5. 楼梯、台阶

楼梯按楼梯（包括休息平台、平台梁、斜梁和楼层板的接连梁）,的水平投影面积计算,不扣除宽度≤500mm 的楼梯井所占面积,楼梯踏步、踏步板、平台梁等侧面模板不另计算,伸入墙内部分亦不增加。

台阶按图示台阶水平投影面积计算,台阶端头两侧不另计算模板面积。架空式混凝土台阶,按现浇楼梯计算。

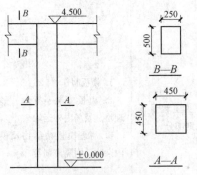

图 23-3　某现浇混凝土框架柱

三、工程量清单编制及计价实例

[例 23-4]　某工程现浇混凝土框架柱尺寸如图 23-3 所示,共 20 根,采用竹胶板模板钢支撑。试编制该工程框架柱模板招标工程量清单,并根据 2015 年山东省及济南市预算价格进行清单项目综合单价的计算。

解：(1) 工程量清单编制。

本例按表 23-12 中"矩形柱模板"清单项目编码列项。在计算柱模板清单工程量时,柱、梁、墙、板相互连接的重叠部分,均不计算模板面积。

因此,现浇混凝土框架柱竹胶板模板工程量 $= (0.45 \times 4 \times 4.50 - 0.50 \times 0.25 \times 2) \times 20 = 157.00 (\text{m}^2)$。

该工程分部分项工程量清单如表 23-12 所示。

表 23-12　　　　　　　　　分部分项工程量清单与计价表

工程名称：某建筑工程　　　　　　　　　　标段：　　　　　　　　第 1 页　共 1 页

序号	项目编码	项目名称	项目特征	计量单位	工程量	综合单价	合价	其中：暂估价
1	011702002001	矩形柱模板	1. 模板材质：竹胶板模板钢支撑 2. 支撑高度：4.5m	m²	157.00			

(2) 工程量清单计价。

按照山东省建筑工程消耗量定额计算规则,现浇混凝土框架柱模板规则稍有不同。即：柱、梁相交时,不扣除梁头所占柱模板面积；柱、板相交时,不扣除板厚所占柱模板面积。

因此,框架柱竹胶板模板定额工程量 $= 0.45 \times 4 \times 4.50 \times 20 = 162.00 (\text{m}^2)$。

现浇混凝土模板,山东省建筑工程消耗量定额按不同构件,分别以组合钢模板、钢支撑、木支撑,复合木模板、钢支撑、木支撑,胶合板模板、钢支撑、木支撑,木模板、木支撑编制。山东省模板定额中未含竹胶板模板定额,当采用竹胶板模板时,套用相应构件胶合板模板定额,扣除定额中胶合板消耗量,计算竹胶板模板的安装、拆除费用。竹胶板模板的制作费用,按照模板制作工程量,套用相应竹胶板模板制作定额。竹胶板模板制作工程量 = 构件模板工程量×竹胶板模板摊销系数 (各市、地定额站可自行测算)。

混凝土框架柱模板套用定额 10-4-88,矩形柱胶合板模板钢支撑,需扣除定额中胶合板模板的消耗量 (1.18m²)。

竹胶板模板制作套用定额 10-4-311,柱竹胶板模板制作。

竹胶板模板制作工程量＝162.00×0.245＝39.69（m²）（按照济南市济建标字〔2007〕6号文件，济南市竹胶板模板摊销系数为0.245）。

现浇混凝土梁、板、柱、墙是按支模高度3.6m编制的，支模高度超过3.6m时，另行计算模板支撑超高部分的工程量，执行相应的"每增3m"子目。

柱、墙等垂直构件的支撑高度：自地（楼）面支撑点至构件顶坪；梁：地（楼）面支撑点至梁底；板：地（楼）面支撑点至板底坪。

柱、墙（竖直构件）模板支撑超高的工程量计算如下式：

超高次数分段计算：自3.60m以上，第一个3m为超高1次，第二个3m为超高2次，以次类推；不足3m，按3m计算。

$$超高工程量（m²）＝\sum（相应模板面积×超高次数）$$

本例中，支撑高度为4.5m，因此超高1次，超高工程量＝0.45×4×(4.50－3.6)×20＝32.40(m²)。

模板支撑超高套用定额10-4-102，柱钢支撑高超过3.6m每增3m。

按照2015年济南市预算价格及建筑工程人工工资单价标准（80元/工日），定额10-4-88（扣除胶合板消耗量）、10-4-311、10-4-102对应的人工单价、材料单价、机械单价如表23-13所示。

参考本地区建设工程费用定额，建筑工程管理费费率和利润率分别为5.0%和3.1%，计费基数均为省人工费、材料费和机械费之和。根据鲁建标字〔2015〕12号文件，山东省人工工资单价为76元/工日，定额10-4-88（扣除胶合板消耗量）对应的省价人工费单价、材料费单价和机械费单价为216.60、70.07、23.27元。10-4-311对应的省价人工费单价、材料费单价和机械费单价为91.96、807.66、3.28元。10-4-102对应的省价人工费单价、材料费单价和机械费单价为83.60、10.44、2.41元。定额对应的管理费和利润单价如表23-13所示。

该清单项目的综合单价分析表见表23-13。

表 23-13　　　　　　　　　　**工程量清单综合单价分析表**

工程名称：某建筑工程　　　　　　　标段：　　　　　　第1页 共1页

项目编码	011702002001	项目名称	矩形柱模板	计量单位	m²

清单综合单价组成明细

定额编号	定额名称	定额单位	数量	单价（元）				合价（元）			
				人工费	材料费	机械费	管理费与利润	人工费	材料费	机械费	管理费与利润
10-4-88换	矩形柱胶合板模板钢支撑	10m²	0.1032	228.00	70.07	23.48	29.16	23.53	7.23	2.42	3.01
10-4-311	柱竹（胶）板模板制作	10m²	0.0253	96.80	807.66	3.28	73.14	2.45	20.42	0.08	1.85
10-4-102	柱钢支撑高超过3.6m每增3m	10m²	0.0206	88.00	10.44	2.43	7.81	1.82	0.22	0.05	0.16
人工单价		小计						27.79	27.86	2.56	5.02
80元/工日		未计价材料费						—			
清单项目综合单价								68.41			

[例 23 - 5]　某现浇钢筋混凝土有梁板如图 23 - 4 所示，采用竹胶板模板钢支撑。试编制该工程有梁板模板招标工程量清单，并根据 2015 年山东省及济南市预算价格进行综合单价计算。

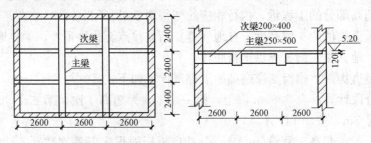

图 23 - 4　某现浇混凝土有梁板

解：本例按表 23 - 14 中"有梁板模板"清单项目编码列项。

$$\begin{aligned}
\text{有梁板模板清单工程量} &= (2.60 \times 3 - 0.24) \times (2.40 \times 3 - 0.24) + (2.40 \times 3 + 0.24) \\
&\quad \times (0.50 - 0.12)4 + (2.60 \times 3 + 0.24 - 0.25 \times 2) \\
&\quad \times (0.40 - 0.12) \times 4 - 0.20 \times 0.40 \times 4 \\
&= 72.05 (\text{m}^2)
\end{aligned}$$

该工程分部分项工程量清单如表 23 - 14 所示。

表 23 - 14　　　　　　　　　　**分部分项工程量清单与计价表**

工程名称：某建筑工程　　　　　　　　　　　　　标段：　　　　　　　第 1 页　共 1 页

序号	项目编码	项目名称	项目特征	计量单位	工程量	金额（元）		
						综合单价	合价	其中：暂估价
1	011702014001	有梁板模板	1. 模板材质：竹胶板模板钢支撑 2. 支撑高度：4.7m	m²	72.05			

按照山东省建筑工程消耗量定额计算规则，现浇混凝土框架柱模板规则稍有不同，即柱、梁相交时，不扣除梁头所占柱模板面积；柱、板相交时，不扣除板厚所占柱模板面积。

因此，有梁板模板定额工程量 $= (2.60 \times 3 - 0.24) \times (2.40 \times 3 - 0.24) + (2.40 \times 3 + 0.24) \times (0.50 - 0.12)4 + (2.60 \times 3 + 0.24 - 0.25 \times 2) \times (0.40 - 0.12) \times 4 = 72.37(\text{m}^2)$。

混凝土有梁板模板套用定额 10-4-160，有梁板胶合板模板钢支撑，需扣除定额中胶合板模板的消耗量（1.18m²）。并将定额中的现浇 1：2 水泥砂浆调整为袋装干拌砂浆。

竹胶板模板制作套用定额 10-4-313，梁竹胶板模板制作。

竹胶板模板制作工程量 $= 72.37 \times 0.245 = 17.73$ （m²）。

梁、板（水平构件）模板支撑超高的工程量计算如下式：

$$\text{超高次数} = (\text{支模高度} - 3.6) \div 3 (\text{遇小数进为1})$$

$$\text{超高工程量(m}^2) = \text{超高构件的全部模板面积} \times \text{超高次数}$$

本例中，超高次数 $= (4.70 - 3.60) \div 3 = 0.37$，超高 1 次。

超高工程量 $= 72.37 \times 1 = 72.37$ （m²）。

模板支撑超高套用定额 10-4-176，板钢支撑高超过 3.6m 每增 3m。

按照 2015 年济南市预算价格及建筑工程人工工资单价标准（80 元/工日），定额 10-4-160（调整换算后）、10-4-313、10-4-176 对应的人工单价、材料单价、机械单价如表 23 - 15 所示。

参考本地区建设工程费用定额，建筑工程管理费费率和利润率分别为 5.0% 和 3.1%，计费基数均为省人工费、材料费和机械费之和。根据鲁建标字〔2015〕12 号文件，山东省人工工资单价为 76 元/工日，定额 10-4-160（调整换算后）对应的省价人工费单价、材料费单价和机械费单价为 201.39、91.50、25.33 元。10-4-313 对应的省价人工费单价、材料费单价和机械费单价为 153.52、862.18、4.59 元。10-4-176 对应的省价人工费单价、材料费单价和机械费单价为 63.84、10.66、2.91 元。定额对应的管理费和利润单价如表 23 - 15 所示。

该清单项目的综合单价分析表见表 23 - 15。

表 23 - 15　　　　　　　　　　　**工程量清单综合单价分析表**

工程名称：某建筑工程　　　　　　　　　　标段：　　　　　　　第 1 页　共 1 页

项目编码	011702014001	项目名称		有梁板模板			计量单位		m²
清单综合单价组成明细									
定额编号	定额名称	定额单位	数量	单价（元）				合价（元）	
				人工费	材料费	机械费	管理费与利润	人工费	材料费	机械费	管理费与利润
10-4-160换	有梁板胶合板模板钢支撑（袋装干拌砂浆）	10m²	0.1004	211.99	91.5	25.56	29.84	21.29	9.19	2.57	3.00
10-4-313	梁竹（胶）板模板制作	10m²	0.0246	161.6	862.18	4.59	82.64	3.98	21.22	0.11	2.03
10-4-176	板钢支撑高>3.6m 每增3m	10m²	0.1004	67.2	10.66	2.94	6.27	6.75	1.07	0.3	0.63
人工单价		小计						32.02	31.48	2.98	5.66
80 元/工日		未计价材料费						—			
清单项目综合单价								77.18			

第三节　垂 直 运 输

一、清单项目设置及计算规则

1. 清单项目设置

建筑工程垂直运输项目用于施工中所发生的垂直运输机械费的计算，包括建筑物垂直运输和构筑物垂直运输。建筑物垂直运输工作内容包括单位工程在合理工期内完成所承包的全部工程项目所需的垂直运输机械费，不包括机械的场外往返运输、一次安拆费用。

垂直运输工程量清单项目设置、项目特征描述的内容、计量单位及工程量计算规则应按表 23 - 16 的规定执行。

表 23 - 16　　　　　　　　　垂直运输清单项目设置及计算规则

项目编码	项目名称	项目特征	计量单位	工程量计算规则	工作内容
0111703001	垂直运输	1. 建筑物建筑类型及结构形式 2. 地下室建筑面积 3. 建筑物檐口高度、层数	1. m² 2. 天	1. 按建筑面积计算 2. 按施工工期日历天数计算	1. 垂直运输机械的固定装置、基础制作、安装 2. 行走式垂直运输机械轨道的铺设、拆除、摊销

2. 计算规则

（1）建筑物垂直运输的工程量，区分不同建筑物的结构类型及高度按建筑面积，以平方米计量，建筑面积按《建筑工程建筑面积计算规范》（GB/T 50353—2013）计算。

$$建筑物垂直运输工程量＝建筑物总建筑面积$$

（2）按施工工期日历天数计算。

二、其他相关规定

1. 垂直运输考虑的高度

一般情况下，只有当檐口高度超过一定值时才需要计算垂直运输。如山东省建筑工程消耗量定额规定，檐口高度在 3.6m 以下的建筑物不计算垂直运输机械；同一建筑物檐口高度不同时应分别计算。檐口高度是指从设计室外地坪至屋面板顶之间的距离。

2. 垂直运输的范围

并不是只有±0.00 以上才需要考虑垂直运输，±0.00 以下及基础工程也需要垂直运输。如山东省建筑工程消耗量定额规定：

（1）±0.00 以下垂直运输机械：钢筋混凝土地下建筑，按其上口外墙（不包括采光井、防潮层及防护墙）外围水平面积计算。

（2）钢筋混凝土满堂基础（深度超过 3m），按其工程量计算规则计算出的立方米体积计算。当采用条形基础或独立基础时，乘系数 0.5。

三、工程量清单编制及计价实例

[例 23 - 6]　某多层单身宿舍楼，砖混结构建筑物标准平面图和剖面图，如图 23 - 5 和图 23 - 6 所示，按照施工组织设计中采用 1 台塔式起重机 8t。试编制该垂直运输机械工程招标工程量清单，并根据 2015 年山东省及济南市预算价格进行清单项目综合单价的计算。

解：（1）本例按表 23 - 17 中"垂直运输"清单项目编码列项。

垂直运输机械清单工程量 ＝[(3.90×3＋5.4＋3.6＋0.24)×(15.12－0.24×2)＋楼梯外凸部分(3.9＋0.24)×1.2]×5＋(阁楼长度)(3.9×3＋5.4＋3.6＋0.24)×(阁楼超过2.1m 和超过 1.2m 的一半部分的宽度){(6.00×2＋2.40＋0.24＋0.50×2)×[(4.50－2.10)/4.50＋0.9/(4.50×2)]}＝(306.55＋4.97)×5＋20.94×(8.34＋1.56)＝1557.6＋207.31＝1764.91(m²)

该工程分部分项工程量清单如表 23 - 17 所示。

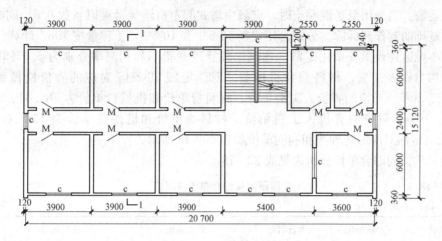

图 23 - 5 标准平面图

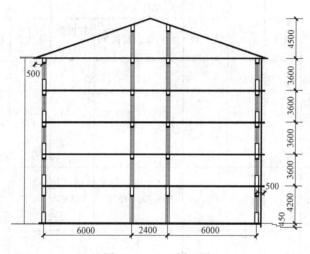

图 23 - 6 1-1 剖面图

表 23 - 17 分部分项工程量清单与计价表

工程名称：某建筑工程　　　　　　　　　　　　　标段：　　　　　　　　　第 1 页　共 1 页

序号	项目编码	项目名称	项目特征	计量单位	工程量	金额（元）		
						综合单价	合价	其中：暂估价
1	011703001001	垂直运输	1. 宿舍楼，砖混结构 2. 建筑物檐口高度 19.05m，5层	m²	1764.91			

（2）工程量清单计价。

按照山东省建筑工程消耗量定额计算规则，±0.00 以上工程垂直运输机械，按"建筑面积计算规则"计算工程量，即按《建筑工程建筑面积计算规范》（GB/T 50353—2013）计算。因此，垂直运输定额工程量为 1764.91m²。垂直运输套用定额 10 - 2 - 15，30m 内框架结构垂直运输。当采用泵送混凝土时，定额中塔式起重机消耗量乘以系数 0.8。同时考虑塔式起重机基础的制作和拆除。分别套用定额 10-5-1 和 10-5-3，工程量按 $10m^3$ 计算。

参考本地区建设工程费用定额，建筑工程管理费费率和利润率分别为 5.0% 和 3.1%，计费基数均为省人工费、材料费和机械费之和。定额 10-2-15 对应的省价机械费单价为 371.73 元。10-5-1 对应的省价人工费单价、材料费单价和机械费单价为 789.64、2094.79、74.01 元。10-5-3 对应的省价人工费单价、材料费单价和机械费单价为 1375.60、7.67、678.88 元。定额对应的管理费和利润单价如表 23-18 所示。

该清单项目的综合单价分析表见表 23-18。

表 23-18　　　　　　　　**工程量清单综合单价分析表**

工程名称：某建筑工程　　　　　　　　　　标段：　　　　　　第 1 页　共 1 页

项目编码	0117003001001	项目名称		垂直运输			计量单位			m^2

清单综合单价组成明细

定额编号	定额名称	定额单位	数量	单价（元）				合价（元）			
				人工费	材料费	机械费	管理费与利润	人工费	材料费	机械费	管理费与利润
10-2-15 换	30m 内其他框架结构垂直运输采用泵送混凝土机械［53051］含量×0.8	10m²	0.1000	—	—	380.36	30.11	—	—	38.04	3.01
10-5-1	塔式起重机混凝土基础浇筑养护	10m³	0.0006	831.20	2094.79	76.17	239.63	0.47	1.19	0.04	0.14
10-5-3	塔式起重机混凝土基础拆除	10m³	0.0006	1448.00	7.67	693.38	167.04	0.82	—	0.39	0.09
人工单价		小计						1.29	1.19	38.47	3.24
80 元/工日		未计价材料费						—			
		清单项目综合单价						44.19			

第四节　超高施工增加

一、清单项目设置及计算规则

建筑物超高施工增加费是指单层建筑物檐高大于 20m 的人工降效、机械降效、施工电梯使用费、安全措施增加费、通信联络费、建筑垃圾清理及排污费、高层加压水泵的台班费。

超高施工增加工程量清单项目设置、项目特征描述的内容、计量单位及工程量计算规则应按表 23 - 19 的规定执行。

表 23 - 19 超高施工增加清单项目设置及计算规则

项目编码	项目名称	项目特征	计量单位	工程量计算规则	工作内容
0111704001	超高施工增加	1. 建筑物建筑类型及结构形式 2. 建筑物檐口高度、层数 3. 单层建筑物檐口高度超过 20m，多层建筑物超过 6 层部分的建筑面积	m²	1. 按建筑面积计算 2. 按施工工期日历天数计算	1. 建筑物超高引起的人工工效降低以及由于人工工效降低引起的机械降效 2. 高层施工用水加压水泵的安装、拆除及工作台班 3. 通信联络设备的使用及摊销

二、其他相关规定

1. 超高施工增加的范围

一般地，在计算超高施工增加时，应考虑 ±0.00 以上的全部人工、机械（除脚手架、垂直运输机械等已经在相应定额中考虑了高度的情况外）数量乘以降效系数计算。如山东省建筑工程消耗量定额规定：

檐高超过 20m 的建筑物，其超高人工、机械增加的计算基数为除下列内容以外的全部工程内容：

（1）室内地坪（±0.000）以下的地面垫层、基础、地下室等全部工程内容。

（2）±0.000 以上的构件制作（预制混凝土构件含钢筋、混凝土搅拌和模板）及工作内容。

（3）垂直运输机械、脚手架、构件运输工作内容。

2. 建筑物内装超高施工增加

建筑物内装饰超高也需要计算超高施工增加费。如山东省建筑工程消耗量定额有如下规定：

（1）单独施工的主体结构工程和外墙装饰工程，也应计算超高人工、机械增加。其计算方法和相应规定，同整体建筑物超高人工、机械增加。单独内装饰工程，不适用上述规定。

（2）建筑物内装饰超高人工增加，适用于建设单位单独发包内装饰工程的情况。

（3）六层以下的单独内装饰工程，不计算超高人工增加。

（4）定额中"×层－×层之间"，指单独内装饰施工所在的层数，非指建筑物总层数。

第五节 大型机械进出场及安拆

一、清单项目设置及计算规则

大型机械进出场及安拆工程量清单项目设置、项目特征描述的内容及计量单位及工程量计算规则应按表 23-20 的规定执行。

表 23-20　　　　大型机械设备进出场及安拆清单项目设置及计算规则

项目编码	项目名称	项目特征	计量单位	工程量计算规则	工作内容
011705001	大型机械设备进出场及安拆	1. 机械设备名称 2. 机械设备规格型号	台次	按使用机械设备的数量计算	1. 安拆费包括施工机械、设备在现场进行安装拆卸所需人工、材料、机械和试运转费用以及机械辅助设施的折旧、搭设、拆除等费用 2. 进出场费包括施工机械、设备整体或分体自停放地点运至施工现场或由一施工地点运至另一施工地点所发生的运输、装卸、辅助材料等费用

二、其他相关规定

1. 大型机械进出场及安拆的内容

大型机械安装、拆卸是指大型施工机械在施工现场进行安装、拆卸所需的人工、材料、机械、试运转，以及安装所需的辅助设施的折旧、搭设及拆除。大型机械场外运输是指大型施工机械整体或分体自停放地运至施工现场，或由一施工现场运至另一施工现场 25km 以内的装卸、运输（包括回程）、辅助材料以及架线等工作内容。超过 25km 时，一般工业与民用建筑工程，不另计取。

在计算大型机械安拆时，应考虑大型机械混凝土基础的浇筑和拆除，如山东省建筑工程消耗量定额规定：塔式起重机混凝土基础，建筑物首层（不含地下室）建筑面积 600m² 以内，计 1 座；超过 600m²，每增加 400m² 以内，增加 1 座。每座基础，按 10m³ 混凝土计算。

2. 大型机械的种类

施工过程中的机械哪些属于大型机械，计算进出场及安拆，应执行所在地区的规定。如山东省建筑工程消耗量定额规定：

（1）定额中未列明大型机械规格、能力等特点的，均涵盖各种规格、能力、构造和工作方式的同种机械。例如，5t、10t、15t、20t 四种不同能力的履带式起重机，其场外运输均执行 10-5-19 履带式起重机子目。

（2）定额未列子目的大型机械，不计算安装、拆卸及场外运输。

第六节　施工排水、降水

一、清单项目设置及计算规则

施工排水、降水工程量清单项目设置、项目特征描述的内容、计量单位及工程量计算规则应按表 23-21 的规定执行。

表 23 - 21　　　　　　　　　　　施工排水、降水清单项目设置及计算规则

项目编码	项目名称	项目特征	计量单位	工程量计算规则	工作内容
011706001	成井	1. 成井方式 2. 地层情况 3. 成井直径 4. 井（滤）管类型、直径	m	按设计图示尺寸以钻孔深度计算	1. 准备钻孔机械、埋设护筒、钻机就位；泥浆制作、固壁；成孔、出渣、清孔等 2. 对接上、下井管（管滤），焊接，安放，下滤料，洗井，连接试抽等
011706001	排水、降水	1. 机械规格型号 2. 排降水管规格	昼夜	按排、降水日历天数计算	1. 管道安装、拆除、场内搬运等 2. 抽水、值班、降水设备维修等

二、其他相关规定

排水、降水的方式、方案应根据施工组织设计的规定确定。

在对施工排水、降水清单项目进行计价时，应根据不同的施工方式按照所在地区定额规定计算工程量。如山东省建筑工程消耗量定额有如下规定：

（1）抽水机基底排水分不同排水深度，按设计基底面积，以平方米计算。

（2）集水井按不同成井方式，分别以施工组织设计规定的数量，以座或米计算。抽水机集水井排水按施工组织设计规定的抽水机台数和工作天数，以台日计算，以每台抽水机工作 24h 为 1 台日。1 台日＝1 台抽水机×24h。

（3）井点降水，其井管安拆，按施工组织设计规定的井管数量，以根计算。施工组织设计无规定时，可按轻型井点管距 0.8～1.6m、喷射井点管距 2～3m 执行。

井点降水，其设备使用按施工组织设计规定的使用时间，以每套使用的天数计算。施工组织设计无规定时，井点设备使用套的计算如下：轻型井点 50 根/套，喷射井点 30 根/套，大口径井点 45 根/套，水平井点 10 根/套，电渗井点 30 根/套。井点设备使用的天，以每昼夜 24h 为 1 天。

（4）井点降水区分不同的井管深度，其井管安拆，按施工组织设计规定的井管数量，以根计算；设备使用按施工组织设计规定的使用时间，以每套使用的天数计算。

第七节　安全文明施工及其他措施项目

安全文明施工及其他措施项目工程量清单设置、计量单位、工作内容及包含的范围应按表 23 - 22 的规定执行。

表 23 - 22　　　　　　　　　　　　　安全文明施工及其他措施项目清单项目设置

项目编码	项目名称	工作内容及包含范围
011707001	安全文明施工	1. 环境保护费：施工现场机械设备降低噪声、防扰民措施；水泥和其他易飞扬细颗粒建筑材料密闭存放或采取覆盖措施等；工程防扬尘洒水；土石方、建渣外运车辆防护措施等；现场污染源的控制、生活垃圾清理外运、场地排水排污措施；其他环境保护措施 2. 文明施工费："五牌一图"；现场围挡的墙面美化（包括内外粉刷、刷白、标语等）、压顶装饰；现场厕所便槽刷白、贴面砖，水泥砂浆地面或地砖，建筑物内临时便溺设施；其他施工现场临时设施的装饰装修、美化措施；现场生活卫生设施；符合卫生要求的饮水设备、淋浴、消毒灯设施；生活用洁净燃料；防煤气中毒、防蚊虫叮咬等措施；施工现场操作场地的硬化；现场绿化、治安综合治理；现场配备医药保健器材、物品和急救人员培训；现场工人的防暑降温、电风扇、空调等设备及用电；其他文明施工措施 3. 安全施工：安全资料、特殊作业专项方案的编制，安全施工标志的购置及安全宣传；"三宝"（安全帽、安全带、安全网）、"四口"（楼梯口、电梯井口、通道口、预留洞口）、"五临边"（阳台围边、楼板围边、屋面围边、槽坑围边、卸料平台两侧），水平防护架、垂直防护架、外架封闭等防护；施工安全用电，包括配电箱三级配电、两级保护装置要求、外电防护措施；起重机、塔吊等起重设备（含井架、门架）及外用电梯的安全防护措施（含警示标志）及卸料平台的临边防护、层间安全门、防护棚等设施；建筑工地起重机械的检验检测；施工机具防护棚及其围栏的安全保护设施；施工安全防护通道；工人的安全防护用品、用具购置；消防设施与消防器材的配置；电气保护、安全照明设施；其他安全防护措施 4. 临时设施：施工现场采用彩色、定型钢板，砖、混凝土砌块等围挡的安砌、维修、拆除；施工现场临时建筑物、构筑物的搭设、维修、拆除，如临时宿舍、办公室、食堂、厨房、诊疗所、临时文化福利用房、临时仓库、加工场、搅拌台、临时简易水塔、水池等；施工现场临时设施的搭设、维修、拆除，如临时供水管道、临时供电管线、小型临时设施等；施工现场规定范围内临时简易道路铺设，临时排水沟、排水设施安砌、维修、拆除；其他临时设施搭设、维修、拆除
011707002	夜间施工	1. 夜间固定照明灯具和临时可移动照明灯具的设置、拆除 2. 夜间施工时，施工现场交通标志、安全标牌、警示灯等的设置、移动、拆除 3. 包括夜间照明设备及照明用电、施工人员夜班补助、夜间施工劳动效率降低等
011707003	非夜间施工照明	为保证工程施工正常进行，在地下室等特殊施工部位施工时所采用的照明设备的安拆、维护及照明用电等
011707004	二次搬运	由于施工场地条件限制而发生的材料、成品、半成品等一次运输不能到达堆放地点，必须进行的二次或多次搬运
011707005	冬雨季施工	1. 冬雨（风）季施工时增加的临时设施（防寒保温、防雨、防风保温）的搭设、拆除 2. 冬雨（风）季施工时，对砌体、混凝土等采用的特殊加温、保温和养护措施 3. 冬雨（风）季施工时，施工现场的防滑处理、对影响施工的雨雪的清除 4. 冬雨（风）季施工时增加的临时设施、施工人员的劳动保护用品、冬雨（风）季施工劳动效率降低等
011707006	地上、地下设施、建筑物的临时保护设施	在工程施工中，对已建成的地上、地下设施和建筑物进行的遮盖、封闭、隔离等必要保护措施
011707007	已完工程及设备保护	对已完工程及设备采取的覆盖、包裹、封闭、隔离等必要保护措施

复习思考题

1. 单价措施项目和总价措施项目的计价有何不同？

2. 什么情况下需要计算满堂脚手架？满堂脚手架的高度如何调整？

3. 如何计算模板支撑超高？垂直构件和水平构件有什么不同？

4. 哪些机械需要计取大型进出场及安拆费？

5. 施工排水、降水有什么不同？都有哪些施工方法？如何计算各自的工程量？

附录　招标工程量清单编制示例

为便于理解和掌握招标工程量清单编制的基本知识和基本方法，本部分以"××1号宿舍楼工程"为例，介绍招标工程量清单的编制。该招标工程量清单也可以作为学生进行工程量清单计价的参考。

一、工程概况

××1号宿舍楼工程建筑面积3163m²，地上4层，阁楼1层。首层层高3.8m，二～四层层高3.6m，阁楼层高度4.6m。总高19.2m。框架结构，钢筋混凝土独立柱基础，加气混凝土砌块墙，现浇水磨石地面，混合砂浆内墙面，贴砌聚苯板复合保温真石漆外墙。

二、工程量计算

根据××建筑设计研究院设计的××1号宿舍楼工程全套施工图纸，以及《房屋建筑与装饰工程工程量计算规范》（GB 50854—2013），计算建筑工程、装饰工程、单价措施项目的全部工程量（计算过程略）。

三、招标工程量清单的编制

该工程招标工程量清单如附表1～附表11所示，同时给出建筑设计说明及相关图纸，见插页。

附表1　　　　　　　　　　　　招标工程量清单封面

<u>　　××1号宿舍楼工程　　</u>

招标工程量清单

招标人：　　　造价咨询人：
（单位盖章）（单位盖章）

法定代表人：　　　　　　　　　　　　法定代表人：
或其授权人：　　　或其授权人：
（签字或盖章）　　　　　　　　　　　（签字或盖章）

编制人：　　　复核人：
（造价人员签字或专用章）　　　　　　（造价工程师签字或专用章）

　编制时间：　　　年　　月　　日　　　复核时间：　　　年　　月　　日

附表2

总 说 明

工程名称： 标段： 第1页 共1页

一、工程概况

本工程为五层（顶层为阁楼）房屋建筑，檐口高 16.10m，建筑面积 3163.7m²，框架结构，室外地坪标高为 −0.45m，地面、天棚、内外装饰装修工程做法详见施工图及设计说明。

二、工程招标和分包范围

1. 工程招标范围：施工图范围内的建筑工程、装饰装修工程，详见工程量清单。

2. 分包范围：无分包工程。

三、清单编制依据

1. 《建设工程工程量清单计价规范》（GB 50500—2013）、《房屋建筑与装饰工程工程量计算规范》（GB 50854— 2013）及解释及勘误。

2. 本工程的施工图。

3. 与本工程有关的标准（包括标准图集）、规范、技术资料。

4. 招标文件、补充通知。

5. 其他有关文件、资料。

四、其他说明事项

（一）一般说明

1. 施工现场情况：以现场踏勘情况为准。

2. 交通运输情况：以现场踏勘情况为准。

3. 自然地理条件：本工程位于某市某县。

4. 环境保护要求：满足省、市及当地政府对环境保护的相关要求和规定。

5. 本工程投标报价按《建设工程工程量清单计价规范》（GB 50500—2013）、《房屋建筑与装饰工程工程量计算规范》（GB 50854—2013）的规定及要求，使用表格及格式按《建设工程工程量清单计价规范》（GB 50500—2013）要求执行，有更正的以勘误和解释为准。

6. 工程量清单中每一个项目，都需填入综合单价及合价或金额，对于没有填入综合单价及合价的项目，其费用视为已包括在工程量清单其他项目中，承包人还必须按监理工程师指令完成工程量清单中未填入单价和合价或金额的工程项目。

7. 投标人投标报价文件须提供本项目工程量清单中所附"主要材料价格表"并按要求填表。主要材料价格表中的材料价格应与"综合单价分析表"中的材料价格一致。

8. 本工程量清单中的分部分项工程量及措施项目工程量是根据本工程施工图、按照"工程量计算规范"的规定进行计算的，仅作为施工企业投标报价的共同基础，不能作为最终结算与支付价款的依据。工程量的变化调整以业主与承包商签订的合同约定为准，或按《建设工程工程量清单计价规范》（GB 50500—2013）的有关规定执行。

9. 工程量清单及其计价格式中的任何内容不得随意删除或涂改，若有错误，在招标答疑时及时提出，以"补遗"资料为准。

10. 分部分项工程量清单中对工程项目的项目特征及具体做法只作重点描述，详细情况见施工图设计、技术说明及相关标准图集。投标人组价时，应结合现场勘察情况包活完成所有工序工作内容的全部费用。

11. 投标人应充分考虑施工现场周边的实际情况对施工的影响，编制施工方案，并做出报价。

12. 本说明未尽事项，以计价规范、工程量计算规范、计价管理办法、招标文件，以及有关的法律、法规、建设行政主管部门颁发的文件为准。

（二）有关专业技术说明

1. 本工程使用商品混凝土，具体详工程量清单项目特征；商品混凝土的综合单价中包括制作、运输、输送（泵送、布料等）、浇筑、养护、安装及各种外加剂费用等；投标人自行选择泵送方式，其综合单价不作调整。

2. 本工程模板及支撑（架）费在工程量清单中单独列项，投标人根据措施项目清单工程量进行综合报价。投标人自行选择模板材质（如钢模、木模、砖胎模等），其综合单价均不作调整，模板支撑超高增加费应考虑在相应模板报价中，不另行计算。

3. 本工程挖基础土方清单工程量含工作面和放坡增加的工程量，按《房屋建筑与装饰工程工程量计算规范》（GB 50854—2013）的规定计算；办理结算时以批准的施工组织设计规定的工作面和放坡，按实计算工程量。

附表 3　　　　　　　　　　**分部分项工程和单价措施项目清单与计价表**

工程名称：　　　　　　　　　　标段：　　　　　　　　第 1 页　共 14 页

序号	项目编码	项目名称	项目特征描述	计量单位	工程量	金额（元）		
						综合单价	合价	其中：暂估价
	A.1	土石方工程						
1	010101001001	平整场地	土壤类别：综合考虑	m²	646.78			
2	010101004001	挖基坑土方	1. 土壤类别：综合考虑或详见地勘资料 2. 挖土深度：3m 以内	m³	1154.29			
3	010103001001	回填方	1. 密实度要求：满足规范的要求 2. 填土来源、运距：利用现场土方	m³	559.32			
4	010103002001	余方弃置	1. 废弃料品种：剩余土方 2. 运距：投标单位现场勘察后自行考虑	m³	455.14			
	A.4	砌筑工程						
5	010401003001	实心砖墙	1. 墙体类型：内墙 2. 墙体厚度：200mm 3. 砖品种、规格：MU10.0 烧结煤矸石砖 4. 砂浆强度等级：混合砂浆 M5.0 5. 位置：卫生间 900mm 高	m³	26.75			
6	010401003002	实心砖墙	1. 墙体类型：内墙 2. 墙体厚度：120mm 3. 砖品种、规格：MU10.0 烧结煤矸石砖 4. 砂浆强度等级：混合砂浆 M5.0 5. 位置：卫生间 900mm 高	m³	0.44			
7	010401003003	实心砖墙	1. 墙体类型：内墙 2. 墙体厚度：100mm 3. 砖品种、规格：MU10.0 烧结煤矸石砖 4. 砂浆强度等级：混合砂浆 M5.0 5. 位置：卫生间 900mm 高	m³	0.44			
8	010401012001	零星砌砖	1. 构件名称：台阶挡墙 2. 砖品种、规格：粉煤灰黏土烧结砖，240mm×115mm×53mm 3. 砂浆强度等级：混合砂浆 M5.0	m³	0.38			

工程名称：　　　　　　　　　　标段：

序号	项目编码	项目名称	项目特征描述	计量单位	工程量	金额（元）		
						综合单价	合价	其中：暂估价
9	010402001001	砌块墙	1. 墙体类型：轻质砌块墙 2. 墙体厚度：200mm 3. 砂浆强度等级：混合砂浆 M5.0 4. 砖、砌块品种、规格：加气混凝土砌块（容重 6.5kN/m³） 5. 位置：内、外墙	m³	539.39			
10	010402001002	砌块墙	1. 墙体类型：轻质砌块墙 2. 墙体厚度：120mm 3. 砂浆强度等级：混合砂浆 M5.0 4. 砖、砌块品种、规格：加气混凝土砌块（容重 6.5kN/m³） 5. 位置：内墙	m³	6.8			
11	010402001003	砌块墙	1. 墙体类型：轻质砌块墙 2. 墙体厚度：100mm 3. 砂浆强度等级：混合砂浆 M5.0 4. 砖、砌块品种、规格：加气混凝土砌块（容重 6.5kN/m³） 5. 位置：内、外墙	m³	1.89			
12	010402001004	砌块墙	1. 墙体类型：轻质砌块墙 2. 墙体厚度：100mm 3. 砂浆强度等级：混合砂浆 M5.0 4. 砖、砌块品种、规格：加气混凝土砌块（容重 6.5kN/m³） 5. 位置：标高 11、14.6m 造型处	m³	9.69			
13	010402001005	砌块墙	1. 墙体类型：轻质砌块墙 2. 墙体厚度：300mm 3. 砂浆强度等级：混合砂浆 M5.0 4. 砖、砌块品种、规格：加气混凝土砌块（容重 6.5kN/m³） 5. 位置：外墙	m³	10.09			
14	010402001006	砌块墙	1. 墙体类型：轻质砌块墙 2. 墙体厚度：400mm 3. 砂浆强度等级：混合砂浆 M5.0 4. 砖、砌块品种、规格：加气混凝土砌块（容重 6.5kN/m³） 5. 位置：外墙	m³	4.49			

工程名称：　　　　　　　　　　　标段：　　　　　　　　　　第 3 页　共 14 页

序号	项目编码	项目名称	项目特征描述	计量单位	工程量	金额（元）		
						综合单价	合价	其中：暂估价
	A.5	混凝土及钢筋混凝土工程						
15	010501001001	垫层	1. 基础形式、材料种类：独立基础垫层 2. 混凝土强度等级：C15	m³	19.88			
16	010501002001	带形基础	1. 基础形式、材料种类：无梁式混凝土 2. 部位：200mm 厚内墙基础 3. 混凝土强度等级：素混凝土 C15	m³	11.35			
17	010501002002	带形基础	1. 基础形式、材料种类：无梁式混凝土 2. 部位：120mm 厚内墙基础 3. 混凝土强度等级：素混凝土 C15	m³	3.09			
18	010501003001	独立基础	1. 基础形式、材料种类：钢筋混凝土独立基础 2. 混凝土强度等级：C30	m³	75.5			
19	010502001001	矩形柱	1. 混凝土强度等级：C40 2. 柱种类、断面：框架柱	m³	123.7			
20	010502002001	构造柱	1. 混凝土强度等级：C20 2. 柱种类、断面：构造柱	m³	22.24			
21	010503001001	基础梁	1. 混凝土强度等级：C30 2. 部位：200mm 厚内墙	m³	25.22			
22	010503001002	基础梁	1. 混凝土强度等级：C30 2. 部位：楼梯底	m³	0.42			
23	010503002001	矩形梁	1. 混凝土强度等级：C30 2. 断面：详见图纸	m³	276.57			
24	010503005001	过梁	1. 混凝土强度等级：C20 2. 位置：门窗上	m³	3.6			
25	010504001001	直形墙	1. 混凝土强度等级：C30 2. 断面：详见图纸	m³	5.73			
26	010505003001	平板	1. 混凝土强度等级：C30 2. 板厚：详见图纸	m³	237.46			

序号	项目编码	项目名称	项目特征描述	计量单位	工程量	金额（元）		
						综合单价	合价	其中：暂估价
27	010505007001	天沟（檐沟）、挑檐板	1. 构件的名称：挑檐 2. 混凝土强度等级：C30	m³	24.32			
28	010505010001	其他板	1. 混凝土强度等级：C30 2. 名称：屋面斜板 3. 板厚：详见图纸 4. 位置：屋面	m³	73.46			
29	010506001001	直形楼梯	1. 混凝土强度等级：C30 2. 梯板厚度：110mm 3. 梯板结构型式：无斜梁	m²	99.58			
30	010507001001	散水、坡道	1. 名称：散水 2. 做法：L03J004，4/3	m²	117.54			
31	010507004001	台阶	1. 构件的名称：台阶 2. 混凝土强度等级：C20 3. 做法：L03J004，4/9	m³	3.21			
32	010507007001	其他构件	1. 构件的名称：卫生间翻沿 2. 混凝土强度等级：C30	m³	2.99			
33	010507007002	其他构件	1. 构件的名称：窗台压顶 2. 混凝土强度等级：C20	m³	2.47			
34	010507007003	其他构件	1. 构件的名称：现浇单盥洗池 2. 混凝土强度等级：C20 3. 做法：L96J003-/66	m³	3.31			
35	010515001001	现浇构件钢筋	1. 钢筋种类、规格：箍筋，一级钢 Φ6.5	t	0.869			
36	010515001002	现浇构件钢筋	1. 钢筋种类、规格：箍筋，三级钢 Φ6	t	2.169			
37	010515001003	现浇构件钢筋	1. 钢筋种类、规格：箍筋，三级钢 Φ8	t	16.039			
38	010515001004	现浇构件钢筋	1. 钢筋种类、规格：箍筋，三级 Φ10	t	3.6			
39	010515001005	现浇构件钢筋	1. 钢筋种类、规格：箍筋，三级钢 Φ12	t	0.247			
40	010515001006	现浇构件钢筋	1. 钢筋种类、规格：三级钢Φ6	t	4.09			

工程名称： 标段：

序号	项目编码	项目名称	项目特征描述	计量单位	工程量	金额（元）		
						综合单价	合价	其中：暂估价
41	010515001007	现浇构件钢筋	1. 钢筋种类、规格：三级钢Φ8	t	23.635			
42	010515001008	现浇构件钢筋	1. 钢筋种类、规格：三级钢Φ10	t	2.885			
43	010515001009	现浇构件钢筋	1. 钢筋种类、规格：三级钢Φ12	t	10.811			
44	010515001010	现浇构件钢筋	1. 钢筋种类、规格：三级钢Φ14	t	6.72			
45	010515001011	现浇构件钢筋	1. 钢筋种类、规格：三级钢Φ16	t	5.845			
46	010515001012	现浇构件钢筋	1. 钢筋种类、规格：三级钢Φ18	t	9.296			
47	010515001013	现浇构件钢筋	1. 钢筋种类、规格：三级钢Φ20	t	14.665			
48	010515001014	现浇构件钢筋	1. 钢筋种类、规格：三级钢Φ22	t	10.471			
49	010515001015	现浇构件钢筋	1. 钢筋种类、规格：三级钢Φ25	t	25.796			
50	010515001016	现浇构件钢筋	1. 钢筋种类、规格：一级钢Φ6.5	t	2.451			
51	010515001017	现浇构件钢筋	1. 钢筋种类、规格：一级钢Φ8	t	0.191			
52	010515001018	现浇构件钢筋	1. 钢筋种类、规格：二级钢Φ25	t	0.155			
53	010515003001	钢筋网片	1. 使用部位：不同墙体交接处	m²	2238.6			
54	010516002001	墙体植筋	1. 钢筋种类、规格：砌体植筋，三级钢筋Φ6	根	2106			
55	010516003001	机械连接	1. 钢筋种类、规格：柱钢筋接头三级钢Φ16	个	252			
56	010516003002	机械连接	1. 钢筋种类、规格：柱钢筋接头三级钢Φ18	个	284			
57	010516003003	机械连接	1. 钢筋种类、规格：柱钢筋接头三级钢Φ20	个	300			

工程名称：　　　　　　　　　标段：　　　　　　　

序号	项目编码	项目名称	项目特征描述	计量单位	工程量	金额（元）		
						综合单价	合价	其中：暂估价
58	010516003004	机械连接	1. 钢筋种类、规格：柱钢筋接头三级钢φ22	个	262			
59	010516003005	机械连接	1. 钢筋种类、规格：柱钢筋接头三级钢φ25	个	342			
	A. 6	金属结构工程						
60	010606008001	钢梯	1. 部位：楼梯间处爬梯	t	0.45			
	A. 8	门窗工程						
61	010801001001	木质门	夹板装饰门 M0821 1. 含门套、锁、合页等全部内容	樘	2			
62	010801001002	木质门	夹板装饰门 M0921 1. 含门套、锁、合页等全部内容	樘	10			
63	010801001003	木质门	夹板装饰门 M1021 1. 含门套、锁、合页等全部内容	樘	45			
64	010801001004	木质门	夹板装饰门 M1021 1. 含门套、锁、合页等全部内容 2. 部位：二楼兵器室 3. 加防盗措施	樘	2			
65	010801001005	木质门	夹板装饰门 M1521 1. 含门套、锁、合页等全部内容	樘	17			
66	010801004001	木质防火门	木质防火门丙 FM0615 1. 含门框、锁、合页等全部内容	樘	1			
67	010802001001	金属（塑钢）门	推拉门	m²	30.24			
68	010802001002	金属（塑钢）门	金属平开门 1. 门的类型：塑钢中空玻璃门联窗	m²	20.46			
69	010807001001	金属（塑钢、断桥）窗	金属推拉窗 1. 窗的类型：塑钢窗 2. 材料种类、规格：详见图纸 3. 玻璃种类、厚度：中空玻璃5＋12A＋5	m²	524.06			
70	010807002001	金属防火窗	乙级防火玻璃窗 1. 窗的类型：乙级防火玻璃窗 2. 材料种类、规格：详见图纸	m²	7.2			

工程名称： 标段：

序号	项目编码	项目名称	项目特征描述	计量单位	工程量	金额（元）		
						综合单价	合价	其中：暂估价
	A.9	屋面及防水工程						
71	010902002001	屋面涂膜防水	1.3 厚高聚物改性沥青防水涂料 2. 刷基层处理剂一道 3. 部位：瓦屋面	m²	752.22			
72	010901001001	瓦屋面	1. 瓦品种、规格：蓝色水泥瓦 2. 做法：L06J002 屋面 3 不含 3、4、6 项 3. 15mm 厚（最薄处）1：1 水泥砂浆粘贴平瓦 4. 35mm 厚 C20 细石混凝土找平层，内配 ⊕ 4 双向间距 150 钢筋网与预埋 ⊕ 10 锚筋绑扎 5. 素水泥浆一道 6. 钢筋混凝土屋面板，板内在檐口及屋脊部位预埋 ⊕ 10 锚筋排间距 1500mm	m²	721.1			
73	010901001002	瓦屋面	1. 瓦品种、规格：蓝色水泥瓦 2. 做法：20mm 厚水泥砂浆找平；15 厚（最薄处）1：2.5 水泥砂浆贴蓝色水泥瓦 3. 部位：入口处雨篷屋面	m²	31.12			
74	010902004001	屋面排水管	1. 排水管品种、规格：L01J202，34 页，②图 2. 其他：包含落水斗，雨水口	m	126			
75	010902007002	屋面天沟、檐沟	1. 部位：屋顶檐沟，详见建施 7 详图 4 2. 20mm 厚 1：2 水泥砂浆找平；3mm 厚高聚物改性沥青防水涂料	m²	178.4			
76	010904002001	楼（地）面涂膜防水	1. 防水部位：卫生间、饮水、洗衣、盥洗、淋浴间楼地面防水 2. 1.5mm 厚合成高分子防水涂料 3. 刷基层处理剂一道	m²	347.36			
	A.10	保温、隔热、防腐工程						

工程名称： 标段：

序号	项目编码	项目名称	项目特征描述	计量单位	工程量	金额（元）		
						综合单价	合价	其中：暂估价
77	011001001001	保温隔热屋面	1. 保温隔热形式：混凝土板上铺贴 2. 材料品种、规格：挤塑板 δ80mm	m²	721.67			
78	011001003001	保温隔热墙面	1. 部位：外墙 2. 材料品种、规格：聚苯板 δ65	m²	2505.4			
79	011001005001	保温隔热楼地面	1. 保温隔热形式：混凝土板上铺贴 2. 部位：外墙内侧 2m 范围内 3. 材料品种、规格：挤塑聚苯板 δ50mm	m²	240			
80	011001005002	保温隔热楼地面	1. 保温隔热形式：混凝土板上铺贴 2. 部位：除外墙内侧 2m 范围外其他地面 3. 材料品种、规格：挤塑聚苯板 δ40mm	m²	303.13			
81	011001005003	保温隔热楼地面	1. 保温隔热形式：混凝土板上铺贴 2. 部位：除"楼 20"以外的楼面 3. 材料品种、规格：挤塑聚苯板 δ20mm	m²	1629.4			
	A.11	楼地面装饰工程						
82	011101001001	水泥砂浆楼地面	1. 部位：管井地面 2.20mm 厚 1：2.5 水泥砂浆压实赶光 3. 素水泥浆一道 4.60mm 厚 C15 混凝土垫层 5.300mm 厚 3：7 灰土夯实 6. 素土夯实，压实系数大于等于 0.9	m²	0.36			
83	011101001002	水泥砂浆楼地面	1. 部位：阁楼 2.20mm 厚 1：2 水泥砂浆压实赶光 3. 素水泥浆一道	m²	588			

工程名称：　　　　　　　　　标段：

序号	项目编码	项目名称	项目特征描述	计量单位	工程量	金额（元）		
						综合单价	合价	其中：暂估价
84	011101002001	现浇水磨石楼地面	1. 部位：除楼梯间、大厅、卫生间、饮水、洗衣、盥洗、淋浴间外地面 2.15mm 厚 1：2.5 水泥彩色石子地面，表面磨光不少于三遍，刷草酸打蜡 3. 素水泥浆一道 4.20mm 厚 1：2.5 水泥砂浆找平层，干后卧分格条 5. 素水泥浆一道 6.60mm 厚 C15 混凝土垫层 7.300mm 厚 3：7 灰土夯实 8. 素土夯实，压实系数大于等于 0.9	m²	295.15			
85	011101002002	现浇水磨石楼地面	1. 部位：除楼梯间、大厅、卫生间、饮水、洗衣、盥洗、淋浴间外地面 2.15mm 厚 1：2.5 水泥彩色石子地面，表面磨光不少于三遍，刷草酸打蜡 3. 素水泥浆一道 4.20mm 厚 1：2.5 水泥砂浆找平层，干后卧分格条 5. 素水泥浆一道 6.60mm 厚 C15 混凝土垫层 7.300mm 厚 3：7 灰土夯实	m²	101.16			
86	011101002003	现浇水磨石楼地面	部位：除卫生间、饮水、洗衣、盥洗、淋浴、楼梯间外楼面 1.15mm 厚 1：2.5 水泥彩色石子地面，表面磨光不少于三遍，刷草酸打蜡 2. 素水泥浆一道 3.20mm 厚 1：3 水泥砂浆找平层，干后卧分格条 4. 素水泥浆一道 5. 现浇钢筋混凝土楼板	m²	1473			

工程名称：　　　　　　　　　　标段：

序号	项目编码	项目名称	项目特征描述	计量单位	工程量	综合单价	合价	其中：暂估价
87	011101002004	现浇水磨石楼地面	1. 部位：卫生间、饮水、洗衣、盥洗、淋浴间楼面 2. 15mm厚1：2.5水泥彩色石子地面，表面磨光不少于三遍，刷草酸打蜡 3. 素水泥浆一道 4. 20mm厚1：3水泥砂浆找平层，干后卧分格条 5. 20mm厚1：3水泥砂浆抹平 6. 素水泥浆一道 7. 60mm厚LC7.5轻骨料混凝土填充层并找坡 8. 现浇钢筋混凝土楼板	m²	156.4			
88	011102001001	石材楼地面	1. 部位：一层大厅、楼梯间 2. 20mm厚磨光花岗石（大理石）板，板背面刮水泥浆粘贴，稀水泥浆（或彩色水泥浆）擦缝 3. 30mm厚1：3干硬性水泥砂浆结合层 4. 素水泥浆一道 5. 60mm厚C15混凝土垫层 6. 300mm厚3：7灰土夯实 7. 素土夯实，压实系数大于等于0.9	m²	179.94			
89	011102001002	石材楼地面	1. 部位：楼梯间楼面 2. 20mm厚磨光花岗石（大理石）板，板背面刮水泥浆粘贴，稀水泥浆（或彩色水泥浆）擦缝 3. 30mm厚1：3干硬性水泥砂浆结合层 4. 素水泥浆一道 5. 60mm厚LC7.5轻骨料混凝土填充层 6. 现浇钢筋混凝土楼板	m²	17.72			
90	011105002001	石材踢脚线	1. 面层材料种类：磨光花岗石 2. 形式：直线型 3. 黏结方式：水泥砂浆	m²	6.82			

工程名称：　　　　　　　　　　标段：　　　　　　　

序号	项目编码	项目名称	项目特征描述	计量单位	工程量	金额（元）		
						综合单价	合价	其中：暂估价
91	011105002002	石材踢脚线	1. 面层材料种类：磨光花岗石 2. 形式：异形 3. 黏结方式：水泥砂浆	m²	3.47			
92	011106001001	石材楼梯面层	1. 部位：楼梯 2.20mm 厚磨光花岗石（大理石）板，板背面刮水泥浆粘贴，稀水泥浆（或彩色水泥浆）擦缝 3.30mm 厚 1：3 干硬性水泥砂浆结合层 4. 素水泥浆一道 5.60mm 厚 LC7.5 轻骨料混凝土填充层 6. 现浇钢筋混凝土楼板	m²	99.58			
93	011107001001	石材台阶面	1. 部位：台阶处 2.30mm 厚花岗石板铺面 3. 撒水泥面 4.30mm 厚 1：3 干硬性水泥砂浆结合层 5.80mm 厚 C20 混凝土垫层 6.150mm 厚 3：7 灰土	m²	13.44			
94	011107001002	石材台阶面	1. 部位：台阶 2.30mm 厚花岗石板铺面 3. 撒水泥面 4.30mm 厚 1：3 干硬性水泥砂浆结合层 5.150mm 厚 3：7 灰土	m²	7.14			
	A.12	墙、柱面装饰与隔断、幕墙工程						
95	011201001001	墙面一般抹灰	1. 部位：除卫生间、饮水、洗衣、盥洗、淋浴外其他内墙面 2.7mm 厚 1：0.3：2.5 水泥石灰膏砂浆压实赶光 3.7mm 厚 1：0.3：3 水泥石灰膏砂浆找平扫毛 4.7mm 厚 1：1：6 水泥石灰膏砂浆打底扫毛或划出纹道	m²	5446.1			

| 工程名称： | | | | 标段： | | 第 12 页　共 14 页 | | |

序号	项目编码	项目名称	项目特征描述	计量单位	工程量	综合单价	合价	其中：暂估价
						金额（元）		
96	011201001002	墙面一般抹灰	1. 墙体类型：砖外墙 2. 材料种类、配合比、厚度：水泥砂浆、1∶3、厚20mm 3. 部位：台阶挡墙抹灰	m²	3.96			
97	011201001003	墙面一般抹灰	1. 墙体类型：外墙 2.7mm 厚 1∶2.5 水泥砂浆抹面压光 3.7mm 厚 1∶3 水泥砂浆找平 4.9mm 厚 1∶1∶6 水泥石灰膏砂浆打底扫毛	m²	1811.4			
98	011204001001	石材墙面	1. 隔断形式、材料种类：水磨石隔板 2. 部位：卫生间、饮水、洗衣、盥洗、淋浴间	m²	120.55			
99	011204003001	块料墙面	1. 部位：卫生间、饮水、洗衣、盥洗、淋浴间面砖防水内墙面 2.5mm 厚面砖，擦缝材料擦缝 3.3～4mm 厚瓷砖胶黏剂，揉挤压实 4.6mm 厚 1∶3 水泥砂浆压实抹平 5.9mm 厚 1∶1∶6 水泥石灰膏砂浆打底扫毛 6. 刷界面处理剂一道	m²	817.34			
	A.14	油漆、涂料、裱糊工程						
100	011406001001	抹灰面油漆	外墙石漆 1. 墙体类型：外墙 2. 做法：L06J002 外墙 20 真石漆外墙 3. 部位：所有外墙深灰色真石漆	m²	2354.9			

工程名称：　　　　　　　　　标段：　　　　　　

序号	项目编码	项目名称	项目特征描述	计量单位	工程量	金额（元）		
						综合单价	合价	其中：暂估价
101	011407001001	墙面喷刷涂料	刷料 1. 部位：除卫生间、饮水、洗衣、盥洗、淋浴间外所有内墙 2. 满刮 2～3mm 厚柔性耐水腻子分遍找平 3. 刮仿瓷涂料	m²	5446.1			
102	011407002001	天棚喷刷涂料	1. 素水泥浆一道，当局部底板不平时，聚合物水泥砂浆找补 2. 满刮 2～3mm 厚柔性耐水腻子分遍找平 3. 刮仿瓷涂料	m²	3369			
	A.15	其他装饰工程						
103	011503001001	金属扶手、栏杆、栏板	1. 部位：窗防护栏杆 2. 做法：详见图集 L96J401，T-28/16	m	117.2			
104	011503001002	金属扶手、栏杆、栏板	1. 部位：楼梯栏杆 2. 做法：详见图集 L96J401，T-28/16	m	51.3			
	A.17	措施项目						
105	011701001001	综合脚手架	1. 建筑结构形式：框架 2. 檐口高度：16.55m 3. 含建筑物垂直封闭安全网及平挂安全网	m²	3163.7			
106	011702001001	基础	1. 基础类型：垫层模板及支撑	m²	32.36			
107	011702001002	基础	1. 基础类型：独立基础模板及支撑	m²	102.16			
108	011702002001	矩形柱	框架柱模板及支撑	m²	1153.16			
109	011702003001	构造柱	构造柱模板及支撑	m²	278			
110	011702006001	矩形梁	矩形梁模板及支撑	m²	2276.74			
111	011702009001	过梁	过梁模板及支撑	m²	12.6			
112	011702011001	直形墙	直形墙模板及支撑	m²	63.92			
113	011702016001	平板	平板模板及支撑	m²	2154.86			
114	011702020001	其他板	斜板模板及支撑	m²	651.29			

工程名称：　　　　　　　　　　标段：　　　　　　　　第 14 页　共 14 页

序号	项目编码	项目名称	项目特征描述	计量单位	工程量	金额（元）		
						综合单价	合价	其中：暂估价
115	011702022001	天沟、檐沟	挑檐模板及支撑	m²	151.86			
116	011702024001	楼梯	直行楼梯模板及支撑	m²	99.59			
117	011702025001	其他现浇构件	窗台压顶模板及支撑	m²	23.46			
118	011702025002	其他现浇构件	卫生间反沿模板	m²	26.87			
119	011703001001	垂直运输	1. 建筑物建筑类型及结构形式：框架结构 2. 建筑物檐口高度、层数：20m 以内，5 层以内	m²	3163.7			
120	011705001001	大型机械设备进出场及安拆	机械设备名称：单斗挖掘机	台次	1			
121	011705001002	大型机械设备进出场及安拆	机械设备名称：塔式起重机	台次	1			

附表 4　　　　　　　　　　　总价措施项目清单与计价表

工程名称：　　　　　　　　　　标段：　　　　　　　　第 1 页　共 1 页

序号	项目编码	项目名称	计算基础	费率	金额（元）	调整费率	调整后金额	备注
1	011707002001	夜间施工						
2	011707003001	非夜间施工照明						
3	011707004001	二次搬运						
4	011707005001	冬雨季施工						
5	011707006001	地上、地下设施及建筑物的临时保护设施						
6	011707007001	已完工程及设备保护						
		合　　计						

附表5 其他项目清单与计价汇总表

工程名称： 标段： 第1页 共1页

序号	项目名称	金额（元）	结算金额（元）	备注
1	暂列金额	100 000.00		
2	暂估价			
2.1	材料（工程设备）暂估价/结算价	—		
2.2	专业工程暂估价/结算价			
3	计日工			
4	总承包服务费			
	合　计	—		

附表6 暂列金额明细表

工程名称： 标段： 第1页 共1页

序号	项目名称	金额（元）	结算金额（元）	备注
1	设计变更	30 000.00		
2	物价上涨	10 000.00		
3	政策性调整	10 000.00		
	合　计	50 000.00		

附表7 材料（专业设备）暂估单价及调整表

工程名称： 标段： 第1页 共1页

序号	材料（工程设备）名称、规格、型号	计量单位	数量		暂估（元）		确认（元）		备注
			暂估	确认	单价	合价	单价	合价	
1	外墙保温板	m²			36.00				
2	屋面防水卷材	m²			70.00				

附表8 专业工程暂估价及结算价表

工程名称： 标段： 第　页 共　页

序号	工程名称	工程内容	暂估金额（元）	结算金额（元）	差额（元）	备注
	合计			·		

附表9 计日工表

工程名称： 标段： 第1页 共1页

编号	项目名称	单位	暂定数量	实际数量	综合单价（元）	合价（元）	
						暂定	实际
一	人工						
1	普通工	工日	200.00				
			人工小计				

续表

工程名称：　　　　　　　　　　　标段：

编号	项目名称	单位	暂定数量	实际数量	综合单价（元）	合价（元）	
						暂定	实际
二	材料						
1	钢筋	t	5.00				
2	商品混凝土	m³	20.00				
	材料小计						
三	施工机械						
	施工机械小计						
四、企业管理费和利润							
	总　　计						

附表 10　　　　　　　　　　**总承包服务费计价表**

工程名称：　　　　　　　　　　　标段：　　　　　　　第 页 共 页

序号	项目名名称	项目价值（元）	服务内容	计算基础	费率（%）	金额（元）
1	发包人供应材料	40 000.00	配合材料采购			
	合　　计					

附表 11　　　　　　　　　　**规费、税金项目清单与计价表**

工程名称：　　　　　　　　　　　标段：　　　　　　　第 页 共 页

序号	项目名称	计算基础	计算基数	计算费率（%）	金额（元）
1	规费				
1.1	社会保险费				
(1)	养老保险费				
(2)	失业保险费				
(3)	医疗保险费				
(4)	工伤保险费				
(5)	生育保险费				
1.2	住房公积金				
1.3	工程排污费				
2	税金				
	合　　计				

参 考 文 献

［1］邢莉燕．工程估价．北京：中国电力出版社，2008.

［2］邢莉燕．建筑工程估价．北京：中国电力出版社，2008.

［3］黄伟典，尚文勇．建筑工程计量与计价．2 版．大连：大连理工大学出版社，2014.

［4］黄伟典，王艳艳．建筑工程计量与计价实训指导．北京：中国电力出版社，2012.

［5］王艳艳．土木工程造价疑难释义．北京：中国建筑工业出版社，2014.

［6］刘钦，闫瑾．建筑工程计量与计价．北京：机械工业出版社，2014

［7］黄伟典．装饰工程估价．北京：中国电力出版社，2011.

［8］丰艳萍，邹坦．工程造价管理．北京：机械工业出版社，2011.

［9］王在生．工程量清单招标控制价实例教程．北京：中国建筑工业出版社，2009.

［10］全国造价工程师考试培训教材编写委员会．工程造价确定与控制．北京：中国计划出版社，2010.

［11］张国栋．图解建筑工程工程量清单计算手册．北京：机械工业出版社，2004.

［12］周和生，尹贻林．建设项目全过程造价管理．天津：天津大学出版社，2008.

［13］山东省建设厅．山东省建筑工程消耗量定额．北京：中国建筑工业出版社，2003.

［14］中国建筑标准设计研究院．混凝土结构施工图平面整体表示方法制图规则和构造详图（现浇混凝土框架、剪力墙、梁、板）（11G101-1），2011.

［15］中国建筑标准设计研究院．混凝土结构施工图平面整体表示方法制图规则和构造详图（现浇混凝土板式楼梯）（11G101-2），2011.

［16］中国建筑标准设计研究院．混凝土结构施工图平面整体表示方法制图规则和构造详图（独立基础、条形基础、筏形基础及桩基承台）（11G101-3），2011.

［17］刘均鹏．装饰装修工程工程量清单计价细节解析与实例详解．武汉：华中科技大学出版社，2014.